民國建築工程期刊匯編

MINGUO JIANZHU GONGCHENG QIKAN HUIBIAN

49

《民國建築工程期刊匯編》編寫組 編

广西师范大学出版社
GUANGXI NORMAL UNIVERSITY PRESS
·桂林·

第四十九册目録

建築月刊

24511

建築月刊

伍卷

四週紀念特刊

FOURTH-ANNIVERSARY

THE BUILDER

VOL.

大中機製磚瓦股份有限公司

製造廠浦東南匯縣下沙鎮

本公司因鑒於建築事業日新月異材料選擇尤關重要特聘專門技師購置德國最新式機器精製各種青紅磚瓦及空心磚等品質堅韌色澤鮮明自應銷以來已蒙各界推爲上乘樂予採購茲幅舉一二以資參攷其他惠顧諸君因限於篇幅不克一一備載諸希鑒諒是幸

大中磚瓦公司附啓

曾經購用 敝公司 出品各戶台銜列后：

本埠

國立中央實驗館	兆豐花園	和興公司承造
鹽業銀行	北京路	趙新泰承造
開成造酸公司	軍工路	王銘記承造
中匯大廈	愛多亞路	久記承造
南成都路巡捕房	南成都路	新蓀記承造
四行念二層大樓	靜安寺路	馥記承造
工部局巡捕房	平涼路	新森記承造
中新第九廠	東京路	協盛承造
揚子飯店	雲南路	潘榮記承造
百老匯大廈	百老匯路	新仁記承造
雷氏德工藝學院	熙華德路	久泰錦記承造
傳德邁紡織廠	定海路	創新承造
中央巡捕房	福州路	新中承造
中華書局總廠	澳門路	湯秀記承造
上海市立醫院	市中心區府南左路	陸根記承造
國立上海商學院	西體育會路	陸根記承造
建設大廈	福州路	陶桂記承造
永安公司新廈	南京路	陶桂記承造
怡和啤酒廠	定海路	創新承造
三藝銀行大廈	四川路	余洪記承造
明星公司有聲攝影場	楓林橋	自建
哈同大廈	拋球場	陳永興承造
浦東同鄉會大廈	愛多亞路	新昇記承造
中國銀行大廈	仁記路	陶桂記承造
迦陵大樓	四川路南京路口	陶記承造
三井銀行大廈	九江路	余洪記承造

外埠

金陵大學	南京	利源建築公司承造
航空學校	杭州	新金記康號承造
中國銀行	青島	錦生記承造
太古堆棧	廈門	嘀關治港公司承造
中央政治學校電政	南京	大昌公司承造
江蘇銀行	南京	鈕永記承造
中國國貨銀行	南京	成泰承造
永利硫酸錏廠	浦口卸甲甸	新金記康號承造
連雲港發電廠	海州	方記建築公司承造
國立戲劇研究院	南京	陳根記承造
天生港發電廠	南通天生港	自建
瓊州海關	廣東瓊州島	自建
江蘇省立蘇州女子師範學校	蘇州盤門新橋巷	自建
故宮博物保管庫	南京朝天宮	六合公司承造

所出各品儲有大批現貨以備各界採用如蒙定製各色異樣磚瓦亦可照辦備有樣品如蒙索閱卽當送奉

駐滬批發所

上海英租界牛莊路七三一弄四號 電話九〇三一一

DAH CHUNG TILE & BRICK MAN'F WORKS.

Sales Dept. House No. 4, Lane 731, Newchwang Road, Shanghai.

TELEPHONE 90311

The New Building of the Wing On Co., Nanking Road, Shanghai.

遠東

實業公司陶磁廠

廣東路一百七十五號

電話一四四二五

上海南京路永安公司新廈外牆所用之奶油色光耀釉面磚均由本公司陶磁廠供給

★ Glazed Facing Tiles (exterior) of the above illustrate building were supplied by Pottery & Porcelain Factory,

本廠所出各品任何式樣及顏色均可依照建築師之指定製造擔保滿意

The Far Eastern Chemical Works.

Office: 175 Canton Road. Tel. 14425

Klockner Steel Corporation

Manager

W. F. REHFUS

106,12 The Bund, Tel. 11903

Telegraphic Address: Refus

Most Potential European makers of all sorts of steel, iron and wire materials for the manufacturing industry, building industry, shipbuilding etc.

Some of our specialities:-

Bars and angles, channels, joists, wire rods and hoops.
Spring steel, carbon tool steel, cold rolled strip, galvanized hoops.
Steel sheet piling, wire rope, galvanized wire, etc., light rails and accessories, trench linings, water and gas pipe, lift guides, sheets and plates, wire nails, bolts and nuts etc., welding wire.

Please apply for our full list of products, all qualities can be made from the cheapest merchantable to the finest special ones.

德國克洛克納鋼鐵公司

中國總經理

李富士

上海外灘十二號
匯豐大廈一〇六號 電話一一九〇三

電報掛號"Refus"

本公司專門製造實業界建築界造船廠等應用各種鋼鐵及鉛絲等，為歐洲最有力之製造專家。茲試舉出品一班如下：

鐵條及三角鐵，水落鐵，工字鐵，洋圓及羅皮彈，實鋼，工具鋼，冷拉鋼條，鍍鋅羅皮。鋼板樁，鋼絲繩，鍍鋅鐵絲，輕便路軌及附件，水管及煤氣管。地軸，鋼皮鋼板，洋釘，鐵門，電焊鐵絲。

本公司出品質優價廉，久著信譽；備有出品一覽，承索即寄。

24517

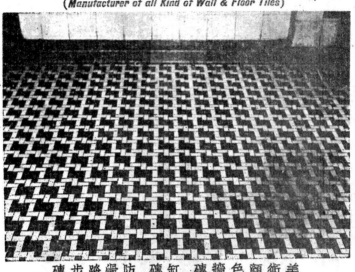

飛虎牌油漆
飛虎牌
WINGED TIGER BRAND
振華油漆有限公司
各種建築舟車橋梁
飛虎牌油漆
無不盡量貢獻其功能
宜為社會風行
振華油漆有限公司
總公司 上海北蘇州路四七八號
電報 三三四四 電話 四三一一六

創新建築廠

承造一切建築工程

積二十餘年之經驗

本廠歷年承造本外埠工程，

不下百數十處，以故經驗

豐富，技術精良。

& COMPANY

CONTRACTORS

Town Office:
Room 301-3 Chung Wai Bank Bldg.
147 Avenue Edward VII
Telephone 81133

最近承造之市中心區**虹江**

碼頭，楊樹浦英國博德運

蜜蜂牌毛絨廠，

定海路怡和洋行**啤酒廠**

等等。

CHANG SING

GENERAL BUILDING

Head Office:
Lane 526, JA 4, Taku Road,
Shanghai.
Telephone 33188

總事務所 上海新大沽路五二六弄四號 電話 三三一八八號

分事務所 上海愛多亞路中匯大樓三〇二號 電話 八一一三三號

24523

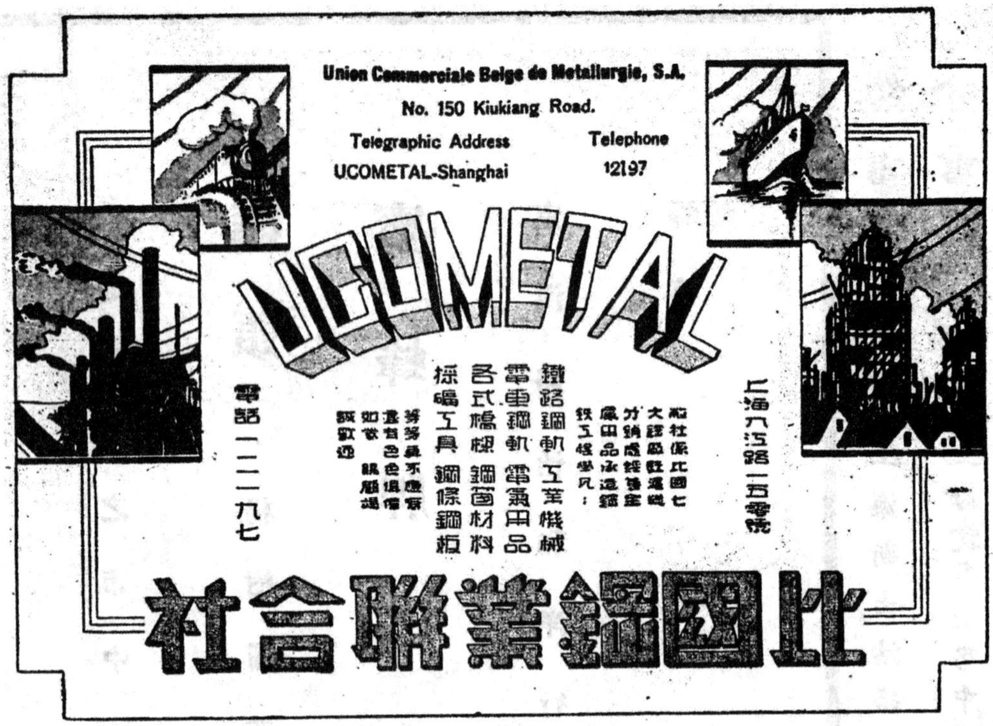
Union Commerciale Belge de Metallurgie, S.A.
No. 150 Kiukiang Road.
Telegraphic Address
UCOMETAL-Shanghai
Telephone
12197
UCOMETAL
上海九江路一五零號
鐵路鋼軌 工業機械
電車鋼軌 電氣用品
各式橋樑 鋼筒材料
採礦工具 鋼條鋼板
電話一二一九七
比國鋼業聯合社

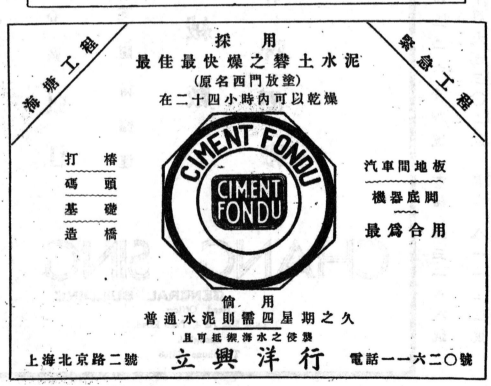

24525

是圖爲承造廣州順德縣廣東省營第二蔗糖廠廠屋內容

在遠東最大之鍋鑪間建築工程 (上海電力公司楊樹浦電廠)

由大寶建築公司承造及裝接內部一切機件

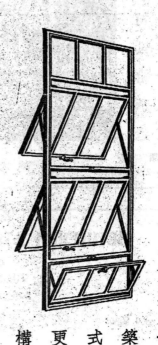

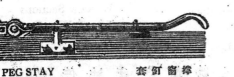

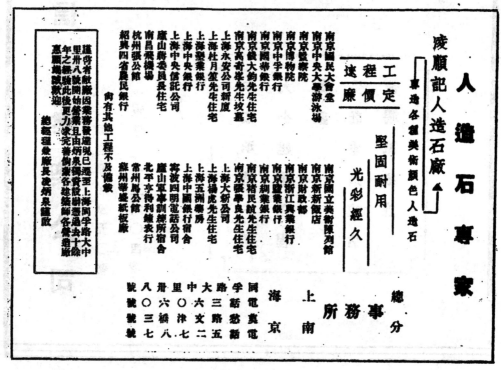

由定中工程事務所設計

本廠最近正在建造之
中國麻業股份有限公司
顧家鎮新廠

信義建築公司

上海拉都路四五〇號
電話 七五六〇四號

本廠承造一切
大小建築工程
如蒙
委託建造或估
價竭誠歡迎

24533

404
彈子插鎖
內部機關複雜，構造異常堅牢…
彈子準確靈活，鑰匙各鎖不同…
運用巧妙，而又外形富麗堂皇。
形式不一，任意選擇。如私人住
宅，公共大樓，旅舍公寓，郵船
輪船，以及機關辦公室，個人臥
室等，均為不可缺少之要件也。
SLINGS 404
SLINGS 404
風行全國 唯一國貨
各大五金店均有出售
康元製罐廠出品
發行所
上海廣東路二四七號
電話一一六一0

潘榮記

上海汶林路
電話七四五八二

右圖係上海中法實業公司設計之法國郵船公司大廈坐落上海法租界外灘現正由本廠承造

G FOO & CO

CONTRACTORS
WINLING, SHANGHAI.
CABLE ADDRESS 9120

營造廠

第一二〇號
電報掛號九一二〇

本廠新承造之其他工程：
西安自來水廠
上海百代公司新廠

本廠經營建築垂二十餘年對於各種大小建築工程俱極專門先後承造之建築工程不下百數十處如蒙 委託定能使主顧十分滿意也

POAN YOUN

GENERAL
120 ROUTE
TEL. 74582

PITTSBURGH PLATE GLASS CO.

PAINT AND VARNISH DIVISION.

Wallhide Flat Wall Paint.

It remains elastic and flexible. It will adhere better to damp walls with less possibility of peeling and blistering. It is very resistant to lime and alkali, making it much safer for use on walls which may not be thoroughly dry.

AGENTS

CARLOWITZ & COMPANY

壁士寶油漆

沒光香水油之優良

本行經售之沒光香水油富於彈性而質又柔韌極易粘著於潮濕之牆壁而難於剝落與發泡對於石灰及鹼質之抵抗力極强凡牆壁之未經完全乾燥者用此香水油最爲穩妥

中國總經理

上海德商禮和洋行

新耀金工廠

本廠承造工程之一斑

(1) 上海靜安寺路四行大廈全部鋁金裝修

(2) 上海大新公司鋁金裝修

(3) 上海市醫院市博物館市圖書館等鋁金裝修

(4) 南京大華戲院內部鋁金裝修

(5) 重慶川鹽銀行全部鋁金裝修

(6) 杭州中央飛機製造廠飛機上各種鋁金鑄件

上海平涼路一八四一號

電話五二九五號

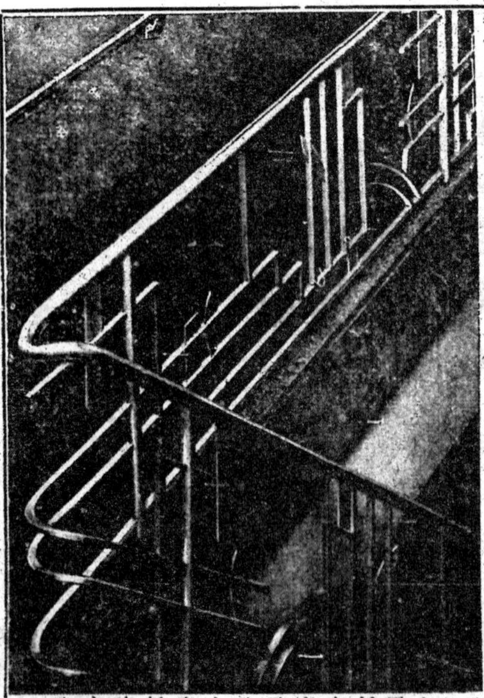

上圖係本廠承造上海靜安寺路四行大廈內部鋁金裝修之一

余洪記營造廠

上海四川路三十三號
電話一九三〇一號

本廠承造各種大小建築及鋼骨水泥工程歷有年所承造之工程不下百數十處經驗豐富工作精良久蒙各界贊許倘荷委託建造毋任歡迎

AH HONG & CO.

BUILDING CONTRACTORS

33 Szechuen Road, Telephone 19301

SHANGHAI

24541

英國倫敦柏雷兒油漆有限公司

始創於西歷一八五二年

本公司出品『西摩近』水門汀漆，質堅耐久，光澤鮮豔，頗適宜於塗刷新水泥，鋼骨混凝土及磚牆面等。

並監製鴨牌各色磁漆，上白油漆，貢藍，魚油，凡立水，紅丹及各色調合漆等。

存貨充足，倘荷賜顧，無任歡迎之至。

註册商標

DODO

老鴨牌

全部外牆及一部份內牆採用『西摩近』水門汀漆之倫昌漂染刷花公司新廠

全部外牆面採用『西摩近』水門汀漆及內牆採用鴨牌油漆之法工部局喇格納小學

總經理

上海英豐洋行

北京路一〇六號　電話一三六三六號

24545

避水？防潮？

註冊商標
樹葉商標

建築物之地下層，貯藏室，屋面，水池，水塔等最易漏水。水泥地面及牆垣等易生潮氣。與衛生甚有妨礙。故避水防潮爲業主及建築師亟欲解決之問題。自「雅禮避水漿」發明後。此類惱之問題即迎刃而解。

「雅禮避水漿」係本廠發明。獨家專利製造。其功效不特能使一切水泥建築物防水避潮。且能延長其壽命。用時祇須將「雅禮避水漿」用水化開。和入三合土內即可。手續異常簡單。而定價低廉。尤得建築界之熱烈歡迎。用量—水泥一桶重量四百磅。只需「雅禮避水漿」一加侖（八磅）即水泥重量百份之二。

近來市上發現有以石灰或小粉漿等物混充「避水漿」低價出售。此等物質毫無避水功效自不待言。而貽誤工程匪淺。敝廠爲證明雅禮出品之宏大功效起見。特將所辦較大之避水工程列表於下。購辦時幸認明雅禮製造廠出品之「樹葉」商標爲要。

「雅禮避水漿」與油毛毡比較具有下列之優點

（一）用法簡便省工省時

（二）年久不致腐爛而失其避水功效

（三）凡油毛毡不能施工之處（如山洞等）雅禮避水漿俱可應用

（四）油毛毡避水工程如不幸漏水修理非常困難用避水漿之工程則不然

雅禮避水工程一覽表

▲本埠工程

中國銀行
花旗銀行
美國學堂
上海市銀行
廣東銀行
大陸商場
五州藥房第二廠
法商總會游泳池
中西藥房
上海女子銀行屋頂及浴間
融光大戲院
夏光酒精廠
兩江女校
市政府博物館
市政府宿舍
市政府市立醫院
申報館
國際飯店
江海銀行
金城大戲院
中匯銀行
亞洲飯店
同濟大學
四馬路總巡捕房
安利洋行
光明染廠
市政府
市政府
給昌印花廠
漁市場
跑馬廳
上海火車站
南市上海醫院
天盛陶器廠

▲外埠工程

南通大生紡織公司
瀏河太嘉寶醫院
杭州水利局
南通電廠
杭州電廠

▲南京

三叉河水閘
江蘇農民銀行
三叉河水閘抽水機
山東省政府駐京辦事處
意國領事公館
孔部長公館
劉繼成公館
殷公館
許公館
國立編譯館
江南汽車公司
助產學院
財政部
東關抽水機
中央藥園
蒙藏委員會
宋部長公館
江南水泥廠
津浦鐵路龍頭房
何部長公館
金公館
三民印務局
中央博物院
大華影戲院
自來水廠
譚公館
國立戲劇音樂院
中央農業實驗所
導淮委員會
中南銀行
財政部庫房

▲南昌

中國銀行
交通大廈
洪都招待所
省政府發電廠

本廠之出品一覽

避水漿——能使一切水泥建築避水，避潮，耐久

避水漆——爲修理各種白鐵或水泥屋面之妙品

膠珞油——能使水泥屋面之微孔增塞而省去油毛毡

紙筋漆——專嵌各種裂縫及修補銹爛之白鐵用

透明漆——可使牆垣避水而不變原有之色澤

避水粉——能使一切水泥建築，避潮，耐久

保木油——能使木料免蛀防腐

保地精——能使鬆脆之水泥地面堅硬耐久

敵水靈——能使水泥增加膠合力及堅硬迅速

避潮漆——新水泥建築用，專使牆垣避免潮氣

快燥精——能使普通水泥快燥一倍，冬季可免冰凍

特快精——（即「快加」）能使水泥於數秒鐘內堅結

△本廠印有出品說明書及「建築避水法」小册函索即寄▽

本廠除製造避水材料外。特設工程一部。專任各種避水工作舉凡一切漏水屋面。牆垣。地坑。水塔水池等。本廠完全負責。務使賜顧者不必再爲漏水問題之煩惱。

上海雅禮製造廠 南京路大陸商場六二二號 電話九〇〇五一

華東總經理 大陸商行 南京新街口大陸銀行三樓 南昌中正路

華南總經理 駐粵國貨建築材料聯合辦事處 廣州惠福東路四十四號

華中總經理 公平行 漢口湖北街金城里街面十四號

第五卷第一期（四週紀念特大號）

目錄

插圖

譯著

專載

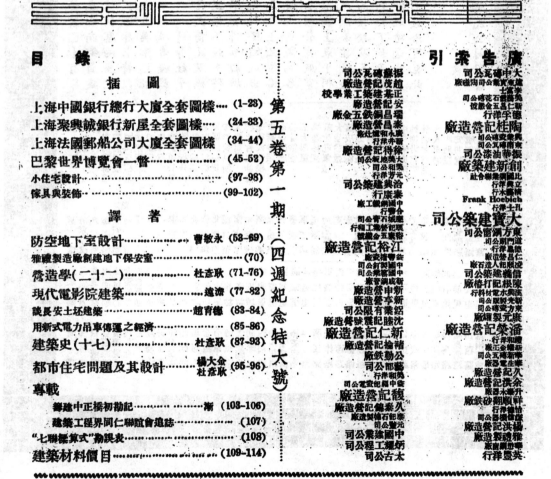

廣告索引

公和洋行建築師最初獻擬之中國銀行總行新屋圖

Primary Suggestion of the New Building for the Bank of China by Messrs. Palmer & Turner.

I

中國銀行新廈舉行奠基典禮宋子文氏演說時攝影

A speech given by Mr. T. V. Soong in the occasion of laying the cornсr stone to the new premises of the Bank of China.

最後錄用之圖案

公和洋行建築師
陸謙受建築師 聯合設計
陶桂記營造廠承造

Final Suggestion of the New Building.

Messrs. Palmer & Turner,
Mr. H. S. Luke } Associated Architects.
Dao Kwei Kee, Contractor.

基礎工程的進展

Foundation works in hand.

地下層鋼筋

Reinforcing the Basement.

鋼架之構築

Steel Structural Works in Progressing.

沿仁記路之後半部房屋正在架豎鋼架

Erecting Steel Structures at Rear Portion.

Construction up to fourth floor.

工作進至第五層

Another view shows working in progressing.

工作進展時之又一影

庫房鋼圈之構紮

Interior Spiral Reinforcement for the Largest Strong Room in the Far East.

7

24555

鋼架到頂

Reach the Summit.

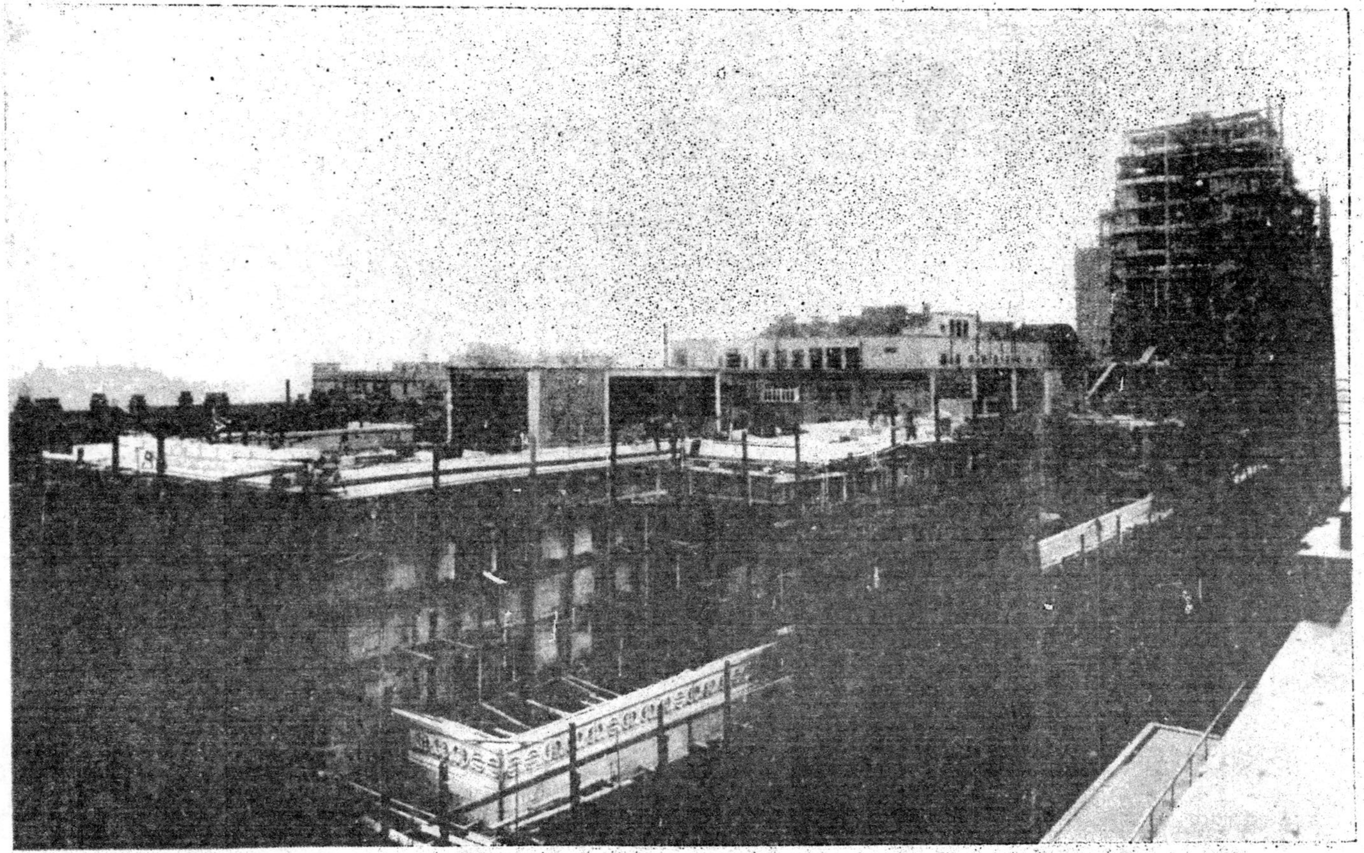

View taken from the rear.　　後影

大塔之近影

Close view shows the huge tower.

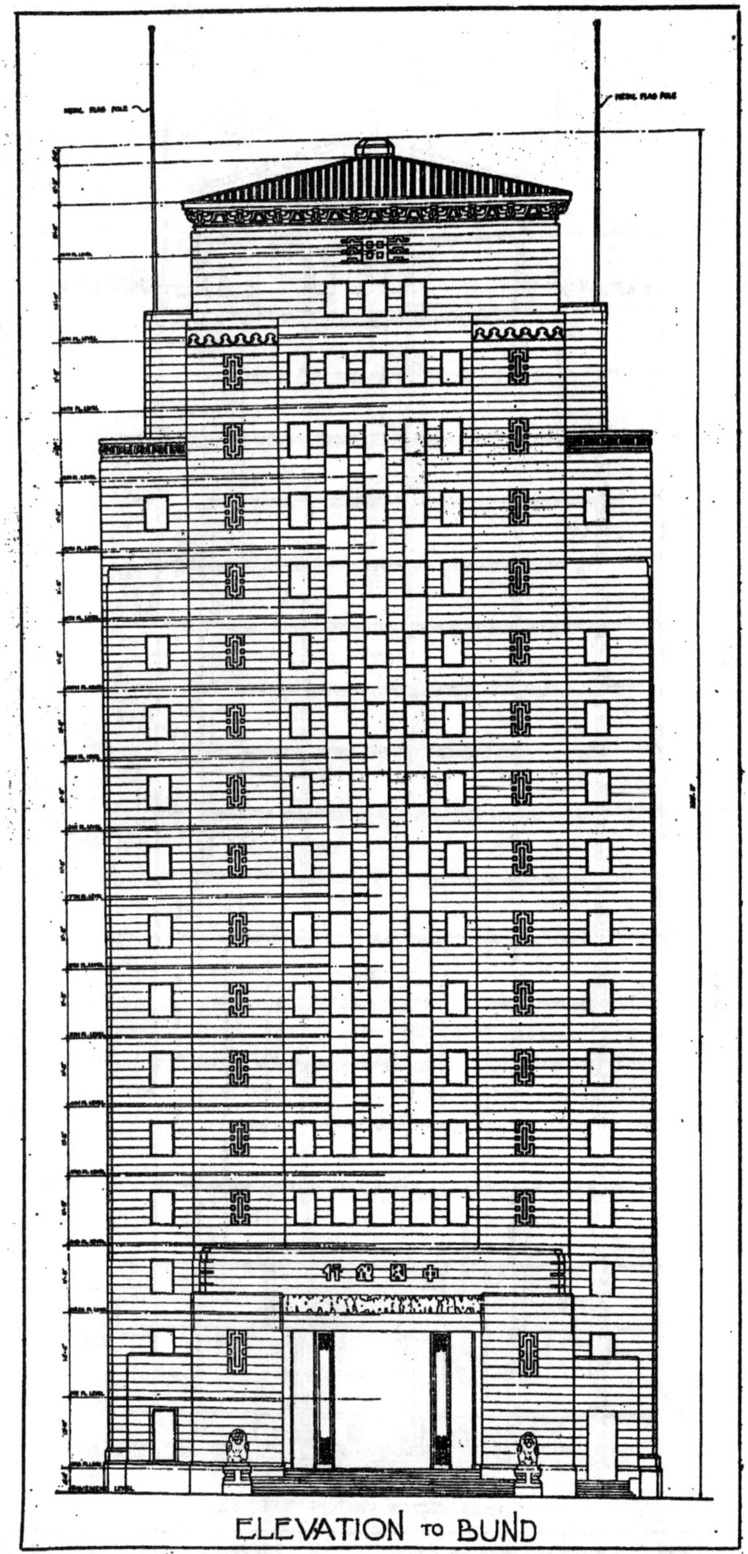

New Head Office for the Bank of China. 中國銀行總行大廈正面圖

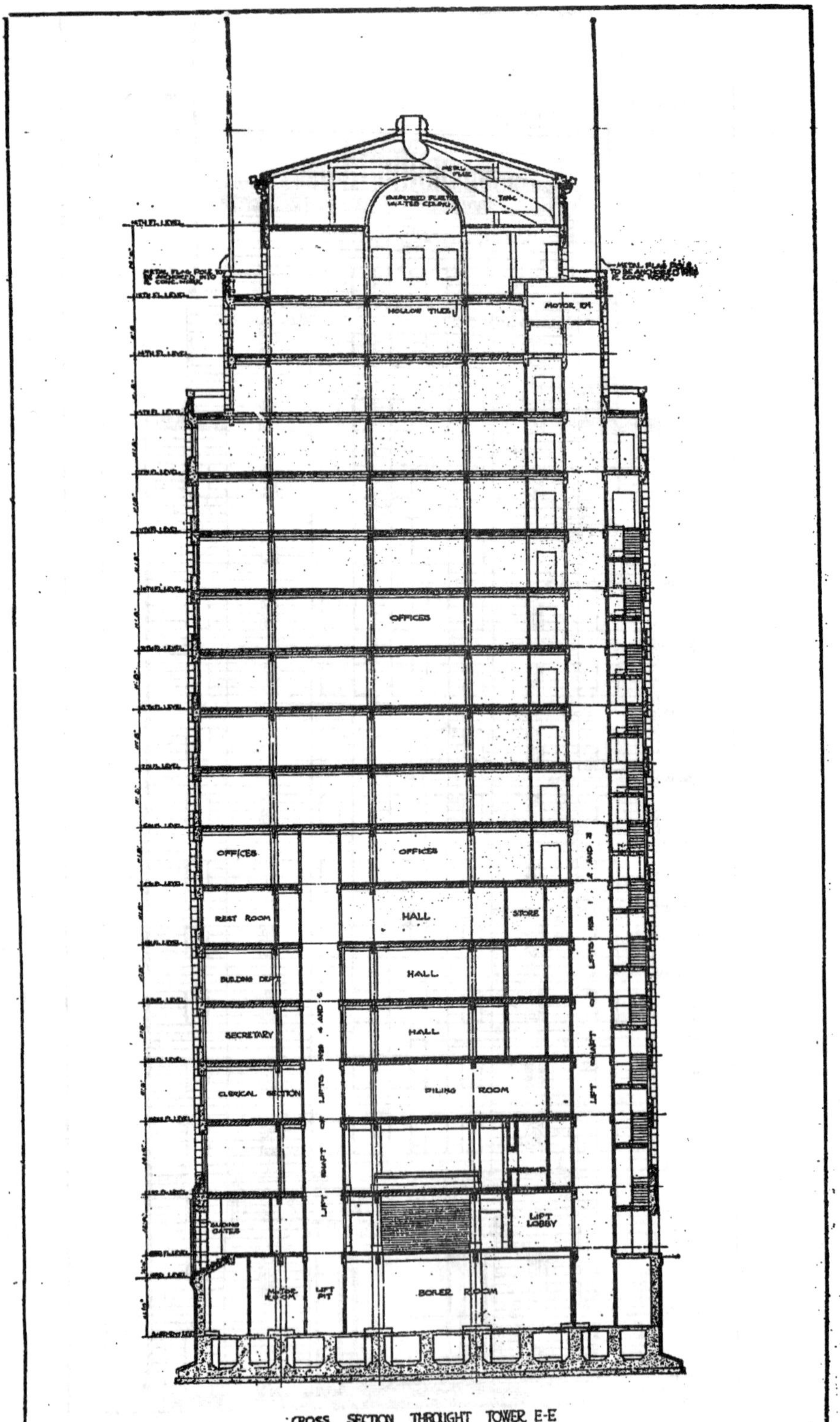

New Head Office for the Bank of Chin1. 中國銀行總行大廈剖面圖

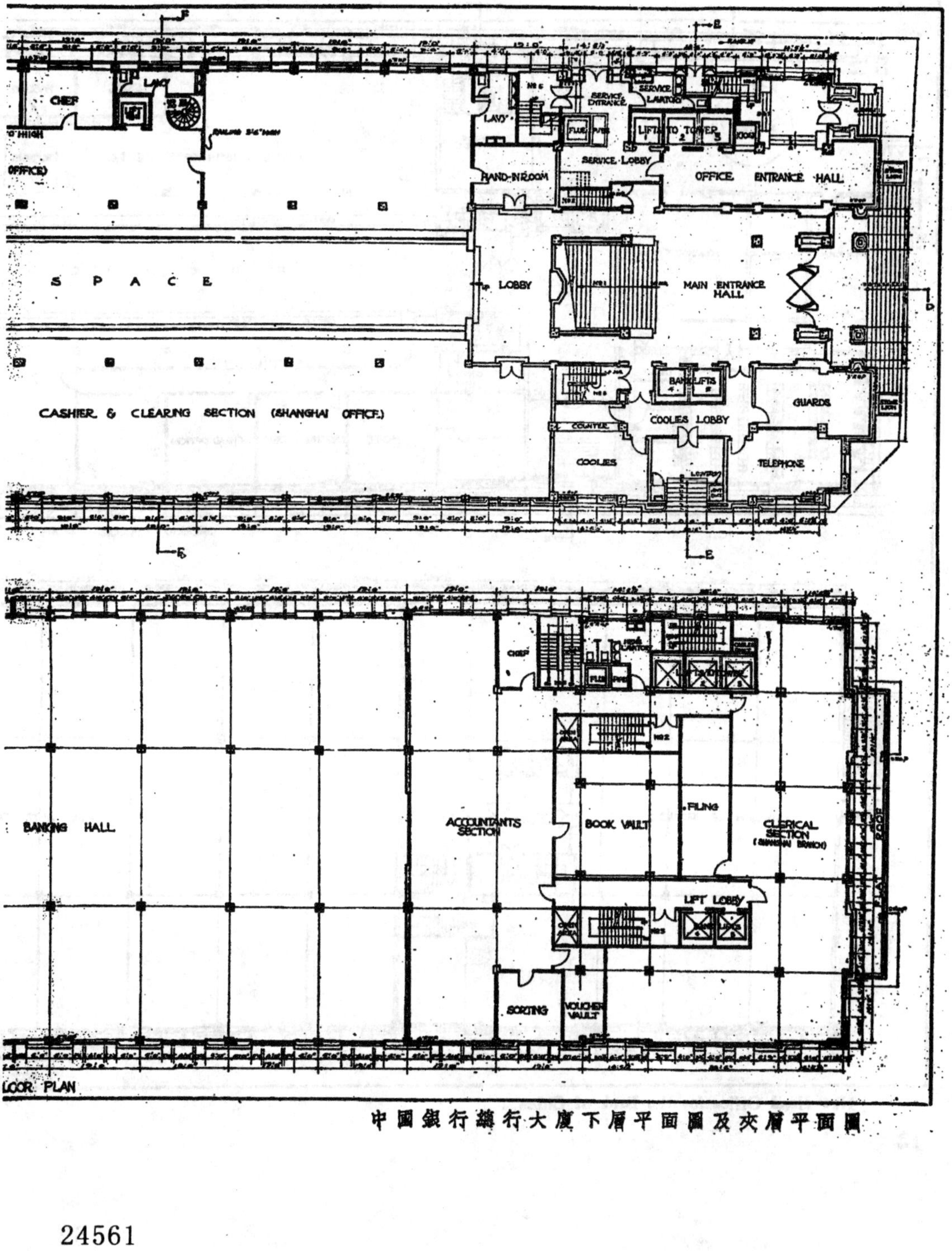

中國銀行總行大廈下層平面圖及夾層平面圖

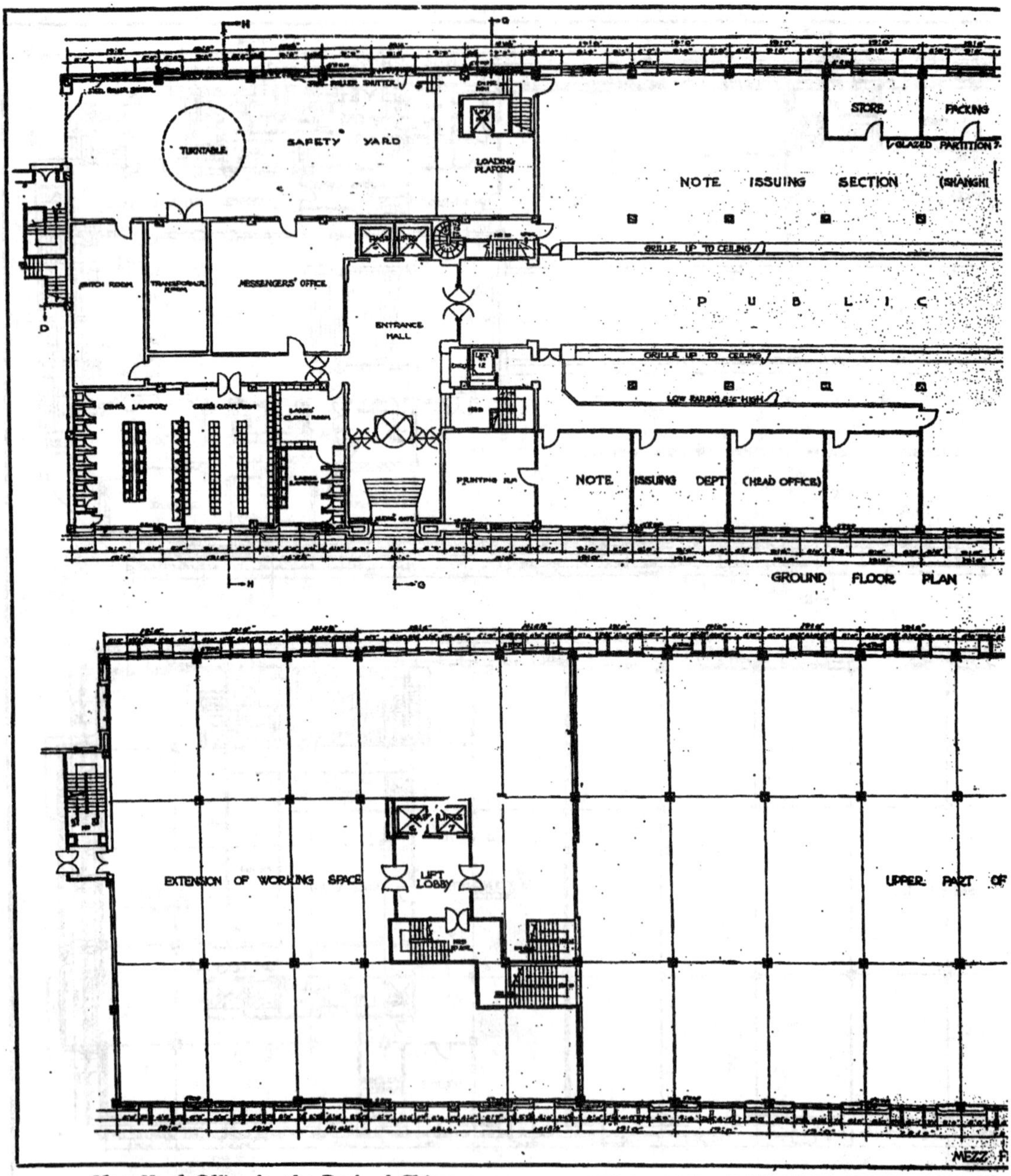

New Head Office for the Bank of China.

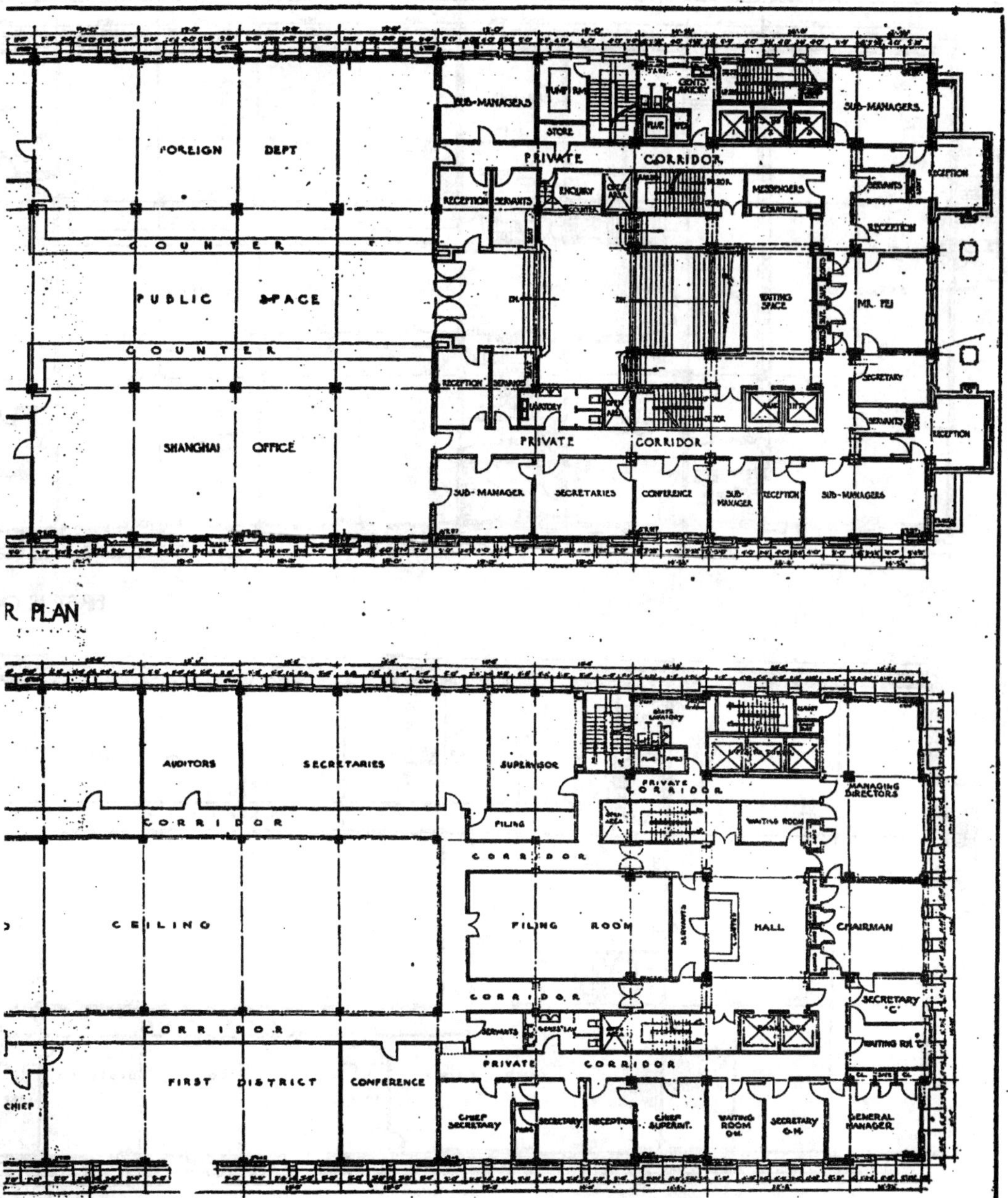

中國銀行總行大厦二層平面圖及三層平面圖

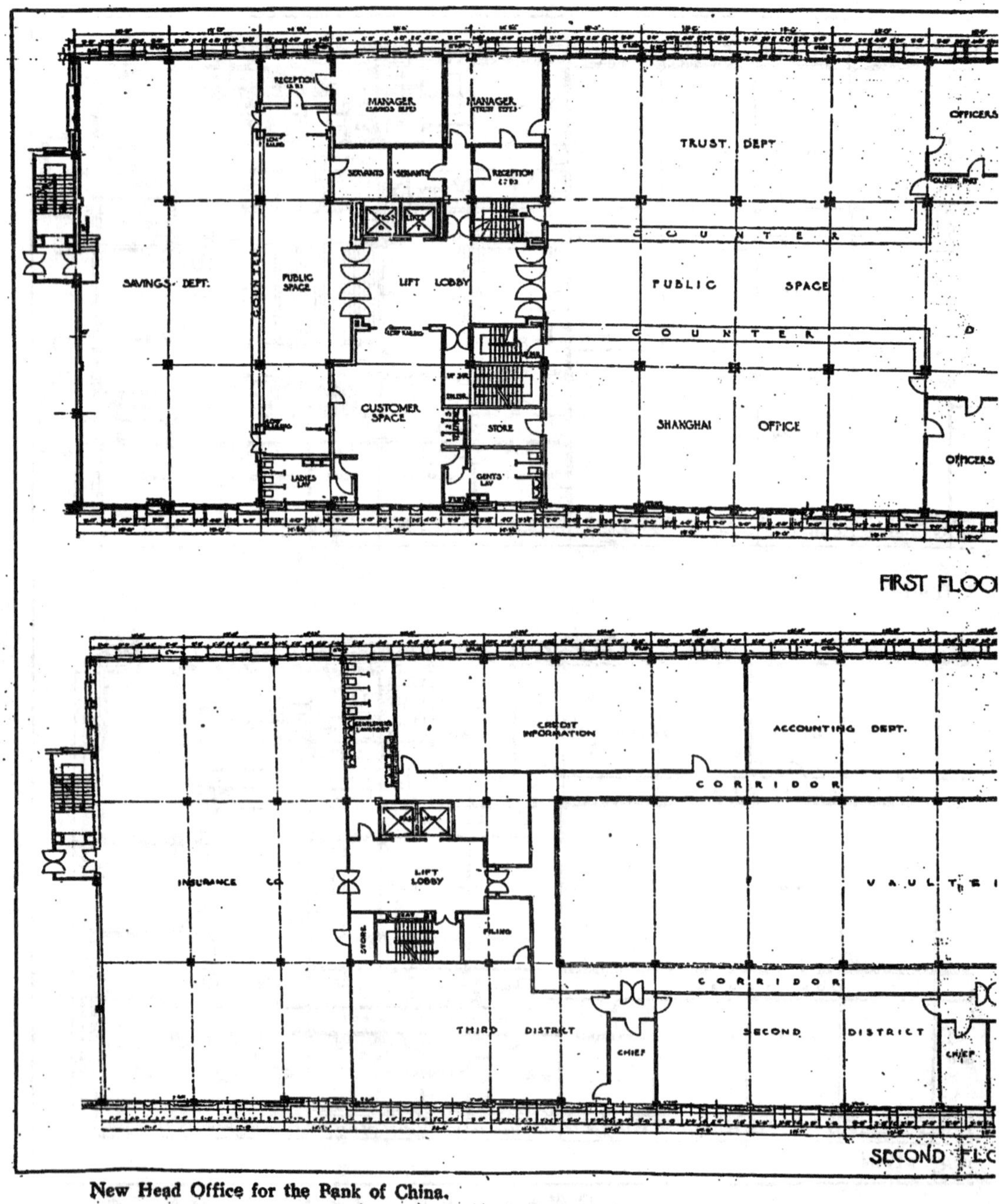

New Head Office for the Pank of China.

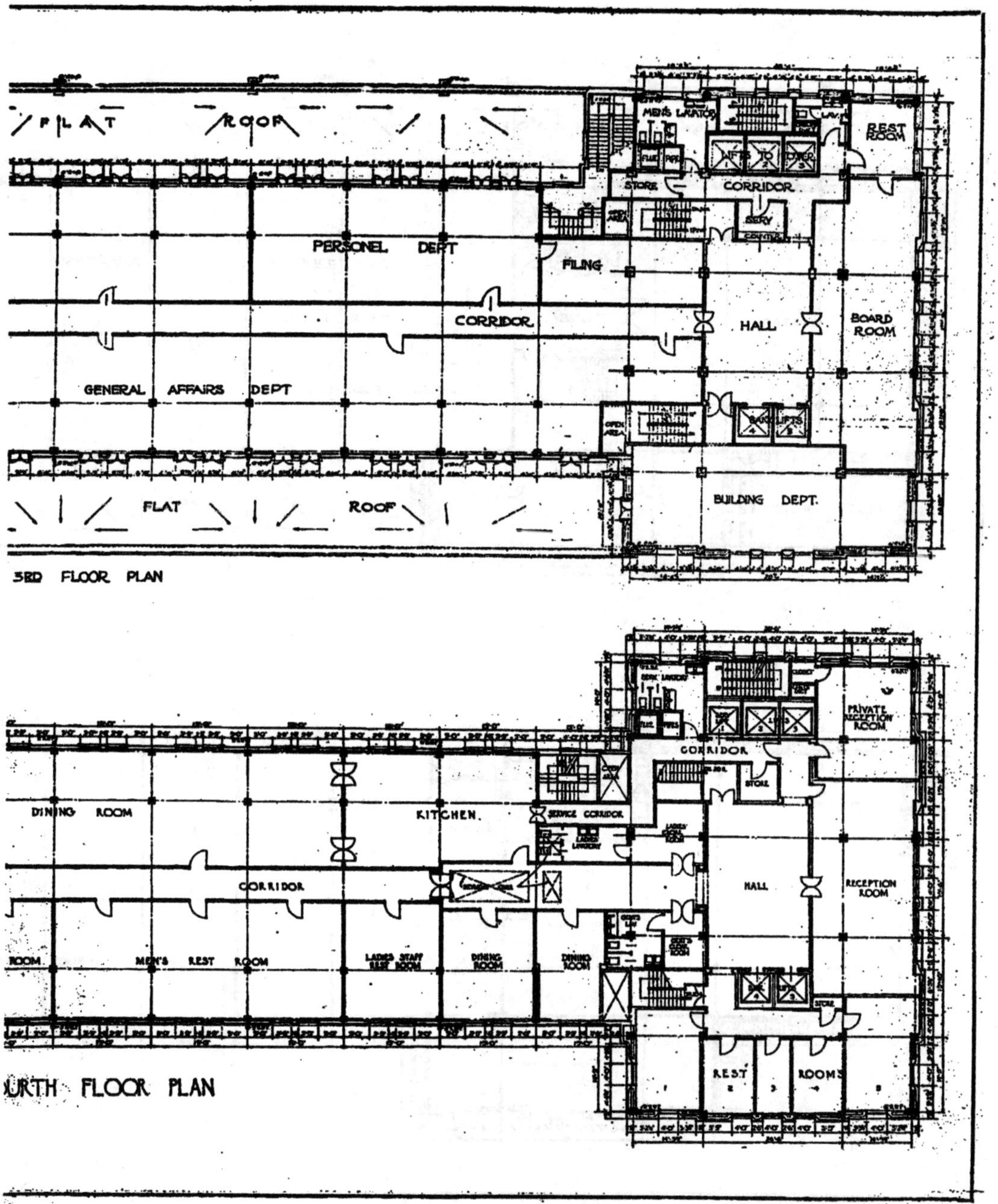

中國銀行總行大廈四層平面圖及五層平面圖

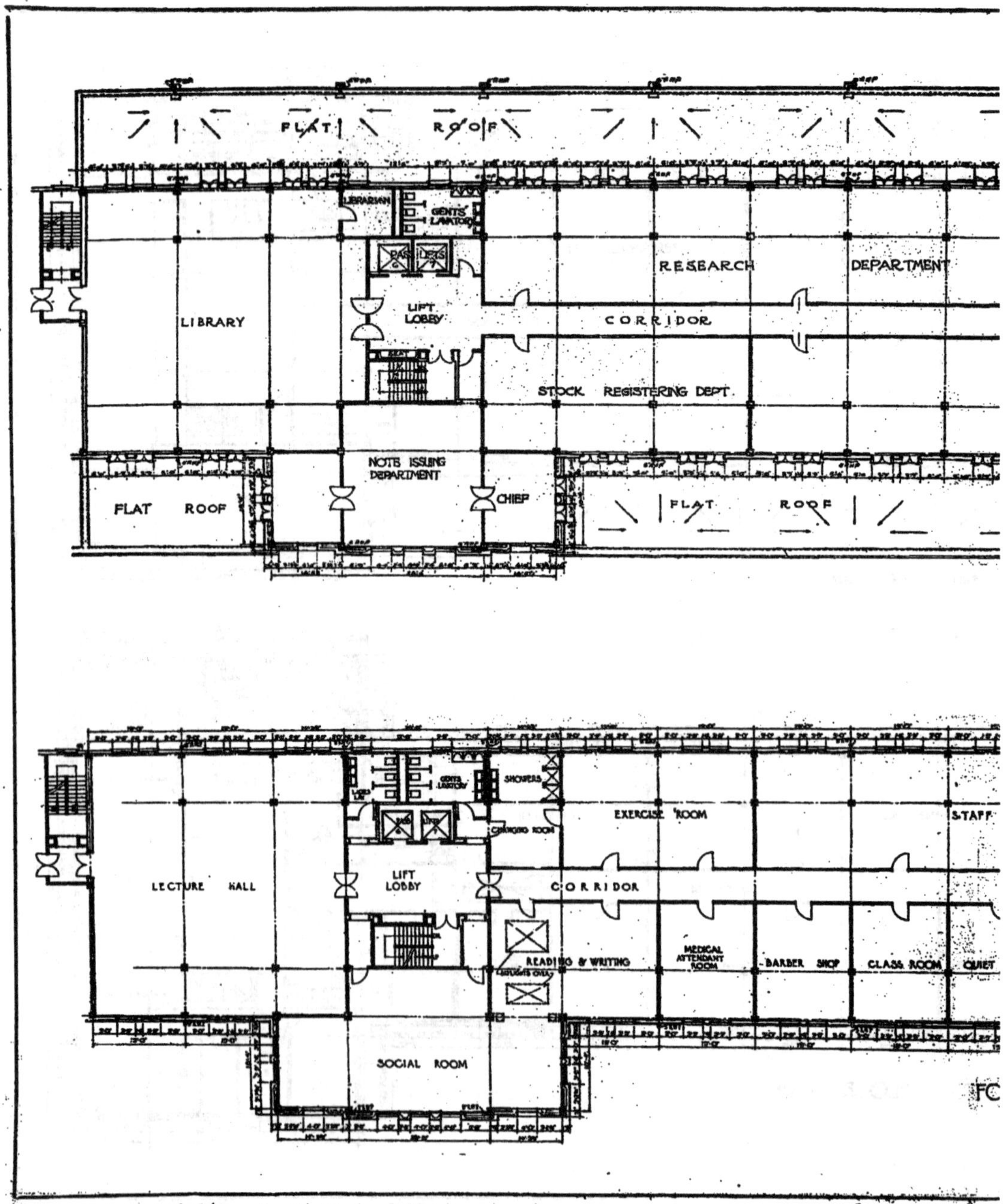

New Head Office for the Bank of China.

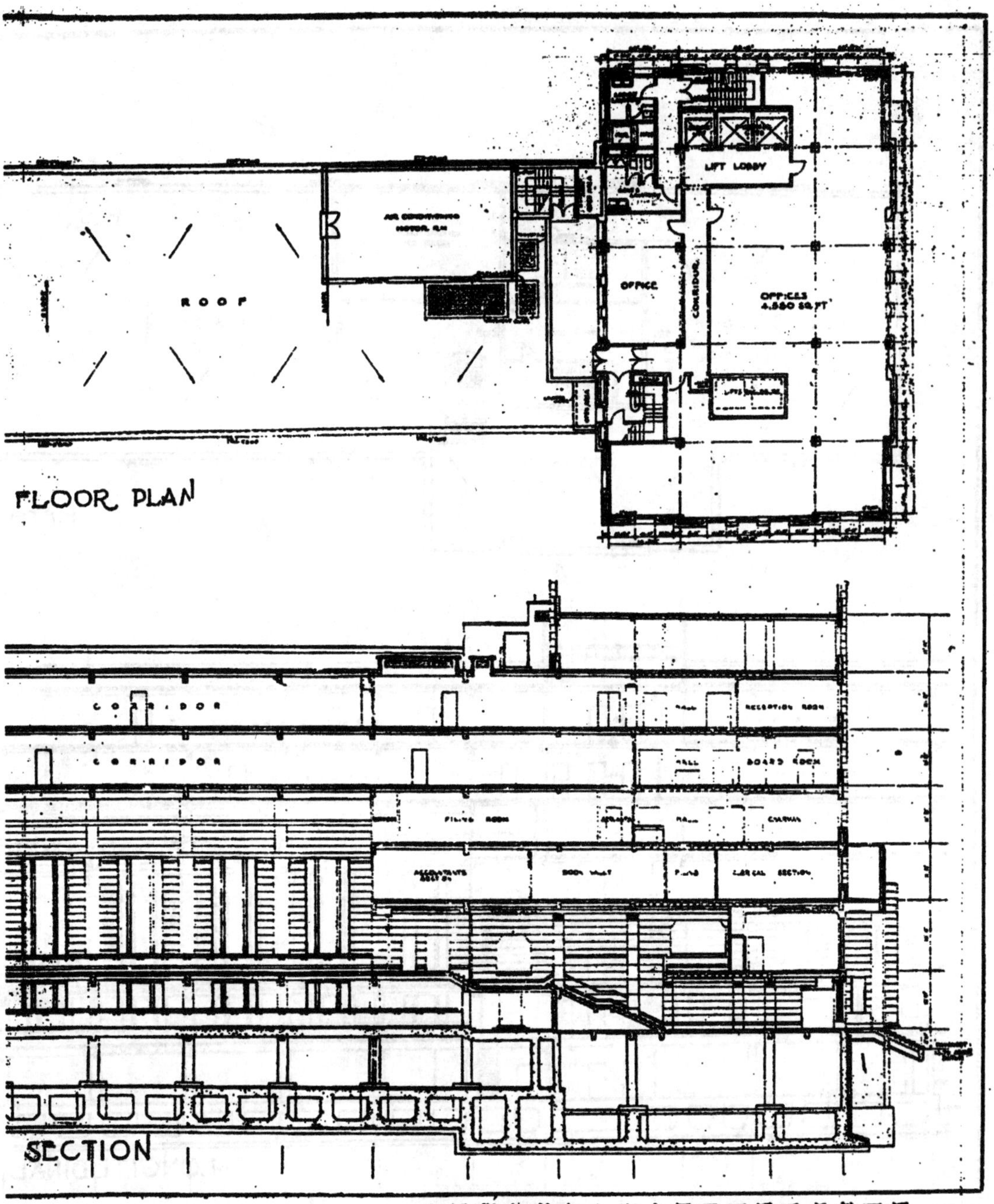

中國銀行總行大廈六層平面圖及長剖面圖

24567

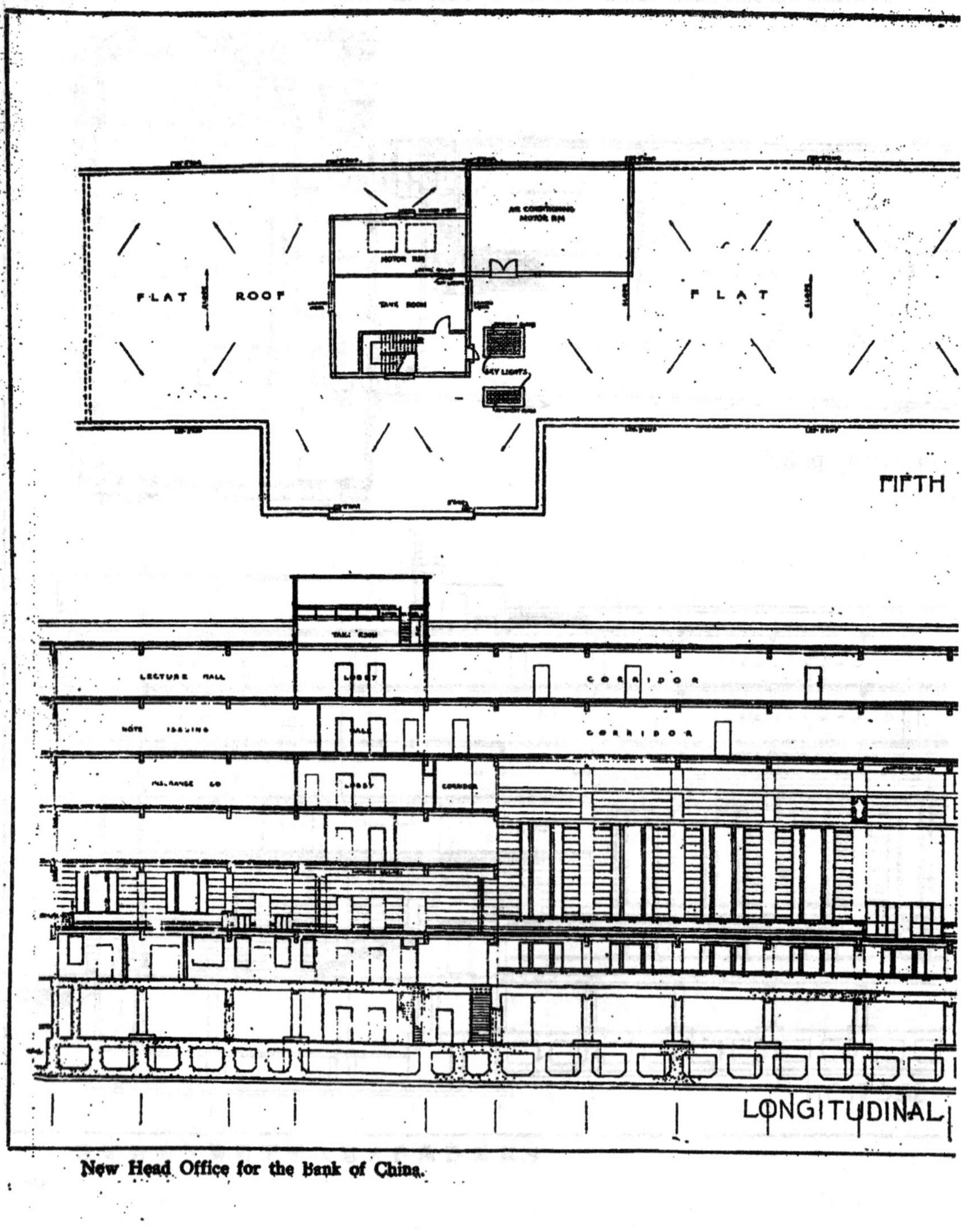

New Head Office for the Bank of China.

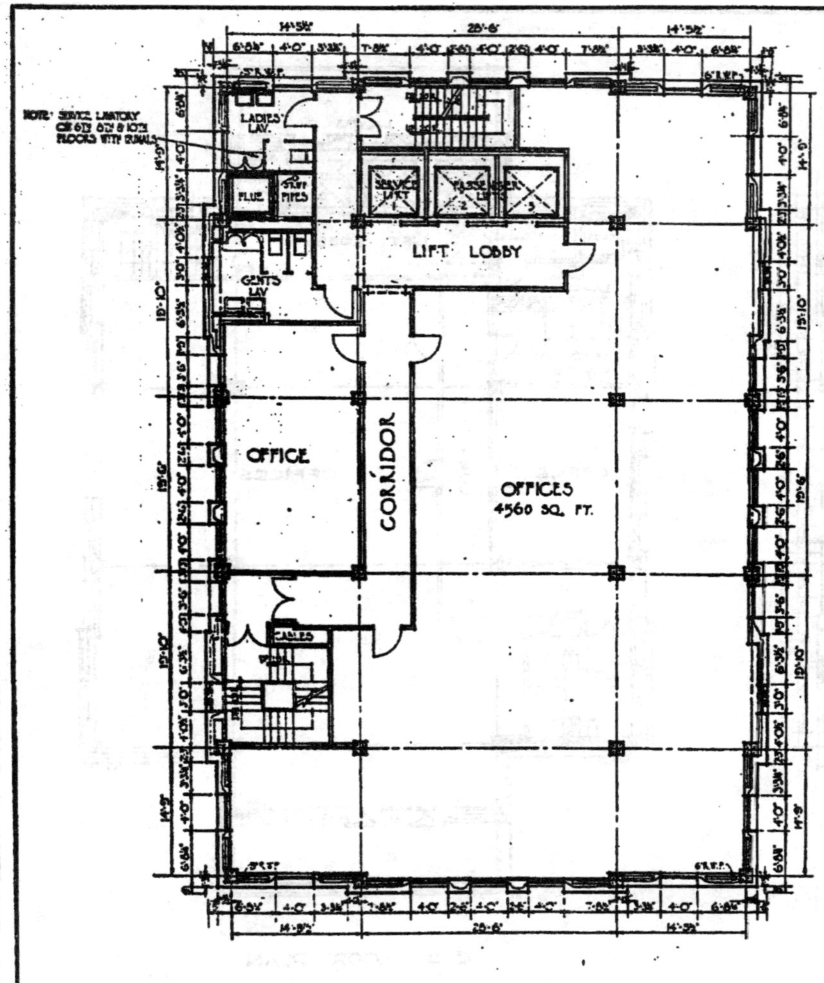

SIXTH TO TENTH FLOOR PLAN

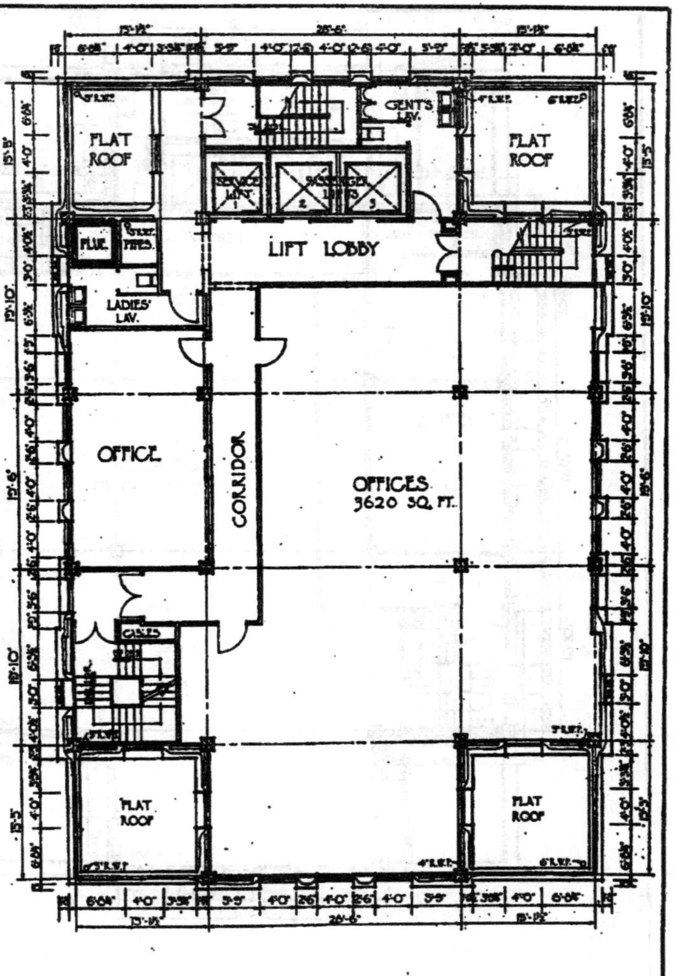

ELEVENTH FLOOR PLAN

New Head Office for the Bank of China. 中国銀行總行大厦七層至十一層平面圖及十二層平面圖

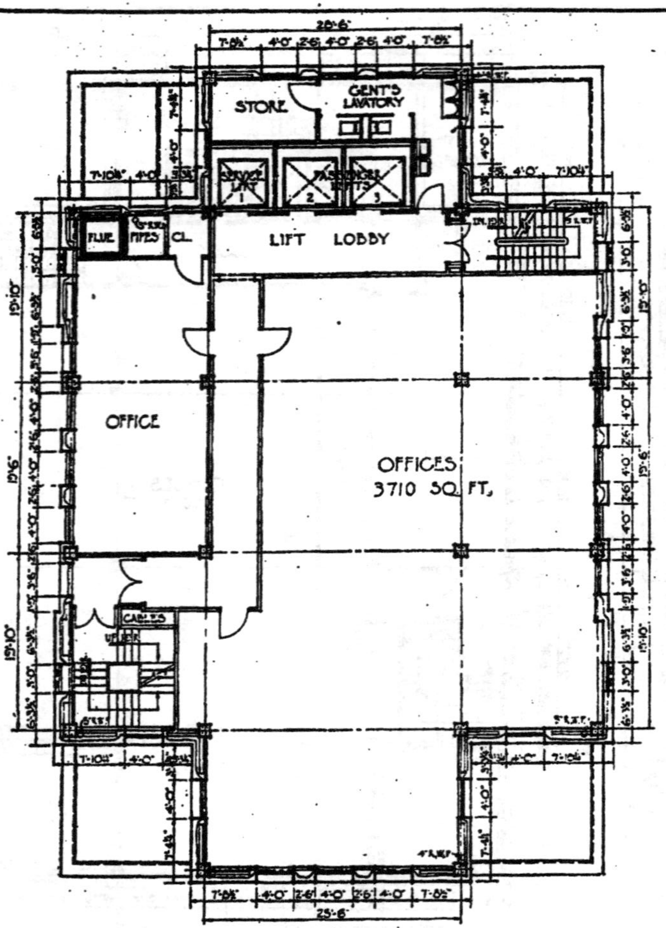

TWELFTH FLOOR PLAN

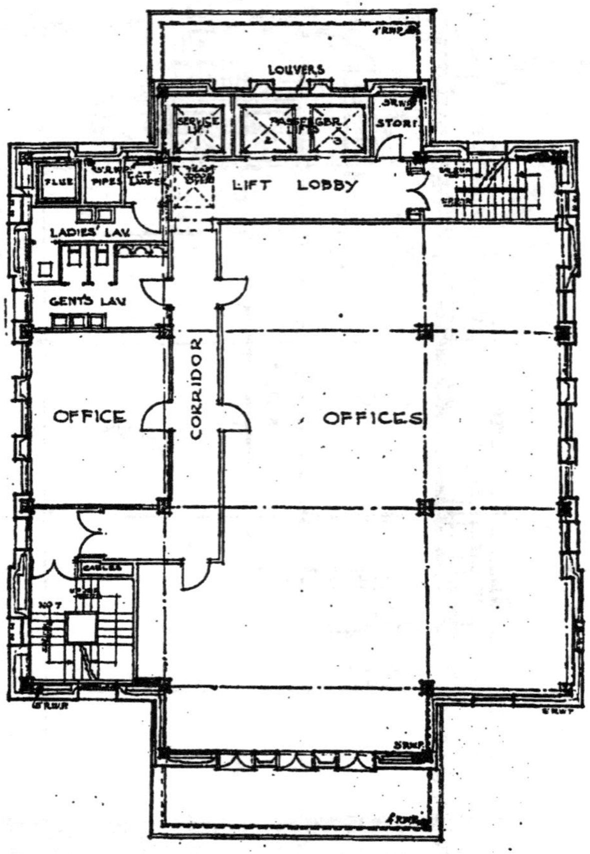

13TH FLOOR PLAN

New Head Office for the Bank of China. 中國銀行總行大廈十三層及十四層平面圖

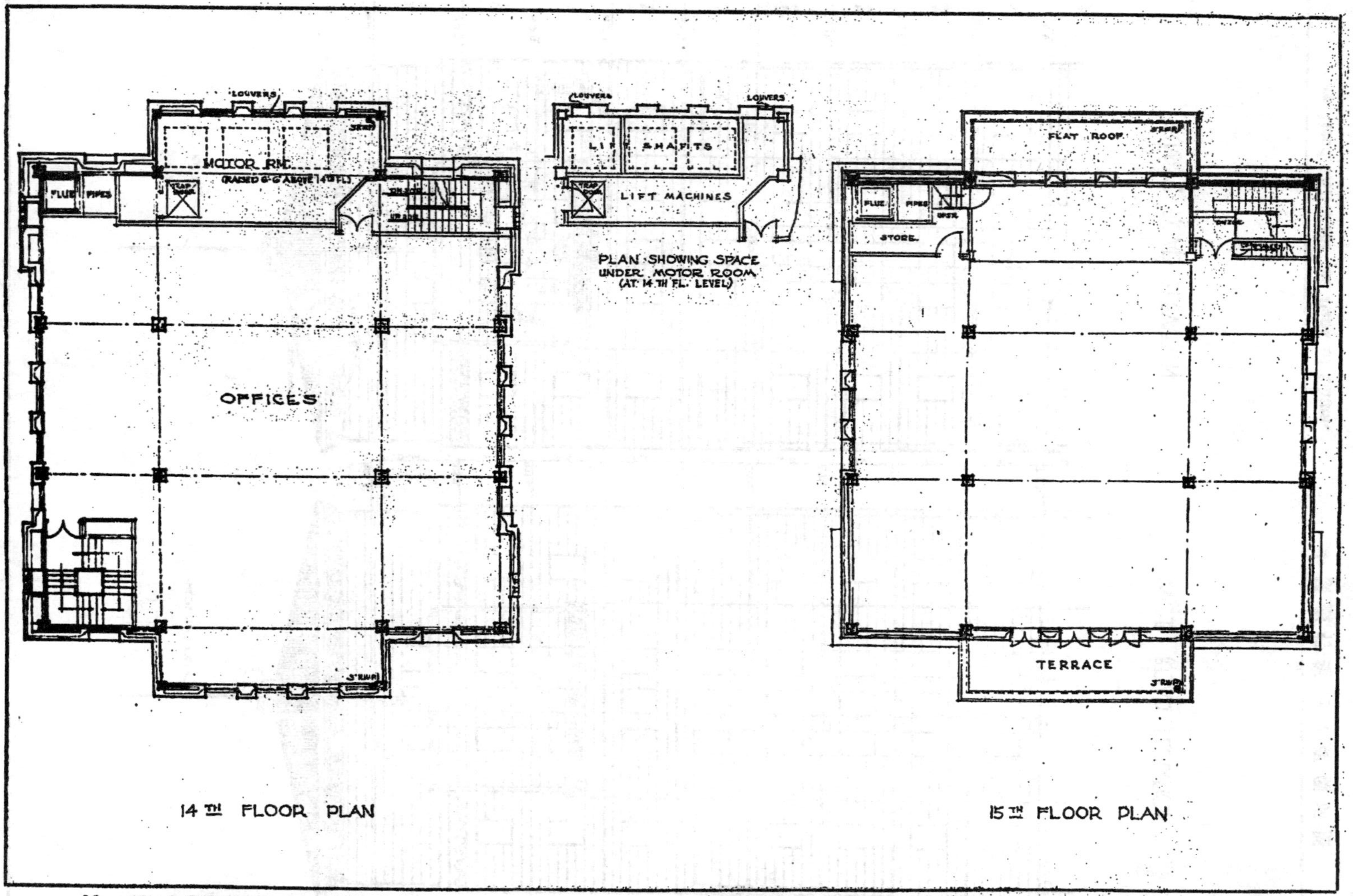

New Head Office for the Bank of China. 中國銀行總行大廈十五層及十六層平面圖

24571

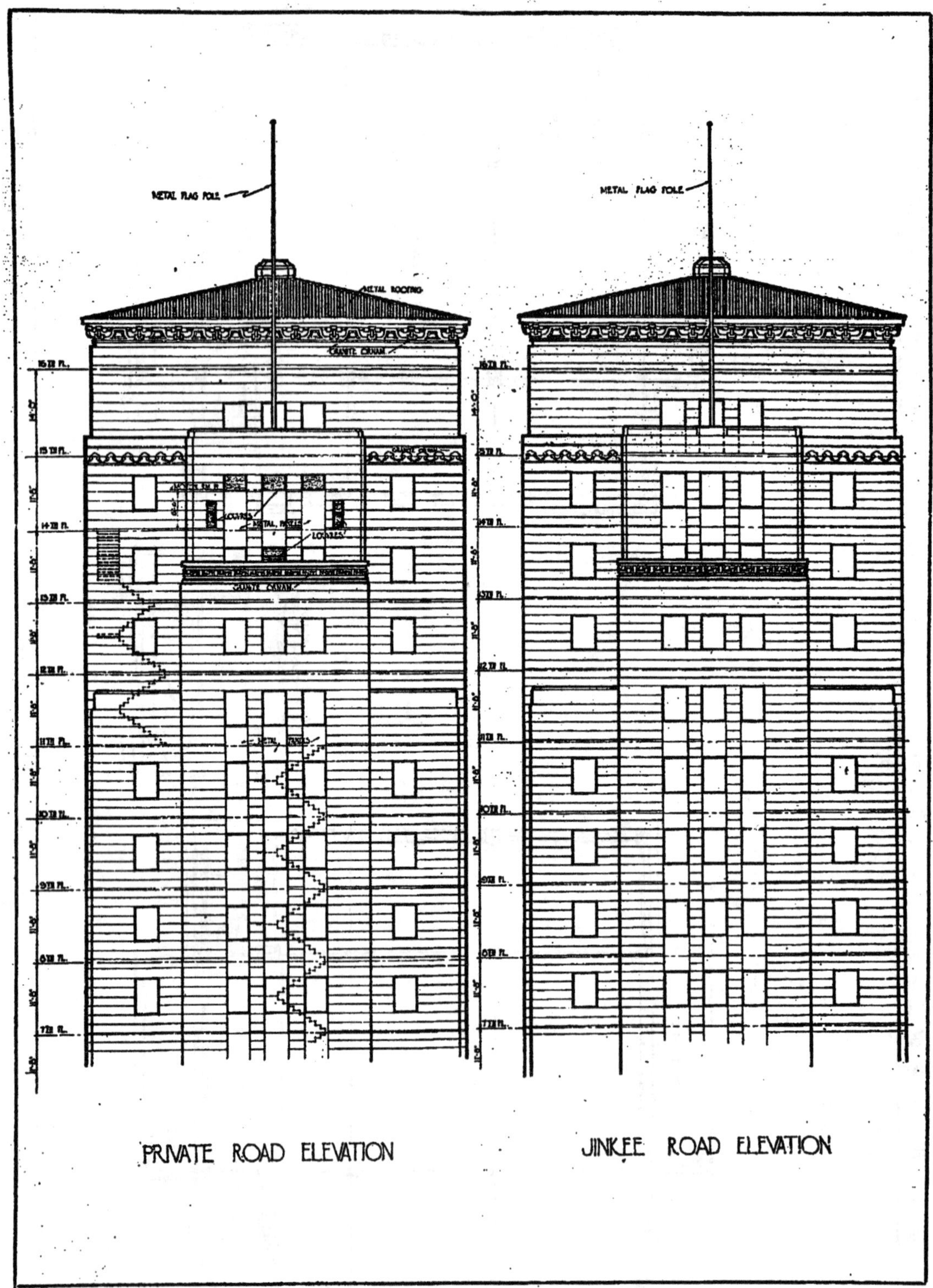

New Head Office for the Bank of China. 中國銀行總行大廈側面圖

24572

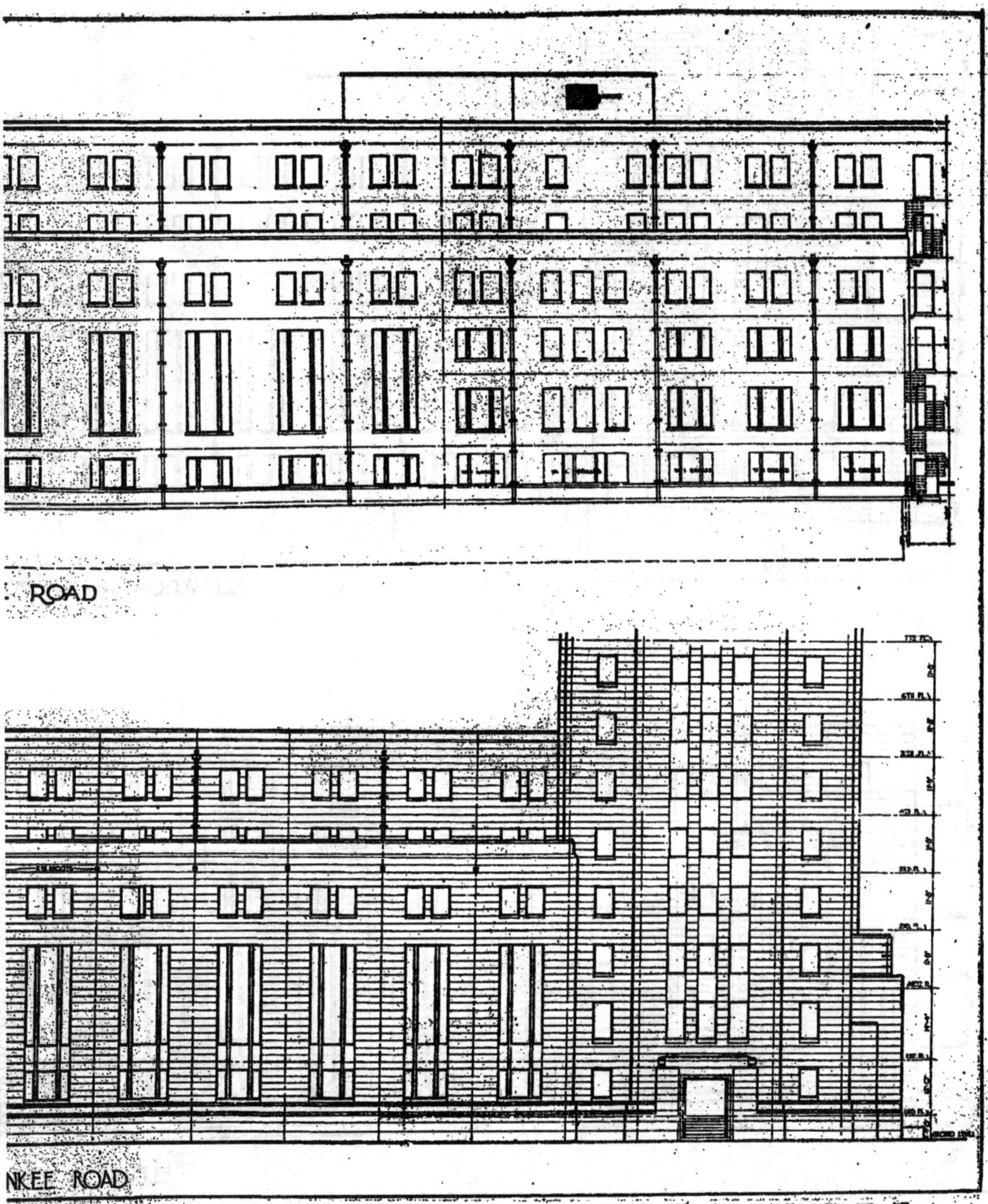

中國銀行總行大廈側面圖

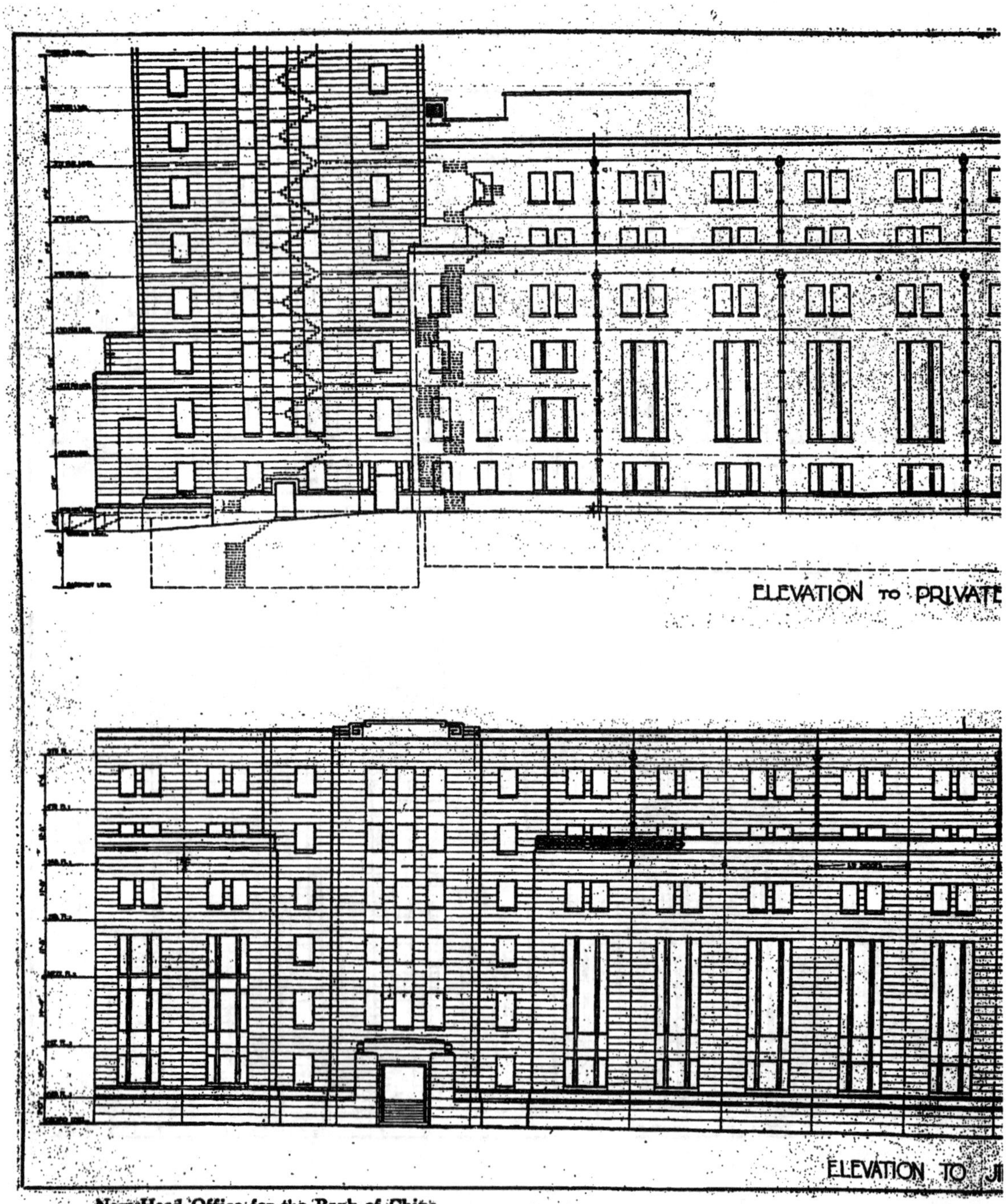

New Head Office for the Bank of China.

24574

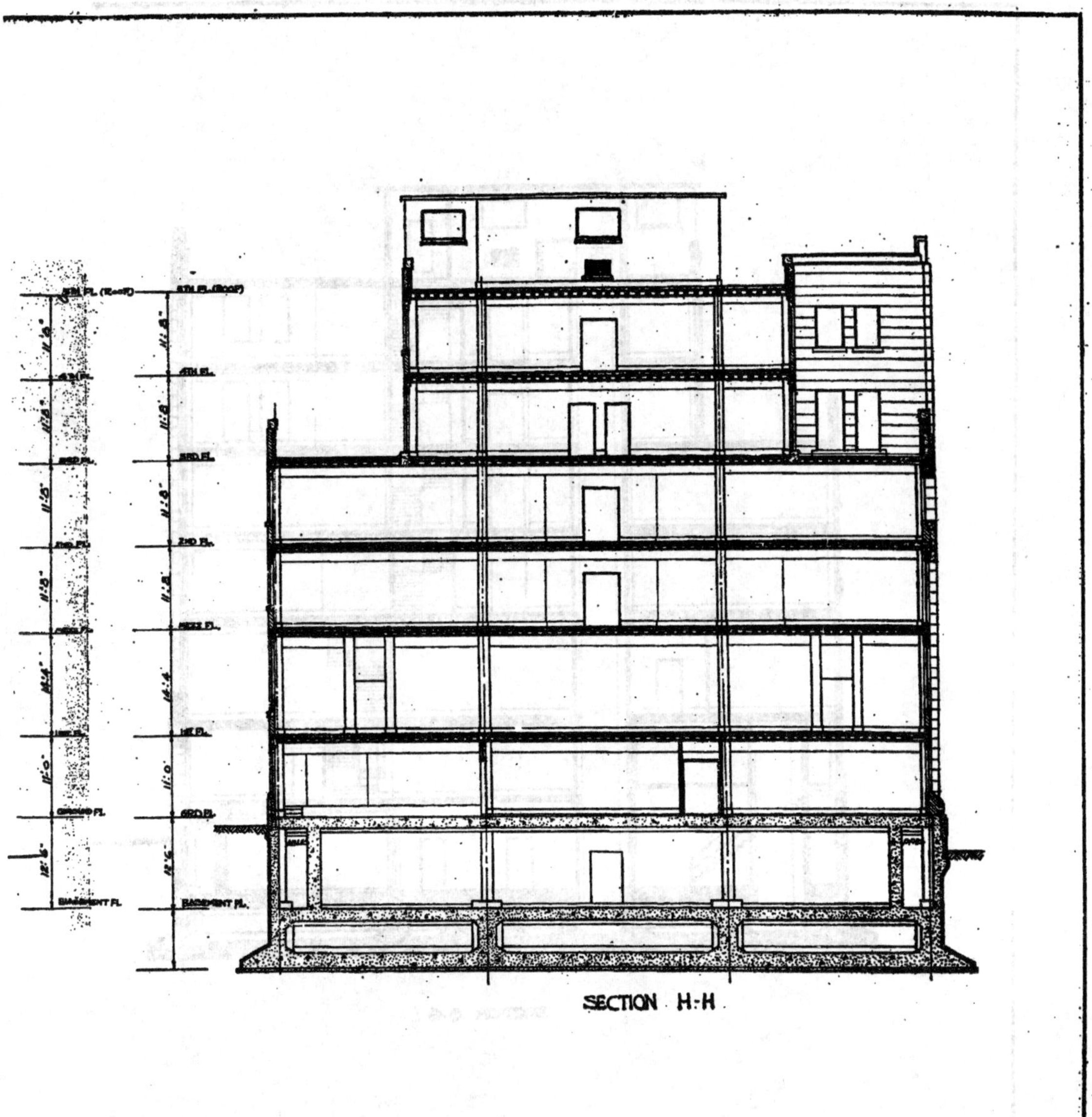

中國銀行總行大廈剖面圖

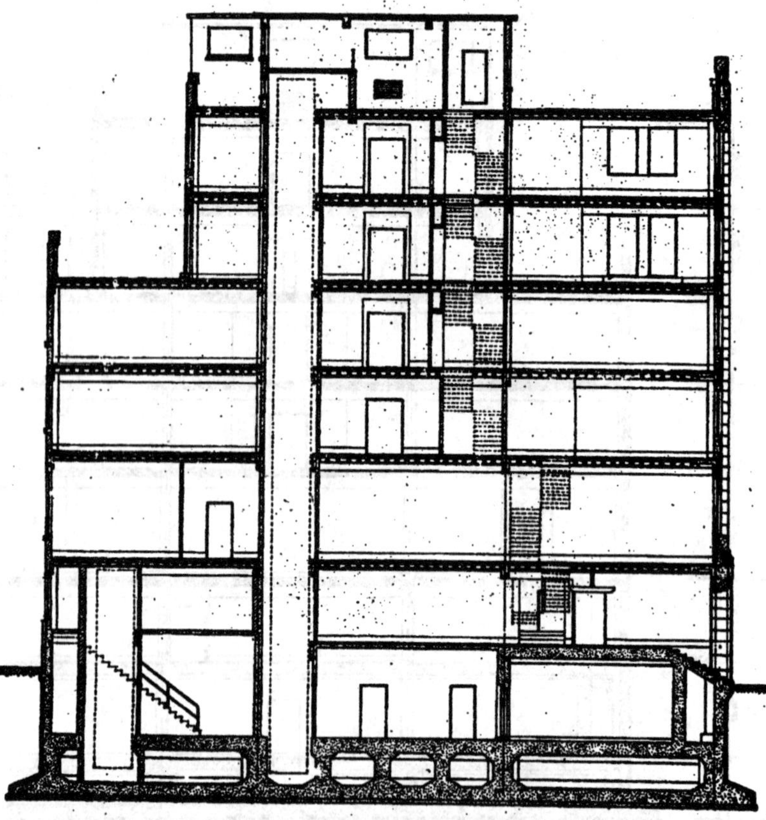

New Head Office for the Bank of China.

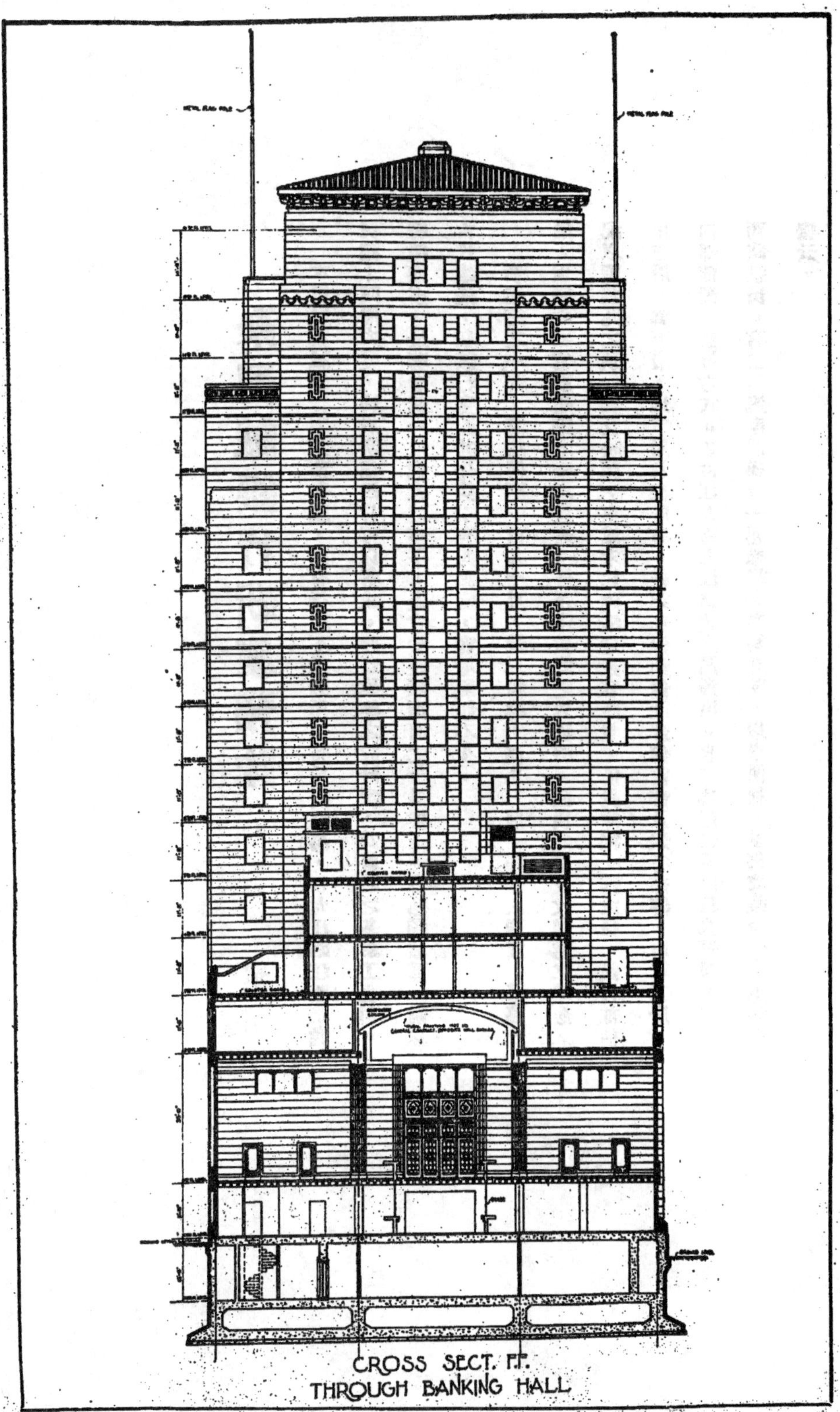

23 New Head Office for the Bank of China. 中國銀行總行大廈剖面圖

24577

聚興誠銀行新廈預誌

述

本埠聚興誠銀行因業務發展，原有行屋不敷應用，特斥資百萬，在九江路江西路角興建十四層大廈，約於明歲四月可以落成。此新建築之設計者，爲著名之基泰工程司。特徵頗多，最著者爲一宋代式之亭子，矗立於距離街面之十層樓上，在熱鬧城區，飾以古代建築，在該行實開其先聲；有此點綴，實增風韻不少。

新建築之中部，高離街面一百九十尺，冠以鐘樓，高凡三層。中部之兩翼，各高十層，頂線中國宮殿建築之雙層屋簷。外用淺黃式之大理石，屋頂之亭及收進處之屋簷，配以藍色瓦之頂，相互映輝，更感宋代建築之雍容華貴，倍覺渾穆。落成後，銀行部佔用三層，爲下層，地下層及夾層等。營業部份如信託部儲蓄部及銀行部等，均在下層，內部佈置，悉遵古式。將由江西路九江路角大門進出。自二樓起係爲出租寫字間，由江西路進出。有二高速度電梯及一運輸梯，專司升降，以求便利。全部建築裝有空氣調節機云。

上海聚興誠銀行新屋

江西路九江路口

基泰工程師設計

(透視圖見本期封面)

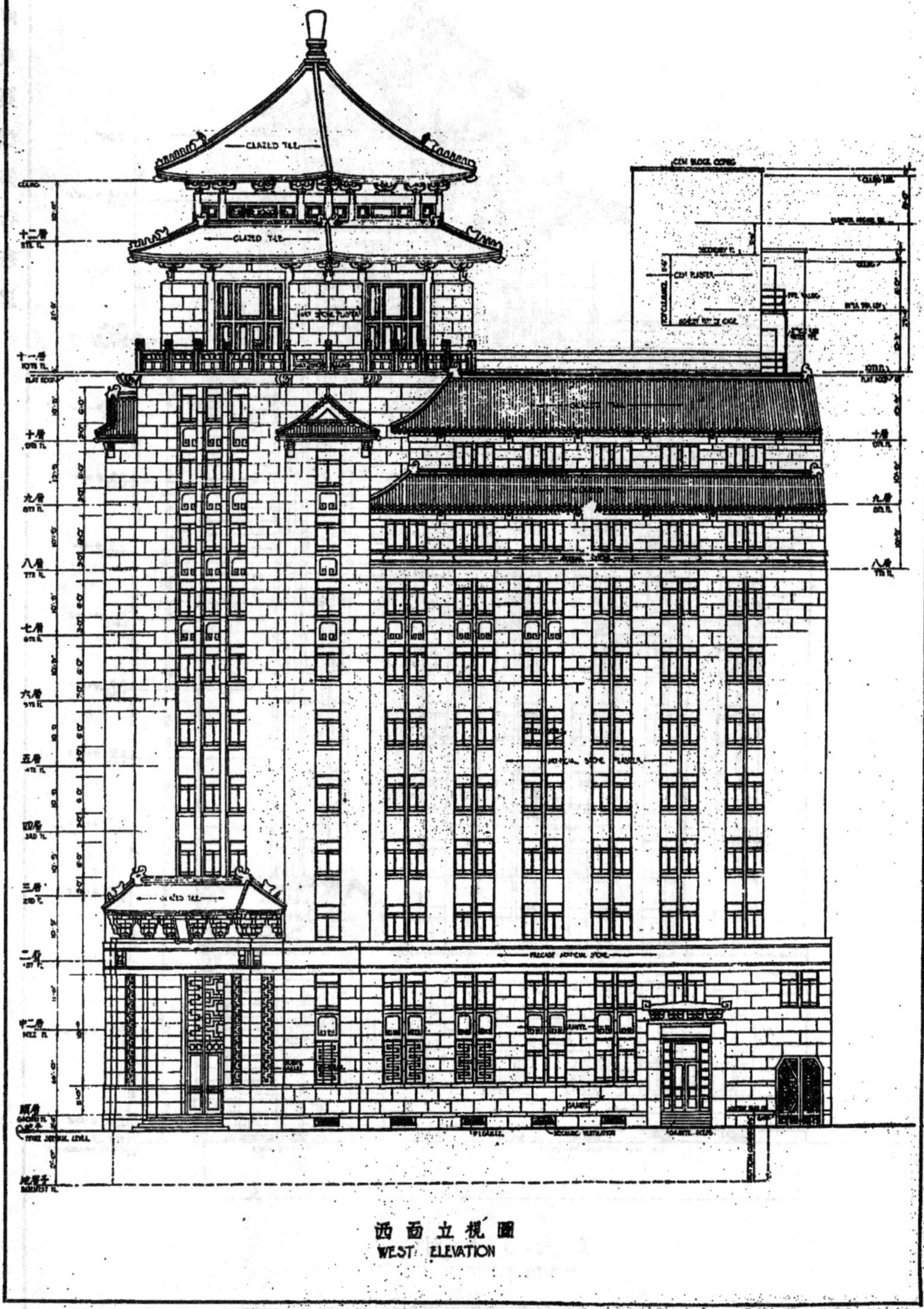

New Building of the Young Brothers Banking Corporation,
Kiangse and Kiukiang Roads, Shanghai.

Kwan, Chu & Yang, Architects.

上海聚興誠銀行新屋

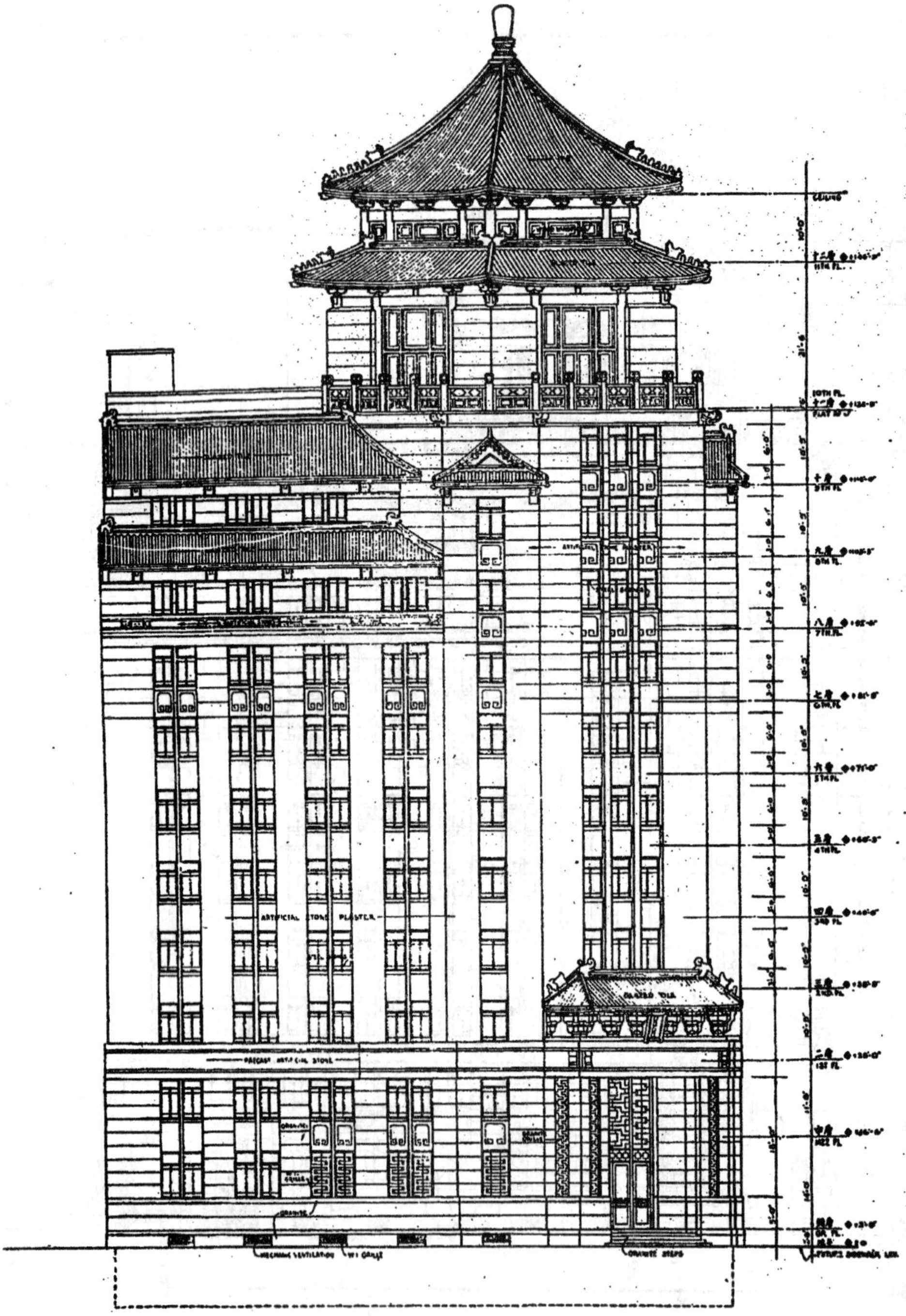

北面立視圖

NORTH ELEVATION

New Building of the Young Brothers Banking Corporation.

上海聚興誠銀行新屋

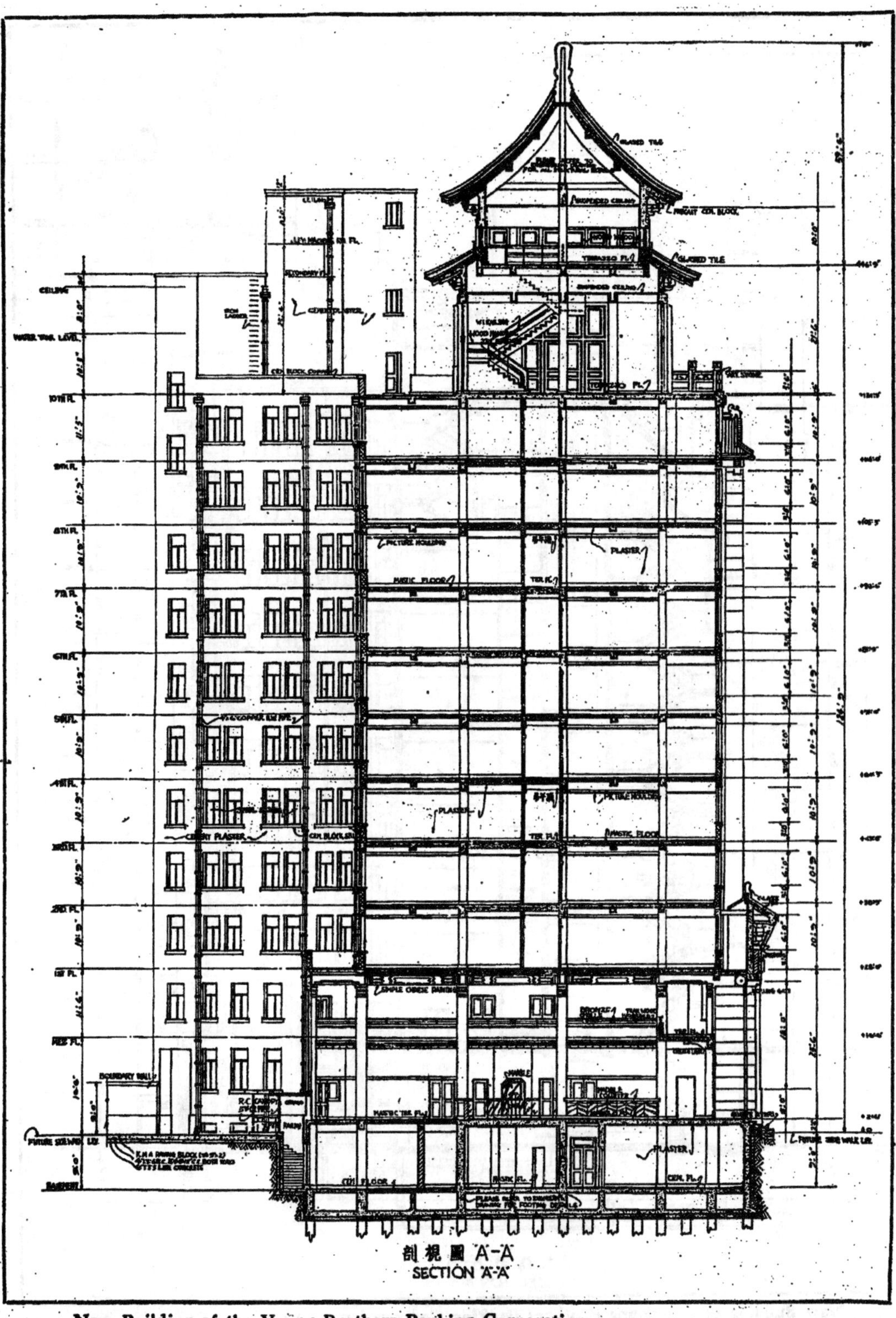

New Building of the Young Brothers Banking Corporation.

24581

上海聚興誠銀行新屋

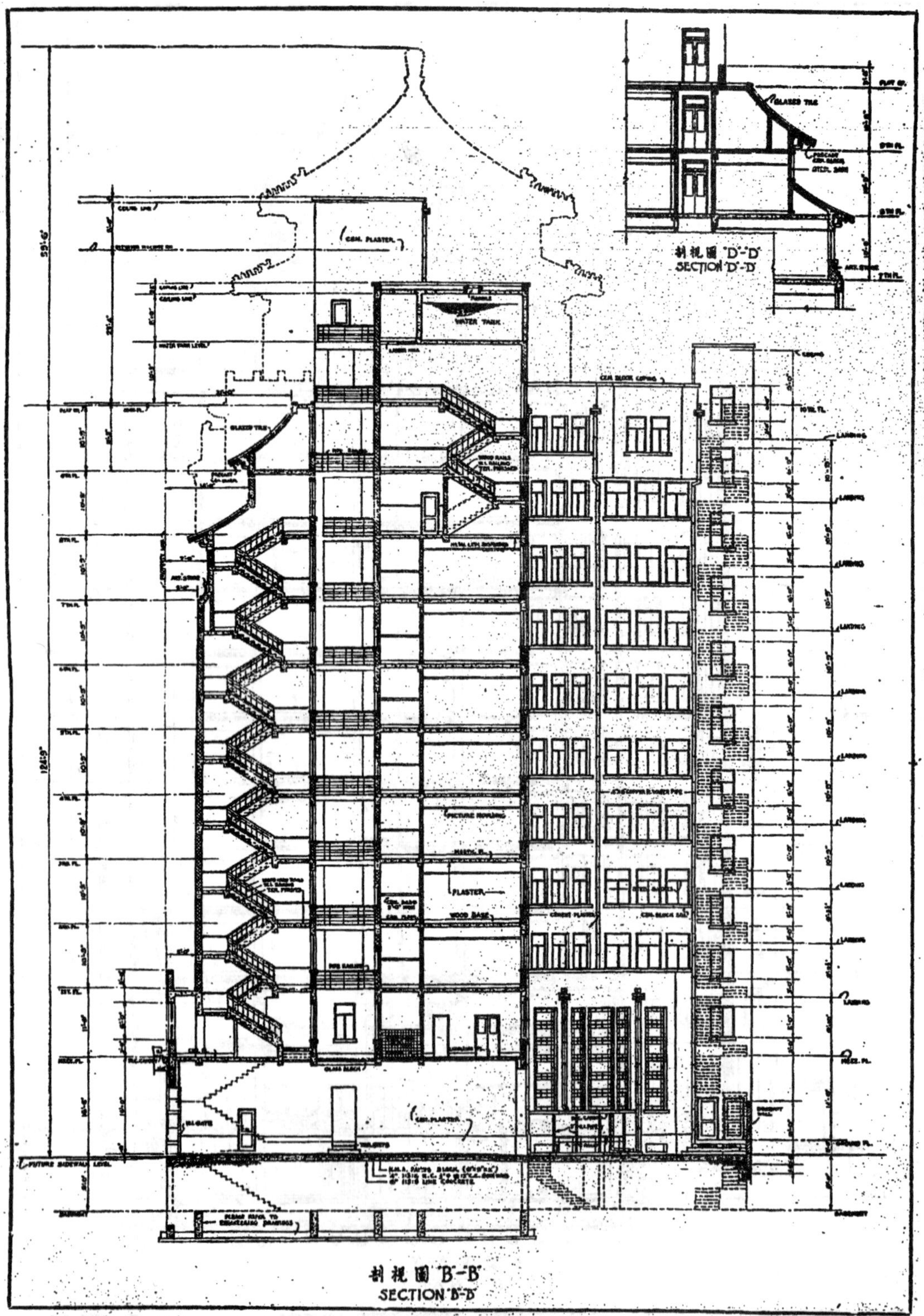

New Building of the Young Brothers Banking Corporation.

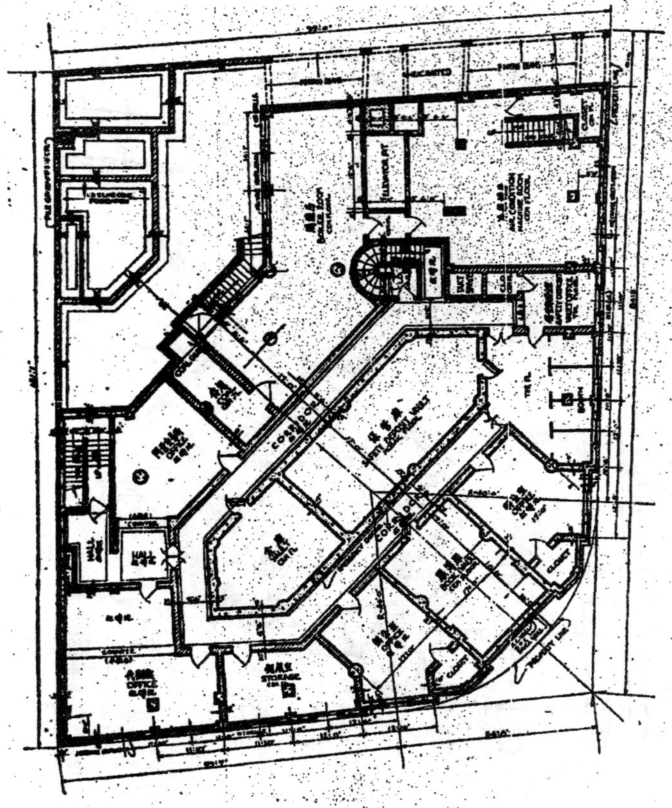

地窨子平面圖
BASEMENT PLAN

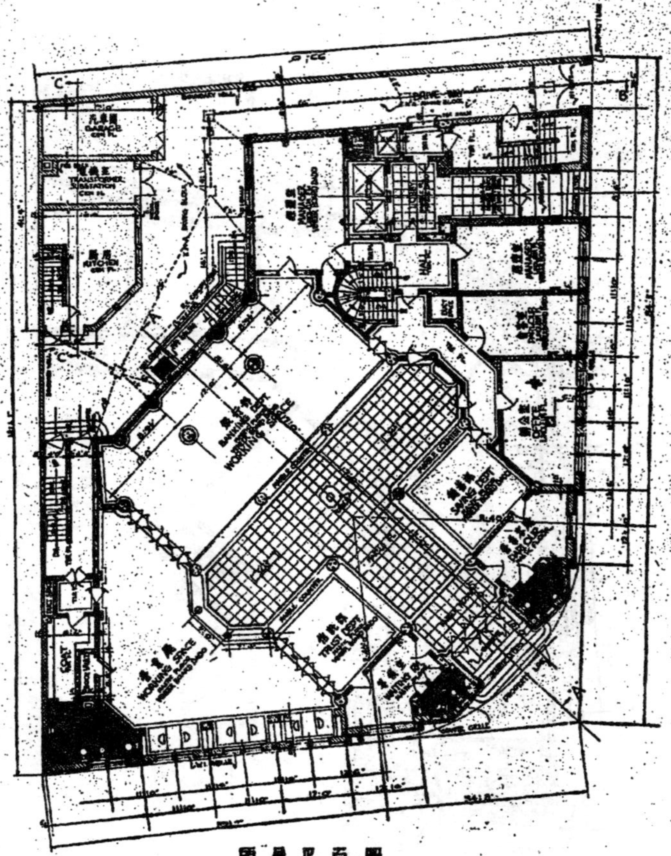

頭層平面圖
GROUND FLOOR PLAN

New Building of the Young Brothers Banking Corporation.

上海聚興誠銀行新屋

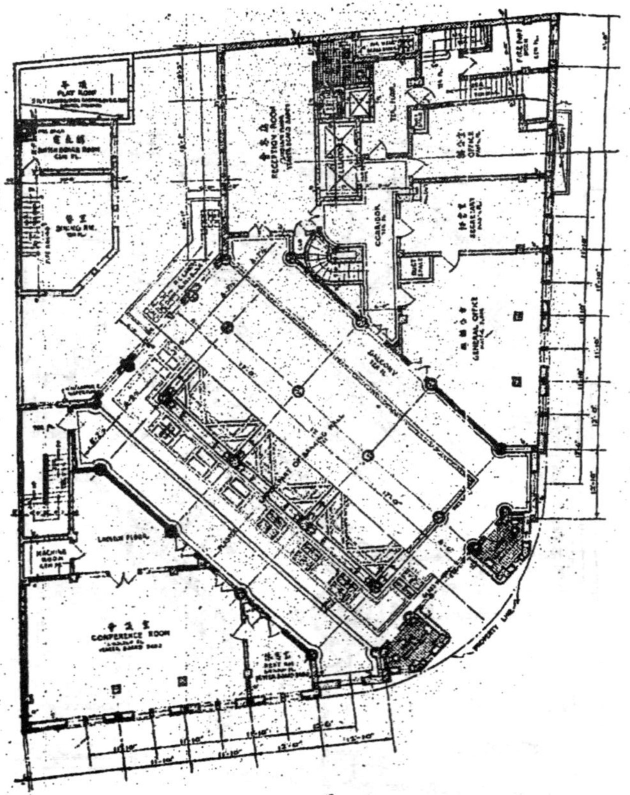

中層平面圖
MEZZANINE FLOOR PLAN

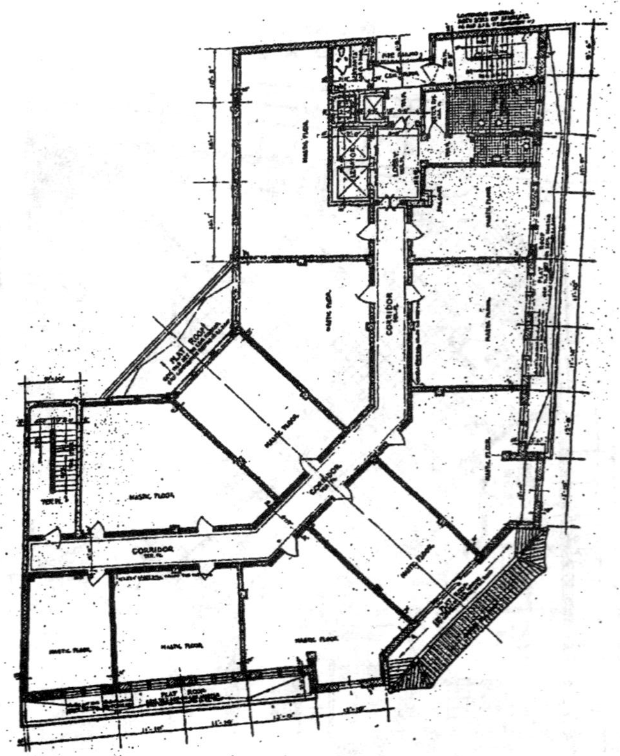

貳層平面圖
FIRST FLOOR PLAN

New Building of the Young Brothers Banking Corporation.

上海聚興誠銀行新屋

24584

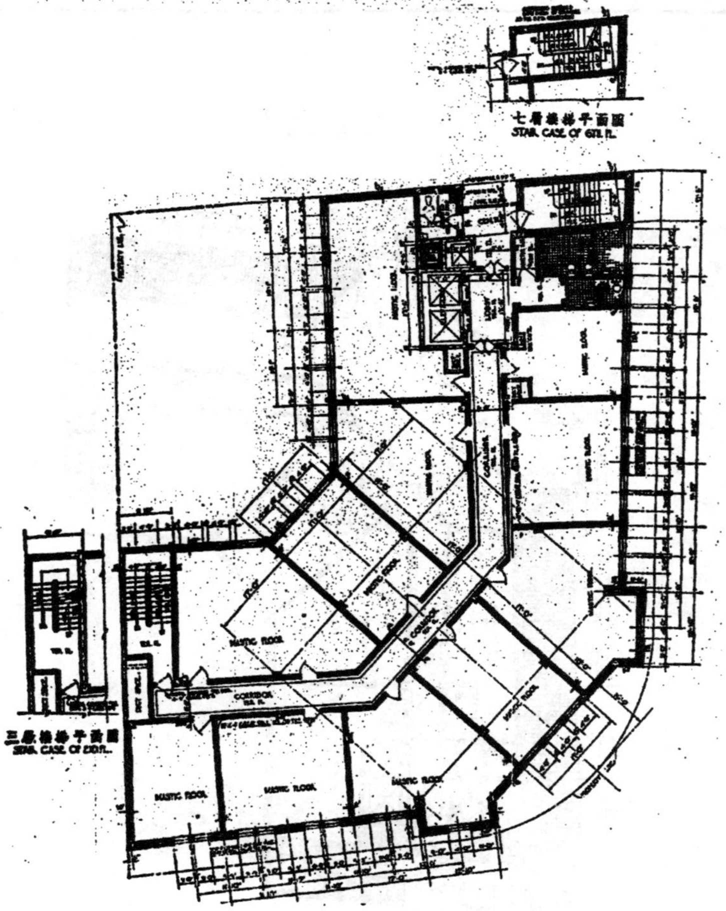

三四五六七層平面圖
TYPICAL FLOOR PLAN
(2ND, 3RD, 4TH, 5TH, 6TH FLOOR)

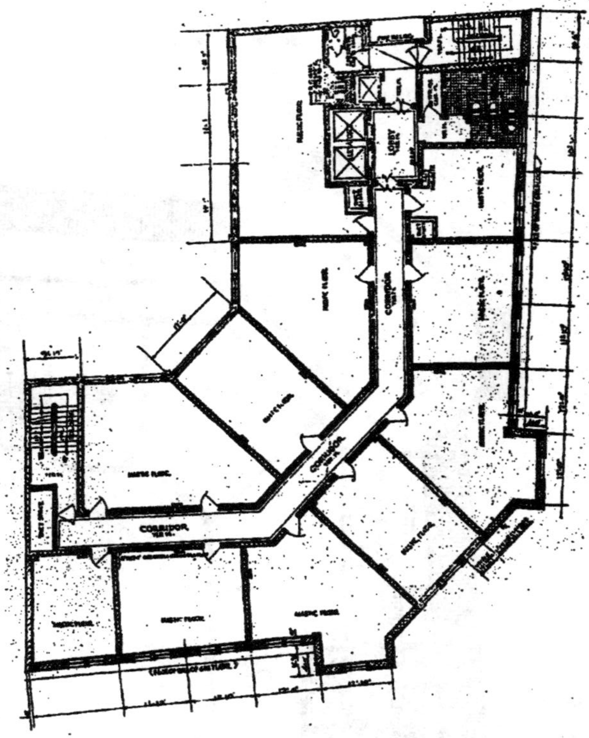

八層平面圖
7TH FLOOR PLAN

New Building of the Young Brothers Banking Corporation.

上海聚興誠銀行新屋

24585

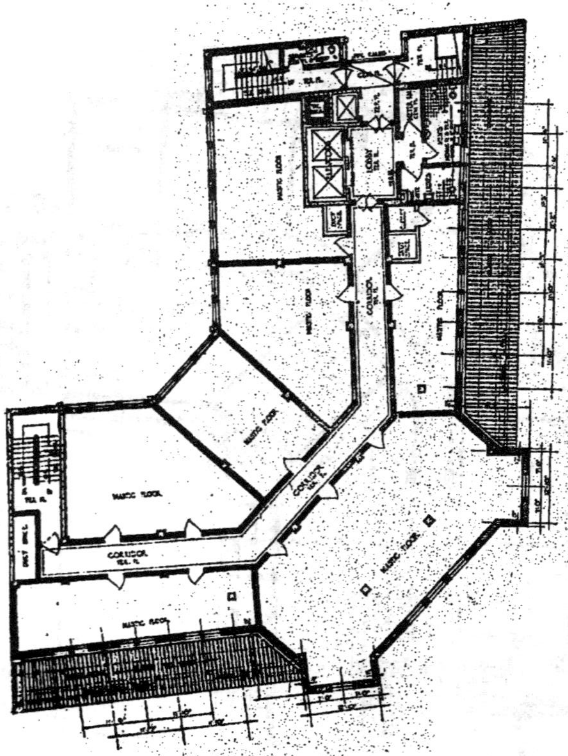

九層平面圖
8TH. FLOOR PLAN

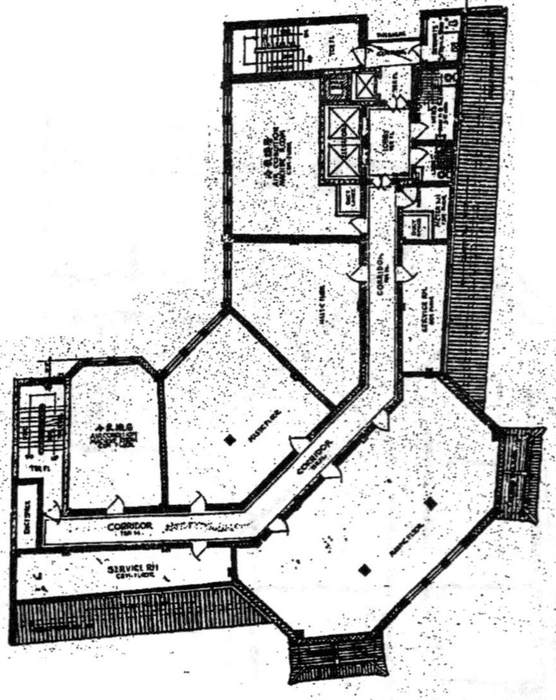

十層平面圖
9TH. FLOOR PLAN

New Building of the Young Brothers Banking Corporation.

上海聚興誠銀行新屋

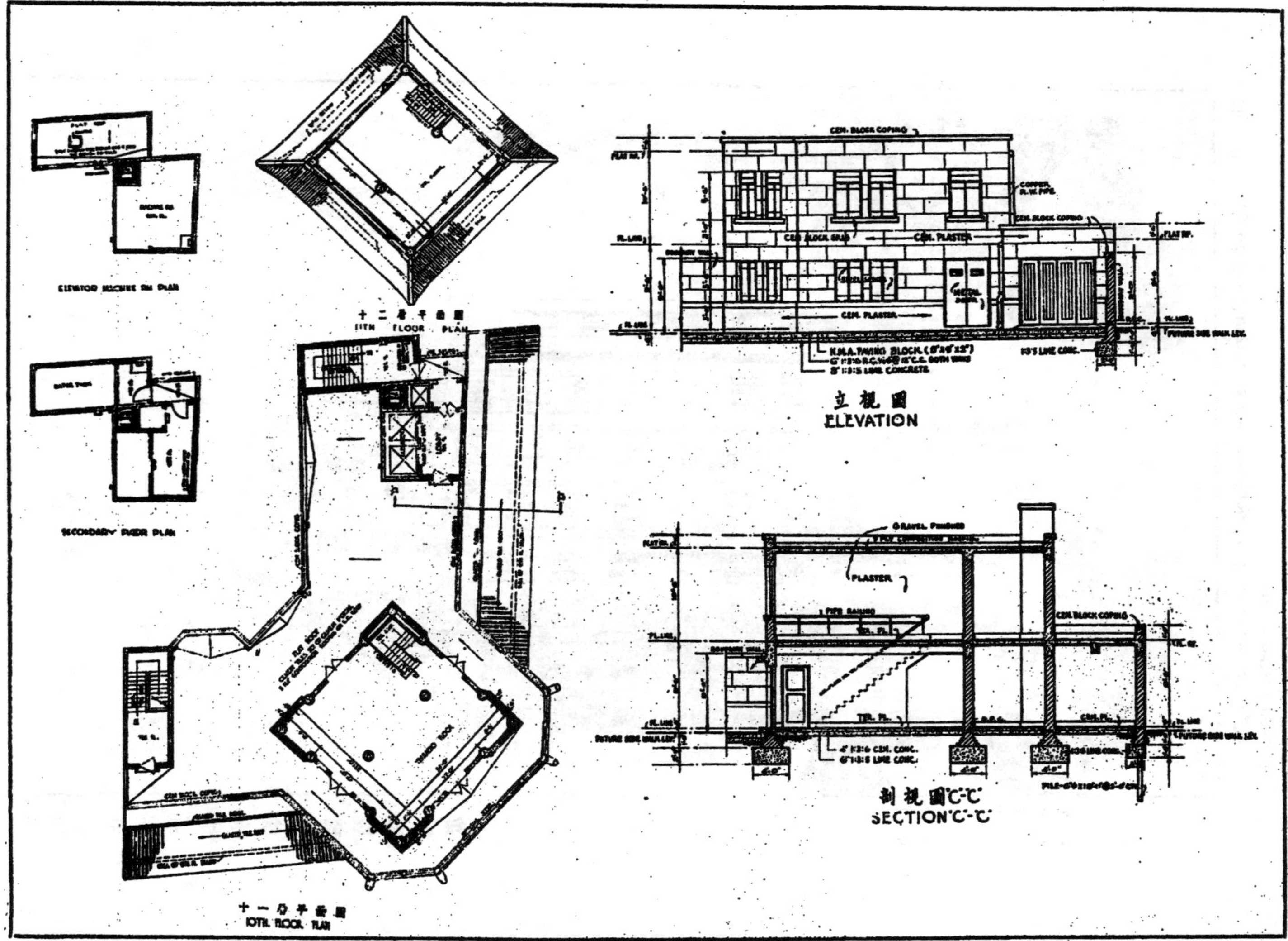

New Building of the Young Brothers Banking Corporation.　　上海聚興誠銀行新屋

24587

正在建築中之上海法國郵船公司大廈

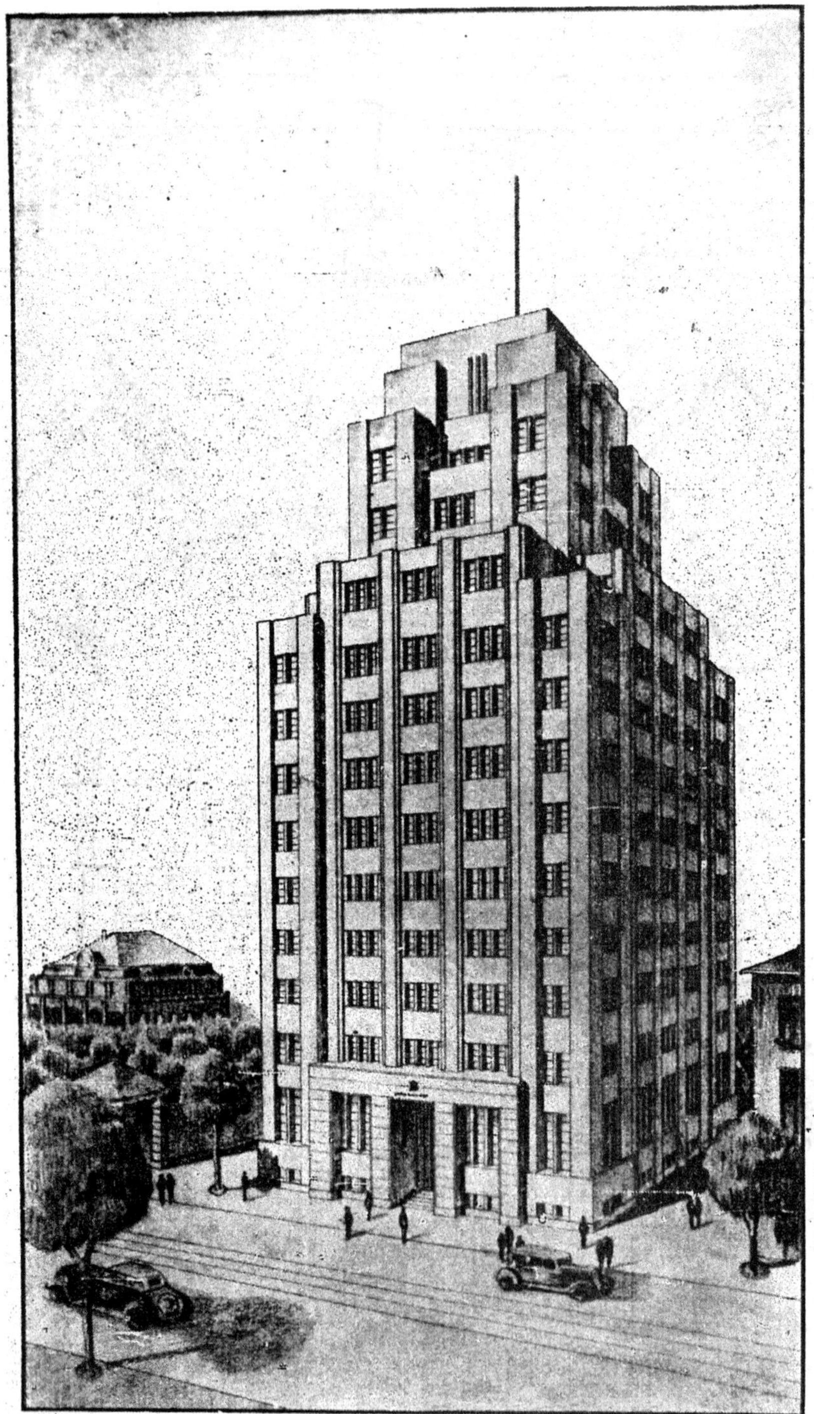

中法實業公司設計
潘榮記營造廠承造

New Building of the Compagnie des Messageries Maritimes. Shanghai.

Minutti & Co., Architects.
Poan Young Foo & Co., Contractors.

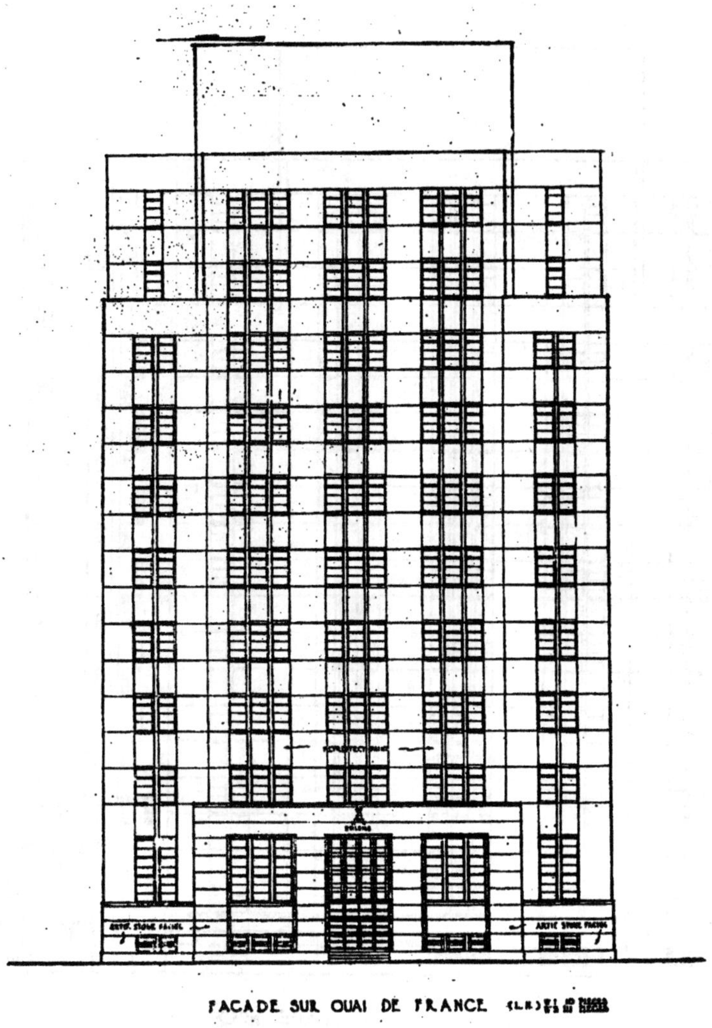

法國郵船公司大廈正面圖

New Building of the Compagnie des Messageries Maritimes.

法國郵船公司大廈北面圖

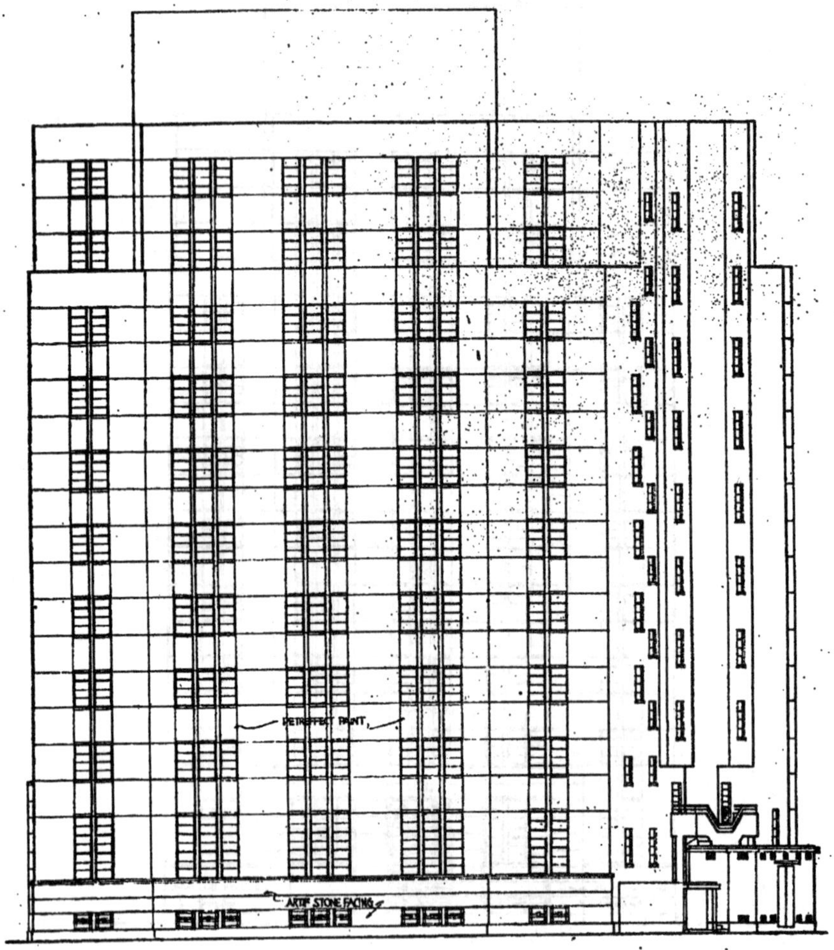

New Building of the Compagnie des Messageries Maritimes.

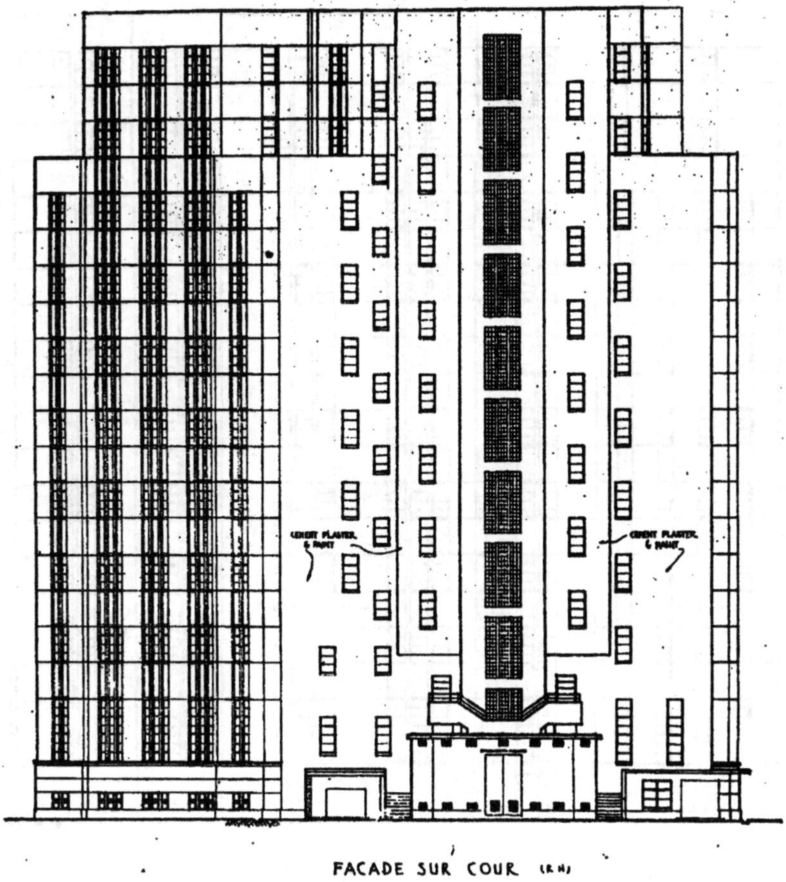

法國郵船公司大廈後面圖

New Building of the Compagnie des Messageries Maritimes.

24591

法國郵船公司大廈南面圖

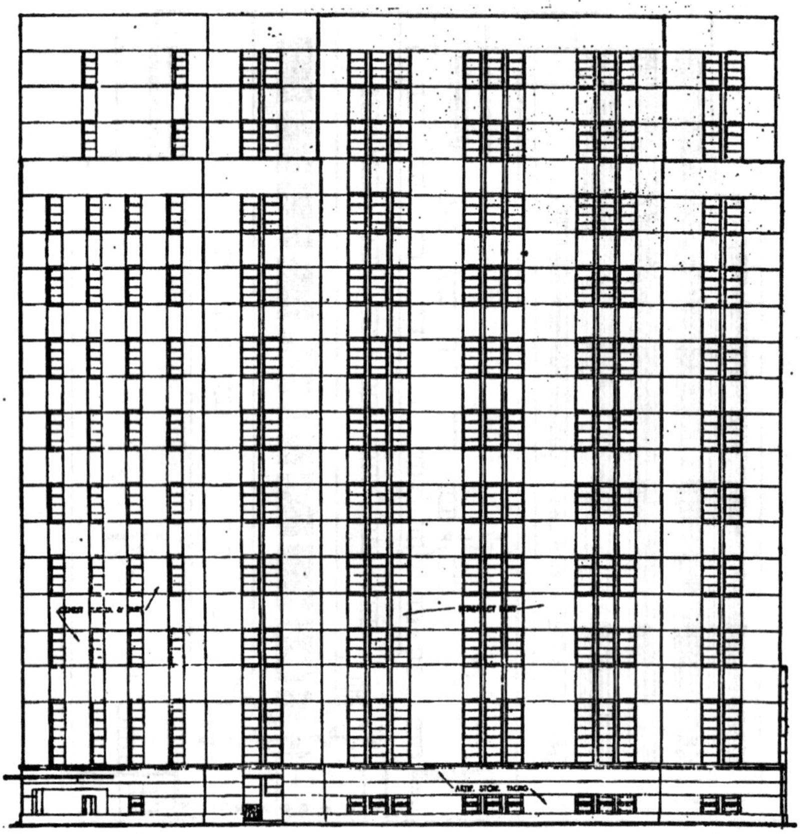

FACADE SUR PASSAGE SUD

New Building of the Compagnie des Messageries Maritimes.

法國郵船公司大廈剖面圖

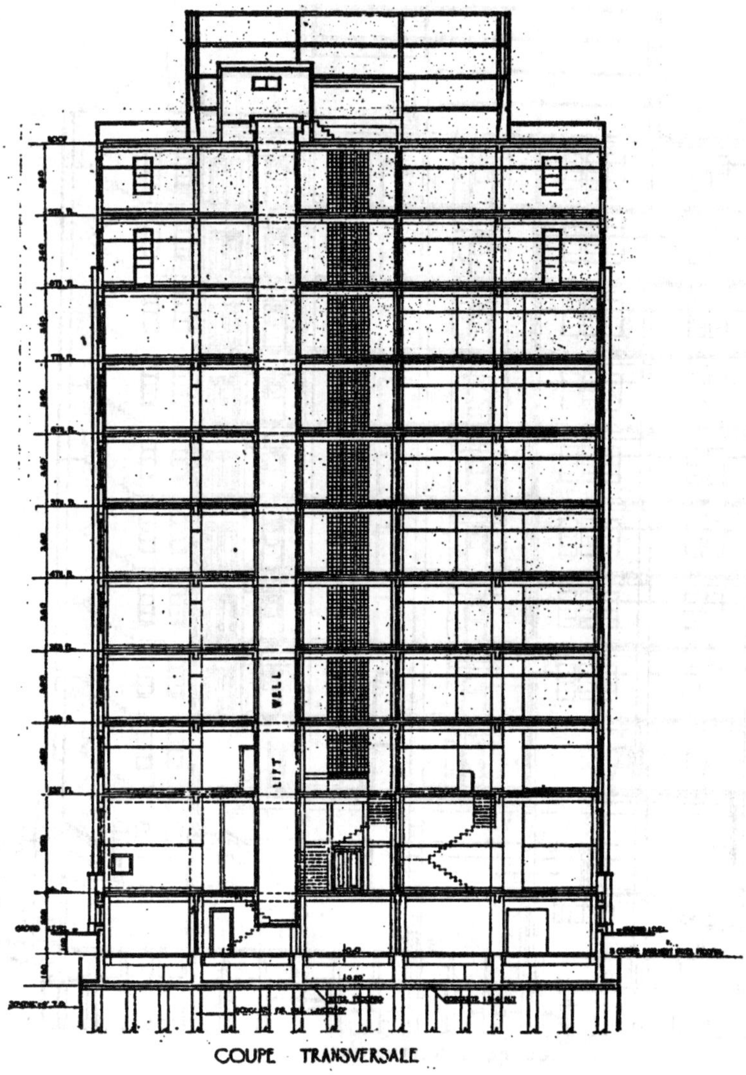

New Building of the Compagnie des Messageries Maritimes.

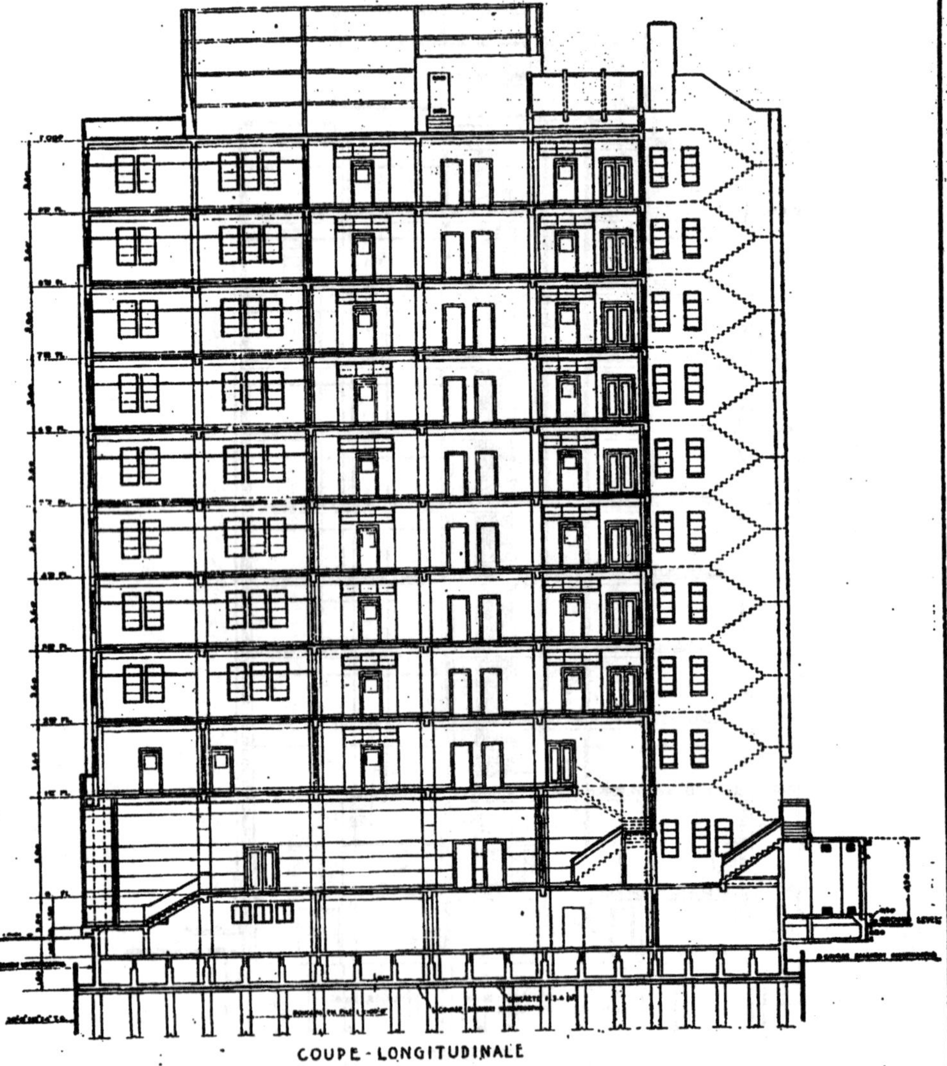

法國郵船公司大廈剖面圖

New Building of the Compagnie des Messageries Maritimes.

24594

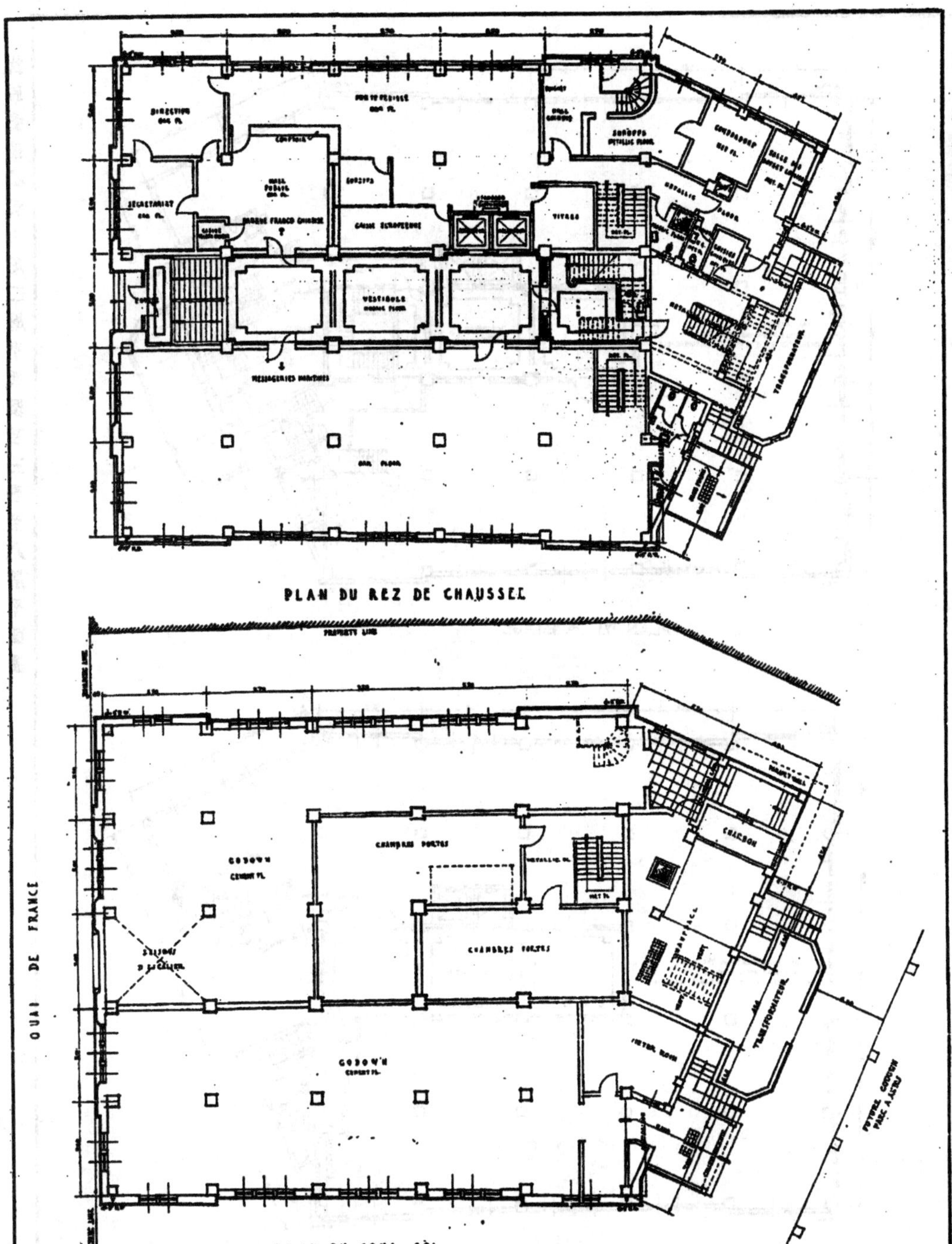

法國郵船公司大廈下層平面圖及地下層平面圖

New Building of the Compagnie des Messageries Maritimes.

法國郵船公司大廈二層平面圖及三層至八層平面圖

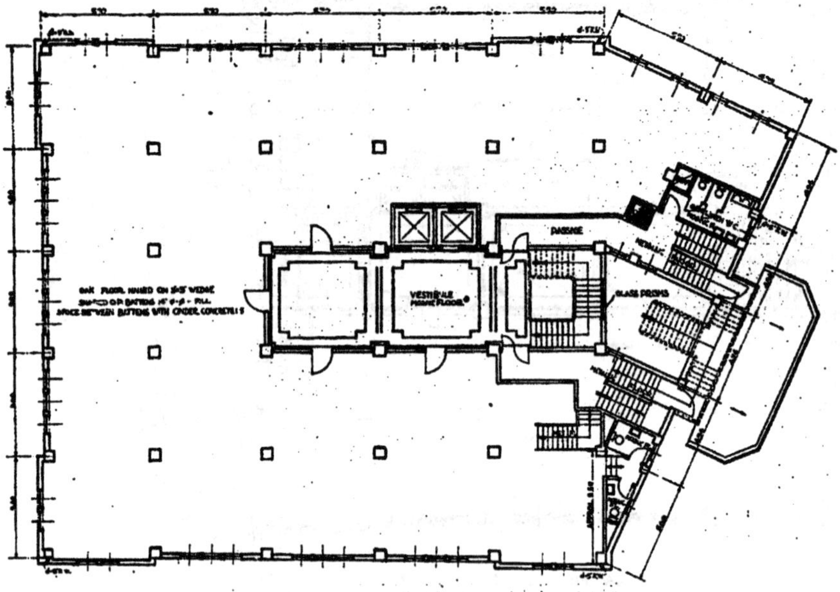

PLAN DU 1er ETAGE

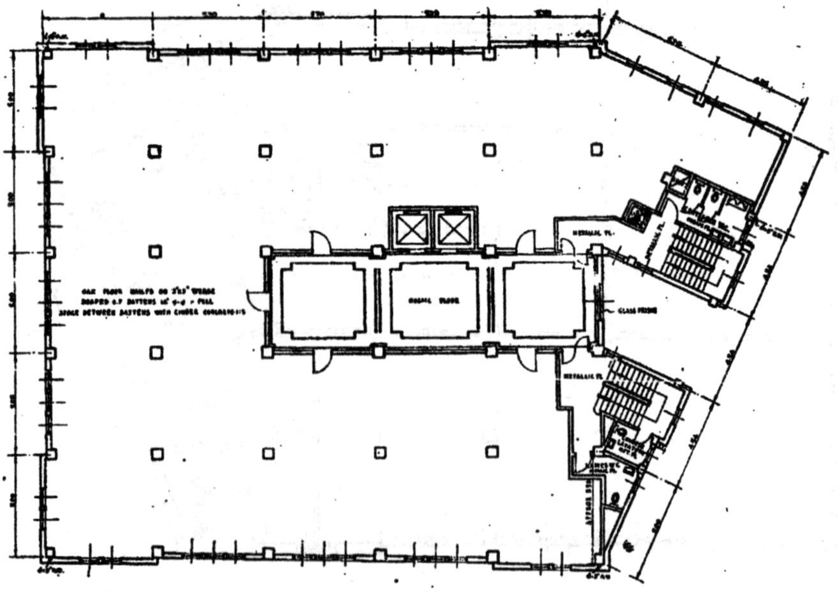

ETAGE TYPE (2e - 7e)

New Building of the Compagnie des Messageries Maritimes.

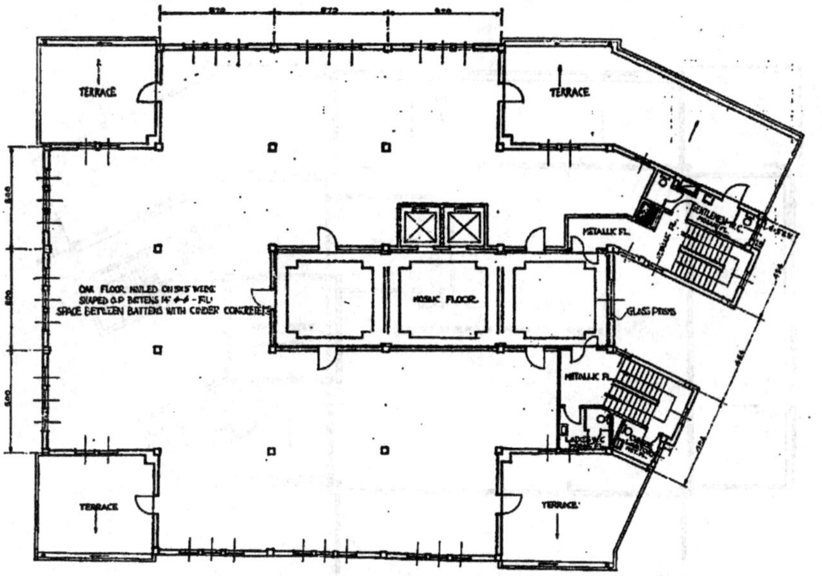

PLAN DU 8me ETAGE

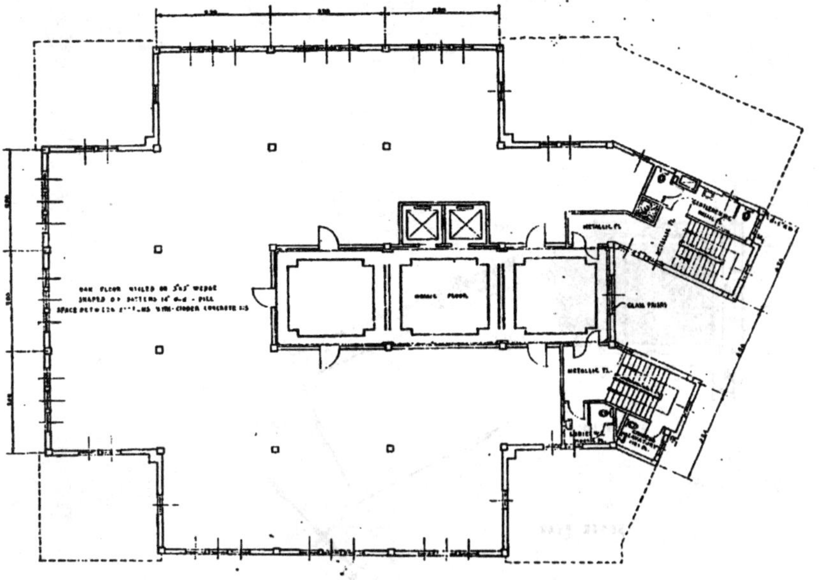

PLAN DU 9me ETAGE

法國郵船公司大廈九層及十層平面圖

New Building of the Compagnie des Messageries Maritimes.

24597

法國郵船公司大廈屋頂平面圖及基地盤圖

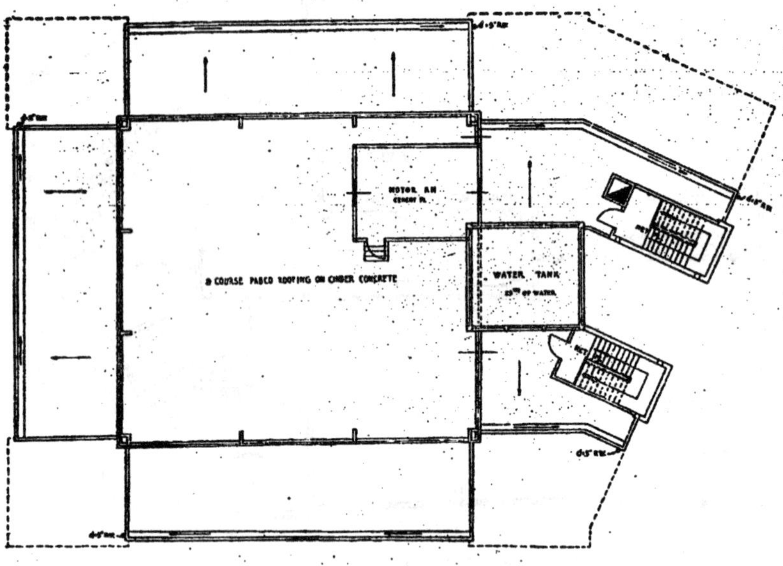

PLAN DU TOIT

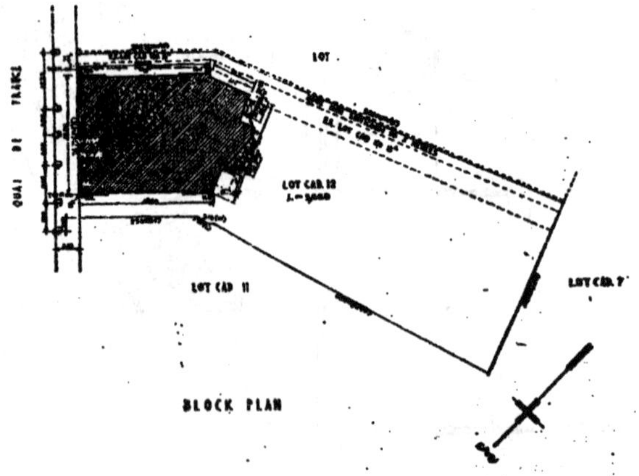

BLOCK PLAN

New Building of the Compagnie des Messageries Maritimes.

法國巴黎國際博覽會一瞥

下列各圖爲本年五月一日至十一月一日在法舉行之巴黎國際博覽會各陳列館設計圖，均係該國名建築師及工程師鈎心鬥角之作，殊堪珍貴。特爲轉錄，以餉閱者。

〔上圖〕愛佛（Eiffel）塔上（即鐵塔）晚間電炬通明，照耀如同白晝。〔下圖〕電器館之設計，具有國際化之式調。

24599

製造高電壓機室之一瞥

光學館之設計

發光亭有七色光帶繪成平面線條形，以指示入亭之路由。

24600

無線電機陳列館

地球旋轉運動時，將太陽光線之焦點集於穹窿之上。

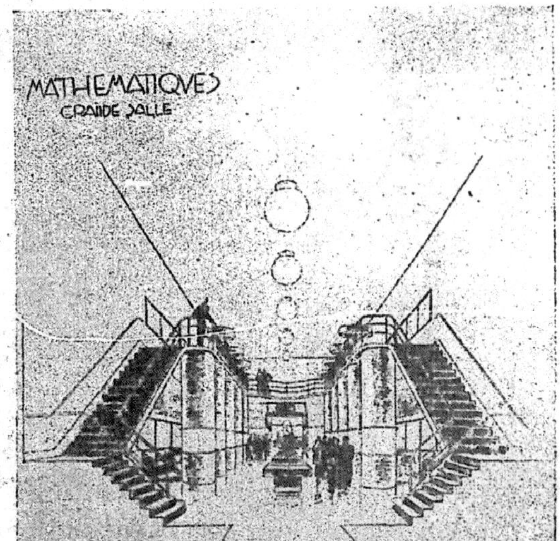

數學館，建築設計深合幾何學原理。

代表國家精神之建築

上圖為英國・下左為德之希特勒・下右為意之墨索里尼

法國以釀酒名於世界，
此爲大會中之酒泉建築。

24603

法屬殖民地「喀麥隆」(Camerourn)建築，傳繪逼眞。

下爲菸草亭，想見吞雲吐霧之樂。

兒童之玩具世界，內陳各種幼童玩具。下圖則爲其姊兄玩樂之所。

遊者經此別出心裁之紀念門，即
可想見博覽會之倍極現代化矣。

防空地下室設計　曹敏永

(一) 引　言

防空的呼聲，日高一日，不僅我國如此，就是歐美各國亦然，都趨着防空熱，研究着防空工程，怎樣的建築可使炸彈不易侵入和炸毀，怎樣的設計可使毒氣不易散佈和發揮。努力地討論着，公開地徵求着。近數年來，差不多都醉心在這方面，不論在市政上，經濟上，警備上和學術上等都有具體的辦法，使在空襲威迫下，少受影響。所以他們的進步很快，新建的住宅等，都有防空室的設置，什麼防毒衣，防毒幕等的日新月異，防空訓練，防空統制方面的改進，實足使人欽佩。回看我們中國，簡直幼稚得很，慚愧非常。當然囉！我們經濟不充實，環境不良好，專門人材缺乏，人民智識太低。總之，沒有空去想到這一着上。但是，我們為了這些事情，就可以忍受來日戰事的慘殺麼？老是不顧麼？要知道來日的戰爭是科學的戰爭了，化學的戰爭了。大家來注意一下，急起直追，未為晚也。一方面當然擴張空軍，一方面亦須準備防空呢！

下面所述的防空地下室可以分為二大類。第一類是關於防毒室的，第二類關於防炸室的。因為防空不僅是防炸，亦須注意防毒方面。但是研究防炸和防毒，不得不先把毒氣和炸藥，概括地敍述一下，表示他們的利害，

(二) 毒氣和炸藥

化學戰爭使人注意後，毒氣和炸藥的研究更切，因為它可以使人猝斃，使高廈大廈，一瞬間化為灰燼，蠱惑軍心，遮蔽敵方目標，掩匿友軍進展。功用之廣大，言不勝言。下面先講毒氣，後述炸藥。

毒氣的種類頗多，可以流淚，打噎，發泡，傷肺和產生烟幕，我國研究者頗多，現在僅附了幾張表，內容包括名稱，急救法等，還完全。由美國書The Advanced Engineer Manual—by Lytle Brown中翻譯來的，其他方面不多述了。

流　涙　（發涙劑）			
普通名稱	流涙氣 Chlorac Etophenone	氯化苦劑 Chlorpicrin	𥈅溴化甲𤍦 Brambenylcyanide
軍事符號	CN	PS	CA
生理影響	流涙，效力能强，流涙時間强。	不如光氣之毒，傷肺，流涙	流涙
持久性	固體持久一天。燃燒混合物持久十分鐘。	有持久性，開闊地六小時樹林十二小時，	有持久性，可至數日不散
急救法	使離開毒地，以水洗目，不准手擦，清鮮空氣下靜臥。	同上，使靜臥，保持溫暖。	同 CN
氣味	如蘋果花氣	如蒼蠅紙之甜味。像大茴香味。	
軍略分類	煩擾作用	同上	同上

顏色與說明	棕色結晶體	在硬壳中壓力下爲黃色，油形液體，在爆炸時，大部份變成蒸氣及無色氣體。	在大氣標準狀况下爲墨棕色油形液體
施用方法	製爲固體普通燃燒形，如燭或手溜彈，炸時如雲形小固粒，製成液體，由飛機散播，裝在手溜彈中砲彈，灰漿壳中施用	與CN相混裝在75m.m.彈壳中，炸彈中，化學灰漿壳中，和手溜彈中施用，或由飛機散播，與光氣相混，裝在 Livens 噴壳中應用。	裝在砲彈壳中用之
防禦法	防毒面具	防毒面具	防毒面具

打嚏（噴嚏氣）		
普通名稱	Adamsite（刺激烟）	噴嚏氣（打嚏）Sneeze Gas.
軍事符號	DM	DA.
持久性	不持久，由燭中發出者持久十分鐘	不持久，五分鐘
生理影響	鼻部發燒，打嚏，打惡心，喉部乾燥，吐嘔，不暢。	流淚，打嚏，無力，濃氣味中，不堪忍受
急救法	移往清鮮空氣處，使靜臥。	移往清鮮空氣處，使靜臥。
氣味	如煤烟氣	如擦鞋油氣
軍略分類	煩擾作用	煩擾作用
顏色與說明	黃綠顆粒固體，黃色烟雲。	在彈壳中爲黑色濃體，炸時灰色烟。
施用方法	由燭中點放出，成細小顆粒，造成毒烟，燭僅可點燒數分鐘即完	砲彈中施用
禦防法	防毒面具	防毒面具

發泡（起泡劑）		
普通名稱	芥子氣 Mustard Gas	羅以賽脫 Lewisite
軍事符號	HS	ML.
持久性 春天 冬天	開闊地持久一日，樹林一星期。 差不多整個冬季	同上 稍差於HS，但持久性亦佳
生理影響	屬起泡類，不防禦者，可傷肺，甚於光氣，受毒者無事先覺得痛苦，經長時間而發出，極危險，身體之各部份都有傷害，唯一之預告爲眼發熱而流淚皮膚方面僅發燒，後使人垂斃無救。	情形同於上 HS 內含砒霜，由皮膚吸入，稍覺痛苦，如中砒毒然。預兆立刻可以發覺。
急救法	離開毒地，換去染沾衣服，急以水混身洗之，以肥皂水，洋油或汽油擦之更佳，漂白粉水亦可用之，以水洗目，不許擦。	人體染毒，面積小者，割去毒肉，面積大者，先以油擦之，熱水加肥皂洗之，然後揩乾。
氣味	如大蒜氣，或如西洋蔚菜氣。	似牛兒屬氣。觸鼻。

軍略分類	不測作用	不測作用
顏色與說明	裝在箱或硬殼中，大氣標準狀況下爲濃黑色油形液體	在大氣標準狀況下，施放後成墨綠色油形液體
施用方法	裝在硬殼中或飛機炸彈施用，由飛機中噴出或由坦克車，脚踏車帶往應用，裝 HS 之箱，須置於施用便利無礙之處。	飛機噴播，砲殼中帶出。
防禦法	防毒衣及面具。	防毒衣及面具。
戰場上消毒法	散播漂白粉，再蓋上泥土	噴水蓋上泥土。

傷害肺部			
普通名稱	氯 Chlcrine	Phosgene 光氣	二光氣 Diphosgene
軍事符號	CL	CG	DP
持久性…… 夏天…… 冬天……	無持久性 五一十分鐘 十分鐘	無持久性 開闊地五一十分鐘，樹林三十分鐘 ,, ,, ,,十分鐘 ,, ,, ,, 一小時	有持久性 三十分鐘 二小時
生理影響	傷肺，咳嗽，眼痛胸部不舒適	傷肺，較氯氣利害數倍，影響肺之下端，效能不立刻發現，濃聚積多了，才發生，危險非常。	與光氣之功效相同，僅亦使中毒者流淚而已。
急救法	離開毒地，靜臥，保溫咖啡茶作興奮劑	避免勞力，同上	同上
氣味	嗅之不悅，激刺性，霉爛乾草氣，或青穀氣，		特殊，刺激，寒氣，窖中秣草氣
軍略分類	不測作用	不測作用	不測作用
顏色與說明	裝在管體中加壓力者爲黃色液體，在標準狀況下，施放多變成濃青黃色氣體。	裝在圓柱管中加壓力者爲無色液體，在標準狀況下施放爲無色氣體。	裝在管中加壓力者爲液體，大氣標準狀况下施放時爲無氣體。
施用方法	適用於霧雲氣體襲擊，與光氣及氯化苦劑相混於圓柱箱中，箱上裝 Livens噴頭。	在霧雲天時，由圓柱箱，Livens噴頭，及灰漿殼中噴出襲擊對方，裝在鎗炮中施放，或炸彈中由飛機丟下。	德國軍士裝在大砲中及灰漿殼中施放
防禦法	防毒面具	同上	同上

烟幕劑			
普通名稱	白燐 White Phosphrorus	HC混合物 HC Mixture	Titanium Tetrachloride
軍事符號	WP	HC	FM
持久性	依燃燒形式而變，平常在空濶地約十分鐘之久。	無	開闊地可持久十分鐘

生理影響	固體粒，新鮮時燃燒，小塊飛及人身，衣服燒。亦能使皮膚燃燒，烟無毒。	烟無毒	烟無毒，氣體和烟刺激喉部，但無害。
急救法	浸身之染沾部份於水中，立壓熄之，所有沾衣小固粒皆移刷去。	不需要	不需要
氣味	火柴氣味	辛辣的，塞氣的	辛辣的
軍略分類	掩護作用	同上	同上
顏色和說明	淡黃固體，含有蠟質，曝在空氣中發生白烟，產生熱，以致燃燒（自燃）	灰色固體混合物	無色或黃色液體，於空氣中形成白色烟。液體遇皮膚，如遇酸一般，
施用方法	裝成手溜彈，砲彈，灰漿殼而施炸，炸後成小塊而遮蔽場地立時變成烟幕	製成手溜彈，燭或特別炸彈，皆先經燃燒。	砲彈，灰漿殼，飛機噴散，炸彈及特種燃燒形式。
防禦法	不須防禦	不須防禦	不須防禦

炸藥的種類亦多，有棉花火藥，猛炸藥，膠猛炸藥，轟石炸藥，炮火藥和無烟火藥等。其他的不預備多述，但把美國標準火藥T. N. T.炸藥略述一下：

過去的經驗告訴他們說，炸藥中最滿人意而最猛烈的就是T. N. T.炸藥(Trinitrotolvene)美國前方軍隊用作爆炸品，後方用作轟毀障礙物，製造乃由甲等與濃硝酸作用而生有三硝基引入環中代三氫原子 $C_6H_5CH_3+3HNO_3 \rightarrow 3H_2O+C_6H_2(CH_3)_3(NO_2)_3$ 在溫度 176°c時溶解，炸藥裝在一半磅長方形箱中，斷面為一9/16平方吋面，長3¾吋，箱端用千層紙裹封，包以馬口鐵漆片，容量不可太大，因為太大能使溫度增高，有爆發的可能。關於軍用火藥須具之條件為

1. 搖動時不可太靈敏　　2. 轟炸時須速率頗高
3. 力量猛烈　　4. 密度高
5. 性質穩健　　6. 施用手術便利
7. 不受溫度濕度之影響　　8. 裝運手續靈便
9. 在本國土地內可大量採辦者

下面附一表，注明火藥庫與其他建築物應離開之距離；因為距離太近，危險愈大。

炸藥磅數之容量（不能超過）	最臨近之呎數			
	住宅	鉄道	公路	火藥庫
50	240	140	70	60
100	360	220	110	80
2,000	1,200	720	360	200
25,000	2,110	1,270	630	300
100,000	3,630	2,180	1,090	400

(三) 防空智識

防空方面，關於防毒部份，頗爲注重。現在先將空襲時，人民應具之態度和智識，分列於后：一

1.不疏忽面具，亦不置放無序。(見圖)

防毒面具箱

2.防毒面具箱中，除置面罩外，不准放入其他雜物。

3.在危險地帶，常帶上面罩，不帶面罩便有危險。

4.毒氣警報一到，立刻停止呼吸，除非已套上面具。

5.不需要時，不多動，不言語，不飲水，不進食品等。

6.不進低凹處，前線兵士不入地溝，戰壕。

7.染有芥子毒的人，立將衣服卸除。

8.在芥子毒氣侵沾的他人或物件，不輕易觸動。

9.注意芥子氣可以持久終日，不消散。

10.有微風(風速在每小時十二哩內)而風向自敵方來，或有霧，雲，小雨，更在晚上的話，爲敵方毒氣侵入之良機。

空襲時，都市中各種建築物的危險程度，可略分爲四項，前者更危險，餘依次序略減。

1.自來水廠，電燈廠，電力廠，煤氣廠和軍事機關，行政機關，交通機關等。

2.工廠和公共建築物，如圖書館，遊藝場等。

3.旅館，公寓，住宅和都市附近第一等和第二等之村鎮等。

4.臨近小鎮和村莊中的建築物。

附下列二表以示炸彈爆炸威力之一般：一

炸彈重量(公斤)	貫穿混凝土(公分)	爆炸威力	
		半徑(公分)	厚度(公分)
50	40—50	60—76	80—108
300	75	130	150
1,000	100	200	230

炸彈重量 公斤	可貫通房屋層數	爆破威力
12	2	能爆破十公尺以內的窗玻璃，和能破毀木造房屋
50	3	能毀壞五公尺以內的堅固石壁建築物
100	4—5	能毀壞十公尺以內的堅固石壁建築物
300	6	不但能破壞十五公尺以內的堅固石壁並能由其餘力，破壞後方物件
500到1,000	貫穿地下室及椿底工程	僅落於附近，亦能破壞大建築物，若直接擊中，則能破壞集團之建築

但是須注意一千公斤重的炸彈，祗須二十五公尺泥土或四公尺混凝土，卽可保持太平。不過三個三百公斤的炸彈，它的爆炸力較大於一個一千公斤的炸彈。所以飛機上帶一千公斤的炸彈是很少的。

(四) 防炸室設計

關於敵機施行轟炸的目標，在都市方面看來，一方面是破壞後方的資源，另方面是攻擊對方國民的精神。這兒所說的防炸室是止於都市方面的。關於前線或軍事防空室的設計，另有詳細敍述。

在歐美城市建築，普通都有地下室的預備，平日利用作貯藏物件，必要時則可以作爲防空室。或由臨近空地上，建築獨立式防空室。關於設計原則，不外乎

1. 須背常年風向(一年中風向最多的那方向)。
2. 容積以能容納屋內居民爲準。
3. 容量又須以每人所需最小空氣爲標準。

(普通的室內，可容五人到五十人，平均或二十人，增加建屋費約百分之二，每人至少佔三立方公尺。)

4. 面積在可能範圍內愈少愈佳，以減少建築費用，而免去不少轟炸危險。
5. 須裝備二相距較遠之出入口。
6. 須有氣閘之設置。
7. 最低限度須裝有向外窗一扇，以備必要時之出口。
8. 容納三十人以上，須備水廁一所。
9. 可能範圍內裝備換氣機。
10. 內容佈置，須簡單，愈清潔愈佳。

其頂面厚度之設計，可分二點注意。(一)破壞力之計算(二)受炸彈創痕後，所剩厚度，以仍能維持屋頂重量爲佳。故用混凝土，加縱橫鋼筋最爲適用。通常我們對於炸彈威力加以計算者，約有：—

(一)侵入力之計算：—

設 h＝侵入深度(公尺)

E＝衝擊力(公尺•公斤，)

d＝彈殼之直徑，以公分計，

c＝抵抗係數(因材料而不同，泥土$c=\frac{1}{150}$，混凝土，$c=\frac{1}{750}$至$\frac{1}{1,200}$，鋼筋混凝土$c=\frac{1}{1,500}$至$\frac{1}{2,500}$；鋼$c=\frac{1}{150,000}$

V＝炸彈墜下地面之速度(每秒鐘若干公尺)

得公式爲 $E=\frac{1}{2}mV^2=\frac{W}{2g}V^2$ $h=\frac{E}{\frac{\pi d^2}{4}}\times c$

舉一例，若用下列各種炸彈，投於混凝土上$c=\frac{1}{1,200}$則其侵入深度可列表如下：—

所用炸彈重量	侵入深度
50 公斤	h=0.50 公尺
300 公斤	h=0.76 公尺
1,000 公斤	h=1.08 公尺

(二)氣體爆炸壓力之計算

設 r=破壞半徑(公尺)

L=彈藥重量(公斤)

c=抵抗爆炸係數(卽材料係數)

d=破壞效力係數(卽阻止係數)

得公式 $r=3\sqrt{\frac{Ld}{c}}$

以混凝土爲例，得例如下：—

炸彈重量	侵入深度	爆炸半徑	破毀半徑
50公斤	0.50公尺	0.66公尺	0.82公尺
100	0.62	0.83	0.97
300	0.76	1.29	1.49
1,000	1.08	2.00	2.27

(三)關於空氣震動力

空氣震動力，不僅爲壓力，且有時發生吸力，據德國柏林國立化學工業所，試驗所得的結果，列成二表如下：

距離	壓力	距離	吸力
20公尺	5.000公斤/公分^2	300公尺	0.140公斤/公分^2
40	2.000	1,000	0.090
500	0.040	1,500	0.070
1,000	0.019	2,000	0.050
1,500	0.015	2,500	0.050
2,000	0.012		
2,500	0.009		

炸彈重量(以公斤計)	因空氣壓力膨脹能毀房屋之距離(以公尺計)
50	10
100	25
500	115
1,000	200

由上觀來，知道在新建築時，四周牆壁，須有相當厚度，以防空氣壓力的侵毀。

(四)關於爆散力

至於此項力的大小研究，尚未獲得較滿意的結果，因炸藥之種類繁複，使力之測定不易。據美國 Peres 氏的試驗結果，得130公斤之炸藥可爆散泥土65立方公尺和 1,000 公斤之炸藥可爆散 750 立方公尺的泥土，力量之强大，亦須注意的。

(五)其他力量

尚有彈壳之爆炸力及地震之震動力等，雖不能詳細計算，然據試驗結果，知影響亦不少呢！故亦應考慮此二力。

知道了上面幾種力後，普通便有幾個公式去計算防空室屋頂之厚度。因為這些公式，雖有他的理解，實際上，大家不須要這樣算，平時常用下表，假定一個數目罷了。現先把炸彈對於鋼筋混凝土建築物的摧毀力示表如下：

炸　彈	公　斤	50	100	200	300	500	1,000	2,000
建築物的侵毀力(公分)	1:2:4混凝土	145	185	328	415	480	687	895
	1:2:4鋼筋混凝土	73	93	164	208	240	344	448

通常鋼筋混凝土的屋頂，若有15公分的厚度則可充份抵擋燃燒彈。若以50公分到70公分的鋼筋混凝土頂面骨架建築物，可抵擋50公斤之炸彈。故最好的建築物為用鋼骨架構造，並新式防火建築材料。現將抵抗各種炸彈的掩蓋厚度標準表，寫在下面，以作參考。

抵抗各種炸藥的掩蓋厚度表				
炸　彈	普通土的厚度	普通圬壋的厚度	混凝土的厚度	鋼筋混凝土的厚度
重　量	公尺	公尺	公尺	公尺
小炸彈(10公斤以下者)	3.00	0.75	0.40	0.35
中炸彈(50公斤至100公斤者)	5.00 8.00	1.50 1.70	1.00 1.70	0.70 1.10
大炸彈(300公斤至1,000公斤者)	12.00 20.00	4.00 6.00	2.10 3.00	1.40 2.00

至於設計住宅時，欲求得鋼筋混凝土之度厚。Tzzo 主張照炸彈之重量以定50公斤計算為適

合。Weith 主張以100公斤爲計算作爲標準，我們應採用折中辦法，如在設計普通住屋，可以較輕的炸彈爲標準，以便經濟民衆費用。如在一二等之建築物(如市政，軍事機關，公共場所等)則不妨用100公斤炸彈計算。若計算堡壘等，以能抵2,000公斤之炸彈方合用。這都是隨機應變的，沒有一定規則，一定厚度的。

(五) 防毒室設計

防毒室之目的，祇考慮防毒方面。在防毒室中，一方面果然不准毒氣入內，另方面却須屋內空氣充分卽氧氣充足。故先明白氧氣在空氣中應佔若干百分比。

地下室空氣流通器用手搖或電力每分鐘42.4立方尺

最少氧佔空氣1%到8%——可延命幾分鐘。

,, ,, 10%到11%——可延命一二小時。

,, ,, 13%到14%——可延命幾天。

最好者氧佔空氣15%，每人每分鐘呼出二氧化炭0.3到0.4公升。防毒室須合下列四條件：—

1.最短期內或十分鐘內，須立刻達到(距離不太遠)。

2.與危險房間等，須有相當遠離。

3.略有連貫處(與開空處)以便空氣透入。(當然空氣消毒)

4.上面屋頂板等，須祇少能抗禦屋中材料之倒下力量。優良之調節空氣設備，有用電力機者，有用人工搖動者(人工換氣箱可供2,400公升每分鐘)圖略如下

防毒室之內部佈置，須簡單清潔，並設有二通道，每一通道至少有二扇門，門上掛防毒毯等，並不准在同一線上，廁所在三十人以上，必須裝備

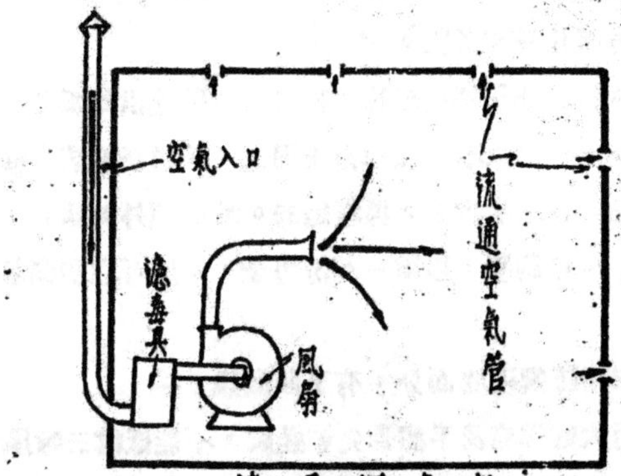

流通調氣机

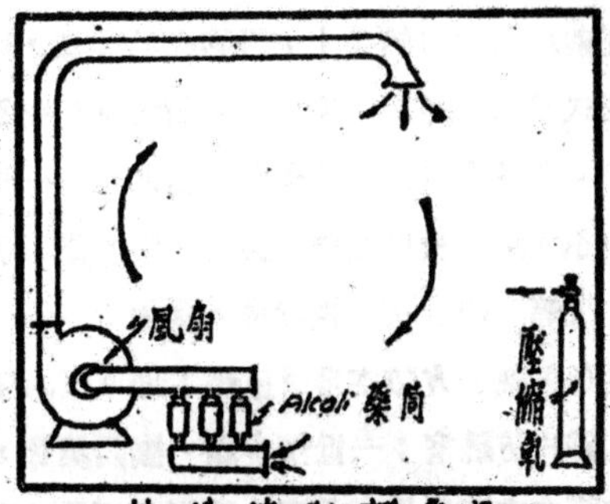

繼續流動調氣机

或在內室或在外室，但最好裝在外室。此種防毒室，長而狹，但寬至少二公尺。見圖，

1.爲防毒內室

2.爲二防毒外室，每間有三到五平方公尺，

3.爲廁所(在三十人以上者用之)(平常裝漏斗形)

4.用具和飲水等，又電筒，瓶等。

5.金屬水箱，下面一櫥，可裝置衣服。

6.爲防毒侵入需閉門戶。

7.木櫈，或椅子等。

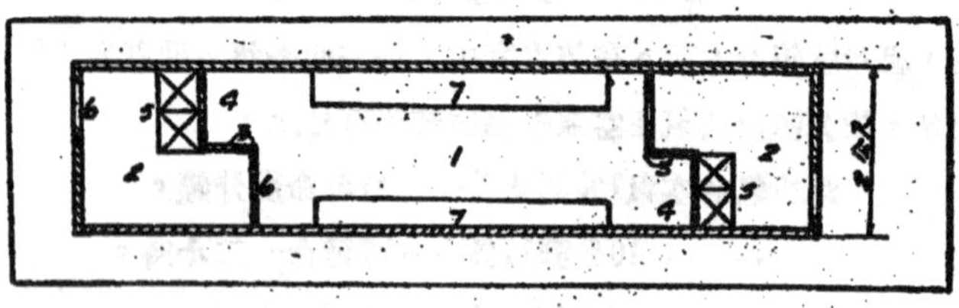

在毒氣散佈後，進防毒室者，須先在外室將衣服換去，或至少將外衣脫去，臉手可在水箱中洗一下，然後方進內室。又每一通道之二扇門不能同時敞開以防毒氣侵入內室；上式佈置可以略更其式樣。此類防毒室不能防炸，欲防毒防炸須見防空地下室。

(六) 防空地下室

防空地下室分前線與後方二大類。其構造有相同處，往往前線者不留意於防毒，因前線軍士皆應常備面罩的。關於前線地下室，時間定怱促，亦不必十分考究，其必要條件有

1.分佈完善，務須軍隊有連絡戰鬪能力。

2.建造不必十分深，以便進出。

3.容量宜小(普通祇二人至八人者。)

4.形式容易掘造。

5.隱匿愈秘愈佳，使敵人不易捉摸。

現在先將前線防空地下室敍述一下，因爲這方面比較簡單些。

在前線火線內的兵士，因砲火的猛烈，或用木板，或用輕便鐵板，材料由軍需處供給爲準，構造形式簡單，時間迅速，功效頗大。在堅實之泥土，可以不動及地面上泥土，僅須在壕溝中橫向掘。在鬆土質上則須先將上面的土，一齊掘起，鋪好木板後，再塡進去。地板須外向略斜，以便瀉水。障土板可見圖，裝置適妥。敵軍砲火，可作胸牆，以擋一部份力量，中間可以加混凝土和木棍等，使抵抗力量增强。圖如下：—

現在再談後方防空地下室罷！地下室的種類依照防禦程度而分，有下面幾類：—

1.碎片防護室：—抵禦步鎗，機關鎗等，利用大砲彈壳及手榴彈壳等疊成，不能抵抗三吋厚壳之砲彈之直接爆炸。此室上面覆蓋不過一呎厚之實土(或相當厚之其他材料)。

2.輕便地下室：—僅可避去直接射擊，在優良情形下，都可抵抗三吋厚壳之砲彈之繼續爆炸。

3.輕便彈壳防護室：—能抵抗六吋或六吋以上厚壳砲彈之繼續爆炸。

4.堅重硬壳地下室：一能抵抗八吋厚壳砲彈之積體爆炸，若式樣採取得法，可以抵抗較厚砲

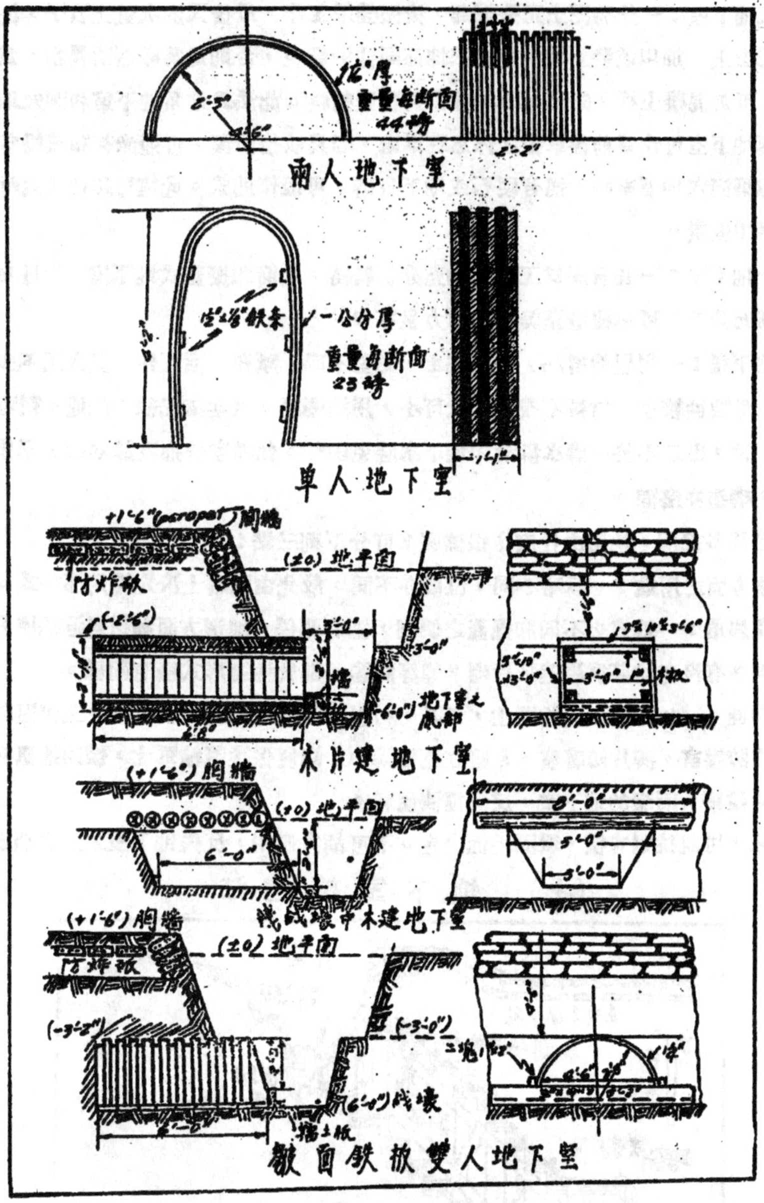

彈之爆力，並一切其他爆炸。

若依照構造方法之不同，可以分類如下：一

1.地面地下室：一或名地面防護室，依照地下室的方法構造，惟不在地下，都在地面上；這種方法，少人工，出走便利，觀望暢達。反之，易受敵方覺察，須有掩蔽物，防炸程度較低。此

24617

類不用在近火線處，用於隱匿樹林中，凹壁山道中，或在村莊房屋中等，隨地施用。

2.掘蓋式地下室：一先將泥土完全掘起，後做疊架工作，最後又依次蓋上石子，泥土等，但須在掘過的泥土上，加以僞裝，裝成與本來地面同樣的顏色，否則易爲敵機所覺察。爲增高防彈炸毀力起見，可加混凝土板，鋼軌，石塊等作爲覆蓋材料。此法爲地面地下室和洞穴地下室之折中辦法。此類地下室可作爲前線軍士之休息駐軍處，容易收拾清潔，可通光線和流暢空氣，危險性較小。當建築洞穴地下室時，遇有硬石或地下泉時，可改作此式。此室可以抵抗六吋厚殼之炸彈和砲彈。應用極廣。

3.混凝土地下室：一在有適當工具，和充分材料時，地面和掘蓋式地下室，均可用混凝土來建造。在時間充分下，可以建造完美，反增力量不少。

4.洞穴地下室：一用埋地雷法，上面泥土，完全不動。祇在下面工作，費人工不少。不易爲敵方覺察。故危險性較小，材料不費，可大可小，用途極廣。但空氣光線不流通。觀看不便。內中生活情形亦差，出走不易，溝水排泄和地下水避免困難。此種室普通在餘空時，早先造好。比較效用亦增，構造亦堅固。

上面有了許多式樣，挑選由什麼作根據呢？可分下列三點：一

1.視戰略方面之用途：一戰略不同，位置亦不同，故先由戰略上決定採用那一式。

2.視地質岩層：一地質之不同和掘蓋之便利，極有關係。地形方面如材料運輸便利？有沒有樹林供給木料？有沒有村莊房屋遮蔽目標？等等問題，都於挑選形式極有關係。

3.視便利性：一如時間，全體軍士，工具，材料和運輸等，若時間有限，工作困難處，可採用輕便或碎片防護室，碎片防護室，常築在運輸溝中，以便保護運輸軍士，援助通訊兵丁。後方防戰地，可以建築大而深的地下室，反覺經濟便利。

由上觀來，可說挑選式樣，須隨地而決定。不可胡亂應用，反失地下室之最大功效。

(七) 地下室構造法

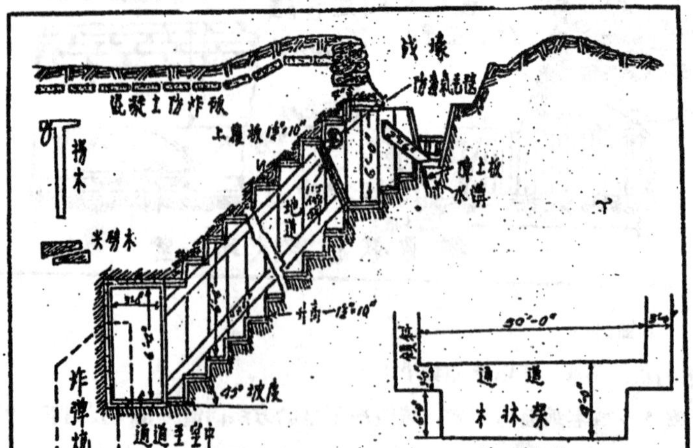

斷面圖　　平面圖

24618

地下室的構造，各人不同，但其原則却相同，平常有用框架法構造地道，普通之長潤度為進口大小所限制。平常泥土，挖掘常由底部起，先將門檻裝置正確，由木拐放進，撑牢後才將泥土整數挖起(見圖)當二個斜地道築好，就平掘作為二個框架，低下十吋，備置踏步，上覆板，每步高起，以便釘住，使泥土不致掉下。注意掘壑時，不可先掘若干距離，再架木橕，因恐與工作人性命有關。掘一地道與掘一斜道，方法相同，不過斜道加上踏步而已。

地道之大小度

形式	內容面積	
	高(呎)	濶(呎)
房間式地道	6呎4吋	8呎0吋
大地道	6呎4吋	6呎6吋
普通地道	6呎4吋	3呎0吋
半地道(即中地道)	4呎6吋	3呎0吋
支地道	2呎10吋	3呎0吋
小支地道	2呎4吋	2呎0吋

現在便把上面說過的各種地道的構造法，概述一下。

〔甲〕掘蓋式地下室：—有三類不同材料的造法：

1. 木料地下室：—由軍需處供給木料，或就地取料，圓的或尖頭樹幹都可以。

2. 標準皺面鋼板地下室：—以鋼板(皺面)造成拱形，材料充足時，內部亦可用此構造，其斷面須釘住，不准透水。

3. 混凝土地下室：—加鋼筋以省石沙及水泥，現今一切差不多都用此類。因為運輸，力量方面

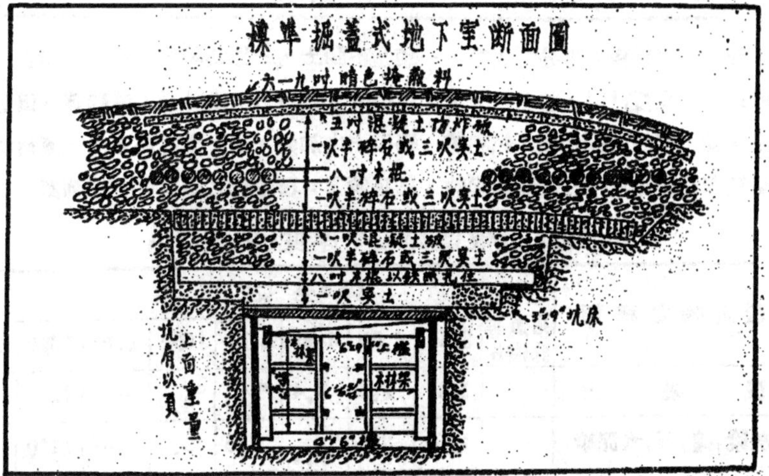

標準掘蓋式地下室斷面圖

，都有相當成效。上面的圖，就可以完全表現出一間木料地下室：一內可容二十四人，可防六吋厚殼炸彈之直接轟炸。

至於皺面鋼板地下室，構造方面須注意基礎牢固，可能範圍內，須建六吋厚混凝土地板。內可容二十四人，可防六吋厚壳炸彈之直接轟炸。（見下圖）圖中脉未畫出，但與木料地下室者相同。

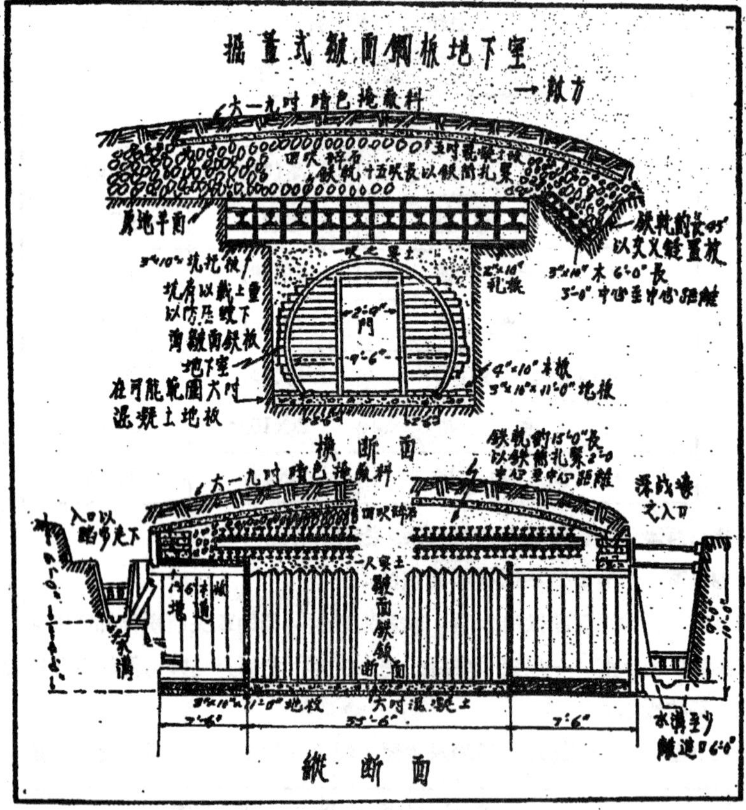

總括上面的應用材料，可分二大類，一類是不動土，一類是學術上的加力材料。不動土若厚度足夠，爲最佳之覆蓋材料。若在軟土上，加混凝土板增力，或碎石，或碎磚（但至少十八吋厚）或加工字鋼樑，鋼筋混凝土樑，鐵軌等。學術上之加力，是一層材料石，一層材料鋼軌，相隔的。普通祇預備載得住八吋壳之砲彈爆炸，已足夠了。覆蓋物之厚度可見下列圖表：一

地下室覆蓋物最小厚度(以呎計)

覆蓋物之種類	彈壳之厚度							
	步鎗等碎鐵片	3 吋	4 吋	6 吋	8 吋	10吋	12吋	16吋	18吋
混凝土	……	1.0	2.4	3.4	*5.0	*6.0	……	7.0	……
灰漿，磚，石，水泥漿	……	1.5	3.6	*5.1	7.5	9.0	……	11°0	……

24620

8 吋直徑鐵絲扎木棍	……	2.0	*4.8	6.8	10.0	12.0	……	……	……
碎　　　石	……	*3.5	8.4	11.0	17.5	21.0	……	……	……
實　　　土	1.0	7.5	18.5	25.5	37.5	……	……	……	……
鬆　　　土	3.0	10.0	24.0	34.0	……	……	……	……	……
洞穴地下室									
沙　　　石	……	2.0	6.0	8.0	10.0	13.0	14.0	17.0	24.0
軟石灰石	……	3.0	9.0	11.0	15.0	20.0	21.0	27.0	36.0
不　動　土	……	5.0	12.0	17.0	25.0	30.0	32.0	40.0	48.0

表中數字有*記號者，表示爲構造掘蓋式地下室之標準厚度。表中分界並無十二分限度，不過其大約數字而已。適當與否，還須視地位，材料，人工和時間而定。材料之呎數，自地下室頂量上距地面一呎爲度。若材料相隔而置放，厚度當然須加增。

覆蓋物吃力之程度，當視材料的强度和層層相配的程序而定，它的正當配置方法可見下圖：一

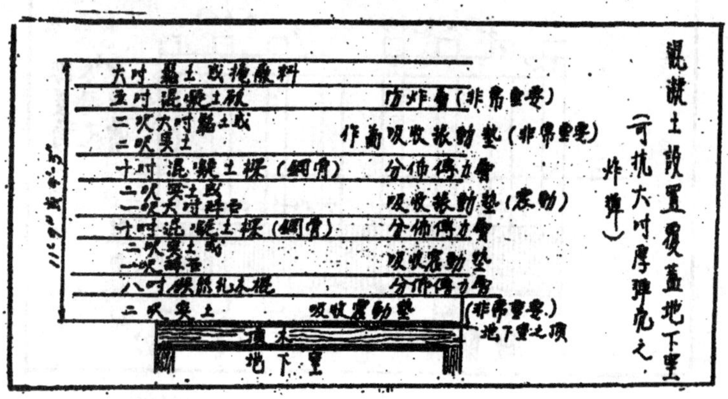

〔乙〕地面防護室：一由建築方面看來，可分

1.隱任樹林中或在反向坡度後者：一由手頭備之材料，無一定標準，如一排木棍，上置皺面鐵板，又舖泥土一層。建築如輕便硬殼地下室然，可容十二人，能抗三吋売炸彈。由標準加重皺面鐵板，上加一呎混凝土，沙袋，碎石和實土。二端用木板壁，爲防毒起見，可塗油漆，門上可裝防毒毯二條。內部須用木板舖淨。(見下圖)

2.以村莊中碎鋼筋混凝土塊堆成者：一此類乃應用碎塊而造成者，或在時間倉促時用之。效用不十分大。

3.鋼筋混凝土地下室：一此室可容多數人，並比較安全，此種建築可見諸鋼筋混凝土書籍，不贅言。

4.輕小防護室：一以藏軍火者，利用剩餘材料，靠山壁或靠人民住屋，中置軍火，外加碎鐵

片，木料等，搭架以防爆炸，上置泥土草花等，以不使敵機覺察爲主。

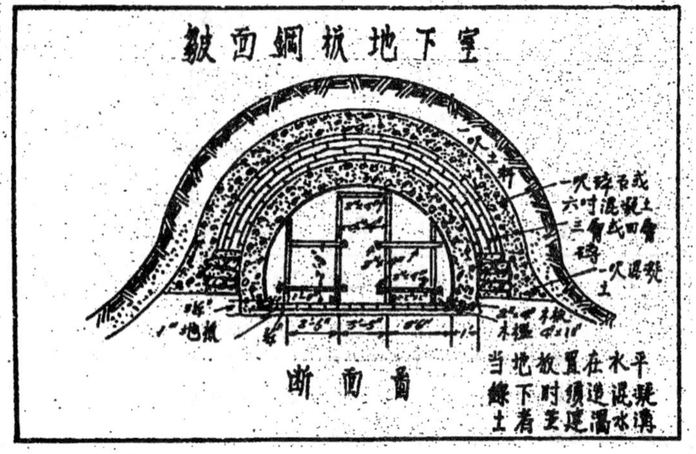

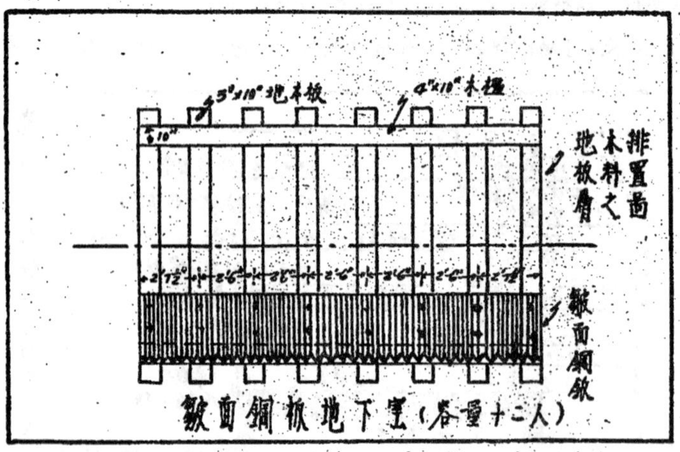

〔丙〕洞穴地下室：一分二種，一是壁櫥式的，一是地道式的，構造之不同當視用途而變更，例如用作急救者，門戶須較普通寬大，地道斜度較平，以便扛抬病牀，可不用扶手。

1.壁櫥式者：一內寬八呎，裝房間式地道，地下室之通道裝在旁邊，如是使牀架地位與通道成直角交，地位經濟，人工省，材料少。每人每尺須佔掘七十立方尺泥土，和一百十三尺周圍長。(二人倍之，但不成正比)

2.地道式者：一內寬六呎六吋，備寬大地道，通道和進口都在室之中間，故可裝二項與通道相平之牀架。每人每尺佔掘土九十三立方尺，和一百八十五尺周圍長。構造方式較上者簡單，不過掘土過之。

洞穴地下室之進口附近地，亦須墾掘，以保護進口，但不須覆蓋。最簡單之構造法，可見圖：一

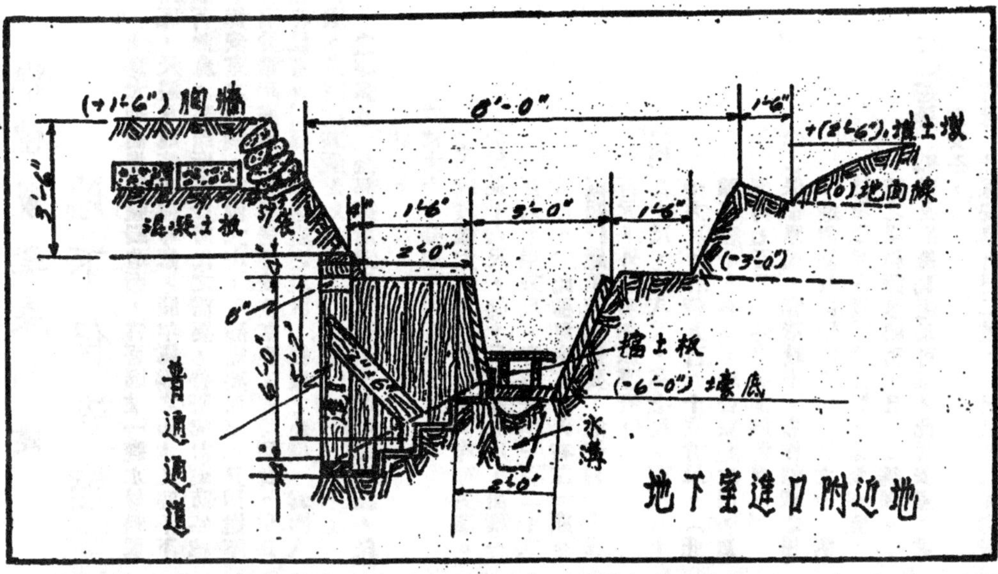

保護進口方面，須避去敵方目標和炮火之轟炸，往往背敵方而建，或在側面，決不可正向敵方。二門之距離須加以注意，不為一個炸彈皆轟炸掉為度。二門通道至少不在一直線上。

隱匿方面既不可為敵方覺察，又不能為敵機攝照去。故須有偽裝等，不使有疑慮產生。

手溜彈之防禦不可或缺，因恐炸去進口等危險，平常建一炸彈坑，約低於地道六呎，並可利用為水溝，但須保持清潔，其構造地位在向敵方向。

防水方面，作幾塊防雨布遮在進口之上，溝水可於進口處建一木板或防壁板以防水流入洞內。

防毒氣方面，因為低於地面之緣故各種地下室往往積聚毒氣而不分散，危險萬分，故須有防毒毯或防毒帷之設備；如此，則在毒氣攻擊時，洞內諸人仍可繼續工作而不必戴面具。防毒帷每一門戶須裝二條，外面一條開啟，則內面一條閉上。不准二條同時開啟，以防毒氣流入。其構造方法為先將毯子之二端，重疊縫住。並包以金屬條，使下端與地面相吻合，並置重物使能自動拉直而緊伏門口，裝備毯架成3：1之比傾斜度。上端裝有木栓，使不用時可以捲起。並有活結一個，用時一拉毯即掉下。若毯子未經化學煉過者，祇須不時噴以清水或消毒溶液，亦有相當成效。注意在洞中時間較長，空氣不流通，而人數在三十人上者，可裝備手搖調節空氣箱一隻。

(八) 結　　論

防空地下室構造方式，無時不在進展中，上面所述，不過其大概罷了。關於此種問題，研究最多，首推德國，德國關於此種書籍尤多，其次美國英國亦有相當成績。近來更有緊閉鋼窗等設備，尤宜於長時間之防毒。總之，一方面空軍在進展，另方面防空亦隨之進展着，空襲愈嚴重，防空愈迫切。關於防空施用材料方面，亦須注意，苟若材料缺乏，或須由他國購備，非但價格增高，而且在戰時運輸不便。故材料能由本國全數供給，便利不少。防空之發達亦隨工業之發達而進步。防空不是單獨的一種事情，完全與政治，商業，工業，學術方面，都有密切的關係。希望學術界，建築界上都注意一下防空建設，防空工程，互相切磋，並願多多發表，幸甚幸甚。

雅禮製造廠創建

地下保安室

上海大陸商場雅禮製造廠，爲吾國唯一避水材料製造廠，及避水建築工程專家，歷年經辦之防水工程不下數百餘處。茲該廠鑒於時代之需要，特研究計劃防空地下保安室之建築，容積大小，可隨需要而定，且用途不特限於戰時避彈，對於居住安全衛生，亦均顧及。現該廠特設專部辦理，以週密之設計，低廉之造價，爲國人務服。茲略述其優點如下：

(一)構造　全部採用鋼骨水泥，頂部可舖沙袋，堅固非常。

式樣大小，分甲乙丙丁四種：

(甲)容積較大，尺寸及設備，均可另議。

(乙)長十六尺，闊十尺，高七尺，面積一百六十平方尺，容積一千一百二十立方尺。(此種可容三十人右左，頗合機關行廠里衖之需要，造價約一千五百元，外埠另加旅運費。)

(丙)長十尺，闊八尺，高七尺，面積八十平方尺，容積五百六十立方尺。(此種可容十人右左，頗合家庭之用，造價約七百元，外埠另加旅運費。)

(丁)保管庫式，容積較小，專作儲藏之用，造價僅及保險箱價值十分之一，對於儲藏契劵貴重物件等，甚爲相宜，較之鐵箱隱藏祕密，且不致銹爛。

(二)避彈　戰時全家婦孺老幼可避入此保安室，非常安全。

(三)防毒　此保安室有門二重，可另裝空氣銷毒設備，以防毒氣。

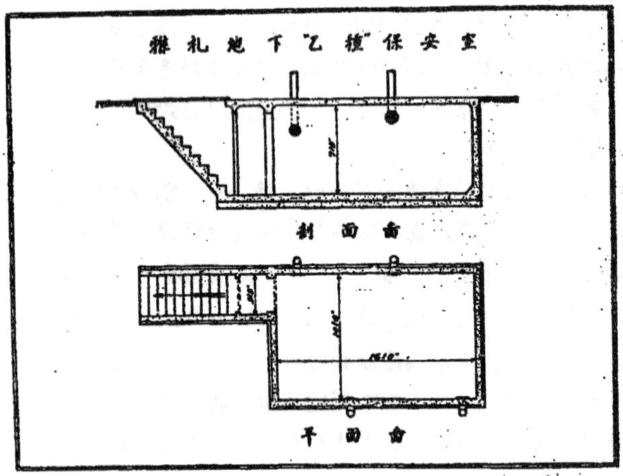

(四)避潮　地下建築最困難者，厥爲避水問題，「雅禮地下保安室」全部採用雅禮製造廠之避水材料，內部絕對乾燥。

(五)防火　此保安室全用拒火材料建築，絕無火災之虞。

(六)密藏　家庭中貴重物件契據等物，如藏入此地下室，可免遺失及盜賊覬覦。

(七)却暑　盛夏時此地下室溫度較低，可以却暑，並宜儲藏食物。

(八)該廠對所辦之地下室，絕對保守祕密。

介紹「西摩近」

水門汀漆

「西摩近」係純粹之胡麻子油漆，與尋常油漆迥異。茲縷述其優點如下：(一)在各種水門汀物質上，有完全之黏着性，凡水門汀物已經乾燥數星期後，即可施用。(二)凡已曾油漆之壁面，遇有損壞部分，若再用水泥修補之，於數星期後用本漆敷之，則可與舊漆無纖毫之差異。(三)該漆易於塗刷，乾後具有平常油漆之光澤，而其黏性之牢固，尤爲其他油漆所不及。(四)施之於新鉛皮上，亦甚適宜。(五)毫無毒質，內外層均可塗用。該漆歷經工部局及各大建築師採用，認爲滿意。總經理爲上海北京路一〇六號英豐洋行云。

營造學

（廿二）

杜彥耿

第六章　樓板（續）

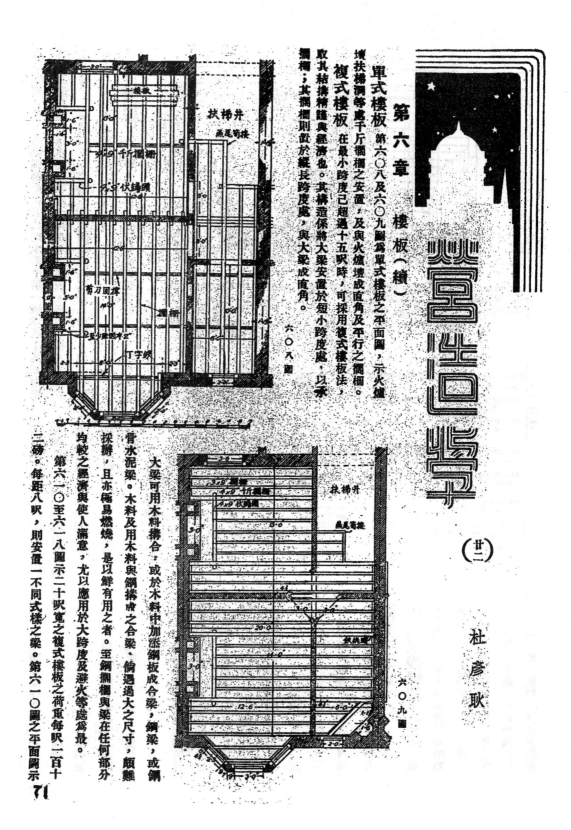

單式樓板　第六〇八及六〇九圖爲單式樓板之平面圖，示火爐壙扶梯洞等處千斤擱柵之安置，及與火爐壙成直角及平行之擱柵。

複式樓板　在最小跨度已超過十五呎時，可採用複式樓板法，取其結構謹與經濟也。其構造係將大梁安置於短小跨度處，以承擱柵；其擱柵則設於縱長跨度處，與大梁成直角。

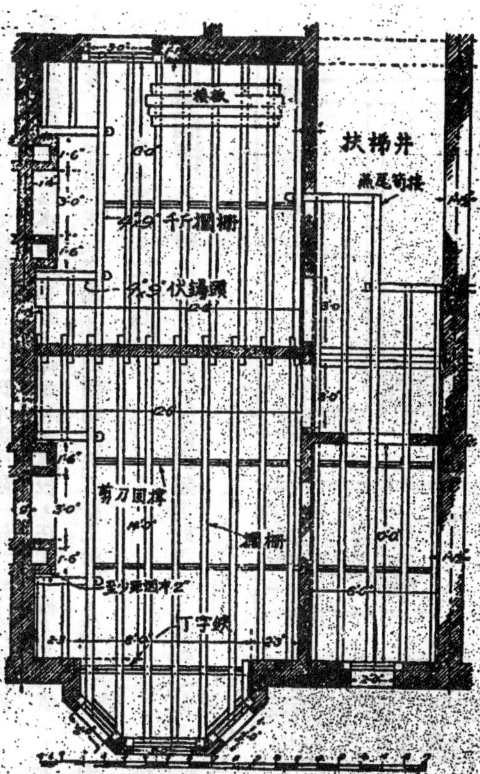

六〇八圖

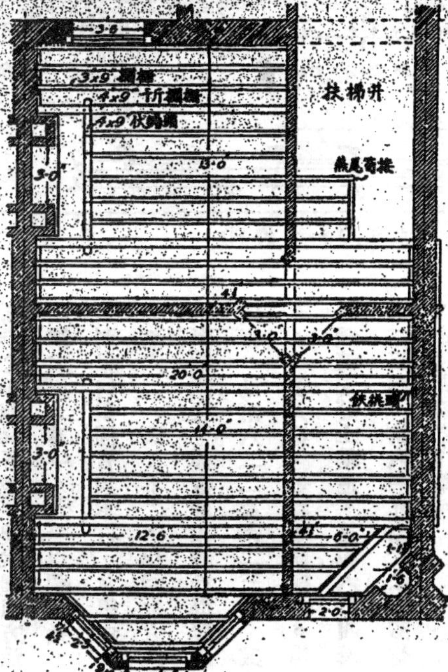

六〇九圖

大梁可用木料擠合，或於木料中加添鋼板成合梁，鋼梁，或鋼骨水泥梁。木料及用木料與鋼構成之合梁，倘遇過大之尺寸，頗難採辦，且亦極易燃燒，是以鮮有用之者。至鋼擱柵與梁在任何部分均較之經濟與使人滿意，尤以應用於大跨度及避火等處爲最。

第六一〇至六一八圖示二十呎寬之複式樓板之荷重每呎一百十二磅。每距八呎，則安置一不同式樓之梁。第六一〇圖之平面圖示第一種用木梁上擱置擱柵者；其二則木梁中隔一鋼添板；其三用鋼梁，及鋼擱柵外包水泥三和土，俾成避火樓板，在鋼擱柵上，再置小木條，以備鋪釘樓板之用；其四則爲鋼筋混凝土板梁。第六一一至六一八圖均爲該項梁之詳圖。

撐檔擱柵 在木材之跨度二十五呎時或超過此數時，大梁之側面亦須支持之，中間之梁名曰牽制梁，其上面係擔任擱柵，在下面則擱置於大梁上。因過長木材之不易得，且又易於燃燒，故還來長大之樓板，均不採用木料矣。用以代之者爲鋼梁，其工字梁或鋼板梁，須視其外力之輕重爲準則。第六一九圖示此類之構造，其距離爲四十呎，大梁十二呎中距，牽制梁則爲八呎中距，其上荷負每呎一百十二磅重之外力。第六一九圖所示之平面爲各種不同式樣與方法結構之梁：其一，大梁用鋼板梁，牽制梁與擱柵皆用木材，見第六一九至六二一圖；其二，用鋼板大梁與牽制鋼梁，樓板則用鋼筋混凝土樓板，見第六二二及六二三圖；其三，一切大梁，牽制梁與樓板，均用鋼筋混凝土構造，見第六二四及六二五圖。第六一九至六二五圖皆爲此類大梁之詳圖。

六一〇圖

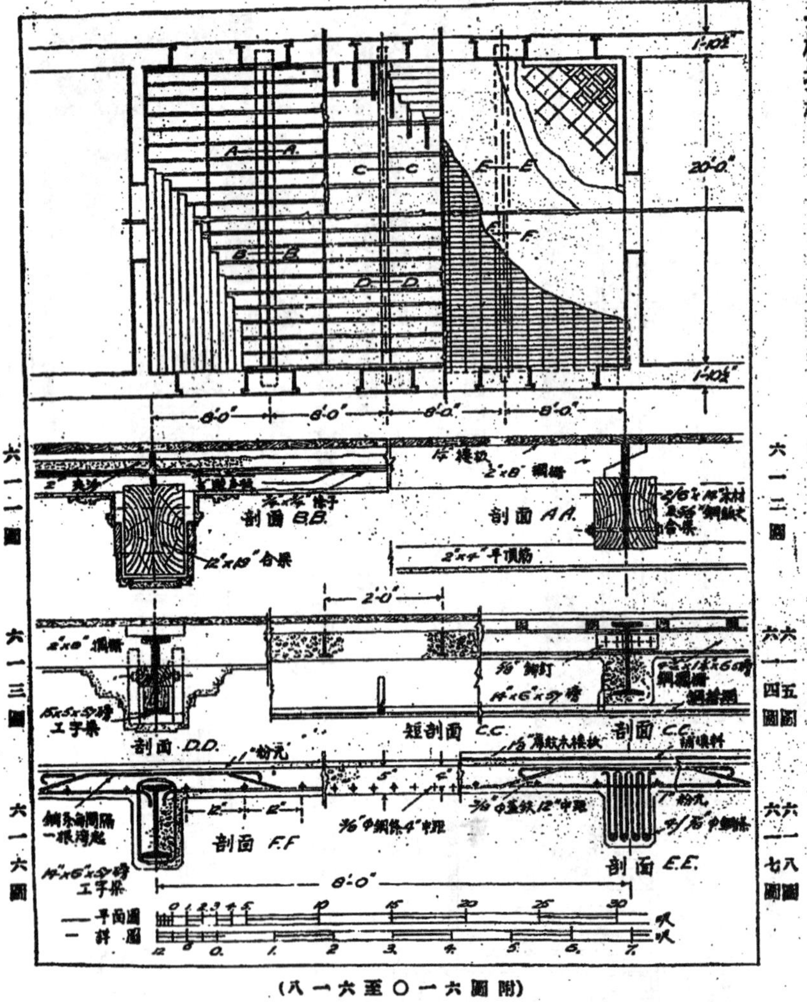

(附圖六一〇至六一八)

大梁或擱柵頭子留空 所有主要之木大梁，其擱置於牆垣墊頭上之頭子，均須四面留以空隙，俾通空氣，不致腐蝕木材。用巨大斷面之大梁，其頭子能減少牆身或磁子之承托面，但須注意其上部有否擱置大梁在同一之礅子或牆身上，若鋼梁並不過於長大，普通可實砌於牆或礅子內，如此可不致減少礅子之面積矣。

樓地板之出風洞　在任何木地板之下，均應築出風洞於近地平線處，以備地下升起之潮氣或臨近材料之潮氣流通，以防止木材之腐朽。用沙立根油或國產之固木油塗於木材之四週，其效驗頗著，而所費亦廉。同時若將木材和以綠化鋅，則能減少木材之燥裂與燃燒性。英國管式地底鉄路，皆採用此法。另一法可用紙毡油毡或其他類似之不透水材料，舖置於樓地板之下，至舖置一部份抑全部，須視情形而定。爲避免燥裂起見，在樓地板與平頂外牆處，將生鐵或空心磚間隔嵌砌其中，見第五九圖；同時若有平頂筋者，則在擱柵深度中心處，鑽以孔洞，用通空氣。

用一皮穿孔之磚，嵌砌於兩邊或各邊，其功效較之用少數生鐵出風洞爲佳，以其無阻塞之虞也。

空氣之流通，光線之充足，對於人類之居住，有極大之利益；而於木材亦然。

六一九圖　六二〇圖　六二一圖　六二二圖　六二三圖　六二四圖　六二五圖

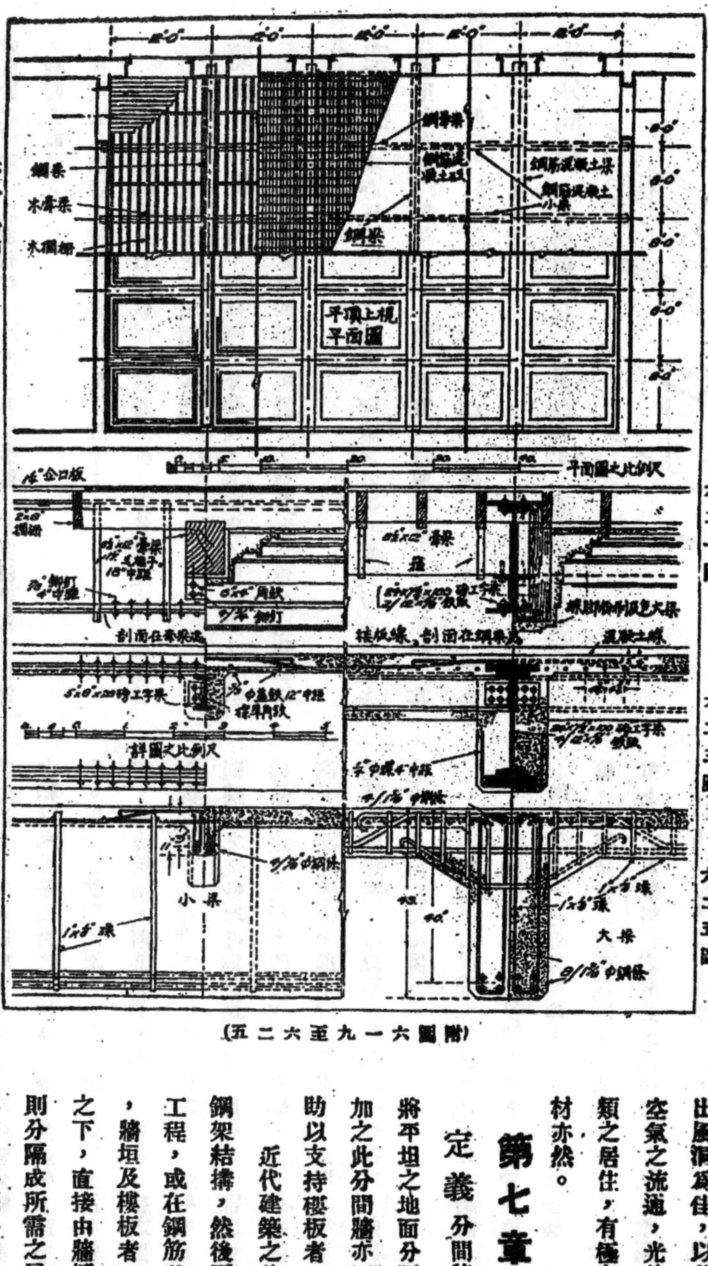

(附圖六一九至六二五)

第七章　分間牆

定義　分間牆有如簾幕，用以將平坦之地面分隔成需要之居室。加之此分間牆亦深度之架梁，常能助以支持樓板者。

近代建築之趨向，大概均設計鋼架結構，然後再砌以磚塊或磚墻工程，或在鋼筋混凝土先設計柱子，牆垣及樓板者。樓板在此種情形之下，直接由牆垣支持之，分間牆則分隔成所需之居室而已，結構簡易，與分隔各個樓板，皆各不相關，分間牆之優點：取其量輕，小木工易於裝配，且其構造簡單而迅速，有時亦能避火。

適宜於分間牆之材料及分類，見之於下：

磚，空心磚，石膏或浮石混凝土硤，鋼筋混凝土中置鋼絲網，或狀如鋼板之筋肋式骨架。

磚砌分間牆 用半塊磚砌之分間牆，其高度不得超過十二呎；若用水泥灰沙砌，尤能增加堅固與避火，惟其本身重量則略為增加耳。

空心磚 空心磚乃中空之磚塊。砌牆之空心磚長短尺寸花色頗多，普通用水泥灰沙窩砌其中，而成堅實，避聲與避火之分間牆。其厚度自二吋至九吋不等，極易斬切及應用。第六二六圖所示之空心磚，市上均有出售。

硤分間牆 其構造係用石膏或混凝土。石膏硤澆於模型內，其厚度自二吋至四吋，長度自一呎半至六呎，高度約為一呎。石膏中和以木屑等混合物。薄硤普通中置細竹，藉增強度；過厚者則中空。硤之面部有光滑與毛糙兩種，如需光滑可搗之於潤滑之金屬板內，然後舖砌，則其面部可不必再粉刷。硤之面部須加粉刷者，其面部必須毛糙或剔毛，以便粉刷其上。最好將未塗粉刷直接粉上，則鑲嵌之接縫均可被粉刷塗去。用石膏作硤之坯模，易於乾燥，則出品迅速，蓋在十四天內卽能乾燥可用。約每隔四呎撑四乘二之直條，支撑於樓板平頂之間；此直條之支撑，須用線錘掛直，然後庶能舖砌極迅速，可以不必每塊用線錘掛直。釘與螺釘可釘入此分間牆中，見第六二七圖。

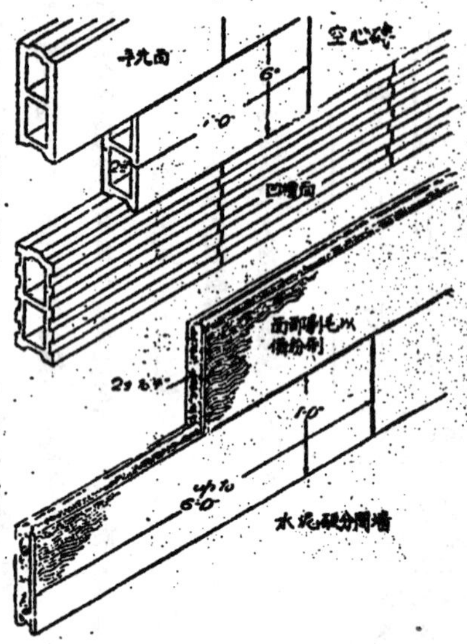

六二六圖

六二七圖

硤亦可用浮石混凝土製造。浮石須先磨研，再用三分眼篩子篩過，隨後用一份水泥三份浮石拌和，壓榨於模型之內；如此可成一上選之避火，避聲分間牆，且其本身重量甚輕，同時亦可釘螺釘與釘。其厚度自二吋至四吋，高為九吋至一呎六吋，長至二十四吋。市上亦有其他材料之混凝土硤出售，如煤屑水泥磚等，應用甚廣。

鋼筋混凝土 混凝土對於繁重之工作，其混凝土撓於殼子之間並配紮鋼條，須視應力之抵禦能力而定應需之鋼條。但在普通情形之下，建築此項混凝土分間牆，未免太浪費，蓋殼子板之消費頗大也。

用鋼絲網搆合而成之分間牆，效用甚佳。鋼條之直徑自三分至半吋，自下端攀鈎之點起至內平頂，將鋼條鈎牢於木擱柵處之長度，或至樓板處之長度為標準。倘係鋼擱柵或混凝土者，用特製之箍釘牢之。其距離自十二吋至十八吋不等。至於此類之鋼網，可用十六號二分網眼之鋼絲網，用十九號軟鉛絲紮牢其上，每隔四吋，紮軟鉛絲一道，不得超過此距離。在裝置鋼絲網分間牆之前，先宜注意何處預留空檔，以備立門堂之用。是以每個堂子梃均宜置於鋼條旁。在粉刷之先，全部鋼絲網須用撐支持其高度中央與樓板之處，待一面已粉畢，將支撐之一面拆去，再支於他面，以備粉刷。粉成後其板牆之厚度約三吋，而成一極堅實之分間牆矣。

筋肋式鋼絲網，係將鋼板穿孔，軋成一凸起之槽，如此能增強其硬度，且可無需應用木板牆筋或其他支持之物。裝配之法與鋼絲網同，其分間牆須支持者，在第一塗粉刷畢後。

木分間牆　亦稱木板牆，可分為兩類，即普通與架梁兩者是，所謂普通者，應用豎直之木條，即板牆筋，此項板牆筋分間牆用於有荷負其重量之樓板者。架梁則係平行豎直與斜條混合結搆而成，其支點在架梁之兩端，有時架梁亦能幫助支持樓板之重量。

特　性　木分間牆之功用，一，取其量輕，而其主因在於分間牆之全長度不能有承托者，祇可由兩端牆垣担承之。二，因係由三角形框架支持者，故殊堅強；是以與牆垣有堅實之支撐及能幫助抵禦外壓力也。三，無論何處，均易於裝撐，同時其外力能傳佈於或集中於牆之任何部或一部份。

木分間牆較之磚或混凝土牆，其缺點厥為避火性，對於廣大面積之走廊處，不能避免聲響之傳佈，及在地下層或次於地層之樓板，均不宜築以木分間牆。倘非均有避潮之設備，在此地位當以磚或石牆為佳。

普通分間牆有上檻與下檻，分置於樓板之上及擱柵之底，然後用木條子(即板牆筋)用筋支持其間，見第六二八圖。

安置下檻時須注意者，其地位與樓板下之擱柵成直角。或置在一根與下檻平行之擱柵，因此對於全長能達到堅實與平衡之支持。普通分間牆，不宜舖置於擱柵間之樓板上；否則一旦樓板須重行更換時，分間板亦因之而岌岌可危矣。

板牆筋之斷面尺寸，約用四吋×二吋二分之木條，中距一呎至一呎三吋不等，用短筍鑲接在上下檻上；及須增強其縱長之硬度者，則在每個板牆筋之間，以四吋×二吋之短小木條，用釘釘支其間，此項木條名曰木筋。或用二吋×六分之外板條釘於板牆筋之面部，如此可將其全部約束。門之板牆筋，上檻與兩梃可用四吋×三吋

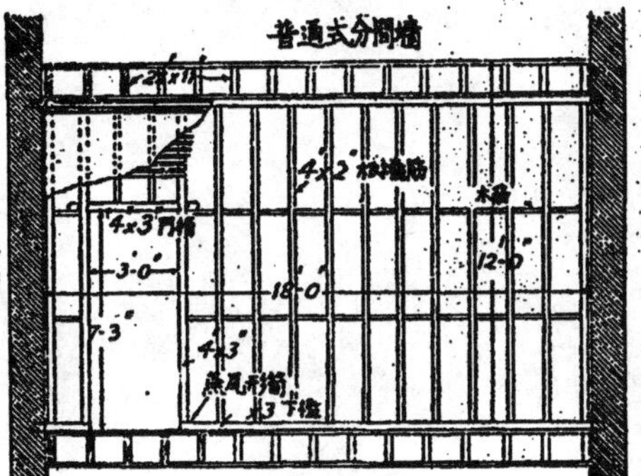

六二八圖

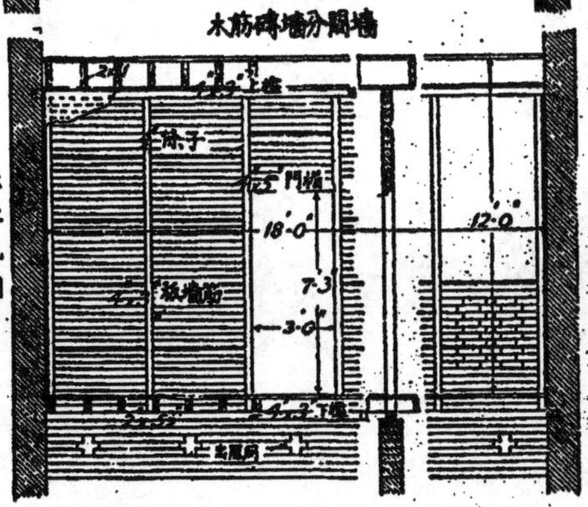

六二九圖

，或四吋方之木條爲之。

木筋磚牆　此項分間牆，狀與普通相仿，惟板牆筋之間砌以四吋半之磚塊，用以避火與走廊之聲音；用四吋×三吋二分之板牆筋，其距離依幾塊磚之長度，通常非二呎三吋卽三呎，及磚塊約砌二呎高，卽平置四吋×三分之條子於板牆筋之間，用釘釘牢，見第六二九圖。木筋磚牆之分間牆，須於其全長有堅實之支撑，否則因其沉陷而使粉刷及線脚等豁裂。半磚分間牆宜用水泥灰沙砌。

若分間牆之高度不超過十呎者，完全可用磚塊建造，半塊磚厚用水泥砌。其超過十呎高度而支持樓板者，須用板牆筋與木條子，以免因震動而損及各部也。

（待續）

新式電影院建築

遠澹

電影院之種類不外乎兩種，而新式影院之設計，即就其需要而取決。其一爲臨近或鄉鎮之電影院，觀衆類多固定；其一爲處於熱鬧商業區或戲院區者，觀衆亦多變遷。後者之戲院，其地段及區內觀衆之數量，關係至爲重要。而此種城市電影院。若需添設，頗費考慮，因其爲數已多，又甚普遍，宜其有縝密研究之必要也。城市與鄉鎮電影院之區別，即前者之觀衆多以汽車代步，而鄉鎮之電影院，既爲一般人所常至，多安步當車也。

在城市添設電影院之需要，可於下列基本條件取決之：

甲・某一區域人口之密度。根據美國上年度觀者之統計，以每千人口設置座位一百只爲最宜。

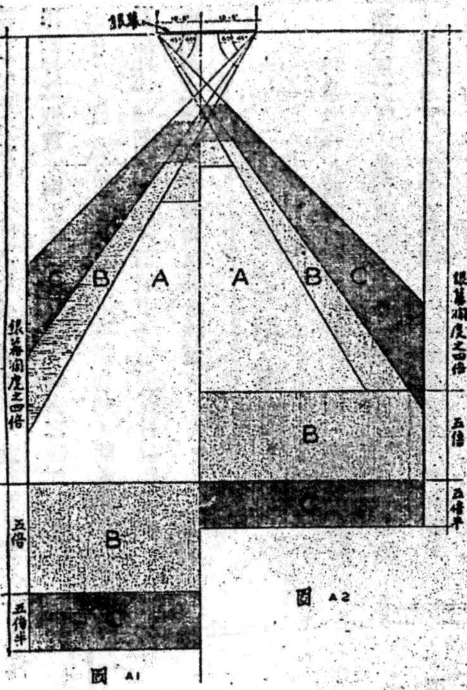

〔附圖一〕

〔附圖二〕

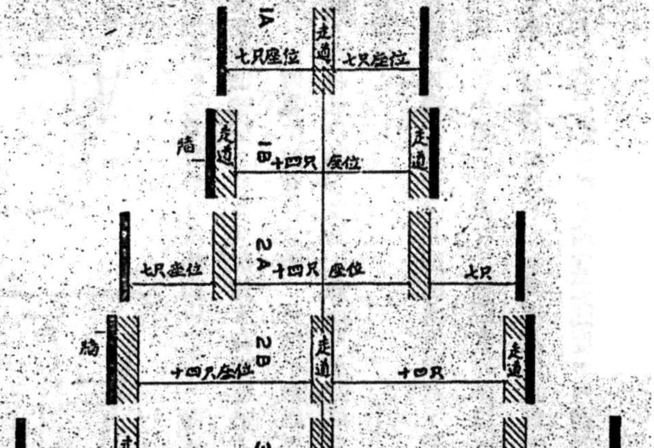

乙・適當映片之流通。

丙・觀看之次數。（映片質佳量多，而售價低廉，則觀者增加。）

丁・現有電影院之廢弛。

戊・與其他電影院之距離。

至若電影院之式樣與數量，則觀衆與院主各有不同之觀點。若院主隨其所欲，則將無新的影院建築之產生。彼亟望院址適中，座位衆多，固不計及觀者出入之不便與院址之不適於充分享受影片之佳處也。就觀者方面言，常願至少有兩所容量適中之電影院(座位約有六百只爲宜)對其交通便利，並有充分選擇映片之機會。因近來新片日增，過去之佳片儲藏所(Reservoir of good films)宜於復興，而電影界於焉產生一種新的姿態，即城市之電影院日益普遍化，而院址之選擇，與觀衆愈近愈佳焉。

院址之選擇

在選擇鄰近或鄉鎮之電影院院址時，首須考慮觀衆到達影院，是否便利，是故院址以處於人口中心點，最爲合宜。至若處於鄉鎮商業街道之上，雖有若干利益，但尚非首要。通常院址之選擇，以接近貴重地產者爲佳。若地價過昂，則將地段較貴部份，供作商店之用，而將影院出入口臨向大街，將大部房屋建築於後面地價較廉之處。因影片本身重要性之增加，故以高貴之地價建築院屋，斷不需要。近時電影院屋之趨勢，每建小形店屋出租，藉以彌補影院本部之租費。但若可能，則以低價購置院址，如此可免除建造店屋出租，而專可致意於戲院正面之建築裝飾矣。

在選擇院址時，角隅地段或向內彎進後通公共街道或里弄者，甚爲需要，蓋可依照當地規定，設置太平門等焉。在小鎮中之影院，若觀客亦多以汽車代步者，則亦需與院址毗連之處，另闢空地，藉以安置汽車。並爲便利此輩觀客起見，尤宜另設一門，俾自車而下，直入院內。圖二示院址最適宜之闊度，內進並可擴充潤度，以備闢作太平門之庭心。

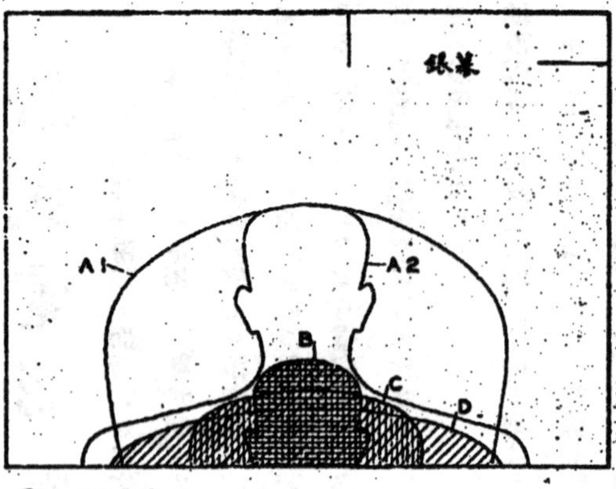

〔附圖三〕

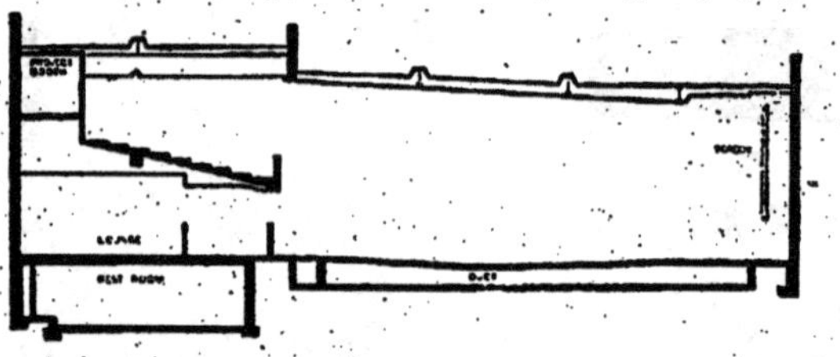
剖面圖

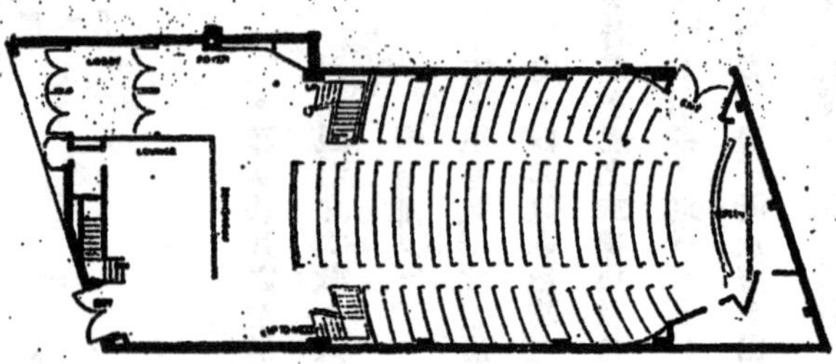
下層平面圖

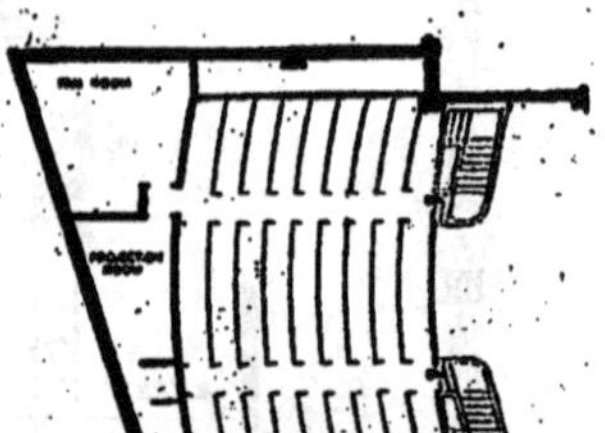
夾層平面圖

美國紐約布魯克林(Brooklyn)地方之朱淮爾戲院(Jewel)之佈局。

理財計劃

投資於電影院建築費及設備費之數額，要視清償(Amortization)原來費用之必需速度而定。一般投資者均認專門性之電影院建築，所需清償之期甚短。但此說僅能證其一端，蓋社會之人口，每有劇烈變遷之可能也。大規模之房屋計劃及發展，城市設計之趨勢等，亦須顧慮及之。雖戲院設備之清償期間較短，假定自三年至十年，最為合理。造價之清償期以十年為宜。但有三要點不能忽略者，家庭傳影機(Home Television)或可據為減短清償期間之理由也：其一，在家庭內設置適當巨大之銀幕，其技術問題之困難，尚未克服。其二，鑒於影片之需要日增，足證人民仍喜集衆娛樂。其三，電影事業統制家庭傳影，實佔極大部份，在公共集會場所既可延長娛樂，在家庭更可縮短節目。

土地與建築力求經濟，內部佈置簡單，實可減少初步之投資，但此須無礙於建築物功用與觀衆舒適之詳慎設計也。

所需座位容量

小鎮或鄰近城市之電影院，最少座位數量之決定，一方面須視有關之專門問題，一方須視映片分配之商業情形。就專門之立場言，影院之座位不

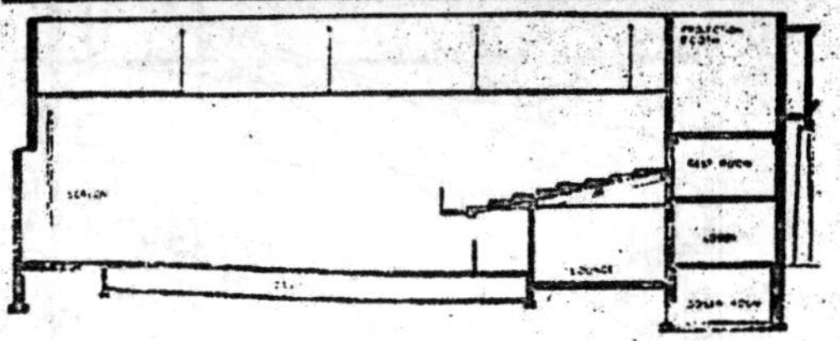

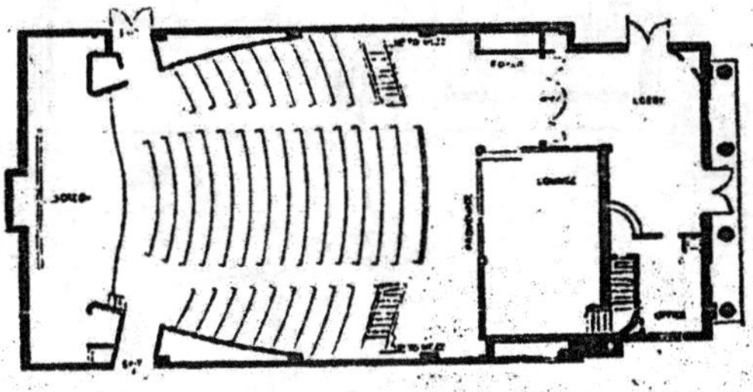

下層平面圖

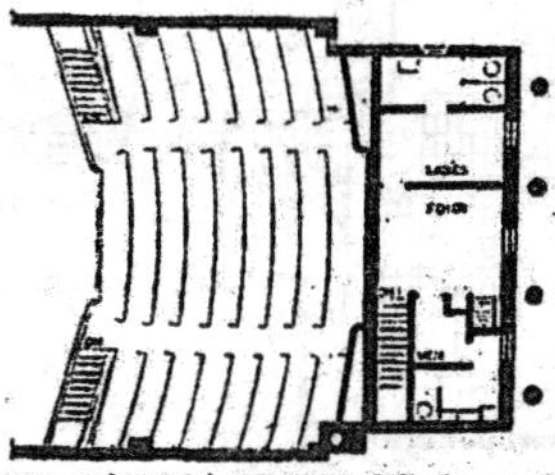

夾層平面圖

美國緬因州惠陀波羅(Waldoboro)地方之華陀(Waldo)大戲院佈局

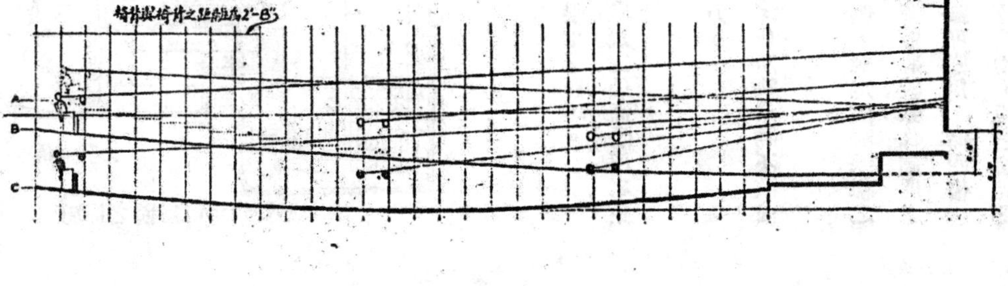

〔附圖四〕

宜逾千，以近六百座爲佳。

映片與院池之大小及式樣

就正確銀幕之觀點，以決定影院之最多座位量，有二限制要因：一爲映片之闊度，一爲銀幕與院池式樣及大小之關係。

職業用之影片，其闊度爲三十五公釐。放映此種闊度之影片，其銀幕大須三十五尺。若映片再大，則片中原料之累粒，將被瞥見，而攝影術中之對照價値(Contrast Values)，亦有被損之趨勢。三十五尺大小之銀幕，所映影片須放大至四百倍；若欲得優良之映演結果，可將此放大率減低；至求景物宜人，明晰異常，則銀幕之闊度，不能超過二十五尺。

銀幕之大小與院池之大小及式樣，其關係可於下列數點決定之：

一、光線歪曲處避免設置座位。

二、銀幕間與第一排之座位，應規定最低限度之距離。

三、銀幕間與最後一排(即末排)之座位，應規定最高限度之距離。

甲。視力之銳度，即攝影細節處辨視力。

乙。銀幕與觀者目部所形成之對向角，使所映景物不致曲歪。

本文第一附圖，係根據現用銀幕式樣之比例，規定距離銀幕之最高視線遠度，計爲銀幕闊度之五倍有半，該圖並將較銀幕闊度之五倍及四倍處，分別誌以界限；蓋五倍之處，雖可應用，而四倍之處，更爲理想之界限，在此距離內，一切表情及景物，觀之固異常

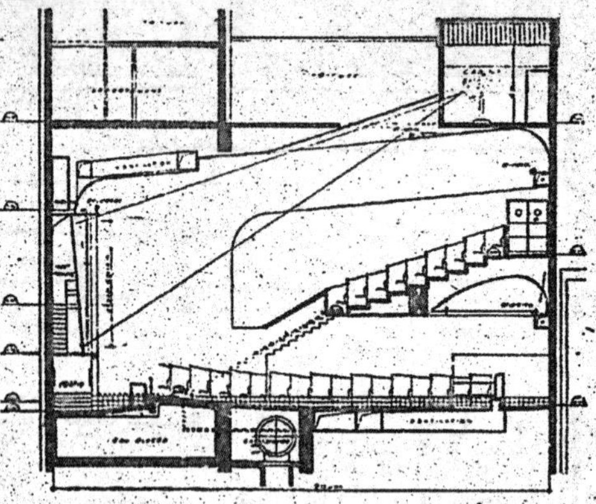

剖面圖

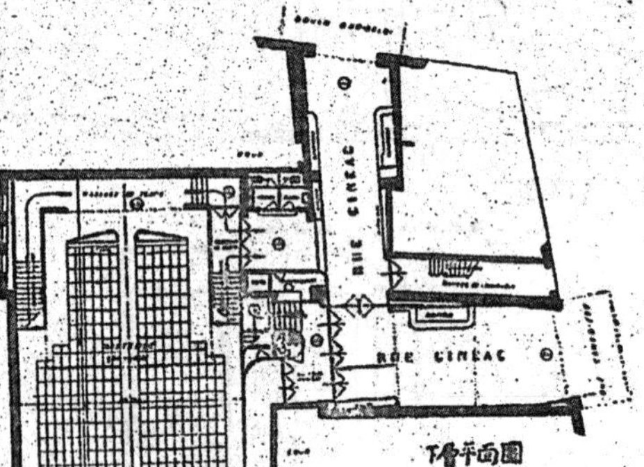

下層平面圖

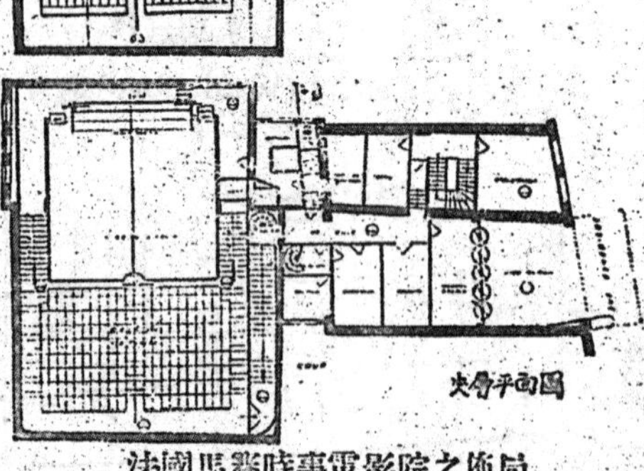

上層平面圖

法國馬賽時事電影院之佈局

清晰也。放大之近景，雖利於後排之觀衆，但須知良好之影片，當多中距離及遠距離之景物也。

視線之限制，對於觀者與銀幕所映之動作，實具密切之關係。是以銀幕之面積，應多多超越觀者之視力範圍，庶可減少過多之牆垣及平頂面之地位。第一附圖之視線限制，曾由美國電影工程師學會詳慎研究；而座位之佈置，更經實地試驗者也。

自銀幕景物之對向角，以為決定視線距離之觀點，與電影放映機實俱有更直捷之關係。實在言之，欲就銀幕觀得明晰之表情及景物，僅有一距離，一如在攝影時鏡片中所見景物之對向角，而此距離亦即能充分欣賞導演之技藝如何也。

樓上座位

每層座位之容量，最多一千七百隻，上層之最高容量為二千二百隻。在可能範圍內，樓上座位，須能縮短視線及座位濶度，俾最後一排之座位不致距銀幕過遠。

自銀幕景物之對向角，有殊重要之數點，必須注意者。

（一）後排之觀衆，對銀幕上之視線，須不為前排觀衆之頭所遮阻。

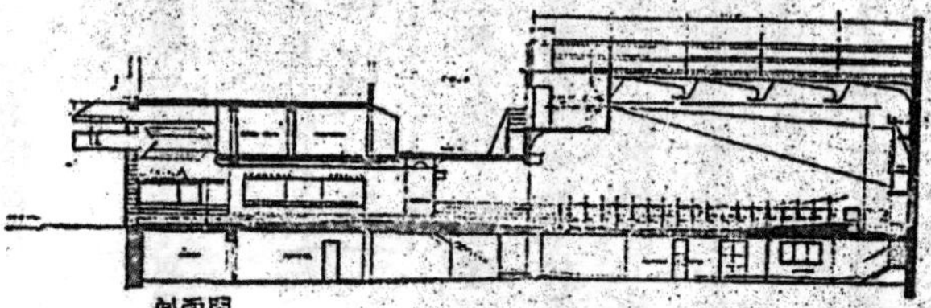

剖面圖

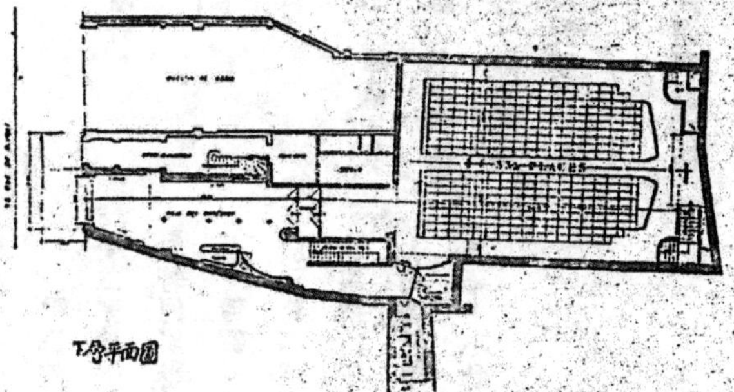

下層平面圖

法國巴黎時車電影院之佈局及地板坡斜情形。

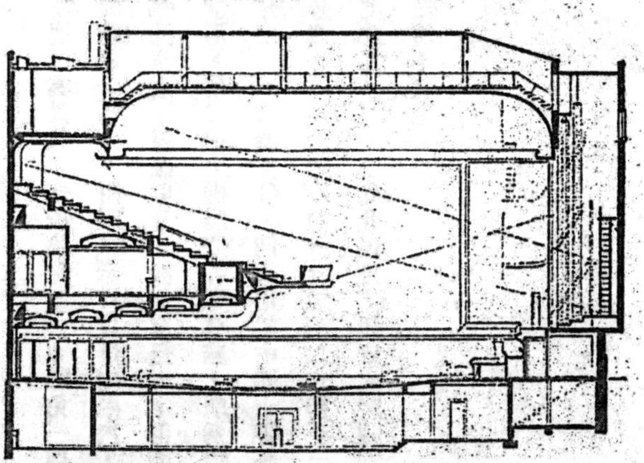

剖面圖

法國盎凡爾斯(Anvers)之臘克司(Rex)電影院，係採用如第四圖所示之地板坡線"B"者。

(二)樓上座位，，列方式，務求精密。
(三)座位須寬舒。
(四)銀幕上之影物，映入觀衆眼簾，不可過偏斜。
(五)須注意凸出厢座之地位。

地板之坡度

附圖三示有數處地位，觀衆之視線爲前排觀客之頭所障蔽，故地板必須成斜坡形，俾能約束而收觀衆視線集中於銀幕之效。附圖四爲電影院之長剖面，其深度足容三十排之座位，此係一般電影院之大概情形。座位之容量，雖有不少大規模之電影院可設至四十排之多，但其障礙視線之力量，自亦增加矣。

附圖四示三種不同之地板坡度式樣。地板坡線B最適用於戲院之映電影者，線引長至第一排深二十二吋，至第三十排已高至二百〇七吋；蓋自銀幕起，高度之增加，亦有一定。再視附圖三A1及A2所誌之障礙情形。A1及A2之外形線係等於視線達於銀幕九十三吋高，但其障蔽力量，不能謂爲無有。用於地板坡線之式樣，如與坡線B相同者，在後排不能增加音調之高吭，因音調之直線傳播，在許多建築法規所定者，已屬最高率。後排地板之升高，係爲視線可越前排觀衆之頭而達於銀幕。

附圖四之地板坡線A，示坡度之高起，適與B線成一反向，此線之最後十排已減低至平均二十二吋高。此兩根地板坡線A與B，於樓上之座位，亦可勉强採用，因尙適合於居高臨下之地位，而其坡線亦甚適稱也。

電影院地板坡度，其設計之先決條件：一、避免一切障礙視線；二、於銀幕之視線成斜對角。附圖三示BCD之圈內，其障礙尙無若何影響。惟須注意者，障礙圈B，雖高度最大，但面積較D爲小。障礙圈B之情形，用於前十排座位近銀幕處，頗爲恰當，約等於銀幕高度之九分之二。障礙圈C，則適用於中間十排座位，約等於銀幕高度之六分之一。障礙圈D則適宜於第二十排至三十排座位，約等於銀幕高度之九分之一。如此佈置，觀衆之視線均可集中於銀幕，不致感及任何不適也。

談長安土坯建築

趙育德

最近在某雜誌上，刊載美國工程師在阿拉巴瑪州(Alabama)伯明罕(Birmingham)地方，建造一所泥土住宅，作為建設經濟住宅實驗之新聞。其設計以混凝土作牆基，屋頂用音疎類隔絕材料，四壁均用本地泥土，和砂及頁岩之混合物造成。建築方法，先在基礎上豎立木殼，然後將混合物傾入木殼內，時加搗實，使成堅硬，泥壁之厚度約十七英寸，足能隔離外界寒熱，並能抵抗每方英尺二十噸之壓力。此簡單而省費之建築，據聞亦甚舒適和耐久，與我國西北諸省所築土屋大有相仿之處，足堪注意。茲將長安土坯建築情形，詳述於次，以供關心西北居住問題者之參考。

土坯亦稱土磚，係由手工將土壓打成塊，曝乾于日光中，待乾硬後方能施用。在早期煉磚未發明前，已用作砌牆之原料，歷史亦很久遠，降至今日，時代進化，建築日趨高層化，並以煉磚業日益發達，此不足任重壓，而無耐久性之土坯，當不適在繁華之都市中立足，而歸淘汰矣。惟在交通不便，煤斤昂貴，土質良好，氣候乾燥之區，尚不失其地位耳。今陝省長安即為一例，筆者曾一度調查市內，除年來新建設之大官署，銀行，旅社外，其用土坯為牆者，仍佔百分之九十以上，隴海鐵路西段附屬建築用之亦頗不少，四鄉村鎮更無論矣。蓋因土質結實，氣候乾燥，足為一般經濟牆壁之良材，雖新式之機磚窰日有創立，以土坯價廉，一時仍難完全取而代之，其關係西北民居之重要，實不可忽視也。

土坯之大小，普通長十四英寸，寬八英寸

曝乾中之純土坯堆

打製土坯情形

土坯牆未粉刷前留影

已完成之土坯牆小住宅建築

24637

，厚二英寸。共分二類，一爲純土坯，即以半濕性之泥土，用模打製。一爲麥桿土坯，即在濕泥中加以切短之麥桿，使格外堅實。後者較前者耐久，而價格亦稍高貴。純土坯之製法，大概均在就地預定取土處，先將泥土翻鬆，和入少量之水，使成微濕性，但勿過分柔韌，以免難于脅夯，隨將木模放於平實地面，或石面上，鏟泥入模，用小石夯夯實，傾出後堆列成行。以備暴乾。土坯傾出後，須隨將木模四週撲以草灰，俾免後者留黏模內，平均每工可做五百塊。麥桿土坯之製法，亦先將土翻鬆，或就地挖成池形，傾以多量之水，同時加入切短之麥桿和泥，用人力踐踏，使勻和柔韌。隨將此柔潤之麥泥攢入模內，稍經壓實，傾出排臥地面備乾；但切不可如純土坏之堆積，因其時本身甚軟，一經堆積，易起變形。每工可做四百塊左右，每千塊約用麥桿五十斤。

土坯須乾硬後始可應用，期免牆砌成後發生走縮。其乾硬期間，須視氣候情形而定；普通在夏季三個晴天，冬季七個至十個晴天，方可施用。如能擱置愈久，自屬愈佳；然亦不如煉磚之能任重壓，故除其本身重量外，不宜担任其他壓力。屋面及屋架，應採用木或磚柱，導至地基。土坯牆通常可建至二層高度，牆身加內外二重粉刷，約厚十五英寸。土坯之組砌，常法一皮橫，一皮平；爲免除土坯弱點起見，自地平上二英尺處至地下，應用煉磚砌作牆基。門窗框邊，亦宜用磚襯邊，俾免日久輪框不正。內外牆面皆用麥泥或灰砂粉刷，如能俟至砌畢三日以上，再行粉刷更佳。因砌土坯時其縫填有泥漿，若立加粉刷，不久恐生裂縫，是爲粉牆之要點。

振華油漆公司

振華油漆公司創立於民國七年。自建製造廠在上海閘北潭子灣。全廠分厚漆，光漆，磁漆，水粉漆，煉油，煉丹，鉛粉，顏色等部。商標飛虎，雙旗，三羊，太極，牡丹，無敵六種。總發行所在上海北蘇州路四七八號，分發行所南京，漢口，杭州，辦事處新加坡，西安，并特設工程科，專代設計並承包油漆工程。全年銷量，約在三十噸左右，營業區域，除全國各商埠外，並及於南洋羣島。迭獲國民政府工商部，實業部，廣東省政府，福建省政府，廣州市政府，山東省建設廳，浙江省實業廳，上海總商會，新加坡總商會，菲律濱嘉年華會等各種獎狀，獎牌。並經國民政府工商部咨請海陸空軍部暨各省市政府轉飭所屬盡量採用，以資提倡。

鋁業新貢獻

近三十年來，全世界鋁之消耗量，自六千噸增至二十七萬五千噸。此驚人之發展，在工業史上實開一新紀元，深信此種金屬，繼續改良研究，其應用範圍將日益廣泛。至於此種金屬所以蝕銹之主要原因，實爲在潮濕之空氣中感受酸化，因用於近海之處，致受海水襲擊及鹽質浪花飛濺所致。鋁在潮濕之空氣中，酸化頗速，若非設法保護，因此所成之薄層，亦爲防止銹蝕之自然產物。而現時人造之勻淨厚層酸化物，實爲防止鋁之銹蝕之良好方法也。

本埠揚樹浦路六十一號匯達納建築公司，近正設廠製造酸化鋁及鋁之設色方法，最短期內即可接受外界囑託，從事於鋁之酸化及設色業務，竊鋁之一物，經此新設施，當更可增加美觀，堅固耐用矣。

用新式電力吊車傳運之經濟

論者以爲吾國之勞工，其工資在世界各國最爲低廉，故藉機械用作傳運工具，反不經濟。此說殊不爲然。雖工人之工資，平均每日每人以一元計算，似甚經濟，可無庸裝設機械矣；但詳加觀察，則一經裝置機械，使用時費用儉省而工作之速率，迅捷絕倫，在時間方面較人工幾能節省十分之九。其他之利益，則如免除工人之糾紛，泯減罷工之威脅，以及隨時可以工作，不受勞工之束縛，而更無過時加工及休息時間等事故。

近時裝有新式機械之各工廠，其主持者必考量機器之運用，是否能盡其功能，但各個機器之工作效能高否，尙屬次要，最要者厥爲材料之運遞工作地點及分配於各機之間，是否能迅速暢達。故明幹之廠主，爲欲充分發展機械之功能起見，常用架空電力吊車輸送材料，藉以供給工作時之需要，並因而完全摒除以前因原料供給之參差無定而致之機器中輟之弊，據統計結果，使用「台麥格」電力吊車，效能之增加幾達二三倍，其他式樣之機器，亦得有優良之結果。故藉機械之力，將材料運輸，在工作速度方面故能

"台麥格"電力吊車

"台麥格"電力吊車在準備吊運捲荷報紙時之攝影

圖爲專司「台麥格」電力吊車之開關。用手撳於白鈕，即可上升；撳於黑鈕則爲下降。

達到預定之效能，且極經濟。再如營業發達，必需增廣基地，添建廠屋，此舉所費，實爲不貲。若有此項機械，則在原址添建一層，增裝同樣器械，則輸送既便，出品自多，供應需要，亦無匱乏之矣。且根據已往經驗，在裝置「台麥格」吊車時，無需特殊建築或另添建新屋，普通工形鐵樑之下邊緣，卽爲廣大之行走軌道。總之一切設備，甚爲儉省；在極短期內，當可省出該機及裝置兩項之費用。

現時國內一大部份廠家，其主持者均已深知此項電力吊車之經濟與需要，紛紛裝置，以求廠內外輸送材料之便利。德國「台麥格」廠製造之電力吊車，本埠獨家經理者爲謙信機器公司。使用便利與裝置簡單實爲此項機器之優點。故「台麥格」電力吊車任何人均能管運，管理時僅用一簡單之撳鈕開關，並裝有自動限制開關，使起重吊鈎在最高或最低點時能自動停止，其限制點可隨意較準。該項吊車並裝有特殊絕電線有避水避灰及避酸之功能。「台麥格」電力吊車可用爲各種升降及輸運工具，效用宏大，（本文附圖卽爲該機之式棧及正在工作時之情形）如用作貨物吊車及棧房絞車，更爲無上之助力。其吊重能力自一二五公斤至十噸止，在上海備有現貨，常可適合顧客之需要，如用於不平之地面或快速度長距離輸送，則可在吊車上附裝管理者之坐位。處於目今極端競爭之際，節省費用，方能獲利倍蓰，凡各廠家，船塢及棧房等其主持者深欲達到最高之工作效能，則用新式機械爲傳運物料之工具，必能獲得廣大之報償。

良好隔離材料之推薦

査軟木一物，在今日仍爲最有效最經濟之隔離材料。市上所售者，以西班牙及葡萄牙所產者爲最佳，享名亦屬最早。此種最經濟之產物，厥爲軟木板。其法係將小塊之軟木，將其烘焙緊壓，形成堅固之板塊，四週則有自然之脂液以爲邊緣。此種板塊通常長三尺闊一尺，厚則一二三寸不等，而藏於堅牢之紙板製成之盒中。現時市上所售者，常有質地較次之貨，外貌甚佳，而其載重增加，隔離之功能亦少，購時宜注意及此。至良好之軟木板，其主要功能爲：

一、建築冷藏間，船中冷藏室，家庭冷藏箱及冰箱等。

二、建造住宅或工廠之屋頂及外牆，一吋厚之軟木板，最宜用於高層之工廠建築，俾減低室內熱度。

三、用以爲機器之底基及減少震動力等用途。

此板在使用時，常以柏油爲黏貼之材料。柏油在高熱度下溶燒，其器之大小須足以容納軟木板，俾板在器內浸醮，使柏油汲收板上，然後取出，卽時膠合於施工之處。若厚度不足，則可將板用柏油塗叠其上，如是則二層三層，可遂已意。小塊軟木用處亦多；較大者亦可用作隔離材料，尤以不適用軟木板之處，此項粒塊之軟木，應用最爲廣大也。

本埠四川路一二六弄十號怡德洋行，備有大宗軟木板材料，以供外界需求。質優價廉，久負盛譽。餘見本期該行廣告，特爲介紹。

建築史　（第二編）（七十）

杜彥耿譯

德意志羅馬斯克建築

德國小誌

地理及歷史

一二二、地理　德國西鄰荷蘭，比利時及法蘭西，南連瑞士及奧國，東界波蘭及俄羅斯，北繫丹麥，並出波羅的海。國內江河暢流，水利稱便。

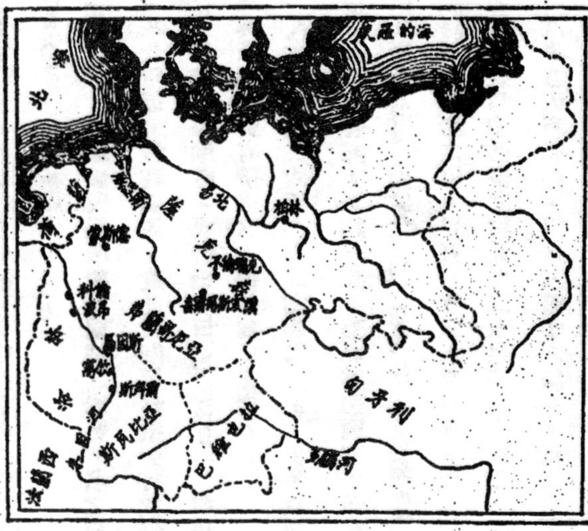

第六十圖

一二三、氣候　德國氣候夏季熱而冬季冷，其西部較諸東部爲暖者，以得北海吹拂之熱氣所致；而大部普魯士及薩克森地域，盡受俄羅斯及波羅的海之冷風所吹襲。

一二四、歷史　德國之歷史，係支出於法蘭西，始於查理曼大帝孫嗣之崩析。當法國喀羅林帝室後代諸君之懦弱無能，尤以遭受北人之侵凌，封建制度遂根深滯固，但與前茲之舊國不同者，國以行省組織，每省必舉賢者主持省政，而國內一若有數國者，如曰Franks, Saxons, Bavarians　法蘭克，薩克森，巴維也拉及其他諸族之混統而成德國。茲錄中古時代德意志疆域如圖六十。

一二五、法帝國本係逐漸收集各邦而成至上之帝政。但德國則非，其各個省別之間，互相參商，殊不團結，並且時常公開攻擊，因之雖國王與其受封采邑之有力郡主間之衝突，亦宛如兩國相殺，然其結果則不同。更有一事，德之與法相殊不同者，德王係屬選任，不若法之世襲：故法之傳統一朝，有八世紀之長時間，而德則一朝之時間殊短。且德國亦無首都，如法國之巴黎者，庶人民對於國體之信仰，而助其成者也。

一二六、當分支德國喀羅林一系之滅沒，接傳者爲短期之康拉德 (Conrad)，本係法蘭克公爵，後復有薩克森朝之相替，自九一九年以至一〇二四年。當此朝第一君主之時，屢遭馬札兒人(Magyars)侵刼之危。馬札兒者竊居匈牙利(見圖六十)平原之野蠻民族後，後被克服歸化於基督教下而爲德族矣。有名之奧士德瑪亦

(Oster-March)者，即現在之奧國，係附近前線之地區。鄂圖大王(Otto the Great)用爲集中軍隊之地。

一二七、 以城牆及强固碉壘圍繞之城區，名之曰「堡」(Burgh)在此附近，村莊叢集，建此以禦民衆遭受野族侵凌之路徑。人被任爲留守此項城區，或堡壘者曰「Burgher」，遂成一種階級。後此王與該地鄉實有所爭執，彼卽爲擁王者。

一二八、 自九三六至九七三之鄂圖大王，係薩克森國之第二君主，繼續於法之各邦，團結一致，形成整個國家，隨後出師以治東北邊區之蠻族。尋又攻破意大利，而受倫巴多皇冕於米蘭(Milan)，更於羅馬接受凱撒之位。自茲彼復重創查理曼大帝之羅馬帝國，此後德之君主欲爲倫巴多之君羅馬之皇與基督之主宰，而此政策卽驅使德君屢與意大利戰鬥，因之其戰爭之結果，猛增兩國之帝國主義至於無可限止。

一二九、 當十一世紀之一〇四年至一一二五年，弗蘭哥尼亞(Franconia)帝室爲德之帝皇時，康拉德第二是爲該朝第一君主，並併吞艮第於其版圖。迨至第三代君主亨利第四(Henry IV)時，有著名之喜爾得布藍(Hildebrand)者，接羅馬教皇之位，是爲格列高里第七(Gregory VII)，立志堅決，處事奮毅；其所下整頓教會與教會高於一切，有如下述諸條文；

一、有超越國王之權力，並有對國王授予或取消皇冕之權。

二、教皇有任命主教之唯一特權。

三、太子親王不能在教中任事。

四、教會任命令不能出諸賣買。

因德國有許多財產及土地，執於主教之掌握，如此則向之對國君貢獻者，將轉而貢諸教皇格列高里之定策，遭遇强力之反對，自屬無疑。國君並主組織教庭，取議廢免教皇，殊不知各地親王已先國君接洽一切，而擬另選新君迫之。亨利至此，不得不低頭與格列高里和解焉。

一二三〇、 一波甫平，一波又起，斯瓦比亞之路德爾(Rudolph of Swabia)被各地親王選爲國君，最後又得格列高里之同意。因之亨利對彼之競逐者，宣戰而殺之於混戰之中，並攻入意大利追迫格列高里亡命於諾曼底後，遂死於該處。

一二三一、 霍亨斯陶芬(Hohenstaufen)一系之德君，自一一三八年至一二五四年，開基於斯瓦比亞之康拉德第三。彼之柄政，薩克森族反對頗劇。並傳圍攻外因斯堡(Weinsberg)之時，叛軍喊戰口號曰衛爾夫 (Welf)；衛爾夫者，亨利王之弟卽叛軍領袖之名也。康拉德之軍隊亦有口號，曰「Waiblingen」者，蓋王弟腓特烈(Frederick)之產地村名也。此種口號，被意大利改作「Guelf」與「Ghibeline」，蓋「Guelf」者，擁護教皇，而「Ghibeline」者，擁護國君之謂也。故此後兩者均以此號爭取教權高於君權或君主高於教庭者之鬥爭。

一二三二、 一一五二年康拉德第三崩，姪腓特烈巴巴洛薩，或曰紅鬍子者，被選當國。在此精明强幹之國君統治之下，意大利諸城要求利益與特權起見，時常引起戰爭。而柔弱之區，每被强者壓抑，而呼籲國君求助。因之國君與教皇之紛端又啟，擁護教皇與擁護國君之聲重振。腓特烈攻得米蘭，化為平地，但倫巴多諸城，依舊據作攻擊國君之根據地。如是經過多年奮爭。而腓特烈始行議和，應允教皇之要求，並稱意大利各城之自治。自此意大利各城，固執此權利，以抗衡各個君主。

一三三、迨康拉德第四崩於一二五四年，霍亨斯陶棻之一朝便亦終滅，約經廿載之國政中虛時期，此帝國中並無足可紀述之領袖。

建築則例

教堂及主教院

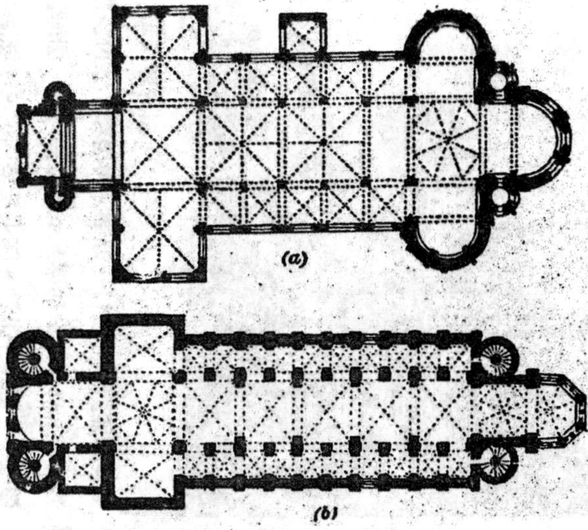

第六十一圖

一三四、顯異之點　以法蘭西及德意志羅馬斯克建築之根，依公會堂之地盤而發展之，施用圓頂發券方式構築之，更進而有德國羅馬斯克學校建築，包括集體之牆垣，叢集之礅子，盛施彫刻之線脚，逐步退收之圓頭發券，以及與歐洲其他各部普通相同之羅馬斯克建築。有頗多方形或八角形之塔，有時其地盤係圓形者，是為德國羅馬斯克教堂建築顯異之點，惟大體僅與法蘭西之格式類同。

一三五、科倫之阿坡斯爾聖教堂　在科倫(Cologne)之阿坡斯爾聖教堂，如圖六十一(a)者，有奧壇位於東端聖壇之兩邊，而口與大殿兩旁之走廊相齊者，其屋面初不連接。蓋其間有兩個八角形之疊塔分隔之也。而於西端十字交叉之處，起一大而方形之塔，與東端地盤十字交叉點上

第六十二圖

，起一八角形塔，相互映輝呼應，如六十二圖。小型連環發劵之走廊，處於廊簷之下，殊爲幽緻悅目。自東端總覽其結構之匠心獨到處，如六十二圖，不覺深歎其描繪活潑，栩栩欲生焉。

第六十三圖

第六十四圖

一三六、窩牧主教院 窩牧主教院見六十一圖(b)地盤，想見此來因（Rhenish Church）教堂之一般矣。其大殿之寬度，等諸甬道兩倍之大，與其圓頂，是爲大好之德國羅馬斯克幾成方體之佳作。主要房屋如六十三圖，完全係羅馬斯克式，建於十二世紀，但其原建築，現在祗有東端一部，其餘咸係後來重建者。六十四圖示此主教院之內部，第六十五圖之剖面圖示礅子連續而上，並透越大殿圓頂發劵之劵脚而上之，支持上述發劵之礅子，一大一小分間之。而小礅子係長方形，致其外貌則四角有四個圓形之塔。聖壇之前冠以八角形塔，顯躍於十字交叉之地盤之上。

一三七、斯拜爾主教院 此屋有六個檔間，幾爲德國教會建築之獨出者，以其無西聖壇，而西邊之塔亦減去，惟闊廣大之前廊於西端，其上部可見第六十六圖。大殿寬四十五呎，高一百〇五呎；四角四個方塔與中央兩個八角形塔，如衆星之托月，而亦符於斯拜爾(Speyer)之義者，蓋「Speyer」卽「Spire」，是爲尖塔之意也。此院建自十一世紀。

一三八、波昂主教院　波昂(Bonn)院之東端如第六十七圖所示，其建築係與該時期德國其他之教院建築同。有甚大之奧壇，夾持巨大之塔，透露於屋外者。院之大殿兩傍，本無甬道，與中央大塔，位於十字交叉點地盤之上者，係於十三世紀時所增築者也。

第六十六圖

第六十七圖

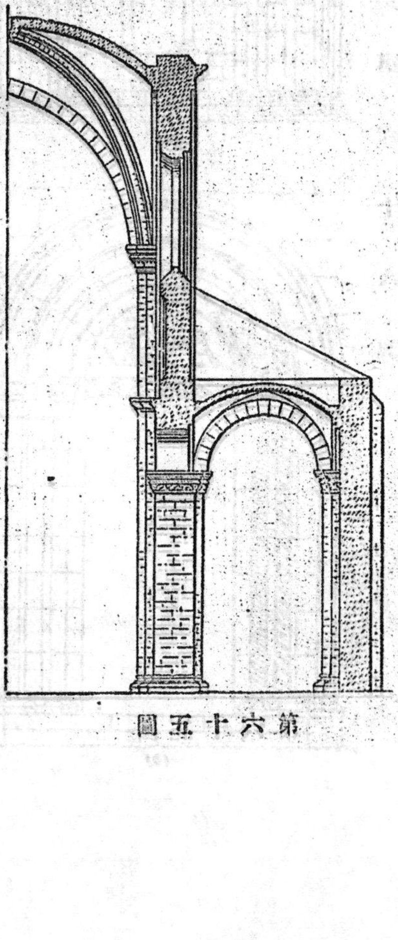

第六十五圖

地盤，牆垣，屋面及裝飾

一三九、地盤 德國羅馬斯克教堂，係以公會堂作藍本。大殿之兩端，常如聖壇之位置。步廊或走廊罕見，附屬之小教堂則絕無。但講壇及外廊廡，則如普通所習見者。在十字交叉之點，有兩端特別向外伸出，俾另置小壇。門口普通開於南北兩甬道處，而教堂之西端鮮有開設門戶者。

一四〇、牆垣 因無拋脚礅子之制，故牆垣厚實，俾可禦抵圓頂傳下之推力。連環發券可謂為牆飾外貌之一種，又如露在簷下之外廊，亦為德國羅馬斯克建築顯異之點。

一四一、屋頂 在未有圓頂之前，薩克森式木平頂甚為普通。迨十二世紀末葉，始有圓頂，惟來因區始終卽用圓頂，雖在早期亦用圓頂者。

一四二、柱子 柱子之花帽頭，每用立方體形，並飾以慣用之反葉，或卑祥丁飾物。大殿之連環發券包括礅子或礅子與柱子混合在一起者。有時並有巨大之柱與簡單之柱相互間夾設立者。

一四三、空堂 狹而圓頭之窗，普通均係單扇窗堂。考其體例，並無大窗之式制。門戶及券拱大門，與法國及英國羅馬斯克時代之格式類同，是以叢集之梃柱與碇施彫刻之發券等為飾者，極為普通。

一四四、線脚 最初無特種線脚之創制，均與其他在歐洲羅馬斯克建築所用者相同。迨後德國羅馬斯克建築對於線脚頗為重視者，以其基於精緻之點而作美飾也。

一四五、裝飾 裝飾之彫刻，均用淺浮彫，是為踢地起隱花，蓋其花飾刻於陰紋，而將不施花飾之部，任其自然，不加磋磨。裝飾之藍本，不為希臘，卽或羅馬，此外則隨意為之耳。顏色裝飾間亦有施之外牆面之粉刷者。瑪賽克殊少，惟顏色之磚則習用之。圖六十八示羅馬斯克建築中普通之裝飾，用之於大門口者。圖(a)為在萊去之阿比教堂(Abbey Church at Laach)，(b)則為在阿爾騰斯丹之聖邁克爾教堂(St. Michael's Church, Altonstadt)叢集梃柱之門堂，繞以精緻之線脚與彫

(a)

(b)

第六十八圖

刻之拱心，以及他種卑祥丁式之藻飾者，是爲顯特之每一搆築也。

一四六、其他德國羅馬斯克裝飾見六十九圖(a)(b)及(c)柱子與連環發劵之在萊去之阿比如圖(a)是爲卑祥丁之格式。惟小型半圓之發劵之在簷下牛腿之間者，爲德國羅馬斯克飾物。圖(b)兩個小花帽頭駢儷於一帽盤之下。此花帽頭之彫刻，係取法於科倫之聖瑪麗教堂，用怪獸作飾，而以藻飾爲襯。此種式例，於德國殊不多覯。六十九圖(c)係十三世紀時德國南部之花帽頭式。圖(d)爲同時期柱子下之坐盤。此種式樣與其他德國羅馬斯克均根據於古典式雅典則例而來，以及襲取法國羅馬斯克柱下坐盤四角之有角葉者，如六十九圖(d)。

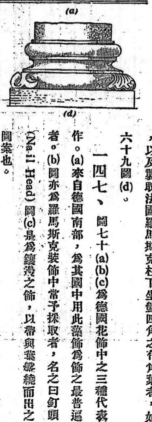

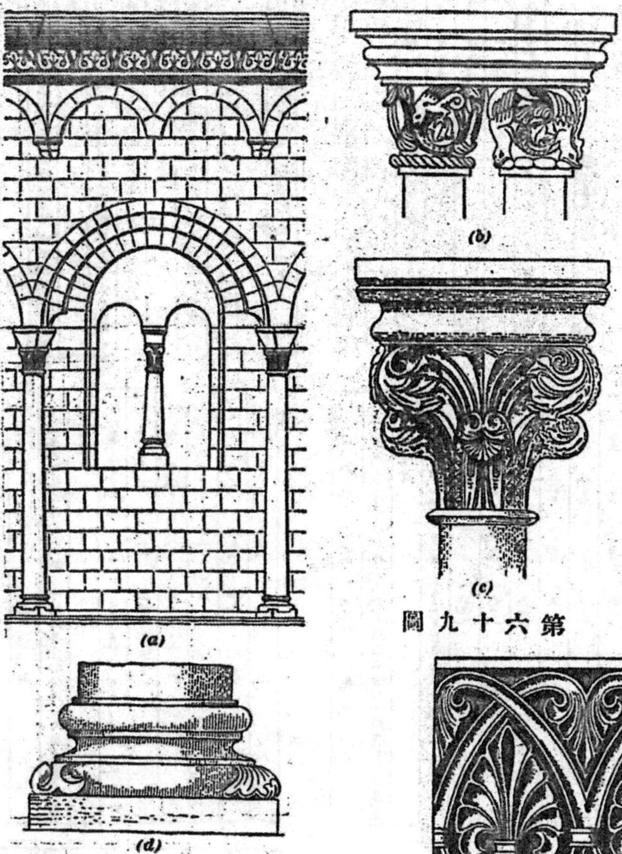

第六十九圖

第七十圖

一四七、圖七十(a)(b)(c)爲德國花飾中之三種代表作。(a)來自德國南部，爲其國中用此藻飾爲飾之最普遍者。(b)圖亦爲羅馬斯克裝飾中常予採取者，名之曰釘頭(Nail Head)圖(c)是爲鑲邊之飾，以帶與葉盤繞而出之圖案也。

(待續)

建業防水粉新訊

國產建業防水粉，確具防水避濕之功能，為營造界所深切認識，一致贊許者，蓋本刊已屢介紹之矣。故本外埠新建大廈，均樂為採用該粉；最近如廣州福壘建築公司承造之國立中山大學，福州横山福建省立醫院，本埠孫福記營造廠承造之吳淞鎮北國立同濟大學測量館等工程，久泰錦記營造廠承建之阜豐麵粉公司新麥棧，上海律師公會等，均經採用建業防水粉，足證其功效之一斑。該粉由上海愛多亞路中匯大樓二三一號中國建業公司所發明，其電話為八三九八〇號云

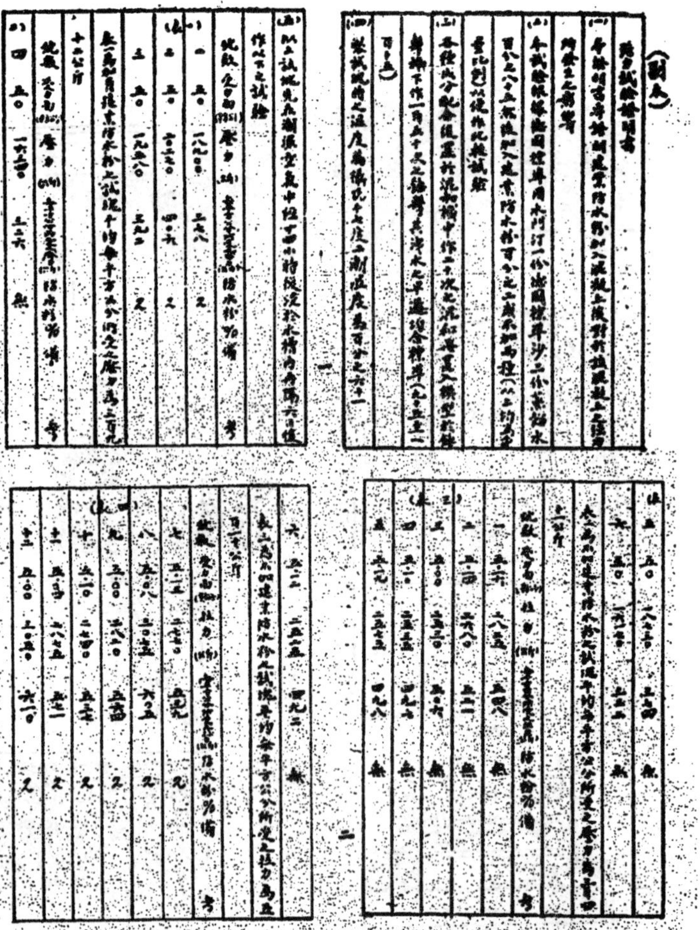

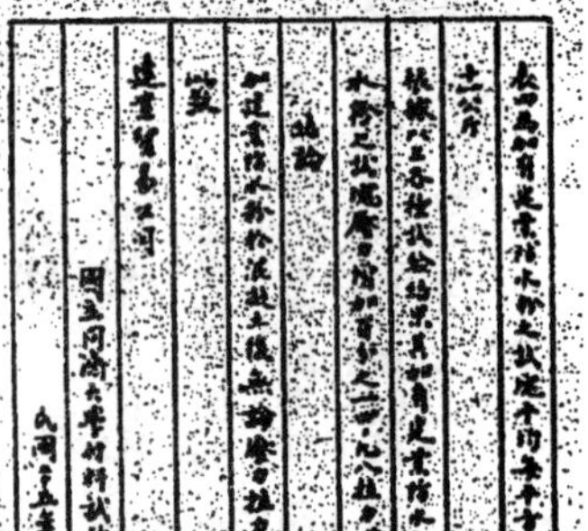

24648

都市住宅問題及其設計

楊大金著
杜彥耿校

著者自序

上古之世，渾渾噩噩，木居穴處，苟能療飢免凍，斯已足矣，固無所謂住宅也。厥後民智漸啟，創造遞增，種種慾望，隨遇觸發，則住宅問題尚焉。考住字之意義，據韻會集韻解，住止也，居也，望文生義，無庸詮釋。雖然，此字面之淺解耳。若進而言其作用，則可蔽風雨，禦寒暑及防範盜賊鳥獸之侵害，以適於吾人之生存。更進而言之，現代之住宅，不僅爲吾人勞碌後夜間之歸宿所，而於經濟，衛生，道德諸方面，均不能不有賴乎住宅焉。

吾國立國最早，遞嬗數千年，一切典章文物，均多見之於公私著述之中；獨於住宅建築之紀載，竟如鳳毛麟角！試觀歷代史冊，其中每代選舉，職官，兵刑，食貨諸端，載之綦詳。而對於住宅之紀載，獨付闕如。再如通志，通典，通考諸書，博採衆蓄，分門別類，有系統，有範圍，其贍詳實在史書之上；而對於住宅之紀載，仍屬從略。尙有營造法式一書，爲宋李明仲所著，雖帝皇宮宇之建造，網羅靡遺。但民間建築，采錄殊尠，仍不足以按圖索驥，供後人營造居室之參攷。餘如考工記，圖書集成諸書，雖偶有敍述；然一鱗半爪，未成全帙。每代之蒐輯，尙且不詳，遑論上溯下沿，自成系統乎。夫住宅爲人生四大需要之一，關係何等重大！顧竟未著爲專書，垂範後世，試究其故，實因當時之：(一)專重文學，鄙薄工藝也。(二)專重墨守，不尙進取也。在上者不盡其倡導奬勵之責，遂使呫嗶窮酸之士，以獵取衣食爲滿足；而天才異能之士，身懷絕技，轉不免自廁末流，顚沛以終。社會有守舊之習尙，人士無進取之精神，一任蕭規曹隨，自甘守經。一二奇巧之輩，偶有發明，自爲新奇驚衆，遂使智士裹足，巧匠縮繩。是以吾國建築事業較之歐西各國，瞠乎其後，實有由來也。然建築一業，自有巢構木，黃帝制室，蓋已幾及五千年。中古而後，阿房、未央，齊雲、落星，莫不擅極工巧，刻畫烟雲，藻繪之精，雕飾之美，足駭今世。顧其術至今反多茫然，試執巧匠而示之，必愕然無以爲應，蓋未嘗不嘆繼起之無人，慨絕學之消沉也。曩者吾國向習，專重士類，目百工爲末流，賤視等諸雜技；浸假以降，循習成風。有志之士，鄙不研習，付鉅工於騃豎之手，而責以進步，甯非至難？魯班墨翟之儔，未嘗無驚人之發明，自社會視之，徒鄙爲駭世炫俗之技；資爲談助，而不重爲科學。故其往也，一般文人，不屑學而不屑傳，工匠之輩學之矣，而不肯傳，遂至木鳶飛機之製，曠代不傳，山節藻梲之奇，並世無睹。雖有哲匠絕技，僅供一時之誅求，不作異代之借鏡，其影響於建築進化，實堪浩嘆。

住宅建築之所以不爲人所重視者，實以住宅問題究爲何物，對於人生究有何關切，頗少有論著以闡明之。惟至今日，文明演進，人口繁殖，社會組織愈趨複雜，住宅問題對於個人，家庭，社會，乃至國家，均有莫大之關係。世人營營擾擾，此攘彼奪，驟視之各異其業，各治其事，實則以不同之方式，謀取其衣食住而已。衣食住之不可缺既如此，而世間衣食不濟，流離失所者之充斥又如彼，應宜如何始可彌此缺憾？在貧乏者固當努力自謀，以求解決，即衣食充裕，住屋安適者，亦宜進而謀全人類之衣食住，期得平均進展，同享住的幸福焉。

居住問題關係人類各方面既如是之切，而其範圍極廣，更非集國內學者，羣策羣力，共同研究，以求適合生存，進至善美，不易達此目的。今將一得之愚，草成此編，謬陋簡拙，在所不免。務望大雅鴻儒，不吝珠璣，進而教之。俾關係極鉅之住宅問題，得一相當解決途徑，則裨益人羣，豈淺鮮耶。

二十六年七月

介紹華新水泥地磚及青筒瓦

華新磚瓦公司創於民國十年，距今十六寒暑；當該廠初辦時，祇出紅色大小平瓦，以其製造精良，爲各界所樂用。迨一二八後，地產零落，建築事業一蹶不振，尤爲磚瓦製造業之致命傷，該廠在此不景氣中，仍本精益求精之精神，從事改良紅平瓦，添製青平瓦，遂不脛而走。

年來建築作風突變，競尚東方色彩，需用古式青筒瓦（即廟宇式筒瓦）甚多，但大率多用手工製造，粗糙不勻。該廠有鑒及此，特創機製古式青筒瓦，尺寸既勻，式樣亦新。除古式筒瓦外，該廠尚有西班牙式青筒瓦之出品，最近首都採用者甚夥，可見其精良之一斑。

該廠出品中最特色者，爲水泥地磚，其質料與市上所銷售者迥不相同，原料採用上等，所需機器壓力最高，花紋顏色滲入甚厚。故用之愈久，磚面愈見光潔；即數十年之後，仍不減其美觀也。

華新地磚之製造，採用不褪色顏料及最佳之白水泥，用新式汽壓機，光滑之模型，每方尺需壓力四千五百磅，以新穎之方法，製造地磚，尺寸準確，磚面光潔，花紋清朗，色澤鮮明，省費耐久。該磚以八寸方最爲普遍，六寸及四寸方亦頗盛行，色分花素兩種，如公共場所銀行旅舍戲院公寓學校醫院以及市房住宅等之客廳平台走廊浴室等處，用之最宜。

正面圖

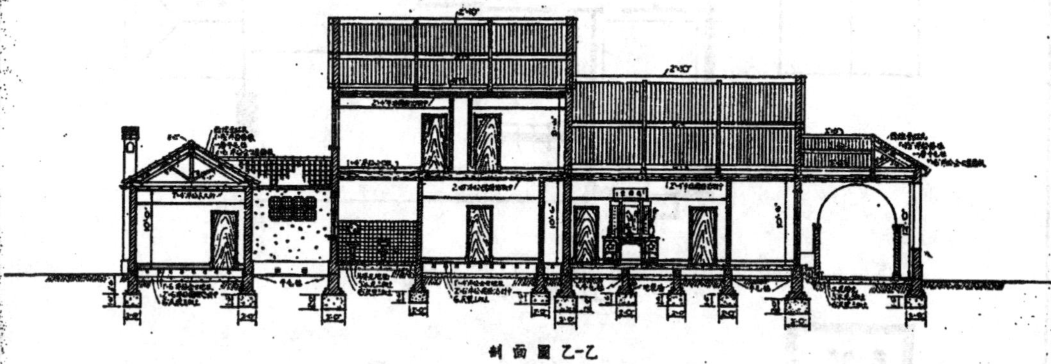

剖面圖乙-乙

白門燕居

有友初築燕巢於瀋陽，迨九一八事變既起，呢喃雙燕，翩然南飛，由平津至新都，亟謀久息。因囑著者設計新居，以庇雙燕。屋之樓下祇一臥室，客室與樓上臥室，則備供親友過京時寄宿之需。餐室之外爲天井與花壇，如能堆石植竹，則怪石磷磷，細竹扶疏，與月洞中之花壇栽培四季花草，相互爭妍，其清逸實有超世拔俗之概。下房均隔於正屋之外，復以走廊銜接之，俾廚室腥膩之氣，無擾於燕居，以謀進住的幸福焉。

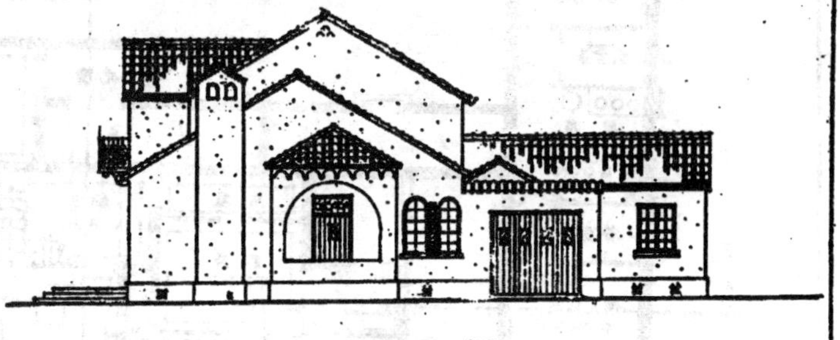

側面圖

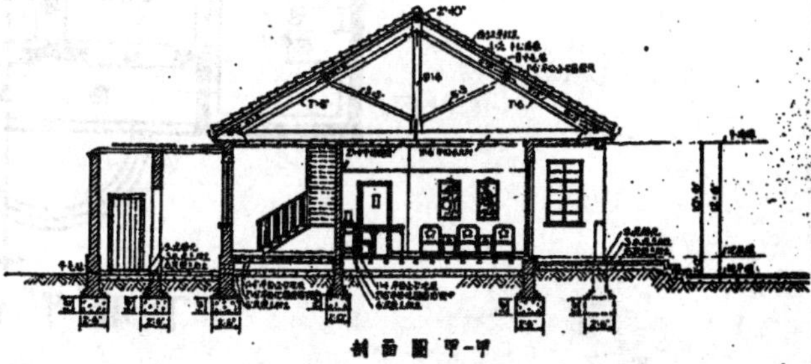

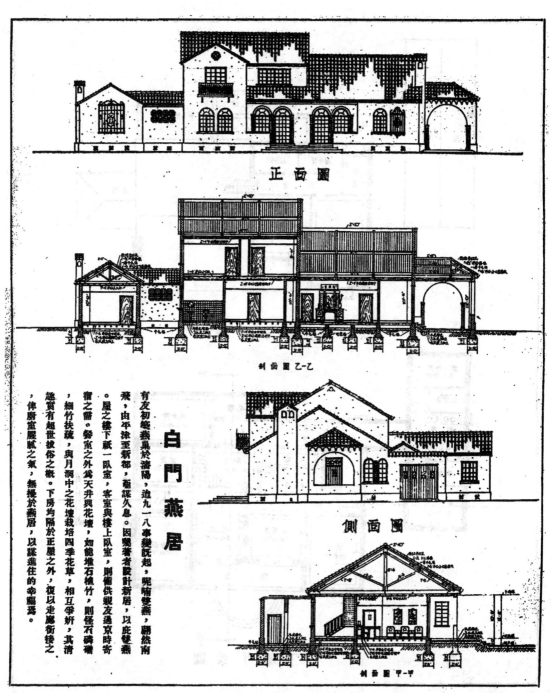

剖面圖甲-甲

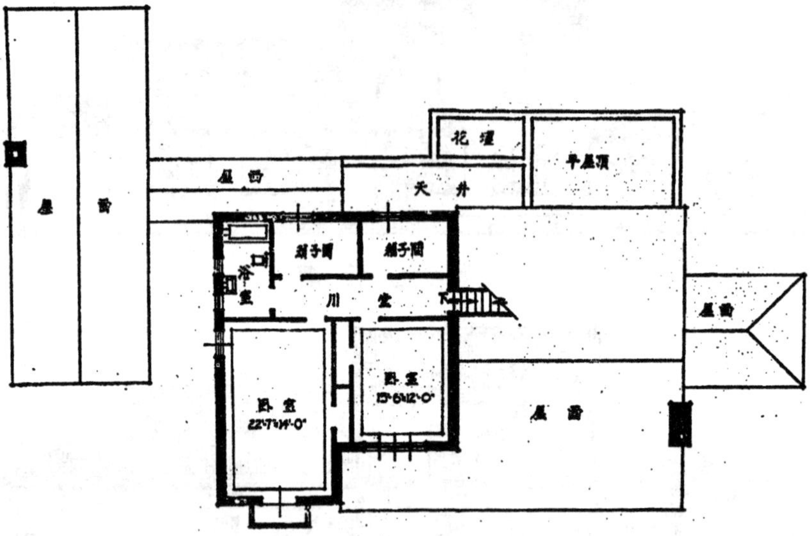
屋面
花壇
平屋頂
屋面
天井
箱子間
箱子間
浴室
川堂
屋面
臥室
臥室
屋面

上層平面圖

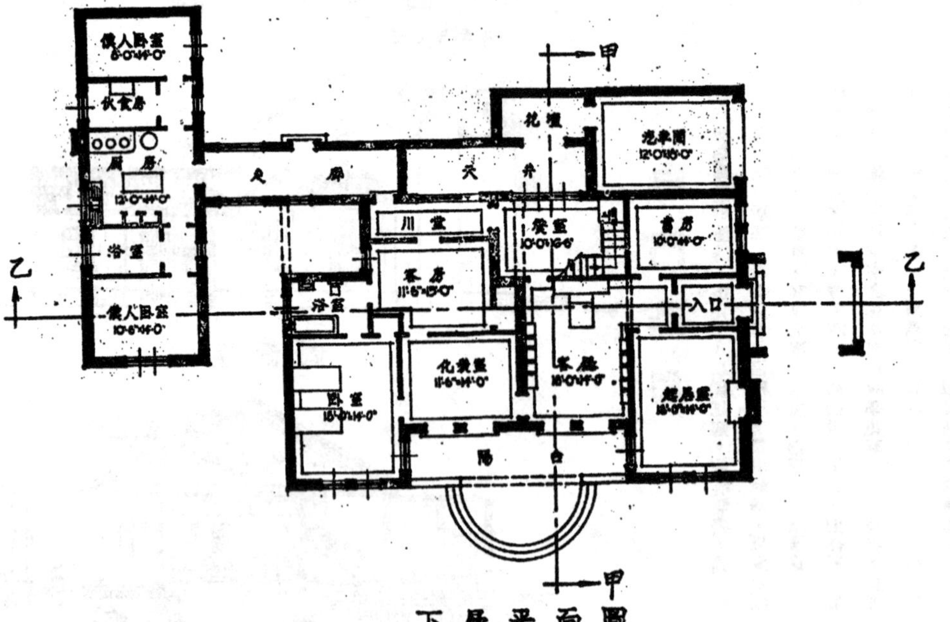
甲
甲
乙
乙
僕人臥室
伙食房
廚房
浴室
僕人臥室
走廊
花壇
天井
汽車間
川堂
餐室
書房
客房
浴室
入口
臥室
化妝室
客廳
起居室
陽台

下層平面圖

休憩室

傢具与裝飾

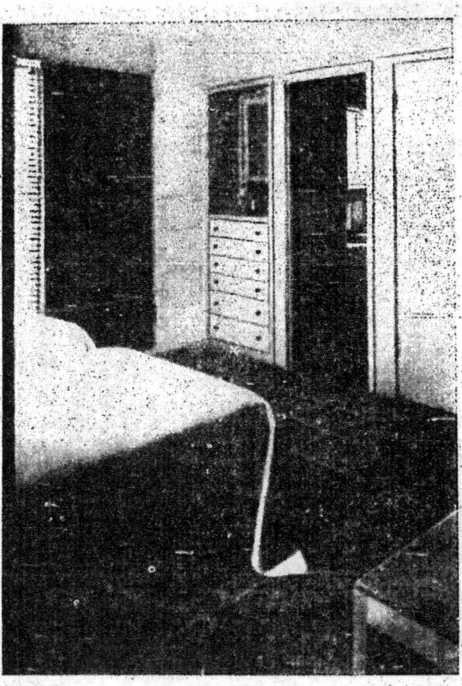

臥室

"掃榻以待"

靜居閒讀

廊室

梳粧室

24655

廚房

起居室與眺台

建造寧波中正橋設計組工程顧問等赴甬初勘與甬地籌備委員等留影

新江橋及江濱街市攝影

專載

籌建中正橋初勘記

浙

同人等遵照決議，於六月二十五日由滬赴甬，至籌建中正橋之新江橋原址，作初度視察。同行者有總主任竺梅先，設計組陳壽芝，杜彥耿，工程組孫德水及顧問工程師施嘉幹，楊寬林，江元仁，王元齡，及陪同赴甬之甬方籌委朱旭昌君等。翌晨抵甬，上輪相迎者，有陳園先生及縣府施求臧工程師及倪維熊科長等。即就船上先行商議，並聽取施工程師關於當地情形之報告後，當即展審鄞縣城廟圖，則覺擬建之

中正橋，其地位固不必拘泥於新江橋之舊址。蓋依據餘姚江之形勢，不若放棄新江橋之

視勘時，行人團集，探問造橋情形。

地位，而改由一橫街口青年會起，逕南架跨甬東司巷口者為佳：以其與江勢彎度適成直角，非如新江橋之與江成斜角者可比。再就經濟觀點言，橋之長度若位置於新址。當可較舊址減短，則建築費自可撙節不少。且新江橋南境街道盤曲，不適跨建新橋，其理甚明。惟施工程師竺主任及甬地籌委等，因格於地方情形與收買土地之關係，頗感躊躇，遂離輪至橋址實地視察。時王文翰及俞濟民諸先生等亦相繼來迎，欣握之餘，同步向新江橋進發。

至時見現在之新江橋，係以橋面架於浮船，而以鐵鍊連繫之者。波濤起伏，橋亦隨之簸動。橋身狹隘，而行人及人力車擔夫等往來頗為擁擠。至於汽車，則經越此橋，祇得緩緩駛行，與人力車同其速度。此種現代利器，一遇此種境地，亦如蛟龍受困，不能展其本能；至

竚立船頭探測江底之總主任竺梅先君

若運貨卡車，祇得望橋興嘆。因思鄞縣為浙東交通之樞紐，此橋無論在軍事，商運，及行旅各方面，均具重要性，是故不能任其因陋就簡，坐視弛廢，無怪浙人士之亟亟計劃與滬各界之樂贊其成也。

吾人於視察新江橋附近一帶地區市街後，深感新橋易址之議，實不可移。良以東大路之寬擴，與建築物之整齊，殆為縣區之冠。以之經甬東司巷口而與新橋之南境銜接，便利交通，固不待言；而有此巨構，跨於兩熱鬧街區之端，則雄姿英躍，與靈橋相互映輝，在觀瞻上，亦甚得宜也。

視察一週後，即開始丈量新江橋之長度，與橋下浮船間之每一距離；復行打水扦以測江底之

當視察舊橋時路人為之側目

深度。迨測至江心，因江流湍急，暫難探測。

丈量時留影

遂決俟十一時潮平時再行測之。時正清晨八時，同至靈橋觀察一週，相約至甯紹公司事務所開會討論。先由甬方籌備主任王文翰君報告，略謂委員會僅爲主持造橋事宜。關於橋塊收買

工程組副主任孫德水君坐着想些什麼？

民地開拓街道等，自當由縣府辦理。設縣府經費不裕，造橋經費有餘，在經濟上不妨路加移補，俾得收地築路，竟其全功云。繼即討論各點，計(一)橋址設置新江橋原基或另易新址案。決議：推請施求臧工程師繪製新舊兩址附近路線詳圖，以便初步設計，再行核議。(二)決定橋址地段案。決議：由設計組及工程顧問擬定報告書，分後列五點報告之：甲、新舊江面寬度之比較；乙、江底深度之比較；丙、地方形勢之比較；丁、收地數額之比較；戊、收地價值之比較。以上丁、戊二條由縣政府地政處報告之；餘由設計組及顧問工程師報告之。

會議後竺梅先先生倡議留影以誌紀念，遂即同赴照相館攝影。迨畢，時已將屆十一句鐘，即至新江橋探測水深，更量新址架橋之跨度與水深之探測。事竣，應王文翰先生之邀，赴衡通飯店歡宴，盛情可感。席間或有不信新址之跨度較新江橋爲短，認爲量時容有錯誤者。因於席散後商諸施工程師，假測量儀覆核，則與初量時完全相同，固無出入也。時總主任竺梅先先生，因事先行，取道杭州歸滬，以便經過杭州時向錢塘江大橋工程處商借鑽探機，俾資鑽探河床地層，以爲着手設計新橋之根據。

吾人事畢，即由王文翰先生陪同遊中山公園。園係前道台衙署花園所改建，佔地雖小，然迴廊曲折，尚具園林之勝。略遊一周即出，乘車逝育王寺。寺爲甯波名剎之一，頭山門係用鋼筋混凝建造，甫於去歲完成。該寺有名之舍利殿，在天王殿之後，殿宇軒昂，收拾殊爲清潔。廊下兩邊圓洞，以方磚彫刻玄奘西域取經之圖。殿外廣大之天井，兩旁石欄之石刻，亦極

育王寺頭山門

舍利殿外石欄彫刻

舍利殿西邊之圓洞彫刻

精細。他如方丈殿，藏經樓等，忽忽遊觀一過，略用茶點，即辭方丈，出返甬埠，則離開船時間僅五分鐘矣。即與王君等殷殷道別，並致謝意。該晚船行殊穩，不若昨晚之略有風浪。迨一覺醒來，船已駛入淞口，將近虬江碼頭矣

此次同人等赴甬初勘，倍蒙該地人士熱誠招待，殊深感荷。更觀於當地各界人士，對於新橋之建置，無不赤忱相期，殷殷望成，益感同人等使命之重，敢不黽勉從事，早觀厥成，以答各界之期許也。

舍利殿東邊之圓洞彫刻

建築工程界同仁聯誼會追誌

本會及上海市營造廠業同業公會，，於六月二十四日晚，邀集中國工程師學會及建築師學會，假座北四川路新亞酒店，舉行第五次聯誼會。到者有本會主席陶桂林，同業公會主席張繼光，工程師學會會長王爾綱，及各會委員會員邵英瑞，湯景賢，張起颶，陳松齡，陳壽芝，孫德水，王皋蓀，應興華，，江葆異，樂俊堂，趙景如，徐錦章，唐永斐，等六十餘人。樽前聯歡，籌觥交錯，躋蹌一堂，頗極盛況。席間對於建築工程界當前問題，如採用國產建築材料，投標時押標費及手續費之存廢，及推行建築職工意外傷害保險等，均有所討論。繼由王爾綱先生致詞，略謂世界演化無極，吾人自應追踪前進。故向抱聽其自然與退守主義者，在他人則絕塵邁往，得寸進尺，在彼則瞠乎其後，故步自封。若德之戰後，被列強共同牽掣，喘息不安，卒賴其努力掙扎，得脫桎梏，而有今日東山再起之雄概。鄙人研習工程，對於政治原無素養。惟鑑於德之猛進與英之緩進，同有特長，足供採擇，故謬敢論列。海軍會議中，日本之少壯派及對限制日人造艦之議，英出而勸阻，日堅不從，英乃亦積極增加軍備焉。英之態度雖稱和緩，而實力準備有恃，雖少發言，而實有堅毅不撓之意志，所謂以至柔克至剛是也。現再就國內營造界言，在昔營建新廈，原無合同，現時則訂約承攬，手續完備，自亦為進步之現象。因此欲求單方面的便利，而損及他方面之利益，實不可能。至若押標費手續費之取消，在營造廠業同業公會自有充分理由。惟取消方法，除由會熟籌對策外，並宜由會員自力折衝，以收指臂之效。工程師學會係為學術團體，對此亦願促其成云。繼由來賓留日東京帝國大學胡兆煇建築師演講「日本明治維新以來之建築」，略謂中日兩國原屬同文，故建築方面，亦難例外，迨歐風東漸，該國建築，始採磚瓦建築之歐西式房屋，如羅馬斯克式，哥德式等。迨東京大地震後，鑒於磚瓦建築之不可恃，故紛起與建鋼筋混凝土建築，以求鞏固。至建築材料之自製自給，在明治五六年始燒磚瓦，明治十四年始煉水泥，現在之建築學會成立已逾五十年，初僅有會員二十六人，已現擴展至八千餘人。近年最大之建築當推國會，造價二千七百萬日金，全用國產材料，次為正在醞釀中一九四〇年在日舉行之亞令比亞大會運動場，造價預算約一千五百萬日金。地址及式樣尚未決定，大約即以現在之明治神宮運動場擴大之。數年前日本建築因受左傾思想之影響，頗有普羅化之傾向，現則法西斯蒂主義之濃厚，故一般建築均採國粹式，尤以軍部各種建築為最云。

七聯樑算式

勘誤表

期數	頁數	行數	字數	誤刊	更正
四卷十期	33	1		"聯樑算式"中之聯樑	"聯樑算式"中之各聯樑
"	"	4	28	數	數
"	34	9		$M_D=-C'M_C$	$M_D=-c'M_C$
"	"	17		$M_B=-cMe;$	$M_B=cM_C;$
				$M_D=+c'CM'_{C\cdot3}+D'$	$M_D=+c'C'M_{C\cdot3}+D'M_{D\cdot3}$
"	35	2		$M_E=+d'D'M_{D\cdot4}+E'M'_{E\cdot4};$	$M_E=+d'D'M_{D\cdot1}+E'M_{E\cdot4};$
				$M_G=-f'M'_F;$	$M_G=-f'M_F;$
四卷十一期	24	4		$N_2=\frac{I_3}{I_2};$....................	$N_2=\frac{I_2}{I_2};$....................
				$N_4=\frac{I_5}{I_4};$	$N_4=\frac{I_4}{I_4};$
"	"	9		$N'_E=N_3\left(1-\frac{1}{4N_{EF}}\right);$	$N'_{FE}=N_3\left(1-\frac{1}{4N_{EF}}\right);$
"	"	15		$M_C=-g'M_B;$	$M_C=-gM_B;$
"	25	14		$M_C=M_{C\cdot3}-gB'd_B+C'd_C+dDd_D$ $-deD'd_E+defCd_F-defgB'd_G;$	$M_C=M_{C\cdot3}-gB'd_B+C'd_C+dDd_D$ $-deD'd_E+defC'd_F-defgB'd_G;$
"	26	18		$M_B=M_{B\cdot2}+0.53589d_B+0.12436$ $d_C-0.03333d_D-0.00893d_E-0.00240$ $d_F+0.00069d_G;$	$M_B=M_{B\cdot2}+0.53589d_B+0.12436$ $d_C-0.03333d_D+0.00893d_E-0.00240$ $d_F+0.00069d_G;$
"	27	1		$M_F=M_{F\cdot6}+0.00275d_B-0.00962d_C$ $+0.03573d_E-0.13329d_E+0.49743$ $d_F+0.14359d_G;$	$M_F=M_{F\cdot6}+0.00275d_B-0.00962d_C$ $+0.03573d_D-0.13329d_E+0.49743$ $d_F+0.14359d_G;$
"	"	10		度硬及函數 除$N'_{BA}=N_1$ 及6=0.5外,....................	硬度及函數 除$N'_{BA}=N_1$ 及b=0.5外,....................
"	29	7		.........及6=0外,.................... ......又$\bar{N}_{GF}-\bar{N}_{CB},\bar{N}'_{FG}-\bar{N}'_{BC}$	.........及b=0外,.................... ......又$\bar{N}_{GF}-\bar{N}_{CB},N'_{FG}-N'_{BC}$
"	30	2		M_B-M_G各算式同[甲]之(二)第四節荷重	M_B-M_G各算式同[甲]之(一)第四節荷重
四卷十二期	21	11		....................$M_G=0.12436_{F\cdot6}$ $+0.46411M_{G\cdot6}$	....................$M_G=0.12436M_{F\cdot6}$ $+0.46411_{G\cdot6}$
"	22	5		(四)等硬度等勻佈重	(四)等硬度及等勻佈重
"	"	10		度硬及函數	硬度及函數
"	27	8		$M_G=M_{G\cdot7}-0.00069d_B+0.00275d_C$ $-0.01031d_D+0.03547d_E-0.14359d_F$ $+0.53591d_G;$	$M_G=M_{G\cdot7}-0.00069d_B+0.00275d_C$ $-0.01031d_D+0.03847d_E-0.14359d_F$ $+0.53591d_G;$
"	"	13		結論 其桿件	結論 某桿件
"	28	表內第一行		8	∞

建築材料價目

本刊所載材料價目，力求正確；惟市價瞬息變動，漲落不一，集稿時與出版時難免出入。讀者如欲知正確之市價者，希隨時來函詢問，本刊當代爲探詢詳告。

磚 瓦

(一) 空心磚

十二寸方十寸六孔　每千洋二百三十元
十二寸方八寸六孔　每千洋一百八十元
十二寸方六寸六孔　每千洋一百三十五元
十二寸方四寸四孔　每千洋九十元
十二寸方三寸三孔　每千洋七十元
九寸二分方六寸六孔　每千洋七十五元
九寸二分方四寸半三孔　每千洋六十元
九寸二分方三寸三孔　每千洋四十五元
四寸半方九寸二分四孔　每千洋三十五元
九寸二分四寸半三寸二孔　每千洋二十二元
九寸二分・四寸半・二寸半・二孔　每千洋二十一元
九寸二分・四寸半・二寸・二孔　每千洋二十元

(二) 八角式樓板空心磚

十二寸方八寸八角四孔　每千洋二百元
十二寸方六寸八角三孔　每千洋一百五十元
十二寸方四寸八角三孔　每千洋一百元

(三) 六角式樓板空心磚

十二寸方十寸六角三孔　每千洋二百五十元
十二寸方八寸六角三孔　每千洋二百元
十二寸方七寸六角三孔　每千洋一百七十五元
十二寸方六寸六角三孔　每千洋一百五十元
十二寸方五寸六角三孔　每千洋一百二十五元
十二寸方四寸六角三孔　每千洋一百元
十二寸八寸十寸六角二孔　每千洋一百六十五元
十二寸八寸八寸六角二孔　每千洋一百三十五元
十二寸八寸七寸六角二孔　每千洋一百十五元
十二寸八寸六寸六角二孔　每千洋一百元
十二寸八寸五寸六角二孔　每千洋八十五元

(四) 深淺毛縫空心磚

十二寸方十寸六孔　每千洋二百四十元
十二寸方八寸半六孔　每千洋二百〇五元
十二寸方八寸六孔　每千洋一百九十五元
十二寸方六寸六孔　每千洋一百四十五元
十二寸方四寸四孔　每千洋九十七元
十二寸方三寸三孔　每千洋七十七元
九寸三分方四寸半三孔　每千洋六十四元

(五) 實心磚

九寸四寸三分二寸半特等紅磚　每萬洋一百四十元
又　普通紅磚　每萬洋一百三十元
八寸半四寸一分二寸半特等紅磚　每萬洋一百三十四元
又　普通紅磚　每萬洋一百二十四元
十寸・五寸・二寸特等紅磚　每萬洋一百三十元
又　普通紅磚　每萬洋一百二十元
九寸四寸三分二寸特等紅磚　每萬洋一百十元
又　普通紅磚　每萬洋一百元
九寸四寸三分二寸二分特等紅磚　每萬洋一百二十元
又　普通紅磚　每萬洋一百十元
九寸四寸三分二寸二分拉縫紅磚　每萬洋一百六十元
十寸五寸二寸特等青磚　每萬一百四十元
又　普通青磚　每萬洋一百三十元
九寸四寸三分二寸特等青磚　每萬一百二十元
又　普通青磚　每萬洋一百十元
九寸四寸三分二寸二分特等青磚　每萬一百三十元
又　普通青磚　每萬一百二十元

（以上統係外力）

(六) 瓦

一號紅青平瓦	每千洋六十元
二號紅平瓦	每千洋五十五元
三號紅平瓦	每千洋四十五元
一號青平瓦	每千洋六十五元
二號青平瓦	每千洋六十元
三號青平瓦	每千洋五十元
西班牙式紅瓦	每千洋五十元
西班牙式青瓦	每千洋五十三元
英國式灣瓦	每千洋四十元
一號古式元筒青瓦	每千洋六十元
二號古式元筒青瓦	每千洋五十元

（以上統保運力）

以上大中磚瓦公司出品

（一）空心磚

十二吋方四寸四孔	每千國幣八十五元
十二寸方六寸八孔	每千國幣一百三十元
十二寸方八寸八孔	每千國幣一百七十五元
十二寸方十寸八孔	每千國幣三百二十五元
九寸二分方八寸六孔	每千國幣一百元
九寸二分方六寸六孔	每千國幣七十元
九寸二分方四寸半三孔	每千國幣五十八元
九寸二分方三寸三孔	每千國幣四十二元
九寸二分四寸半四孔	每千國幣三十三元
九寸二分四寸半三寸二孔	每千國幣二十二元
九寸二分四寸半二孔	每千國幣二十一元

（以上另加車力）

（二）實心機製磚

	青	紅
十寸五寸二寸青紅磚	每萬國幣一百三十五元	一百二十五元
十寸五寸二寸二分青紅磚	每萬國幣一百四十五元	一百三十五元
九寸二分四寸半二寸二分青紅磚	每萬國幣一百二十五元	一百十五元
九寸二分四寸半二寸青紅磚	每萬國幣一百十五元	一百〇五元
八寸半四寸二分二半青紅磚	每萬國幣一百三十元	一百二十元

（以上另加車力）

（三）牛踏泥製實心磚

各項價目同實心機製磚

（四）瓦

青紅平瓦	每千國幣六十元 五十五元
青紅脊瓦	每千國幣一百二十元 一百十元
紅西班牙瓦	每千國幣五十五元 五十元
青紅西班牙脊瓦	每千國幣一百十元 一百元

（以上車力在內）

普通青放	每萬國幣七十五元
普通紅放	每萬國幣八十五元
天蝶瓦	每萬國幣五十六元

以上振蘇磚瓦公司出品

鋼條

四十尺四分普通花色	每噸二百四十元
四十尺五分普通花色	每噸二百三十元
四十尺六分普通花色	每噸二百二十元
四十尺七分普通花色	每噸二百二十元
四十尺一寸普通花色	每噸二百二十元

泥灰石子

象牌水泥	每桶洋七元一角六分
泰山水泥	每桶洋七元九角
馬牌水泥	每桶洋七元一角五分
三寶牌石膏粉	每噸洋四十六元八角二分
頭號拔灰	每担一元六角
二號拔灰	每担一元三角
甯波黃砂	每噸三元四角
湖州砂	每噸三元
青石子	每噸四元二角
太湖石子	每噸三元八角
黃石子	每噸三元七角
蒼蠅頭	每噸四元

吳淞沙	每方十元
黑泥	每方四元五角
細紙	每塊二角二分

木材

洋松八尺至卅二尺再長照加	每千尺一百六十元
一寸洋松	每千尺洋二百六十二元
寸半洋松	每千尺洋二百六十三元
四尺洋松條子	每萬根洋二百五十五元
一寸四寸洋松一號企口板	每千尺洋二百七十五元
一寸四寸洋松副頭號企口板	每千尺洋二百五十五元
一寸四寸洋松二號企口板	每千尺洋二百三十五元
一寸六寸洋松一號企口板	每千尺洋二百八十元
一寸六寸洋松副頭號企口板	每千尺洋一百六十元
一寸六寸洋松二號企口板	每千尺洋一百四十元
一二五四寸洋松一號企口板	無市
一二五四寸洋松二號企口板	無市
一二五六寸洋松一號企口板	無市
一二五六寸洋松二號企口板	無市
柚木(頭號)僧帽牌	每千尺洋六百元
柚木(甲種)龍牌	每千尺洋五百六十元
柚木(乙種)龍牌	每千尺洋五百四十元
柚木(旗牌)	每千尺洋五百三十元
柚木(盾牌)	每千尺洋四百八十元
硬木	無市
硬木(火介方)	每千尺洋三百二十元
柳安	每千尺洋二百二十元
紅板	每千尺洋二百元
抄板	每千尺洋三百二十元
十二尺六三寸八皖松	每千尺洋八十元
十二尺二寸皖松	每千尺洋八十元
一二五四寸柳安企口板	每千尺洋二百四十元
一寸六寸柳安企口板	每千尺洋二百四十元
一二五四寸企口紅板	無市
二寸一寸半建松片	市尺每千尺洋九十元
九尺四分建松板	市尺每丈洋五元四角
九尺八分建松板	市尺每丈洋八元八角
六尺半五分青山板	市尺每丈洋四元五角
本松毛板	市尺每塊洋三角五分
本松企口板	市尺每塊洋三角八分
六尺半二分杭松板	市尺每丈洋二元四角
七尺半二分甌松板	市尺每丈洋一元八角
六尺半八分皖松板	市尺每丈洋五元八角
九尺八分皖松板	市尺每丈洋七元八角
六尺半五分皖松板	市尺每丈洋四元五角
台松板	市尺每丈洋四元五角
台州松	每千尺洋九十元
七尺半四分坦戶板	市尺每丈洋三元二角
七尺半三分坦戶板	市尺每丈洋二元八角
六尺二分機鋸紅柳板	市尺每丈洋二元二角
六尺三分毛邊紅柳板	市尺每丈洋二元
六尺二分俄松板	市尺每丈洋三元
六尺半二分俄松板	市尺每丈洋三元二角
七尺半毛邊二分坦戶板	市尺每丈洋一元九角

六尺半五分 樣介杭松		市尺每丈洋四元五角
白松方		無市
紅松方		無市
麻栗方		無市
啞克方		無市
俄麻栗板		無市

油漆

飛虎牌厚漆

上上白漆	二十八磅	九元五角
A A上白漆	二十八磅	七元五角
A上白漆	二十八磅	五元五角
A A二白漆	二十八磅	九元五角
A二白漆	二十八磅	四元八角
A各色漆	二十八磅	四元五角
白及各色漆	二十八磅	四元

雙旗牌厚漆

及各白色漆	二十八磅	二元九角
乙種白及各色漆	二十八磅	二元二角

飛虎牌鉛丹

紅丹漆	五十六磅	二十四元

飛虎牌乾料及稀薄劑

松節油	五介侖	十二元
松香水	五介侖	七元
燥液	五介侖	十四元六角
燥漆	二十八磅	七元八角

飛虎牌有光調合漆

硃砂漆	一介侖	十元
紅漆	一介侖	七元
白漆	一介侖	五元三角
各色漆	一介侖	四元四角

飛虎牌房屋漆

赭黃紫紅灰棕漆	五十六磅	十八元

飛虎牌水粉漆

硃紅	十四磅	四元四角
白及各色	十四磅	四元

飛虎牌塡眼漆及油灰

塡眼漆	二十八磅	十元
油灰	七磅	一元五角

(以上係振華油漆公司出品)

生鐵搪瓷衛生用具

(益豐搪瓷公司出品)

18"×"24水盤	每只國幣十四元五角
16"×24"水盤	每只國幣十四元
17"×19"圓角面盆	每只國幣十九元

耐火材料

(益豐搪瓷公司出品)

(一)一枚火磚 (9"×4½"×2½")

上等益豐火磚	每千國幣一百五十元
二等命鏤火磚	每千國幣一百廿元
三等I F C火磚	每千國幣七十元

(二)斜一枚火磚{9"×4½"×(1¾-2¾)}

上等益豐火磚	每千國幣一百五十五元
二等命鏤火磚	每千國幣一百廿五元
三等I F C火磚	每千國幣七十五元

(三) 火泥

上等火泥	每噸國幣五十元
二等火泥	每噸國幣三十四元
三等火泥	每噸國幣十七元

(以上統係運力)

五金

(一) 釘

中國貨元釘	每桶洋十三元五角

(二) 避水材料及牛毛毡

雅禮避水漿	每介侖一元九角五分
雅禮避水粉	每八磅一元九角五分
雅禮避水漆	每介侖三元二角五分
雅禮紙筋漆	每介侖三元二角五分
雅禮避潮漆	每介侖三元二角五分

雅禮透明避水漆　每介侖四元二角

雅禮敵水蠟　每介侖十元

雅禮膠珞油　每介侖四元

雅禮保地精　每介侖四元

雅禮保木油　每介侖二元二角五分

雅禮快燥精　每介侖二元

（以上出品均須五介侖起碼）

建業防水粉（軍艦牌）　每磅國幣三角

五方紙牛毛毡　每捲洋二元四角

半號牛毛毡（人頭牌）　每捲洋二元五角

一號牛毛毡（人頭牌）　每捲洋三元五角

二號牛毛毡（人頭牌）　每捲洋四元五角

三號牛毛毡（人頭牌）　每捲洋七元五角

（三）門鎖

一寸六分金色彈子掛鎖　每打洋四十八元

二寸金色彈子掛鎖　每打洋五十四元

三寸七分古銅色鋼殼彈子門鎖　每打洋三十元

三寸七分黑色鋼殼彈子門鎖　每打洋二十七元六角

三寸七分銀色鋼殼彈子門鎖　每打洋二十五元一角

三寸五分古銅色明螺絲彈子門鎖　每打洋三十三元

三寸五分黑色明螺絲彈子門鎖　每打洋三十二元

三寸七分古銅色彈子門鎖　每打洋四十元

三寸七分黑色彈子門鎖　每打洋三十八元

三寸黑色彈弓門鎖　每打洋十元

三寸古銅色彈弓門鎖　每打洋十元

六寸六分金色執手插鎖　每打洋二十六元

六寸六分古銅色執手插鎖　每打洋二十六元

六寸六分克羅米執手插鎖　每打洋三十二元

六寸六分金色一號花板執手插鎖　每打洋二十五元

六寸六分克羅米執手插鎖　每打洋二十八元七角五分

八寸金色二號花板G號執手插鎖　每打洋二十五元

八寸克羅米二號花板G號執手插鎖　每打洋二十八元七角五分

七寸七分金色細邊花板元執手三葉插鎖　每打洋三十九元

七寸七分古銅色細邊花板元執手三葉插鎖　每打洋三十九元

七寸七分克羅米細邊花板執手三葉插鎖　每打四十五元

六寸四分金色細花板元執手插鎖　每打洋二十一元

六寸四分古銅色細花板元執手插鎖　每打洋二十一元

三寸四分棕色元瓷執手插鎖　每打洋十六元五角

三寸四分白色元瓷執手插鎖　每打洋十六元五角

五寸二分金色執手小插鎖　每打洋十四元四角

五寸二分古銅色執手小插鎖　每打洋十四元四角

五寸二分古銅鉄質小插鎖　每打洋十二元

五寸二分克羅米銅質執手小插鎖　每打洋十七元六角

五寸二分噴銅黑漆執手小插鎖　每打洋九元六角

五寸二分噴銀黑漆執手小插鎖　每打洋九元六角

六寸四分古銅色鉄質細花板執手插鎖　每打洋十七元五角

三寸四分棕色瓷執手靠式鎖　每打洋十六元五角

三寸四分白色瓷執手靠式鎖　每打洋十六元五角

八寸四分金色一號花板D號執手彈子插鎖　每打洋一百〇八元

八寸四分克羅米一號花板D號執手彈子插鎖　每打洋一百廿元

九寸六分金色二號花板A號執手彈子插鎖　每打洋一百〇八元

九寸六分克羅米二號花板A號執手彈子插鎖　每打洋一百廿元

七寸金色A號執手鋼殼彈子鎖　每打七十四元

七寸克羅米A號執手鋼殼彈子鎖　每打八十二元

六寸六分金色一號花板D號執手三葉插鎖　每打五十二元

六寸六分克羅米一號花板D號執手三葉插鎖　每打五十八元

八寸金色二號花板執手鋼殼三葉插鎖　每打三十六元

八寸克羅米二號花板執手鋼殼三葉插鎖　每打四十元

四寸四分金色自關彈子頭插鎖	每打六十四元
四寸四分克羅米自關彈子頭插鎖	每打七十元
四寸四分金色自關門雙彈子頭插鎖	每打八十二元
四寸四分克羅米自關門雙彈子頭插鎖	每打九十元
九寸六分金色二號花板執手彈子頭保險插鎖	每打二百十六元
九寸六分克羅米二號花板執手彈子頭保險插鎖	每打三百三十八元
十四寸金色執手特號撳舌彈子頭大門插鎖	每打三百六十元
十四寸克羅米執手特號撳舌彈子頭大門插鎖	每打四百元

(四) 其他

鋼絲網 (27"×36") (3⅙ lbs.)	每方洋四元二角
鉛絲布 (闊三尺長百尺)	每捲二十五元
綠鉛紗 (同上)	每捲洋十五元
銅絲布 (同上)	每捲三十五元

其他

三夏橡紙坭	每會洋八元
雙夏橡紙坭	每會洋六元
夏皮橡紙坭	每會洋四元八角
三皮橡紙坭	每會洋三元八角
雙皮橡紙坭	每會洋三元
皮西橡紙坭	每會洋二元五角
三西橡紙坭	每會洋二元
雙西橡紙坭	每會洋二元七角五分
紅藍橡紙絨	每總洋六元
封面硬性石棉	每會洋三十元
較質錶絨	每包十五元
厚薄紙柏板	每方尺洋七角

(以上係泰記石棉製造廠出品)

玻璃

厚白片一六寸十二寸	一元五角
厚白片二四寸十二寸	二元四角
厚白片二四寸十八寸	三元七角
厚白片三六寸二四寸	十元五角
厚白片四八寸十八寸	十六元五角
厚白片一百廿寸一百寸	二百元
哈夫片十六寸十二寸	四角
哈夫片二四寸十六寸	九角
哈夫片二四寸十八寸	一元
哈夫片三六寸二四寸	二元七角
哈夫片四八寸十八寸	二元六角
哈夫片一百寸九十寸	四十二元
哈夫片一百廿寸一百寸	六十八元
一百尺標準二四項子長闊二合四十寸	十二元
又 五十寸	十三元
又 六十寸	十四元
又 七十寸	十五元
又 八十寸	十六元
又 九十寸	十七元
又 一百寸	十八元
又 一百十寸	十九元五角
又 一百廿寸	二十一元
正號車光十六寸十二寸	二元
鉛絲片十八寸十二寸一百尺	三十一元
鉛絲片廿寸卌寸凼寸丈寸一百尺	卅三元
鉛絲片八十四寸三十六寸一百尺	卅五元
白冰梅一百尺	十六元五角
色冰梅一百尺	三十元
小梅花	十二元
磨砂片	十一元五角
二分白磁片十寸作一尺	一元一角
二分黑磁片十寸作一尺	一元一角

水木作工價

木作 (包工連飯)	每工六角三分
水作 (同上)	每工六角
水木作 (點工連飯)	每工八角五分
漆匠 (點工連飯)	每工一元一角

中華郵政特准掛號認爲新聞紙類

建築月刊
THE BUILDER

內政部登記證警字第二五五四號

第五卷第一號

民國二十六年四月發行

定價		
每月一册　全年十二册		
訂購辦法	零售	預定全年
價目	五角	五元
郵費　本埠	二分	二角四分
郵費　外埠及日本	五分	六角
郵費　香港澳門	一角八分	二元一角六分
郵費　國外	三角	三元六角

刊務委員　江長庚　陳壽芝　姚長安

主編　杜彥耿

廣告　藍克生 (A. O. Lacson)

發行　上海市建築協會　南京路大陸商場六二〇號　電話　九二〇〇九號

印刷　新光印書館　上海聖母院路聖達里三〇號　電話　七四六三五號

廣告刊例
Advertising Rates Per Issue

地位 Position	全面 Full Page	半面 Half Page	四分之一 One Quarter
底封面外面 Outside back cover.	七十五元 $75.00		
封面及底面之裏面 Inside front & back cover	六十元 $60.00	三十五元 $35.00	
封面裏面及底面裏面之對面 Opposite of inside front & back cover.	五十元 $50.00	三十元 $30.00	
普通地位 Ordinary page	四十五元 $45.00	三十元 $30.00	二十元 $20.00

小廣告　每期每格一寸高三寸半闊洋四元

Classified Advertisements - $4.00 per column

廣告概用白紙黑墨印刷，倘須彩色，價目另議；鑄版彫刻，費用另加。

Designs, blocks to be charged extra.
Advertisements inserted in two or more colors to be charged extra.

注意：本期爲特大號另售每册國幣壹元

建築學術上之唯一刊物

中國建築

另售每期七角定閱全年十二册大洋七元

中國建築師學會編

本刊物係由著名建築師會員每期輪值主編供給圖樣稿件均是最新傑出之作品其餘如故宮之莊嚴富麗西式之摩天大廈無不一一選輯每憶秦築長城之工程偉大與夫阿房宮之窮極技巧燉煌石刻鬼斧神工是我國建築藝術上未必遜於泰西特以昔人精粹圖樣不肯傳示後人致湮沒不彰殊可惜也爲提倡東方文化發揚我國建築起見發行本刊期與各同志爲藝術上之探討取人之長舍己之短進步較易則本刊之不脛而走亦由來有自也

發行所中國建築雜誌社

地址上海寗波路四十號

上海市建築協會附設
私立正基建築工業補習學校招生

民國十九年秋創立 ○ 上海市教育局備案

宗旨 本校以利用業餘時間進修工程學識培養專門人才為宗旨（授課時間每晚七時至九時）

編制 普通科一年專修科四年（普通科專為程度較低之入學者而設修習及格免試升入專修科一年級肄業）

招考 本屆招考普通科一年級及專修科一二三年級（專四暫不招考）各級投考程度如左：

普通科一年級	高級小學畢業或具同等學力者（免試）
專修科一年級	初級中學肄業或具同等學力者
專修科二年級	初級中學畢業或具同等學力者
專修科三年級	高級中學工科肄業或具同等學力者

報名 即日起每日上午九時至下午五時親至南京路大陸商場六樓六二〇號上海市建築協會內本校辦事處填寫報名單隨付手續費一元（錄取與否概不發還）領取應考証憑証於規定日期到校應試（如有學歷證明文件應於報名時繳存本校審查）

考科 各級入學試驗之科目　（專一）英文・算術　（專二）英文・幾何　（專三）英文・解析幾何

考期 九月五日（星期日）上午八時起在本校舉行

校址 派克路協和里[redacted]

附告 （一）普通科一年級照章得免試入學投考其他各年級者必須經過入學試驗
（二）本校章程可向[redacted]派克路本校或大陸商場上海市建築協會內本校辦事處函索或面取

中華民國二十六年七月　日　校長　湯景賢

安記營造廠

本廠承造各種大小工程
歷有年所經驗宏富工作
精良並兼代客設計事宜
久蒙各界贊許倘荷
委託無任歡迎

上海梅白格路祥康里六九號
電話三五〇五九號

AN-CHEE CONSTRUCTION CO.

ENGINEERS & CONTRACTORS

Lane No. 97 Mm 69, Myburgh Road. Tel. 35059

上海中國銀行大廈

採用

瑞昌銅鐵五金廠出品

銅門及內外部古銅裝飾

營業所
上海漢口路二五九-二六一號
電話九四四六〇
上海靜安寺路六六七-六六九號
電話三一九六七

工廠
上海同孚路二四三號

ALL BRONZE DOORS, ORNAMENTAL BRONZE
WORKS INSIDE AND OUTSIDE OF

THE BANK OF CHINA BUILDING

EXECUTED AND INSTALLED
BY

SOY CHONG

OFFICE: 259-261 Hankow Road. Tel. 94460
BRANCH OFFICE: 667-669 Bubbling Well Road. Tel. 31967
FACTORY: 243 Yates Road.

24674

24677

24678

江裕記營造廠

本廠專門
承造一切
大小建築
鋼骨水泥
工程工場

KEE & SONS.

CONTRACTORS

Well Road Tel. 92464

24682

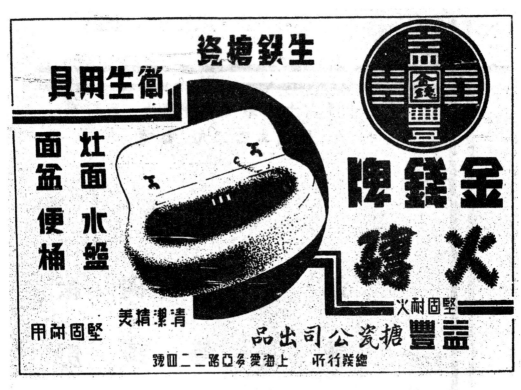

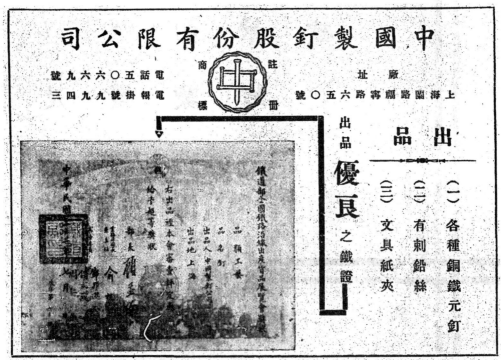

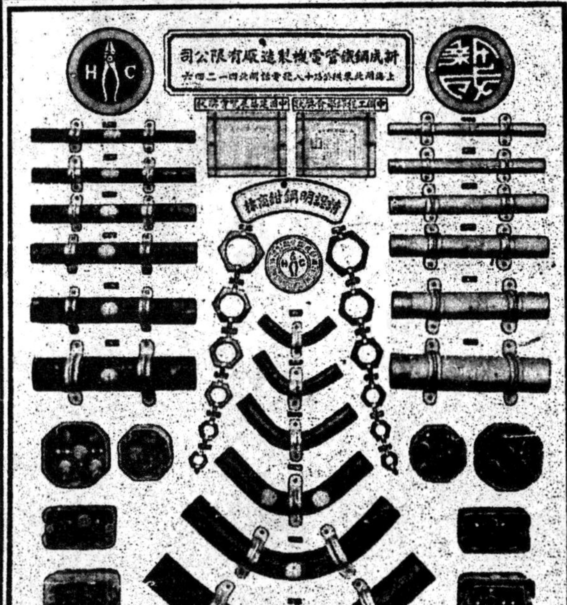

新成鋼管電機製造廠有限公司
上海閘北東橫浜路德培里十八號電話閘北四一二四六
請認明鋼錨商標

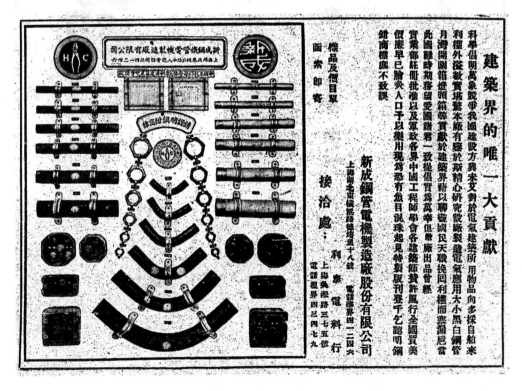

24687

長橋臥波五英里

舊金山之大建築落成　為世界最長之橋

(本報舊金山星期四特約通訊)本日由羅斯福總統於華盛頓電鈕一撳，而橫跨舊金山灣之世界最大鐵橋卽告開幕。同時二百五十架海軍飛機盤旋於橋上之天空。是項工程，曾經計劃二十年，而於三年中完成。建築費約一千六百萬金鎊。建築期間，曾有工人二十四名喪命，而一千二百名受傷。此巨橋實卽衆橋聯繫而成，連接舊金山與其大灣對面之近郊烏克蘭城，併其附近地段而計之，其長可在八英里以上。該橋之跨水部分凡二萬九千八百五十英尺，約爲五英里又五分之三。其上層有通行汽車之廊道六條。下有公共汽車之穿廊三道，及供乘客用之電車軌道兩組。大概該橋於落成之第一年中，當有一千萬輛汽車及公共汽車通過。攄該橋之工程師云，開足速率之戰門艦，猛衝任何一橋棟，亦不能使之捲撼，雖加尼福利亞曾經發生之最烈地震，對於該橋亦必無如何之影響。世界第二之長鐵橋，則爲橫跨非洲低三伯西之橋。其長約二英里又三分之一。

爲保護及粉飾舊金山與烏克蘭灣間之大鐵橋起見，曾用去新式鋁漆顏料，卽鋁漿五萬磅。

「鋁漿」係一種新的鋁漆顏料，製成膏體，而非粉狀。

「鋁漿」之鋁漆比粉狀之鋁漆，有下列種種優點：

塗漆力較大百分之十至二十。反射性更强，漆後更見光滑，抗熱性更大，格外耐久，富有禦濕性。

「鋁漿」之鋁漆，對於任何物面，幾乎俱可施塗。請卽來函索閱「鋁漆之保護力」之精印小冊可也。

鋁業有限公司經售

Alpaste　鋁漿

乃新式鋁漆顏料

(漆一)

24688

新仁記營造廠

本廠承造一切大小鋼骨水泥房屋工程各項人員無不經驗豐富工作認眞如蒙委託承造或估價不勝歡迎之至

本廠承造之百老滙大廈 Broadway Mansions

上海法租界呂班路二百十六號A

電話八三三四三

24690

24691

褚掄記營造廠

事務所　上海湖北路二〇三弄九號
廠　址　上海臨平路二一號

本廠專門承造一切大
小建築鋼骨水泥工程
工場廠房以及碼頭橋
樑等迅速經濟堅固如
蒙
委託無任歡迎

THU LUAN KEE CONTRACTOR

Office: Lane 203, No.9 Hoopeh Road.

Factory: 21 Lingping Road.

24692

上海
谷勤鉄廠出品
鍍鋅鐵絲網籬
最新出品鍍鋅鐵絲
震旦大學校舍內籬
新時代建築材料
請認明
商標
註冊
質料 貨品 編織 裝置
出類拔萃
製造廠
楊樹浦臨青路
電話五〇二一四 五〇一六七
事務所
南京路哈同大樓
電話一四三〇九

24693

FLOORING
NG &
PANELLING
Agents for:-
經 售
Tile-Tex Floor & Wall Tile
美國太爾台斯含土瀝青牆地磚
Wrightex Prefelt-set Rubber Tile
美國拉的克斯橡皮地磚
Plain, Jaspe & Marble Linoleum
英國花牌油地磚
Syra-Bord T. & G. Rubber Tile
英國花牌企口橡皮地磚
Delma Cork Floor Tile
德國台而瑪軟木地磚
Marbolith Jointless Flooring
英國含油木屑地板
Betonac Metallic Flooring
英國鐵屑地板
Duromit Paving
英國磁質不滑地板
Contractors of:-
包 承
Cast-Stone
人造花崗石
Terrazzo
人造磨光石
Wall Board
六夾隔絕紙板
Marb-l-cote interior plaster
屋內花色粉牆
Cullamix Stucco
屋外水泥花色粉牆
Duco Paint
噴 漆
Artificial Marble
人造大理石
METROPOLE
藝郁 CRAFTSMEN 公司
1588 RUE RATARD, SHANGHAI TEL. 70893
上海巨籟達路五八八弄一號 電話七〇八九三

南昌中正橋

CHUNG CHENG BRIDGE, NANCHANG.

24697

NEW WHEAT SILOS FOR FOU FOONG FLOUR MILL CO. LTD. 阜豐麵粉公司新麥棧 KUN LEE ENGINEERING CO. ARCHITECTS

由本廠承造

本廠爲現代唯一建築專家，依據工業技術之豐富經驗，承造現代科學化，美術化，一切大小建築工程，工堅料實，美觀迅速，深荷業主暨各界一致嘉許。

上海阜豐麵粉公司之最新式麥庫機房及運麥室等，其設備新穎在遠東尚屬創見，亦爲本廠最近承造工程之一，承蒙委託，敢以信譽，確保滿意。

久泰錦記營造廠

上海博物院路一三一號

電話 一四二七六號

註冊商標

中國建業公司

建業防水粉●任何建築●不可不用●

功效

凡建築房屋。堆棧。廠房。機間。住宅地坑。屋頂。貯藏室。牆垣。游泳池。水塔。水池。堤岸。道路。庫房。橋樁。橋樑。及粉刷外牆。等所需之水門汀三合土或水泥灰漿中如和入建業防水粉即能保險乾燥潔淨永無滲漏潮濕之弊並能增加壓力拉力是更能使建築物多一保障誠於建築物之安全居處之衛生均大有裨益

採用"建業防水粉"之浦東同鄉會大廈

用量 無論攙入水門汀三合土或鋼筋混凝土及水門汀灰漿中均占水門汀數量百分之二。即每壹百磅水門汀中加入建業防水粉二磅。攪和後即可應用手續捷便

注意 如用手工拌和之三合土或水泥灰漿請將水門汀與「建業防水粉」先行乾拌勻和再與黃沙等充分拌和然後照常加水倘用機器拌和之水泥三合土可將

用法 水泥與「建業防水粉」同時加入照常攪和之

事務所 上海愛多亞路中滙大樓二三一至二三二號

電話 第八三九八〇號

THE CHIEN YEH WATER PROOFING POWDER

MANUFACTURED BY

THE CHINA CHIEN YEH CO

OFFICE: Room No.231-232 Chung Wai Bank Building.
147 Avenue Edward VII, Shanghai. Tel. 83980

永光油漆
出品
厚漆
調合漆
凡立水
水牆粉
乾牆粉
地板蠟
其他花色繁多不勝備載
註冊商標
狗牌
牛牌
熊牌
羊牌
猴牌
特點
原料—多數購自歐美名廠
製造—聘請英國著名油漆專家督製
品質—優良並經各大建築師認與舶来品無異
定價—特別低廉
服務—凡遇有油漆工程發生困難問題本公司備有專家可供諮詢
上海永光油漆有限公司
總經理 太古公司
法租界外灘 電話八二〇二〇

交大土木

24703

交大土木

交大土木

第一期

中華民國三十二年十月十日出版

要　目

國立交通大學土木工程系系會編印

勘誤表

頁次	行次	字數	誤	正
封面			陵鴻勛	淩鴻勛
1			漏列作者	薛次莘
1	8	1	每	亦
2			陵鴻勛	淩鴻勛
2	17	1	—	有
3	32	10	兕	勉
6	29	1	附	—
7	20	38	[illegible]	L
7	21	40	[illegible]	L
19	4	8	[illegible]	脫
19	22	41	叙	叔
19	25	43	如	應
19	29	39	是,	可
27	1	12	偏	兩
27	2	36	=	們
27	3	25	們	積
27	5	4	前	稅
27	7	42	稅	容
27	8	34	六	天
27	9	37	須	項
27	10	13	,,	....
27	10	22	組	夜
27	15	21	—	而
27	26	42	向	而
28	8	17	寇	冠
31	9	12	寡	條
31	24	5	的	—
31	31	2	趣條	條趣
31	38	1	肥	得
33	11	1	新	到
33	29	34		與
35			鄭元芳	鄭元方
35	26	13	数	數
35	28	20	份	分
35	29	31	換	模
35	29	18	測量工	測工
36	1	4	—	仔
41	6		朱歇模	米歇模
41	18		宋學冶	宋家冶
41	25		楊德崴	楊德巍
42			袁 裕	袁定裕
	28頁,,		便使滇緬鐵路,,之附圖	

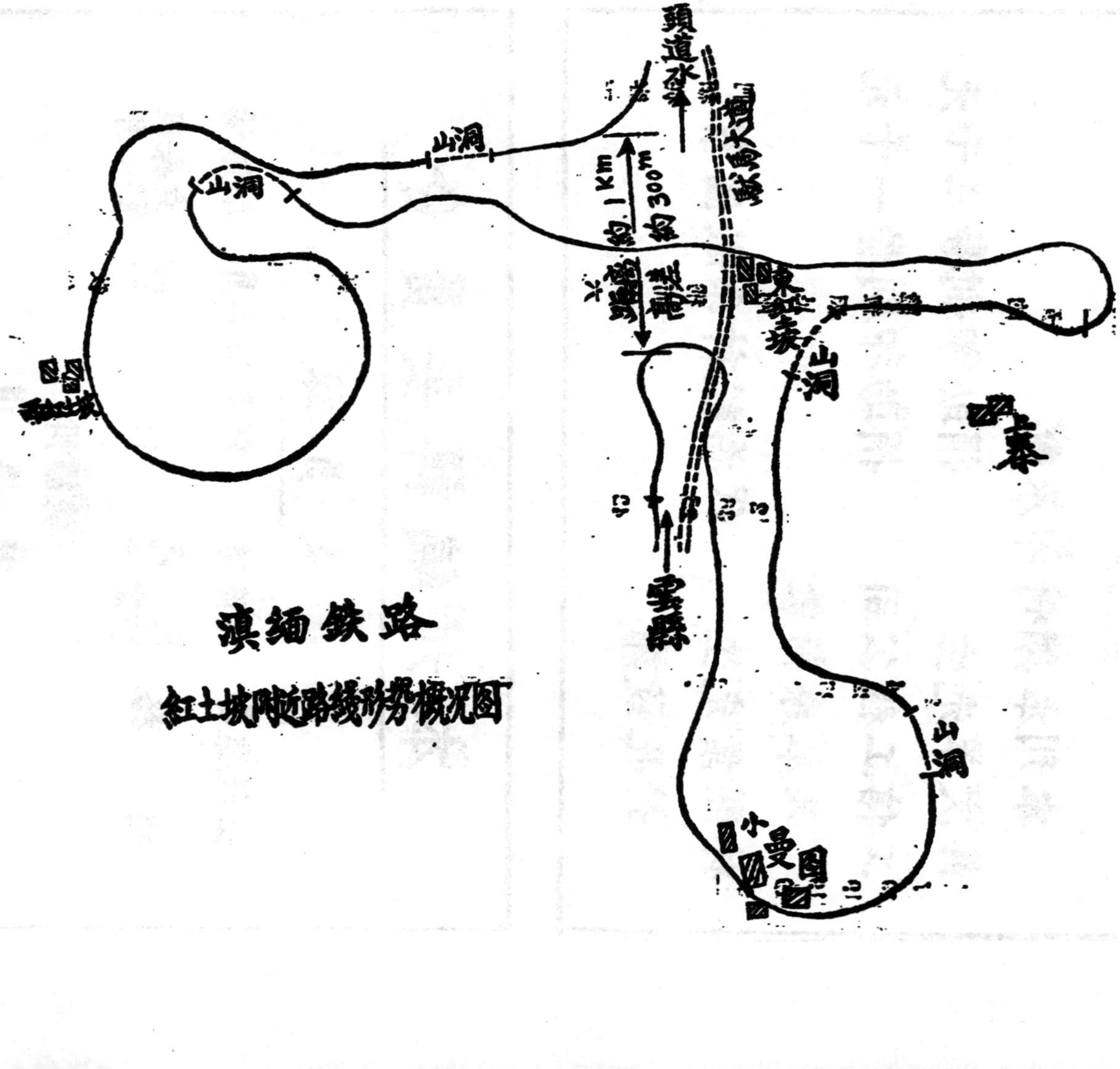

滇緬鉄路

紅土坡附近路綫形勢概況図

鳴　謝

本刊本期付印承蒙

許次華先生　捐助印刷費三千元

工信工程公司　捐助印刷費一千元

又本系荷蒙

林熙業先生　代為設計系徽圖案

幷此致謝

泰山實業公司發行

工　程　學　報（季刊）

歡迎 投稿 訂閱 批評

第一卷　第一期

第一卷　第二期

第一卷　第三期

第一卷　第四期

零售每册十六元　　掛號郵費每册三元
自由訂戶預付一百元照定價九折優待

接洽處
昆明　小東城脚十號
重慶　學田灣五號附三號
桂林　交通路經堂右巷十一號
蘭州　中正路一七二號

24709

24711

合生建築公司

承辦各項土木建築工程

經理程燕南

地址：歌樂山龍洞灣七號

24713

土木工程為各種工程中發展最早包含最廣之一門將來對於國防建設增進人民福利等工作有賴於我土木工程師多所努力焉

校長　吳保豐題

我國戰後復興建設交通事業實居首要國防工程與土木亦有密切之聯繫今日習斯學者其勿忽視其責任之艱鉅重大也

教務長　李熙謀題

24715

發刊辭

近代科學昌明學術之進步月異而歲不同居今而言為學要當於學校教材之外旁徵博引殫精抉微俾於縝密研幾之中收融會貫通之效然後學術之闡明乃日臻於盛而無止境本校工科同學有鑒於此嘗有各種工程學會之組織並就課餘研討所得著為文章發行刊物藉供諸學友砥礪切磋之需於學術之鑽求探索裨助非淺我土木系同學因毎組設土木工程學會並刊行「交大土木」期刊藉以增進研究學術興趣其奮發有為之精神有足多者語云泰山不讓土壤大輅始於椎輪際此創刊號發行之日爰贅數語弁諸篇首所望當世學者進而教之使本刊日進於發揚光大之域所深幸焉

土木工程師應有之修養及土木工程之幾個實際問題

凌鴻勛講　薛傳道記

本人離渝在部，工作較忙，但母校土木系各位同學要本人來談話，當然不能不來，況今天又逢土木工程系系會成立大會，目睹吾交大總校內遷後的第一批土木系同學濟濟一堂，氣象蓬勃，更不能不略獻蕪語。

我想學術理論方面，平日校長系主任教授一定講得很多，用不到我再充贅，今天預備與各位談談另一個問題：就是土木工程師應有的修養及土木工程的幾個實際問題，凡此都與各位將來在工程界服務有關，當可供作參考。

我首先要問問各位，各位為何要讀工？又為何要選土木工程？一般來說我想不外乎兩點：一、因為對於土木工程很有興趣，與自己的志趣極相近，這是對於土木工程有了清楚的認識而選定的。二、因為覺得土木工程很是有用，社會非常需要，將來謀業可較容易的緣故。這兩種觀點，一從志向上着眼，一從職業上觀察，都不能說是不對，不過各位必須要得到更進一步認識：土木工程這一項職業，對於人類有很大的貢獻，可使大衆得很大的福利的，正如教育是為傳揚文化，法律是為保障人權，土木工程乃是為大多數的人羣而建設。凡有關人羣福利的各項建設事業我們都要從事，都要去幹，所以工程師在社會上有相當的地位，工程師不會發財，不會升官，也沒有見過有多少工程師發了財，升了官。的確工程師是不應該去想怎樣發財，怎樣升官的。可是工程師雖是不發財不升官，但工程師一樣有着應有的報酬，因為工程師最大的安慰乃是從荒蕪中建造出自已的目的物。諸位試想：當一條漫長的鐵路或公路由我們的血汗，在崇山峻嶺中建成的時候，眼看本來根本是人煙稀少之區，現在居然能以最新式的交通工具進來了，這該使我們感到多少的愉快和安慰呢!?又如本來是灘礁累累，急湍澎湃的河流，一經我們的設計整理，就可以航行，就可以發電，當我們看到城市和市鎮，現出了煇煌的電光，當我們眺望那河中來往的船舶，我們又將感到多少的愉快和安慰呢!?更如九龍坡本來是一個荒僻的鄉野，以前能有多少人知道呢，但現經過母校與校長及各位先生的努力，我們的新校舍終于在這荒蕪的鄉野中建立起來了。當各位看到這樣的禮堂教室宿舍的時候，難道不會悠然感到無限的興奮嗎!?總之，工程是一種建設性的事業，它有很大的意義，它能給人很多的快慰！各位現在都已進入了工程的大門，並已有一年或二年的基礎，實在可稱為時代中的幸運者，尚望保持此基礎，奮自努力！

或有人以為工程是一種很呆板的學問，也是一種呆板的職業，所以每當一個天資活潑，有點天才的青年要升學，家中為他討論選科的時候，大約總以為學工程太可惜，該讓他去讀外交政治經濟等等，這種相當普遍的社會觀念，是否準確，我未便隨意批評，但我敢說學土木工程也要有頭等的天才和聰明才成的。因為土木工程的範圍太大，土木工程是工程之母，一切工程都少不了土木工程為其先決的條件，土木工程所關涉到的，不但是工程的學理和技術，凡國家經濟，社會安寧，人民生活以及各地風俗習慣，莫不是都須要我們土木工程師注意研究的問題。蓋土木工程除一部份在大都市中外，大部份常常是深入到鄉村、荒野、邊疆，對于人民生活的背景，所在社會的環境，及各種風尚習俗都免不了發生密切的關係，縈縈在土木工程師心頭的決不止學理和技術，凡人民的智識，生活、宗教、習慣、風俗…………等等都須時時顧及，實在還比學電機、機械者複雜，這並非因本人之學土木工程而有此偏見，想在座各位系主任當有同感！所以土木工程師應有的學問經驗，常識以及工作的活動力，該比銀行經理，工廠廠長還要多，不但數學力學等主科一定要學好，經濟學、心理學，以及施工契約等次要科程也一定要懂得清楚，而更要緊的是應該有高超的志願和遠大的見解！

其次我想談談土木工程實際工作中究竟應解決些什麼問題，我覺得土木工程的實際問題不外乎四件：一、人，二、物，三、錢，四、時間，不論技術是如何高妙，日常工作中確總離不開人、物、錢和時間，做事一定靠人，土木工程更離不了人的因素，土木工程需要的人常常是大量的，少者幾千，多者上萬，更多者幾千百萬，我們的每一個設計，都要考慮到人這個問題，人並不是一要即來，來了也幷不是容易支配，容易使之隨您所望地好好工作的，如何支配人？我們不能不知道，人的問題包括的很多，例如各地人民的性格，一般工作能力，生活習慣以及每人每天需多少米，多少鹽等等我們都得很清楚，又各地人的特長互不相同，如寧波人以木作出名，北方人以開山打石著稱，這些我們也要了解，庶幾應用自如，不致感到困難，在戰前，人的問題還比較容易，河北、河南、江浙等地，人口多，工人易找工資也便宜，二角一天即够了，現在二十元一天不得一飽，並且在西南北的邊陲上，人口稀少，人力實在是目前土木工程的一大問題，除此以外，在同事間如何相處，如何使工作的進展不受人事的影響等，也就是我們應當注意留心的事。

其次物：任何那件工程都必須要材料，材料的種類很多，一種是本國有的，一種是自己沒有而需要外國供給的，如何取得各種材料以進行工程，這是我們土木工程師的一個大課題，假如所需材料本國有最好，本國沒有只有向外國購買，我們要考慮的問題是向那裏買，那裏便宜，那裏來得快，那裏好，材料幷不是寫一封信打一個電報即會來的，一切還得我們自己去設法，現在中國自己有的物資，自己還知道得不大清楚，那裏產木材，那裏能燒石灰，那裏有砂，那裏產洋灰………都要我們自己隨時去留意，至於向外國買，則經濟，國交，國際問題等等，都要考慮。除了材料之外，還有工具，也是一個重要問題，打樁、抽水、開山……要用些什麼工具，這些工具如何應用，我們都要知道，學習土木的，在校時常常會犯一種毛病，他們以為僅僅將土木工程方面的各門學課學好了，一切就已足够，電工、機械、熱機等，則多認作是無關緊要的，於是就十分隨便，只求及格，就算了事，這是大錯而特錯的心理！就工具來說吧：現在一切工程日用的工具已日趨於機械化，如打樁用蒸汽機，吸水用柴油機，趕夜工的電燈，開山的開山機，通訊用的電話電報，無不是機械與電！！幷且其發展正日新月異，愈來愈新愈妙，我們唯恐跟隨不上，那裏還能以隨便敷衍塞責的態度去學習呢！？我相信將來人工是靠不住的，人工一定讓于機器，我們將必須盡量應用機器，所以各位對於機電等課程，必需也要注意，如此將來才能很順利地應用各種器材，幷當機器損壞的時候自己就會動手修理，至少也能知道其損壞在那裏，不致一切茫然，增加多少工作上的困難。這是對「物」一方面一點補充的意思。

其次，談到錢：擴大些說即是經濟，關於這一點，過去學校中也都太不注意了，經濟、會計等課程，誰也不會注意過，學者也多數是敷衍了事，其實，經濟是工程上的一大要策，例如為什麼要造一座橋，為什麼要修一條鐵路，這完全是經濟的問題，經濟實在是一切工程的背景，關係工程者太重大了，如何配合經濟的條件，使用最小代價完成最大效果，這是我們土木工程師必須考慮的問題。假使我們閉門造車，設計了一個很好很偉大的橋樑或建築，但一點沒有顧及經濟的因素，則實際上很可能無法把它完成，即使勉強費了很多的錢把它完成了，經濟上依然是失敗的，經濟失敗，即是技術的失敗，我們不能不對經濟要大加注意，如何能取得錢？如何支配錢？如何使經濟的收支有一定的計劃，一定的方式？假使是借款的話，則國際關係如何？國際匯兌如何？還本付息又如何？都是要我們知道的，此外市場的情形，材料器具的價格，一切物品的成份，我們也要完全清楚，庶幾乎才能權衡良窳貴賤，達到經濟的原則，中國一切工程對于成本一點向少注意，尤其國營事業更是馬虎，常常一件工程趕工完了，賬目一塌糊，好幾月，甚至好幾年沒法交清楚，這是一種應該糾正的現象。

最後，關於時間：一切工程的時間，常常是一定的，這即是說，一件工程總是要在一定時間裏完成的，材料不對，我們還有換的可能，錢不够，我們還有添加的餘地；時間一誤簡直是無法挽回的。如何計劃在規定的時間內，完成我們進行的工作，這比甚麼還要重要，影響於工程時間的問題很多，如北方的冰凍期中，土石方無法進行，洋灰無法應用，南方的雨季時期，室外工程師得停滯，河流有低水期及高水期，低水時宜於造橋，高水時宜於運料，此外何時農忙：何時農暇，如何利用農暇，以便雇工，這些我們都要知道，都要考慮，一切必須善爲利用，善爲支配，這是工程師成敗的一個很大的關鍵。

綜上四點，都是土木工程師日常必然遭遇的問題，不論是繪圖、設計、施工，不論其學理如何高深，技術如何巧妙，這四個問題是避免不了的！諸位在校除當注意物理、化學，數學等基本課程外，這些問題也當及時隨時留心，庶不致將來一出校門，對實際情況弄得茫然不知所云，良好的學業，豐富的常識，高尚的志操都是一個有爲的土木工程師必具的條件，祝望諸位放大眼界，不要妄自菲薄，很多偉大的工作正待着我們去担當，去完成！

24719

談談求學之道並論工程與管理之關係

——二月廿二日在本校講演——

茅以昇講　薛傳道記

抗戰之前，我曾在上海徐家匯本校參加過好幾次紀念週，但戰後在重慶參加本校的紀念週，今天還是第一次。回想過去，瞻目現在，使我感覺到非常的愉快。從徐家匯到九龍坡，地理上雖不啻千里之隔，可是我們交大的精神，交大的規模，確屹然如故，這正表現着我們交大不屈不撓的毅力和意志，憑着這種精神、毅力，學校的前途必定將更見輝煌！今天我們想乘這個機會與各位談談求學的方法并說明工程與管理的關係，以供各位在校努力的參考。

各位在這裏讀書，乃是爲造成交通建國的領袖人才。諸位都知道：交通事業在一個國家是非常重要的。就以這次抗戰來說，抗戰中對於國家貢獻最大的，除浴血的將士外，就是交通！而交通事業上貢獻最多的，就是我們交大校友。諸位現在來到交大受訓練，實在是很可寶貴的一件事，因爲諸位不久也就獻身到對國家貢獻最大的交通事業裏去了！所以祝望各位能在讀書的時候，充分利用這機會，好好的充實自己，不僅在技能上要悉心學習，對於待人接物，處世做人也要刻刻注意進修。

學問是無止境的，但教育是有期限的，莊子說：「吾生也有涯，而知也無涯。」蘇格拉底說："I know but one thing, that is,I know nothing"這都表示着學問的廣大無垠，我們以有限的人生去追求這無限的學問，假使不用一種很科學的方法，能有些什麼成就呢？因此求學之道，不能不講究，我覺得：我們求學應先尋求一把鑰匙，有了這一把鑰匙，然後就可開啓一切學問之門。各位在大學裏所受的大學教育，主要使命就是訓練思想，養成創造性，獲得這把學問之門的鑰匙。教育本身本來就不是注入性的，乃是導引性的。大學教育尤重於啓發，而不在灌輸，它彷彿是畫一條龍，只畫其形并不點其睛，點睛的工作完全有待於各位畢業後之繼續努力，所以各位現在必須注意訓練自己思想的啓發，如是方能獲得那學問之門的鑰匙而可以隨時隨地去開啓智識的寶庫！

其次，諸位應該知道，現在自己所讀的科目，與將來服務的事業，倒底有些什麼關係？我們交通大學所教的不外是工程和管理二方面，那末各位就要知道工程與管理究竟是怎麼一回事？工程與管理又有些什麼關係？

工程的定義很多，但我可以這樣簡單的說：工程是科學，藝術和經濟的適當配合，工程師們即以這三種事物去修改大自然創造的作品，使它對人類的福利更爲擴大，在大自然裏留下永久的紀念。所以工程實在是一種極有興趣極有價值的工作，工程師的報償既不是爲名，也不是爲利，乃是修改大自然！在修改大自然的奮鬥中做一個無名英雄，那眞是偉大的人生，最崇高的安慰！遠遠勝過於虛浮的名利。

工程師的責任是很繁重的，往往一件平常人看來很容易的工程，從工程上來着手進行，確必須要經過極精密的試驗，極準確的計算，然後才能實際去動工。因爲工程師必須依靠科學，藝術和經濟去修改大自然，他唯一的報償乃是將大自然科學化，藝術化并且經濟化地修改。但僅從試驗、計算，確仍不足以達成這種目的的，爲發揮工程的功效，我們必須還有賴於管理的幫助。

管理也是一種需要科學、藝術、經濟并且還需要人事的工作。人事對於管理，特別是重要，管理的好壞常常由人事的處得好壞決定。而工程的好壞確又以管理的好壞爲判斷，此中關係顯然非常的密切。時人常說：「貨暢其流，地盡其利，人盡其才，物盡其用，」用這話可表示出工程與管理的作用。不過，我覺得在這中間多了一句「貨暢其流」而少了一句有關時間的。我們知道：宇宙間沒有一個沒有時間的空間，也沒有一個沒有空間的時間。所以時間的因素是不能予以忽略的。我以爲上面的話中不妨去了「貨暢其流」而加上一句「天盡其時」。工程是注重「天盡其時」，「地盡其利」。管理則注重「人盡其才，物盡其用」，工程是把握住「時間」「空間」而修改大自然，管理則利用「人」與「物」而發揮它的功效。因此，我們可以說：工程是成物，管理是成用。

工程的對象是物質，物質是沒有知覺的，所以工程師對物質常多用理智而少用情感，并且物質是機械性的，所以工程師又多容易帶有機械性的氣質。更因爲物質可以有一定的準標，一切可以測量的，所以工程事業比較容易有一個標準，標準化和機械化是它的一個特徵。

管理則完全不同，管理最重要的因素是人對人比對物實在困難得多，人與人之間相處，尤其是困難，因爲一個人自已對自已尚且不能有握，往往今天的我會與昨天的我作戰，并且同一個空間和時間內，個人的性格也可以受情感支配而不同的，卽心理學上所謂的「雙重人格」（Duet personality）所以人事是最複雜而沒有標準，處理人事遠比處理物質困難，因此管理也就要比工程複雜而困難。

工程和管理的關係，非常的密切，在工程進行的時候需要管理，完工以後也需要管理，管理旣要幫助工程事業的完成，更要幫助工程事業盡量發揮效力。很多工程上的成功都得力於管理的完密，剛才主席提起的錢塘江大橋就是一個例子，大家都知道　總裁對於抗戰的指示是「三分軍事七分政治」，在工程上我們則可以說：應該「三分技術七分管理」，所以希望各位不要忽視了管理的重要性。

一件事情的成功，俗語常以「水到渠成」四個字去形容它，這也很可用來解釋工程和管理的關係，所謂「水到渠成」的意思乃是說恰恰水流到的時候，溝渠正好完工。但溝渠的完工是屬於工程的事，水的流到就是屬於管理的任務，所以必須工程和管理配合得非常適當，才能達到了「水到渠成」的圓滿結果。

總括來說：工程是「物的管理」（Engineering is power management）管理是「人的管理」（Human management）工程是機械的效用，管理是人事的效用，一物之兩面，一事的兩相，無法分別彼此的。古人批評王維的詩畫說：「畫中有詩，詩中有畫」，我們同樣的可以說：「工程中有管理，管理中有工程」！

爲什麼今天我要特別強調管理的重要呢？因爲我在貴州分校的時候，一般同學多認爲管理比工程容易，管理系同學自已也多以爲不及工科的同學，好像自已的數理比人差，所以不讀工科，工科的同學則認爲功課差的才進管理系，其實一個成功的工業管理者必須也要具備「工程的眼」（Engineering vision）「工程的心」（Engineering mind）和工程的手」（Engineering technique），而一個成功的工程師同樣必須知道「人」和「物」的管理。因爲工程在個人單獨從事的時候，固然是純粹工程，但有了兩個人以上的時候就已經有了管理的存在。所以學工程的應該時時刻刻不忘管理，學管理的應該處處懂得工程。管理是工程的基礎，工程也是管理的基礎。

水利專家李儀祉先生曾經說過：「治水須以水爲師」這眞是一句經驗的名言，準此我們學工的要以工程爲師，學管理的要以管理爲師。而且更要進一步：學工的還應以管理爲師，學管理的也應該以工程爲師，我們交通大學的校友不外從事工程和管理兩方面，工程管理方面的校友在外莫不需要彼此相助相依。所以在校的工科同學和管理系同學應該打成一片，彼此探討，彼此砥礪，彼此學習，然後將來出校後才能達到成功之境而完成我們交通救國的志願。

所以，我們在交大所要得到的一把學問之門的鑰匙，乃是工程管理合一的鑰匙，工程是它的本質，管理是它的形狀；這把鑰匙的鋼質是代表完美的工程技術，一彎一曲一凸一凹的形狀正是表示靈活適當的管理能力。有了這把鑰匙，我們就可以開拓一切交通事業，發揮一切工程功效！這是本人今天奉獻并祝望於各位的一點意見。

（附註）本文原曾請請茅先生親予修正，後因付印匆促，未能等及園件，乃即冒昧以未正稿付刊，文內設有錯誤之處，自當由記錄者自負責也。

偏光彈性學之概念

王達時

——偏光彈性學之基礎，由部廬斯脫創于西曆一八一六年，且早有專書問世，本文就其光學原理，詳爲分析。——

引言　偏光彈性學合光學與彈性學兩種科學，非謂光之彈性學也，彈性學理乃應用材料力學，研究彈性物質受外力後在平衡狀態時所生之應力；偏光彈性學爲一實驗之方法，用偏極光解求透明模型中之應力。此種模型可爲極複雜之結構物，或機械部份。其所受外力，可爲靜力或動力。

彈性學所能解決複雜結構物及機械部份之應力問題，事實上爲數不多。其解決此項問題之方法，係基於外力作用狀態時之某種假設，實際所得之數據，往往不能與前者所得之結果相符合。此非謂彈性學理之不可能，而所以證示根據外力作用，及應力傳播情況，所用之假定，與實際不符耳。

偏光彈性學之特點：在其能將任何複雜結構物，或機械部份，用透明之物質，製成模型，而內部之應力分佈線，得直接映於幕布，然後根據此種條紋，計算其內部之應力，能得極準確之結果，其差誤可期在百分之二以內。其特異之優點，在能給外力作用以時間因素上之檢討。加力速度之影響，可用簡單齒輪使模型微動，而觀察幕影得之；或用照相機攝之，以誌永久。迴速度極高時，可用斷續光測頻器察其結果。惟是法之主要應用，目前暫限於兩向度應力問題之分析。

偏光彈性學之儀器　參照圖(1)，偏光彈性學之儀器，包括單點強力光源，如弧光燈A，此燈發射尋常光線。光線經聚光器B，冷水箱C，及雙凸聚光器D，用以集中光線於E。E乃第一塊泥科爾稜鏡(或稱起偏極鏡)所在之處，起偏極鏡使尋常光線變爲面偏極光線。F爲四分一波片，用以變面偏極光爲圓偏極光者也。

用兩塊平凸準直鏡G及I，得平行光線。鏡G置於離起偏極鏡之焦距處。模型H之地位，須使幕像Q清晰可見。爲達此項目的，可用投射鏡J。

圖示儀器之設計，謀於準直鏡K及M之間，造成第二組平行光線。其間可置以校準材L。然後光線經常第二投射鏡M，交於第二塊泥科爾稜晶P(或稱檢偏極鏡)。結果幕布映出模型H及L之影，投射鏡N所以焦集影像於幕布也。(圖1　偏光彈性學儀器之構成)

爲使圓偏極光變爲面偏極光，置另一四分一波片，於檢偏極鏡之前。四分一波片之軸，須以45度角與起偏極鏡及檢偏極鏡之偏極面相交，而各以90度角相交，如圖(一)所示。

光之性質　光爲由電子振動所生之傳播波浪，發熱物體放出兩種異質之輻射：發生熱度者，謂之熱波；感覺視神經者，謂之光波。此兩種波之不同，僅繫於射入物體內原子結構後之振動情況。

十七世紀時，惠更斯申陳光學原理：謂光爲包含在設想介質，以太，中之波動。因其能用以解釋各種光之現象，此說經已普遍承認。偏光彈性學實驗中之色彩，乃光波干涉之結果也。

發光點之色彩起源，由於各種不同物體內，原子中電子振動情況之不同。在某種物質內之振動頻數爲一定，所生波動亦有一定之波長。

尋常光可亦如圖(2)，光柱在傳播線之垂直面上振動，此面上之電子，各向不同之方向振動，想像以照相片垂直置於光之傳播線，則振動電子將在相片上發生痕跡，此痕跡繪於紙上，如圖(2)所示。若應用尋常光於偏光彈性學，則嫌過於複雜而不適用。(圖2　尋常光)

平面偏極光係由電子在某一平面內，於傳播線之垂直線上振動所產生，如圖(3)所示。若一柱光爲面偏極化，可想像一平面經一射線，而光波之振動，垂直於此面，此平面稱謂偏極化面，其簡單之定義爲：偏極化面乃垂直於電子振動面之平面，設想一照相片垂直置於光波之傳播線，則振動電子將

在相片之垂直面中產生垂直於傳播方向之直線。(圖3 平面偏極光； 圖4 圓偏極光)

圓偏極光由電子在圓圈上振動所形成，其圓圈面垂直於光之傳播線，如圖(4)。此種光波可用照相片做成之紀載目標想像之，每一光球作圓形之動作，並振動其相鄰之光球，乃產生調和之螺旋移動，此種光波經過紀載板時留有同心圓之痕跡，而以傳播線與紀載板之交點為同心圓之中心。

下述各定義，其名詞之符號，詳見圖(3)。

「位移」，D，為任何時振動光粒與其平均位置間之距離。

「振幅」，a，為振動光粒之最大位移，此等於光粒振動行程之二分之一。光之強弱，即以振幅度量之。振動愈大，所需能量亦愈大，故光之強弱與振幅成正比例。

「頻率」，n，為光粒在每秒鐘內所作整個振動之次數，由原子中電子之振動特性操縱發光源之色彩。

「週期」，T，為光粒作一整個振動時，所需之時間。故 $T=1/n$。

「相」，為光粒對未擾介質之位置。

「波長」，λ，為兩同相振動光粒間之最短距離，波長為光色之基本特性。

光波與尼科爾稜晶　尼科爾稜晶(為紀念發明人威廉姆尼科爾)為產生面偏極光之工具。取名曰冰州石之晶體，依斜角線切成兩塊，(圖(5))，然後磨光而用加拿大樹膠黏接之。光柱射入晶體即分成兩道光線：一曰尋常光線；一曰非常光線。其電子振動之情形，示如圖(6)，在紙面之光波線示非尋常光線，黑點示尋常光線

為說明該尼科爾稜晶中兩道光線之動態，茲將其構造情形，詳述於後。(圖5 尼科爾稜晶)(圖5)

沿 AB 面將冰州石切開，圖(6)，角又約為22度。加拿大樹膠與冰州石之折射率各為：

加拿大樹膠：　1.55

冰州石 $\begin{cases} \text{非尋常光線} & 1.468 \\ \text{尋常光線：} & 1.658 \end{cases}$

其折射率

$$n=\frac{\text{Sin(空氣中之入射角)}}{\text{Sin(物體中之折射角)}}$$

由上根據上列數據，加拿大樹膠之折射率較尋常光者為小，而大於非尋常光之折射率。當尋常光達分開面AB上之O點，圖(7)，即遇加拿大樹膠，其入射角 i 大於非尋常光線之臨界角，故全向晶體之邊界反射，稜晶以黑色紙包裹，或塗以黑漆，將此光線全部吸收。

非尋常光線與分開面所交之射角之情形，詳述於下文，此光透過加拿大樹膠而射過晶體，最後由斜方形晶體磨光面，BG 射出之光線，仍為面偏極化，即謂所有電子之振動，均在同一平面以內也，出射光線之頻率，約為二分之一入射光線者，其餘二分之一為晶體所吸收。

其通常所稱折射率係指尋常光線自空氣射入物體而言。冰州石與加拿大樹膠之比重，均較空氣為大，當光線自空氣射入物體，此項折射率均大於一，故光線向邊界面之垂直線偏轉，故

$$\frac{\text{Sin i(空氣)}}{\text{Sin r(物體)}}>1$$ 或入射角 i > 折射角 r (圖7 圖8)

冰州石與加拿大樹膠間之臨界角，計算如下：

尋常光線：

$$n=\frac{\text{Sin(空氣中之入射角)}}{\text{Sin(冰州石中之折射角)}}=1.658$$

$$n_2=\frac{\text{Sin（空氣中之射角）}}{\text{Sin（加拿大樹膠中之折射角）}}=1.55$$

以n2除n1，並採用前式之縮寫得：

$$\frac{n_2}{n_1}=\frac{\text{Sin（空氣）/Sin（加拿大樹膠）}}{\text{Sin（空氣）/Sin（冰州石）}}=\frac{1.55}{1.658}$$

設兩者在空氣中之入射角相等，消去Sin（空氣）得：

$$n=\frac{\text{Sin（冰州石）}}{\text{Sin（加拿大樹膠）}}=0.925$$

上式代表尋常光線在冰州石中射入加拿大樹膠時之折射率，因冰州石內之入射角，r，小於加拿大樹膠之折射角，r'，此式說明入射光線 IO，圖(7)，透入加拿大樹膠之方向，OR，偏離垂直線。

參照圖（7）之臨界角，c，得：

$$\frac{\text{Sin}\,c}{\text{Sin}\,90^\circ}=\frac{\text{Sin（冰州石）}}{\text{Sin}\,90^\circ}=0.925$$

解此式得尋常光線射入加拿大樹膠時之臨界角，約等於69°14'。切泥科爾稜晶時，使尋常光線於分開面，AB，圖（7），之入射角大於69°14'故乃全部反射。

非尋常光線

$$n_1=\frac{\text{Sin（空氣中之入射角）}}{\text{Sin（冰州石中之折射角）}}=1.468$$

$$n_2=\frac{\text{Sin（空氣中之入射角）}}{\text{Sin（加拿大樹膠中之折射角）}}=1.55$$

除n2以n1並採用前式之縮寫得：

$$\frac{n_2}{n_1}=\frac{\text{Sin（空氣）/Sin（加拿大樹膠）}}{\text{Sin（空氣）/Sin（冰州石）}}=\frac{1.55}{1.655}$$

消去Sin（空氣），得：

$$n=\frac{\text{Sin（冰州石）}}{\text{Sin（加拿大樹膠）}}=1.055$$

上式示非尋常光線在冰州石中射入加拿大樹膠時之折射角，r'，此式說明入射線 I'E，圖（8），折射入加拿大樹膠之方向，ER，偏向垂直線。

圖（8）示下列事實：即任何光佳於 AB 面，而其入射角小於90度時，則其將透過加拿大樹膠而入於他半稜晶。為察看光佳自 CD 面射出，而射入其餘一半晶體時之動態，欲達此項目的，須求得光線自加拿大樹膠射入冰州石時之臨界角。（加拿大樹膠）

$$\frac{\text{Sin}\,c}{\text{Sin}\,90^\circ}=\frac{\text{Sin（加拿大樹膠）}}{\text{Sin}\,90^\circ}=\frac{}{1.055}$$

解此方程式得非尋常光線自加拿大樹膠射入冰州石時之臨界角，c，等於71°27'。

切開晶體時，務使非尋常光線射於 AB 面上之入射角小於90度，故此光能透過加拿大樹膠而自冰州石之 CD 面射出。所得結果：為全反射無以存在，而非尋常光得透過晶體，最後此光從斜面 BG，圖（6），射出，並仍為面偏極光，圖示光粒在紙面內振動。

欲說明泥科爾稜晶之作用，並免去其他討論起見，可用一方形厚板，代表泥科爾稜晶，在其上

24724

豎一精細之小槽，祇有在槽面振動之電子始能通過，在其他方向振動電子全被消滅。若有第二塊泥科爾A，圖(9)，置其設想槽於同一垂直面上，可想像在垂直方向振動之光粒，將在極易之狀況下，透過泥科爾A之L槽，而在幕布發生光之感覺。(圖9 平行泥科爾稜晶)

若置泥科爾之縱軸於同一平線，而其偏極化面互相垂直，則無光能透過第二塊泥科爾，圖(10)，故正交泥科爾不允光線透過。圖(10)示電子達第二塊泥科爾時，不能穿過其「設想小槽」，此時幕上呈黑暗。(圖10 正交泥科爾稜晶)

光波與四分一波片 若光線經過薄片晶體之斷面，而主晶體軸，即光軸，與斷面間有一交角，則此光線分成兩道垂直之光線，如圖(11)。兩者在晶體內之光速，快慢不同，乃形成兩光綫間之相差。此兩光線自晶體射入空氣後之速度，各仍如前，故相差依然存在。(圖11 四分一波片之作用)

凡晶體的有兩種互相垂直不同特性，在一個方向之分子，比較密集，即分子間之距離較其垂直方向者爲小，故電子比較不易，在此向透過，光線之傳播速度，因以減小。板之厚度亦直接影響光速，光線自晶體射入空氣後，其速度依然不變，是以減速，或所生之相差，仍與前者相同。

下文採用敍力學中之週期運動：視一點，P，作等速圓形運動，圖(20)，P點在直徑AB上之投N'點，發生變速運動，當P點繞圓周行動，N'點則在AB上發生「簡諧運動」；P點在直徑CD上之投影M'點，亦作變速運動，當P點繞圓周行動，M'點在CD上發生振動運動，其運動亦爲「簡諧運動。」(圖12)

設想P點分爲兩個二分之一，N及M，而各自運動，圖(12)示N及M各在正交之直徑AB及CD上運動。當N'在B點，則M'在O點。同樣：N'M'N''M'',N'''M'''各在對稱之位置。綜之：圓周運動可分爲兩個正交之簡諧運動，其間之相差爲90度，或四分之一周期。反言之：兩個簡諧運動可成爲等速圓形運動。

光波突過一片，發生四分一波於另一波之後，則此片謂之四分一波片，此兩光波各爲簡諧光波，圖(11)。此兩相似之光波，互相垂直而其相差爲90度，或四分之一周期。若合上述兩種光波，則得等速圓運動。故四分一波片化面偏極光爲圓偏極光。

上述現象，可用下列事實證之：光線經四分一波片波後，則第二塊泥科爾，或檢偏極鏡，可繞其橫軸旋轉，而勿影響傳過該鏡之光線强度。圖(13)

四分一波片通常均係雲母製成，用以化面偏極光爲圓偏極光。每種晶體如母雲者，具有兩個特殊之方向，稱謂軸，此兩軸以90度相交，沿此兩方向之振動電子，各具其特性。假定四分之一波片垂直於光之傳播線，旋轉此片而使其光軸之一，以45度角與泥科爾稜晶之偏極面相交。圖(14)示尼科爾稜晶之設想槽OA，爲面偏極光之振幅，OB及OC爲光波在雲母片內之振幅，從圖知OB及OC之最適宜角位爲中等於45度，因振幅OA完全分於OB及OC兩個方向，相等向沿OB及OC發生兩等振幅簡諧運動，而圓周運動包括兩個正交，相差爲四分之一周期，及等振幅之振動運動。

四分一波片與偏極面爲45度時，在幕布發生之照度最大。如圖(15)所示者：光軸OB與設想槽OA相符合，而祇OB存在。圓偏極光包括兩個相等之分向量，故此時不能得之。更將四分一波片繞O點至紙面之垂直軸旋轉，當角中等於45度之照度爲最大。圓偏極光之重要特性，在使第二塊泥科爾能繞其平軸任意旋轉，而不影響射過該稜晶之光線强度。

在光線達第二塊泥科爾稜晶前，插以第二塊四分一波片。若反轉光波之傳播方向，即假定光線傳自C至B至A，以代替A至B至C，圖(11)，圓偏極光之動態，極易明瞭。想像圓偏極光分成互相垂直之兩個正弦曲線，一與面I相符合；一與面II相符合，因相差等於四分之一，光波彼將以同樣之情態透過母片，而最後自面，OFDE，射出時，形成面III內之面偏極光波。

關於四分一波軸與偏極面間交角之決定：取泥科爾稜晶模型，圖(16)，而置雲母片於其後，適使

24725

其光軸以45度之角相交於偏極面。繼旋轉經18〕度而置雲母片於前，圖(17)。所得結果，爲第二塊雲母片對偏極軸之角位亦爲45度，惟雲母片之軸應互相垂直。根據上項討論第二塊雲母片應在圓偏極光未達第二塊泥料前，即檢偏極鏡之前插入。

雲母片插入之情態，既如上述，惟試驗之結果，往往爲某種情形所阻礙，尋常之光源，可用於偏光彈性學之分析者，輒生極複雜之光波，此其一也；市場上之四分一波片，均係對一定之波長設計，常爲細光，而非通常所用之白光，此其二也；泥料稜晶與雲母片之製造，難免有不準確之處，此其三也。相交之雲母片，能予後者以甚多改進之處。（圖十四）（圖十五）（圖十六）（圖十七）

干涉條紋　求明瞭兩道光線干涉之作用：假定置單色光線S_1及S_2如圖(18)所示。純單色光爲由一種頻率及波長之光線所構成。

假定長度S_1R。與S_2R。之差，爲波長之二分之一，或$\lambda/2$，此兩長度被光源S_1及S_2所生等强度光波所佈布，等波長之兩道光波達R。點而生相差$\lambda/2$，結果得振幅爲零之組合光波，因爲在光波S_1之正位移處，有S_2之相等負位移也。是以R。點應無光。

在幕上另找R_1點，使距離R_1S_1及R_1S_2相等，則兩道光線達R_1點時，不再發生相差，而組合光波之振幅，將兩倍於前者。結果在幕上得代表兩條影之明亮點。

另擇一點R_2，使S_1R_2與S_2R_2之差等於二分之三波長，或$3\lambda/2$，則R_2點現黑暗。

若取數點R_3，R_4等，使距離S_1R_3及S_2R_3之差等於λ，2λ，或3λ等，則幕上各該點均發亮。

依照上項討論，幕布將爲所擇之單色光照亮，例如紅色在R_1，R_3處之强度最大；在R_0，R_2處呈黑暗；R_0與R_1，與R_1，R_2與R_3之間爲淺紅色。

若光源S_1 S_2爲黃色，可得類似之條紋，不過色彩不同耳，圖(19)。惟以黃色光之波長短於紅色光者，兩者在幕上所生之明暗點，不相重合，圖(21)示暗點$\lambda/2$向下移動。若光源爲青、藍、或紫色，幕將發生類似之色條，而其明暗點各不相疊。

若光源S_1，S_2非單色光，而包括各種色彩，將在幕上發生連續之條紋，稱曰光譜。

白色光爲包括幾種色彩之光，故白光非單色光，而爲複色光。若置白光於光源S_1，及S_2，因各色光之干涉作用，在幕上映出參色之條紋，圖(20)示各種單色條紋於一直線。

荷重之模型　透明之均勻及單折射材料，如玻璃，賽璐珞，電木等受力後，即變爲雙折射材料，其雙折射情形，依應變情形直接變化。關於泥料稜晶暨雲母片內之雙折射情形，前已詳論。而偏極光射過此種受力之材料後，便產生兩道面偏極光線，在兩個正交之平面內振動，因其在材料內之振動速度互異，射出之兩道光線，乃生相差。

簡言之：受力材料能變成臨時晶體，因此荷重使分子重行分佈之故。在拉之拉方向，分子散開；在壓力方向，分子接近。此種變動之結果，可用下列試驗證明之：繪等距之黑點於橡皮帶上，圖(22)，如a，b，c，d，e，f，加力F後，距離a'b'及b'c'小於a'd'及c'f'，故在兩個垂直方向留予電子透過之空間各異。

相差，或減速度，繫於光粒之位移，結果將決於材料之應力情形，及厚度。因「設想應力」祇限於模型之周界以內也。以計算式示之，得：（圖十八立光干涉之說明　圖十九，二〇）干涉色光發生之光譜　圖二一　波長作用之說明）

減速度＝常數×應力情形×厚度

或　$R = C.L.t$

式中C＝繫於材料性質之常數，

R＝減速度或相差，其單位繫於常數C，

L＝應力情況（下文再詳論之），

（與材料之厚度）

此爲用偏光彈性學解求應力之基本公式。

置透明模型於面偏極化單色光，並用投射鏡映模型於幕布，因模型荷重後，即變爲雙折射物體，而成兩等波長之光波將射過模型，而達於幕布，此兩光波之相差，與應變情形及模型厚度成正比例。若置無荷重之模型於兩塊正交泥科爾稜晶間，則幕上祇現黑影，當模型承載後，其中若干點由應力作用而變成臨時晶體，結果形成雙折射現象。從雙折射發生之兩道光線，將在模型內之兩垂直方向振動而生相差，一若前節所述光源S1及S2所射出者，此兩光波將互相干涉，是以除零應力各點仍呈黑暗外，其餘各部均呈光亮。

若置透明模型於正交泥科爾稜晶間，而透射光線爲面偏極化白光，當模型不負荷重時，模型於幕布現黑影，現射入之光爲白色，模型上因荷重所生應力各點，將發生各色光波之雙折射，各該點之作用，極類似前述光源S1及S2在黑暗背景所生之色彩點者，因短波光線之干涉較長波光線之干涉爲快，可預言色彩之發現程序，爲暗青灰色，青黃色，橘色，而紅色。然以白光爲複色光，材料本身亦常有色彩，所得之結果，常較由理論所預測者爲複雜。施設之荷重模型將滿佈色彩干涉條紋，每種色彩代表光線射過荷重模型受力點時由雙折射所生相差之結果，故一種色彩代表此點之應力情形，相差或減速繫於應力情形，即其與主應力差成正比例也。

組合振幅 前已詳述：在荷重模型之兩段線縮內，光波各以不同之速度傳播，因此兩光波間發生相差或減速度，光自模型射出後，各以同樣之速度在空氣中傳播，其相差依然存在，根據圖(28)所示兩光線之波長亦相等，此因

V（速度）$= n\lambda$ =（每秒鐘之振動數或振動率）×（波長）

在模型前後之光波，其V與n互等，故λ不變，於模型及檢偏極鏡所發生兩正弦光波，圖(28)，此兩光波相互正交，並有一定之相差R。正弦光波之振幅可得自分解向量，而爲兩個分向量$a\cos\alpha$及$a\sin\alpha$。原光波在豎直面內射入模型，及兩光波入小槽I及II而射出時，彼乃互相正交而生相差，如圖(25)所示。

檢偏極鏡祇見兩光波之平向分波射過，故自檢偏極鏡至幕布間之正弦光波，在一個平面內傳動，其相差與在模型及檢偏極鏡者相同，其振幅可得自$a\sin\alpha$及$a\cos\alpha$在平軸上之投影，惟方向相反圖(17)。傳動光波之概況示於圖(28)。

[illegible]豎直面內之振幅a爲單純振動，圖(24)現分解爲分振幅$a\sin\alpha$由於模型而槽I，及$a\cos\alpha$於槽II，視振幅爲簡諧運動，則入射光之位移「a」，可用下列方程式得之：

$$S = a\cos wT = a\cos w(T+To) \quad \cdots\cdots (1a)$$

其中 a＝最大位移或振幅，

[illegible]＝自最大位移[illegible]以後之時間，

To＝一整個振幅所須之時間，

w＝如下述所得之係數。

方程式（1a）祇於下述條件時始能成立：

$w\,To = 2\pi, 4\pi, 6\pi, \cdots\cdots 2n\pi$

設 $w\,To = 2\pi$，或 $w = \dfrac{2\pi}{To}$

若 n＝每秒鐘之振動數或振動率，則

$n = 1/To$

$w = 2\pi n$

故w為與頻率成正比例之因數。

光波射過波重模型以前，相當於方向I及II之位移為：

(1c) 在此 $S_I = a \operatorname{Sin}\alpha \operatorname{Cos} wT$ $S_{II} = a \operatorname{Cos}\alpha \operatorname{Cos} wT$

（圖二四 圖二五 圖二六 圖二七 圖二八）

投射於槽I之振幅 $a \operatorname{Sin}\alpha$ 圖（25），透過模型後，並不與槽II內之振幅同時發生，此因相差之故也。設 T_1 及 T_2 為兩個分振動傳過模型內槽I及槽II所須之時間，則經過模型後，其相對之位移為：

$$S'_I = a \operatorname{Sin}\alpha \operatorname{Cos} w(T-T_1)$$

$$S'_{II} = a \operatorname{Cos}\alpha \operatorname{Cos} w(T-T_2)$$

前已論述：第二塊尼科爾稜晶（檢偏稜鏡）之位置，祇見在橫平面內之振動通過，圖（27）。故通過檢偏稜鏡之分振動，可投射位移 S'_I 與 S'_{II} 於橫平面上得之：

$$S''_I = S'_I \operatorname{Cos}\alpha = a \operatorname{Sin}\alpha \operatorname{Cos} w(T-T_1) \operatorname{Cos}\alpha = \frac{a}{2} \operatorname{Sin} 2\alpha \operatorname{Cos} w(T-T_1)$$

$$S''_{II} = S'_{II} \operatorname{Sin}\alpha = a \operatorname{Cos}\alpha \operatorname{Cos} w(T-T_2) \operatorname{Sin}\alpha = \frac{a}{2} \operatorname{Sin} 2\alpha \operatorname{Cos} w(T-T_2)$$

橫平面內之組合振動：

$$S_{(最後)} = \frac{a}{2} \operatorname{Sin} 2\alpha \operatorname{Cos} w(T-T_1) - \frac{a}{2} \operatorname{Sin} 2\alpha \operatorname{Cos} w(T-T_2)$$

$$= \frac{a}{2} \operatorname{Sin} 2\alpha \left[\operatorname{Cos} w(T-T_1) - \operatorname{Cos} w(T-T_2)\right]$$

$$= \frac{a}{2} \operatorname{Sin} 2\alpha \left[\operatorname{Cos} wT \operatorname{cos} wT_1 + \operatorname{Sin} wT \operatorname{Sin} wT_1 - \operatorname{Cos} wT \operatorname{Cos} wT_2 - \operatorname{Sin} wT \operatorname{Sin} wT_2\right]$$

$$= \frac{a}{2} \operatorname{Sin} 2\alpha \left[\operatorname{Cos} wT(\operatorname{Cos} wT_1 - \operatorname{Cos} wT_2) + \operatorname{Sin} wT(\operatorname{Sin} wT_1 - \operatorname{Sin} wT_2)\right]$$

$$= \frac{a}{2} \operatorname{Sin} 2\alpha \left[-2 \operatorname{Cos} wT \operatorname{Sin} \frac{wT_1 + wT_2}{2} \operatorname{Sin} \frac{wT_1 - wT_2}{2} + 2 \operatorname{Sin} wT \operatorname{Cos} \frac{wT_1 + wT_2}{2} \operatorname{Sin} \frac{wT_1 - wT_2}{2}\right]$$

$$= \frac{a}{2} \operatorname{Sin} 2\alpha \left[2 \operatorname{Sin} \frac{w(T_1-T_2)}{2}\right]\left[\operatorname{Sin}\left(wT - w\frac{T_1+T_2}{2}\right)\right]$$

或 $$S_{(最後)} = \underbrace{\left[a \operatorname{Sin} 2\alpha \operatorname{Sin} \frac{w(T_1-T_2)}{2}\right]}_{（最後振幅）} \underbrace{\left[\operatorname{Sin} w\left(T - \frac{T_1+T_2}{2}\right)\right]}_{（正弦函數）} \quad \cdots\cdots\cdots\cdots (1d)$$

方程式（1d）所示組合光波，證明最後光波為正弦波，其振幅為：

$$A_{(最後)} = a \operatorname{Sin} 2\alpha \operatorname{Sin} \frac{w(T_1-T_2)}{2} \quad \cdots\cdots\cdots\cdots (1e)$$

若模型之荷重及入射光線之強度為一定，則對模型中某點而言，式（1e）中各數值為一定：

a = 光之強度，

α = 模型槽之傾斜角，

w＝2πn光色或頻率之函數，

T1－T2＝兩光波自模型射出後之減速。

上述最後振幅，當位移達最大值時所須之時間，可使S對T之一次導微函數等於零得之。以式(1e)代入式(1d)，

則 $$\frac{dS}{dT}=A\,w\,Cos\,w\left(T-\frac{T_1+T_2}{2}\right)=0$$

$$Cos\,w\left(T-\frac{T_1+T_2}{2}\right)=0，\text{或 } w\left(T-\frac{T_1+T_2}{2}\right)=\frac{\pi}{2}，$$

達最大位移所需之時間，

$$T_{(最大位移)}=\frac{\pi}{2w}+\frac{T_1+T_2}{2}$$

故自式(1d)及(1e)得：

$$最大S_{(最後)}=A\,Sin\frac{\pi}{2}=A_{(最後)}$$

以時間爲單位之減速(T1－T2)，可用式(1b)(1c)之w及n代入，而得

$$\frac{w(T_1-T_2)}{2}=\frac{2\pi n(T_1-T_2)}{2}=\frac{2\pi}{2}\cdot\frac{(T_1-T_2)}{T_0}=\frac{\pi(T_1-T_2)}{T_0}\quad\cdots\cdots\cdots(1f)$$

單位爲時間或波長之減速，其間之比例爲

$$\frac{減速(秒)}{週期(秒)}=\frac{減速(波長)}{波長}\ \text{或}\ \frac{T_1-T_2}{T_0}=\frac{R}{\lambda}\quad\cdots\cdots\cdots(1g)$$

將式(1f)及(1g)所得之數值代入式(1e)，則

$$A_{(最後)}=a\,Sin\,2\alpha\,Sin\,\pi\left(\frac{T_1-T_2}{T_0}\right)\quad\cdots\cdots\cdots(1)$$

或 $$A_{(最後)}=a\,Sin\,2\alpha\,Sin\left(\frac{R}{\lambda}\pi\right)$$

總結本節所論，用圖解法，圖(28)，叠加III,IV兩波，得最後正弦光波之振幅，

$$A_{(最後)}=a_{(起始)}\,Sin\,2\alpha\,Sin\left(\frac{R}{\lambda}\pi\right)$$

式中：A＝最後光波之振幅，

a＝入射面偏極光波之振幅，

α＝檢偏極鏡內偏極面與主應力方向間之交角

R＝一若入射光線之以波長爲單位之減速，

R/λ＝以波長部份爲單位之減速，

Rπ/λ＝以弧度爲單位之減速。

式(2)證明最後振幅爲a,α,R,及λ之函數，故模型內各點之光線强度繫於下列各項：

(1)光源之强度，「a」

(2)主應力之方向，「α」

(3)光源之波長，「λ」或色彩，

(4)減速，「R」此繫於下文所述各項因素。

偏光彈性學之方程式　前已論述：發生應力後之物體，爲臨時晶體；依據彈性學理論：若作用於

某點正應力之一，達其最大值，第二正應力及最小值，此兩正應力乃變爲主應力。主應力差(P−q)愈大，臨時晶體內兩軸方向之分子會合情形亦更不同，兩分振動經模型之時差乃愈久。換言之：減速與主應力差成正比例實際亦證明此言不謬。

減速由設想阻力或對透射電子之反力所產生。故阻力之空間愈大，或模型之厚度愈厚，減速亦愈大。

材料之物理性質，亦將影響光粒之傳播速度。上述三項因素，可用下列公式示之。

$R=C\,(P-q)\,t$ ……………………………………………………………………（3）

此乃偏光彈性學之基本公式，以式（3）中之值代入式（2），得光線之最後振幅或强度，

$$A_{(\text{最後})}=a_{(\text{起始})}\,\mathrm{Sin}\,2\alpha\,\mathrm{Sin}\left[\frac{C\,(P-q)\,t}{\lambda}\pi\right] \quad\cdots\cdots\cdots\cdots\cdots（4）$$

假定單色光源之强度『a』，波長『λ』爲一定，模型之均勻厚度爲『t』材料之光學常數爲『c』茲研討兩正弦光波變更之作用，此光波倚於主應力差（P−q），及檢偏極鏡內偏極面與主應力之交角α

(1) 當 $p-q=o$，$\mathrm{Sin}\left[\frac{C\,(p-q)\,t}{\lambda}\pi\right]=o$，$A=o$，點呈黑暗

$p-q=\frac{\lambda}{2ct}$，$\mathrm{Sin}\left[\frac{C\,(p-q)\,t}{\lambda}\pi\right]$爲最大，A 爲最大，點度最大限度。

故得結論：若兩主應力相等，$p-q$，或最大剪應力$=\frac{1}{2}(p-q)=o$，光亮背景內之模型，在該處呈黑色，而在 $(p-q)=\frac{\lambda}{2ct}$ 處之光線照度最大。

(2) 當 $\alpha=o$，$\mathrm{Sin}\,2\alpha=o$，$A=o$，該點呈黑暗。

$\alpha=45°$，$\mathrm{Sin}\,90°=1$，A 爲最大，該點呈最大照度。

$\alpha=90°$，$\mathrm{Sin}\,180°=o$，$A=o$，該點呈黑暗。

當代表主應力方向之設想槽，與泥科爾稜晶之設想槽相合時，該點即呈黑色。故黑點所以表示主應力方向符合於正交泥科爾稜晶之兩槽也。

等色線 設置模型於面偏極光線中，起偏極鏡與檢偏極鏡之偏極軸互相豎平配置，四分一波片之軸與垂直線成45度，而兩者互相正交。如是配置之結果，圓偏極光將射過模型，電子各在模型之兩設想槽內振動，設想槽所以代表主應力之方向者也。如圖（29）所示：光粒達模型前之 a 點，而仍作圓運動。繼穿經兩正交之設想槽於 b點，圖（30），此兩槽即指主應力方向者，光粒乃分成兩半，各在槽內振動，射過模型而生相差。此兩光波以內速度而不同相之情形，達於檢偏極鏡前之四分一波片，再射過檢偏極鏡之槽。其狀一若自起偏極鏡射出者，最後達於幕布而生光亮。

現檢討不同相光線達幕布時之減速作用。姑假定祇有一色——紅色——射自白色光源。關於減速形成之光亮點以及干涉所生之色彩，前已詳述。

兩光波自荷重模型射出後，透過檢偏極鏡之設想槽。而達于幕布，此時兩光波間發生相差或減速。圖（31）示紅色光源 S_1 及 S_2 兩者之波長相同而相互異，各示於由模型射出之處。参加此兩道光波得組合光波，示如圖（32）。模型上此點將於幕布呈現光亮之紅色，其照度繫於減速 R 或主應力差（p−q）其關係爲 $R=C\,(p-q)\,t$。圖（31）所示減速爲 λ/4。圖（33），（34），（35）示單色光線之三種情形，其相差各爲 0，λ/8，及 λ/2。組合光波可自圖解得之。

白色光源包含橙，黃，綠，青，及紫色光線，諸色可期於光亮之幕布上發現。惟泥科爾稜晶互相

正變，除模型內有（p－q）應力之作用諸點外，光線不能射過其他部份而達於幕布。光波在四分一波片間係圓偏極化，此部中光線之傳播，不受主應力方向之影響；既知吸遮對於（p－q）之值，則每一種色彩所以代表相等之（p－q），色彩相同者即稱為等色線，亦可由此得最大剪應力之數值者也。

（圖三一　圖三二　圖三三　圖三四　圖三五）

戰後我國之港埠建設

——六月六日工程師節本校紀念會講演——

徐人壽講　銘家順記

主席、各位同學，今天是大禹的生辰，政府爲追懷這偉大的治水專家，所以定爲工程師節，教務長約我在這工程師節的紀念會上作一次講演，我想在座的各系同學都有，所以預備談談很普通而和各項工程都有關係的一項建設。就是港埠的問題，有一位英國專家說，港埠工程並不僅僅包括土木工程而已，而是百分之四十屬于土木，百分之六十屬于其他工程。其中機械占百分之三十，電機占百分之二十，其餘百分之十屬于航運、造船等，所以港埠工程可以說包括了各項工程。今天趁此機會，就跟各位同學討論一下戰後我國的港埠建設。

港和埠是不同的，港（Habor）的來源是因爲帆船在航運中遇到了暴風雨，很是危險，所以找一塊地方作爲停船之處，那就是港，埠（Port）却不同，除了停船的作用以外，還有上下旅客，裝卸貨物的設備，這是港和埠不同的地方，港有軍港、商港之別，今天所討論的大多偏重于商港，有人在「埠」之前常加上了「商」字稱爲「商埠」，此又有些不同了，埠而有了經商的市場才稱爲商埠，例如連雲港（隴海鐵路終點）是埠而不是商埠，因爲它沒有市場的緣故。

在戰後爲什麼港埠的問題是很重要呢？因爲一切的交通，其出發點總是港，從港起始才可以建造很多的鐵路和公路，戰後的工業建設，一切工業材料一定得從港運來，原料也得從港輸出，所以港埠在交通中是最重要的了。

在國父的實業計劃中，我國要建設頭等港三個，二等港四個，三等港九個，，漁業港十五個，共三十一個，「中國之命運」中也規定了在戰後要建造一萬萬八千六百萬噸吞吐量的港，十年以內須完成一萬萬噸，商埠須開一千二百處，十年以內完成七百處。

在實業計劃中（民七年寫的），幾個著名的港都未列入，如上海、青島、大連、旅順等，那是因爲在那時都在外國人手中，可是今年不平等條約取消後情形就不同了，築港的計劃也應該要加以補充。

在討論將來如何築港以前，先得講一講築港的條件，第一方面是經濟的條件，商港不像軍港，它有着經濟上的問題，在它的後面一定要有一塊地叫背陸或腹地（Hinter Land），在這地以內的貿易全由此港進出，同時港與陸地間要有很好的交通綫，如浙江、福建都有很好的港口，可是後面橫亙着很高的山脈，所以不能成爲良港。又如上海港的工程條件並不好，而有很好的經濟條件。第二方面是工程的或技術的條件，第一、要使大輪船能進出即水道要深，深水道最好是天然的，不過也可用人工來挖深的，挖深航道即涉及工程和經濟的問題了。第二、希望一年中天天能通航，如蘇聯很多的港，可是在一年中有好幾個月結冰不能通航，大霧也可妨礙航運的。第三、港內要便于建築，即要有很好的基礎，他如地形等都是工程上的條件。

戰後先準備築什麼港呢？一港的建築是很慢的，總得要化上幾十年的工夫，才具相當規模，戰後我們沒有很多的時間，故宜將已成的港口改良而使其合乎需要。不平等條約取消了，我們很可把被外人奪去的港口加以整理而應用。先看北方，大連和旅順都是很好的，旅順適宜于軍港，大連是很好的商港。在戰前東三省百分之六七十的貿易都經過大連，大可以此爲北方大港。次之青島，在寫實業計劃時，青島還在德人手中，所以沒有列入，青島的貿易也很資，可是背陸不大。故不能成世界大港。可列爲二等港。再看東方，實業計劃中以乍浦澉浦或上海爲東方大港。就工程上講，上海並非良港，因其必須先入長江口進黃浦江，要經過一段長的航道，且此航道不深，可是近年來，上海的航運已大有改進，故雖不滿意，在戰後仍可利用之。倫敦港是英國最大的港口，但也須經過一很長的航道，深度亦有限，故大輪不能駛進，都停泊在造三本（Southampton），可是每年的貿易，造三本就差得很遠了，所以我以爲戰後仍可以上海爲東方大港，另在乍浦附近築一等港以備專停大船之用。最後南方，廣州要經珠江河道故大輪可停泊九龍香港，小輪入廣州，若九龍、香港能歸還我國後，則當以香港爲南方大港。他如烟台、天津、廈門、福州等都已成就皆可利用。

要建造這末多的港，經費從何而來呢？以生意的眼光看來，港是最容易把錢收回來的，所以戰後築港，既要有人投資，經濟可不成問題。前幾天見報上載着一切的經濟建設都可以組織公司來經營，可是港却不同，雖然是商港也是有關國防的，還是應該由國家去經營。

最後，討論一下管理上的問題，工程上的問題有時倒不難解決，最困難的還是在港完成了以後管理上的問題。綜合管理的方法有四，一、由政府管理，或爲中央政府，或爲地方政府，如青島港是由青島市政府管理的，二、組織港務機關，包括有關各方的代表，如倫敦港是，三、屬于鐵路或其他公司的，如連雲港係屬于隴海鐵路，四、夾雜的組織，沒有統一的機關，這種管理的方法，中、英用得最多，如上海港，航道歸理有浚浦局，收稅有海關，碼頭、倉庫的主權，中外人士都有。他如航運，標誌等又屬于海關的，引水人又屬于另一機關，所以上海港的組織可說是夾雜的。

在以上的四種方法中，第四種當然是不好的，第三種也不大好，因爲改良港務不大方便，由市政府管理倒不差，青島港便是我國管理上最完善的一個，可是小港還不成問題，大港決非市政能力所能及的，故我國最好要有統一的管理，除小港以外，由中央組織一專門機關管理之，總機關下在各港可設工程局，工程完竣後，改爲管理局，如此可有統籌的辦法，也可免去競爭生意之弊了。

現在雖然還在抗戰期間，沿海多已淪陷，談不上港埠的建設，可是我們不能不先有計劃，就是必須要訓練大批的工程和管理的人才，以爲我國將來進行港埠建設的準備。

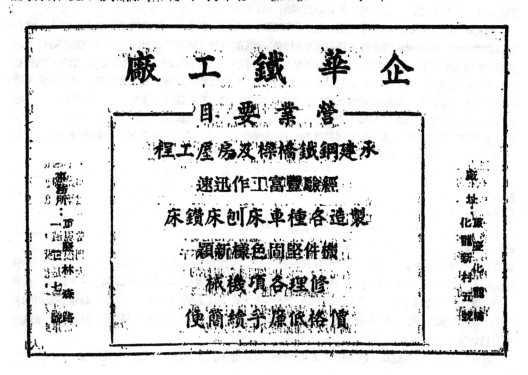

戰後我國鐵路公路之建設問題

童大塤

在戰事快要結束的時候，籌劃戰後的交通建設，實在是一種未雨綢繆，而且是極端重要的基本工作。我國是一個交通建設比較落後的國家，過去因為時間和空間的限制，使我們一千五百萬方公里的國土，充滿了此疆彼域的封建觀念；四萬萬五千萬的同胞，消失了親愛精誠的民族精神。這種政治建設的脆弱，影響我們的國防的力量，和經濟的發展，使我們淪於次殖民地的地位，而為列强所宰割。現在勝利的光明，業已在望，幾年來堅苦卓絕的抗戰，確立了國家民族獨立自由的基礎，我們今後的任務，應該是如何把它發揚光大，以垂久遠，所以必須要確切認明百年來積弱的癥結所在，而將戰後的交通建設，列為各項建設的首要，然後建國大業，纔能够循着正軌作有計劃的發展。

交通事業，包括運輸和通訊二方面，這二種事業，在戰後建國的過程中，都有它們特殊的地位，應當受到同樣的重視。就運輸事業而論，我們可以劃分為陸運，水運和空運，三大類，戰後必須因地制宜，作相互的配合，方能收普遍開發交通的實效。但是按照目前國內資源分佈的情形，和戰後工業區域劃分的需要看來，我們必須要着重於陸上運輸網的建立，以適應事實上迫切的需要，所以戰後鐵路和公路建設，應該是交通建設中一個最切要的問題。

我國修築鐵道，已有六十餘年的歷史，修築公路亦已有三十年的歷史，時間不可謂不久，而戰前完成通車的，僅一萬幾千公里的鐵路，和十萬公里左右的公路，無論在質地，和數量方面說起來，都是異常落後的，非但不能和歐美的先進國家相比美，就是和鄰邦各國較短長，也感覺到瞠乎其後。我們知道，鐵道和公路是陸上運輸的主要工具，且為一切建設的原動力，它的長度和密度，可以表示一個國家國防能力的强弱。我們現在所有的數量，和現在國家的需要，相去太遠，假定不得於最短期內迎頭趕上，恐怕戰後的一切理想，將永無實現的一日！

關於戰後鐵道和公路建設的全盤計劃，　總理的「實業計劃」，　總裁的「中國之命運」，都有了詳盡的指示。我們現在的任務，是應該如何斟酌建設的時間，國防的環境，和國家的經濟條件，來決定我們實施的步驟。戰後我們能有多少休養生息的時期，作為復興的過程，是值得研究的。我們是政治國防和經濟建設一切落後的國家，以往因為缺乏了近代立國的主要條件，幾使我們淪於萬劫不復的地位，今後必須抓住問題的焦點，儘最短時間，完成我們的交通建設。癥結一除，則所有的問題都可以迎刃而解。我們現在的看法，認為戰後可能有二十年從事於建設工作的機會，所以交通建設，必須要在這個時期內全部完成。就鐵道建設和公路建設而論，我們可以分作四個五年計劃進行，並因配合政治、國防、經濟、的需要，斟酌緩急輕重，以為厘訂分期計劃的依據。

根據　總理的「實業計劃」，我們應該擁有鐵道十六萬公里，公路一百六十萬公里，若以鐵道運輸來比較，那麼，無論在運量和運費方面，說起來，鐵道總是處優越的地位，而且按照我國目前資源開發的情形，和將來工業進展的趨勢，而論鐵道事業自給自足和自主，發展的基礎，也足以比較的容易建立，所以它能够在平時收物盡其用和貨暢其流的效能，在戰時維持運輸事業的靈活，而不為敵人的破壞與封鎖而麻痺，但是配合國防建設便利機械化部隊運用的高級公路，和配合政治經濟建設的省縣道路，戰後也有迫切的需要，不能予以忽視的。我們戰後的公路建設，應該使它儘量配合國防和政治的需要，而不應該使它担負長途運輸的任務，代替鐵道的位置。所以「實業計劃」中一百六十萬公里的目標，似可大為減低，至少可以說在最二十年中，五十萬公里的公路，一定是已經合乎需要的。因此，我們對戰後陸上運輸事業的配合，無疑的應以鐵道為主，公路則除了特殊的任務而外，祇能夠處於輔助發展的地位。

戰後的鐵道和公路建設，能否順利完成，是要以資金、人才、器材、的供應為轉移，我們要劃權三種建設事業的要素，有合理的運用，必須先要有愼密的設計，然後財力、人力、物力，纔能得到適宜的配置，而充份發揮它最高的效能。就工程方面來說，無論在踏勘、初測、以至於定測的時候，我們都應該有周密的計劃，和詳盡的研討，俾能在地面上尋求一段適宜而且最經濟的路線，使資金和器材的需要，減至最低限度，彌補戰後財力和物力的缺陷，完成交通建設之偉大計劃。

其次，我們再談一談戰後鐵道建設和公路建設計劃的本身。

我們鑒於戰後環境的要求，和時間的因素，擬在最初二十年內，完成十四萬公里的鐵路，（已有二萬公里）和五十萬公里的公路，（已有十萬公里）是比較合理的，而且也是最低限度的要求，這一部份的工作，我們建議分為四個五年計劃辦理，並將每期工作的分量作如下的分配：

項目＼期別	第一期工作量	第二期工作量	第三期工作量	第四期工作量	全部工作量
鐵路	20,000	30,000	4[illegible],000	50,000	140,000公里
公路	5[illegible],000	100,000	15[illegible],000	200,000	500,000公里
鋼料	2,000,000	3,000,000	4,000,000	5,000,000	14,000,000噸
機車	3,400	5,200	6,800	8,600	24,000輛
客貨車	5[illegible],000	75,000	102,000	1[illegible]5,000	352,000輛
自動車	256,000	512,000	768,000	1,024,000	2,560,000輛

上面所提出來的戰後鐵道建設，和公路建設的計劃，數字是比較龐大的，根據戰前的築路經驗，也許會認為這是一種不可能的事實，但是回溯抗戰以來的成果，我們祇要有堅强的意志，和奮發的精神，必定能夠把普通認為太理想的變為現實，而何況戰後的建國？本計劃的一切條件，又是相當具體的，假定我們能夠有澈底的認識，人人以完成這種建設為無上的光榮，運用我們的腦力和體力，去埋頭苦幹，二十年如一日，相信我們所擬出來的計劃，一定能夠順利完成的。

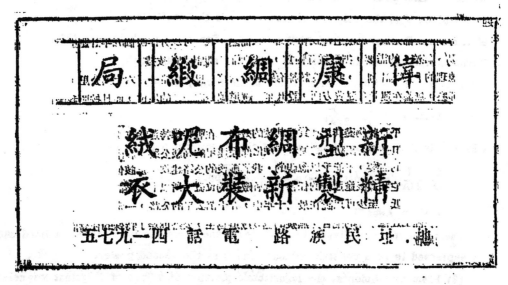

A NEW METHOD OF SOLVING FLOW IN PIPE SYSTEMS

R. S. Hsu.

A system of pipes as commonly used in the field of hydraulic engineering always consists of a group of loops. The solution of the flow in each loop is a very tedious work. By successive approximations, a fairly accurate solution may be obtained after three or more times of correction. The original idea was due to Prof. Hardy Cross, whose method was, however, not simple and limited to the flow of water due to the use of old empirical formulas applicable to particular pipes only. These formulas always contain terms with odd exponents to make the solution quite complicate. The writer modifies the original idea to make the solution simpler and to apply to all sorts of fluids and pipes. The general principles of this method is first stated and an illustration will be given to show the procedure of solution.

General Principles -

(1) The loss of head due to friction in any pipe of the loop as shown, is commonly expressed by,

$$L.H. = f \frac{L}{D} \frac{V^2}{2g}$$

where L and D are respectively the length and diameter of the pipe, V is the velocity of flow and f is the coefficient of friction. For any particular pipe, 'f' is a function of the Reynolds number and it is constant only for a constant velocity or, in other words, a constant rate of discharge, Q. Again, (Map I)

$$L.H. = f \frac{L}{D} \frac{Q^2}{2gA^2}$$

where A is the cross-sectional area of the pipe. For a given pipe,

$$\frac{L}{D} \frac{1}{2gA^2} = \text{constant} = c = \frac{1}{40} \frac{L}{D^5} \text{ (app.)}$$

$$L.H. = f c Q^2$$

Therefore, for any given pipe, whatever the discharge is, the loss of head can be expressed to be a constant times f and Q to the second power.

(2) From experiments, the logarithmic plotting of values of 'f' against Reynolds

number (R) for a given pipe is a straight line and the following equation holds.

$$\text{Log } f = S \log R + a,$$

or, $$\text{Log } f = S \log Q + b.$$

S is the slope of the straight line, and a, b, are constants. S is -1 for laminar flow and is generally very small for turbulent flow, i.e., the change of f is only very slight for a small change of R or Q.

(3) Total flow from a junction of pipes must be equal to the total flow toward the same junction.

(4) The total loss of head along the pipes by tracing around the loop must be zero in considering that the loss of head has different signs algebraically according to whether the flow being in the direction or against the direction of tracing.

<u>Mathematical Relationship.-</u>

If any flow Q_o is assumed for any given pipe which has a probable true flow of Q, the following relation holds,

$$Q = Q_o \pm \Delta Q_o ,$$

where ΔQ_o is the probable error in the assumed value of Q_o. In the similar manner, f_o is the coefficient of friction corresponding to Q_o , and the true f is

$$f = f_o \pm \Delta f_o .$$

The loss of head in one pipe of the circuit is,

$$L.H. = f c Q^2 = c (f_o \pm \Delta f_o) (Q_o \pm \Delta Q_o)^2$$

$$= c f_o (Q_o^2 \pm 2 Q_o \Delta Q_o), \qquad \text{(app.)}$$

since Δf_o is very small and also ΔQ_o^2 may be neglected.

The summation of the loss of head of the whole loop must be zero.

$$\sum f c Q^2 = \sum c f_o Q_o^2 \pm \sum 2 c f_o Q_o \Delta Q_o = 0 .$$

Let ΔQ_o be the average probable error for the whole loop.

$$\Delta \bar{Q}_o = \pm \frac{\sum c f_o Q_o^2}{2 \sum c f_o Q_o} \qquad \text{(app.)}.$$

24737

Since log f = S log Q + b, by differentiation we obtain

$$\frac{df}{f} = S\frac{dQ}{Q}\ , \text{ or } \frac{\Delta f_o}{f_o} = S\frac{\Delta Q_o}{Q_o}$$

Values of S for different kinds of pipes may be easily calculated and are given in accompanying with the experimental curves

General Procedure.-

The problem is to determine the probable distribution of flow in each pipe in the different loops of a pipe system.

(1) Assume the flows in all the pipes.

(2) Determine values of c for all pipes. ($c = I/40\ D^5$)

(3) Find Reynolds number for each pipe and value of f_o.

(For water at 72° F, R = 122,000 Q/D)

(4) In each loop, compute for all pipes concerned, values of $cf_o\ Q_o^2$ and $cf_o\ Q_o$. The summation of the former divided by the summation of the latter gives $\Delta \bar{Q}_o$. Proceed on the same procedure for other loops of the system.

(5) Make the corrections for all the pipes about Q_o.

(6) Correct f_o if necessary.

(7) Repeat the process until $\Delta \bar{Q}_o$ for all pipes won' t change any more in successive calculations.

In assuming the flows for the first trial, remember the rule, For same L.H. in different pipes, the smaller is 'c', the bigger will be 'Q_o' in any pipe. Sketches and tables are useful in solving the problem as shown below.

Illustration.- Water is flowing in the pipe system as shown.

Table I.

Pipes	Material	D(in.)	I (ft.)	c
1	all wrought iron	12	300	7.5
2		12	200	5
3		12	400	10
4		8	200	38
5		8	300	57

(Map II).

6	8	250	47.5
7	8	200	38
8	8	250	47.5
9	12	200	5
10	12	550	13.8
11	12	200	5

Now trace the loss of head along the loops beginning with loop no. I and trace it in a clockwise direction. The loss of head of the flow in this clockwise direction during tracing is considered positive and flow in the reverse direction is negative.

Table II - First Trial

Loop I	Pipe	c	f_e	Q_e	$Q_e^2 cf_o$	$Q_o cf_e$
	1	7.5	.014	10	−10.5	1.05
	2	8	.014	10	7.0	.70
	2	10	.013	15	+29.2	1.95
					+11.7	3.70

$$\Delta \bar{Q}_o = \frac{11.7}{2\times3.7} = 1.5.$$

This correction $\Delta \bar{Q}_o$ is to be applied counterclockwisely and so designated by an arrow shown in this direction.

Loop II	Pipe	c	f_o	Q_o	$Q_o^2 cf_o$	$Q_o cf_o$
	3	10	.013	15	[illegible]	1.95
	4	38	.015	7	+23.0	4.00
	5	57	.016	0	0	
					−1.2	5.95

$\Delta \bar{Q}_o =$ [illegible]

Loop III	Pipe	c	f_o	Q_o	$Q_o^2 cf_o$	$Q_o cf_o$
	4	38	.015	7	−23.0	4
	6	47.5	.015	7	−35.0	5

7	38	.015	8	+36.5	4.6
8	47.5	.015	8	+45.5	5.7
				+19.0	19.3

$$\Delta \bar{Q}_0 = \frac{19}{2 \times 19.3} = .5$$

Loop IV	Pipe	c	f_0	$\bar{Q}_0$	$Q_0^2 c f_0$	$Q_0 c f_0$
	5	67	—	0	0	0
	6	47.5	.015	7	+35	5
	11	5	.013	15	+15.6	1
	10	13.8	.015	5	+ 5.5	1.1
	9	5	.012	25	−37.5	1.5
					+17.6	8.6

$$\Delta \bar{Q}_0 = \frac{17.6}{2 \times 8.6} = 1$$

Now correct the assumed flows by these $\Delta \bar{Q}_0$ first to those branches that are not commen to two loops and then use general principle (3) to get the flow in the other branches.

Correction for f

Pipe 5 — f = .018. For all other pipes, $\Delta \bar{Q}_0 / Q_0$ are all less than 10 % and after multiplying S, values of $\Delta f_0 / f_0$ are only 1 % and can be neglected. Usually f_0 should be corrected only when $\Delta \bar{Q}_0 / Q_0$ is as high as 30 or 40 %. Values of c and f may be put in the sketch as shown below.

<u>Table III</u> . <u>Second Trial</u>

Loop I	Pipe	$Q_0^2 c f_0$	$Q_0 c f_0$
	1	−13.9	1.21
	2	−9.3	.80
	3	+23.6	1.75
		+ 0.4	3.76

$$\Delta \bar{Q}_0 = 0$$

Loop II	Pipe	$Q_o^2\ cf_o$	$Q_o\ cf_o$
	3	−23.6	1.75
	4	+32.1	4.28
	5	+ 1.0	1.02
		+ 9.5	7.05

$$\Delta \bar{Q}_o = \frac{9.5}{2x7.05} = 0.6$$

Loop III	Pipe	$Q_o^2\ cf_o$	$Q_o\ cf_o$
	4	−32.1	4.28
	6	−30.0	4.61
	7, 8	+72.0	9.60
		+ 9.9	18.49

$$\Delta \bar{Q}_o = \frac{9.9}{2x18.49} = 0.3$$

Loop IV	Pipe	$Q_o^2\ cf_o$	$Q_o\ cf_o$
	5	− 1.0	1.02
	6	+30.0	4.61
	11	+12.8	0.91
	10	+ 3.4	0.84
	9	−40.5	0.56
		+ 4.7	7.94

$$\Delta \bar{Q}_o = \frac{4.7}{2x7.94} = 0.3$$

Correction for f

Pipe 5 f = 0.020 (MAP V) (MAP VI)

10 f = 0.016

After second correction After fifth correction

The flow condition after this second correction and that after fifth correction are shown as above. We can see there are only slight differences between these two.

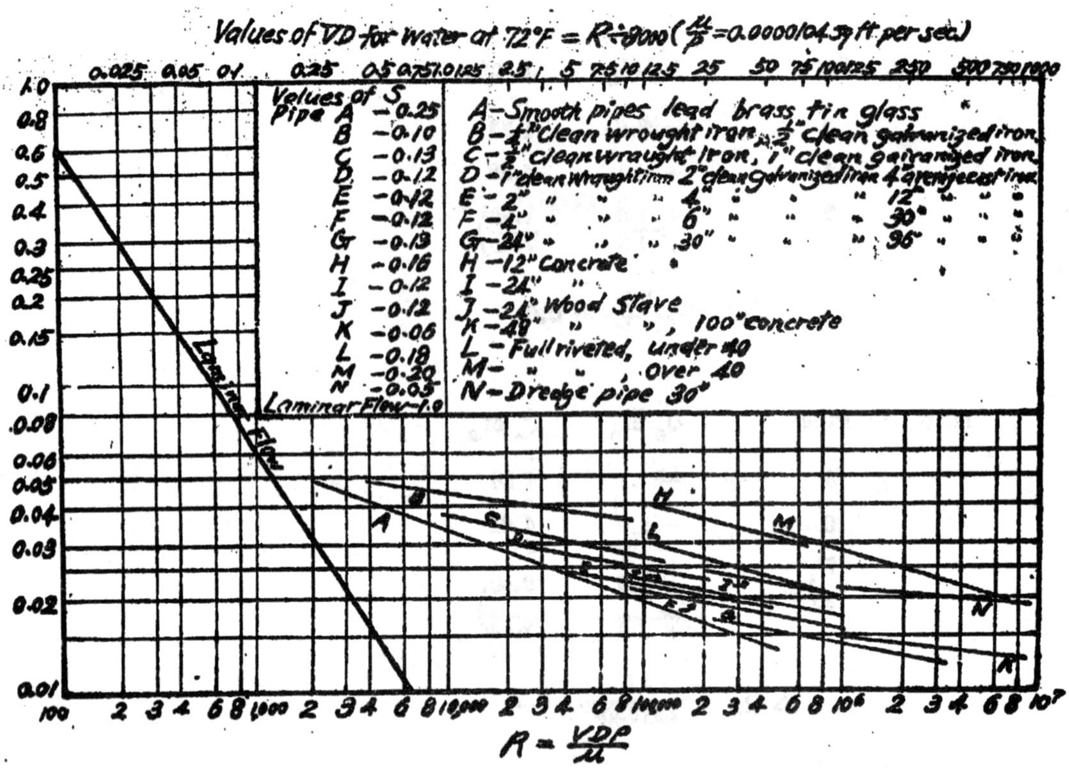

Coefficient of Friction f for Circular Pipes of Different Varieties

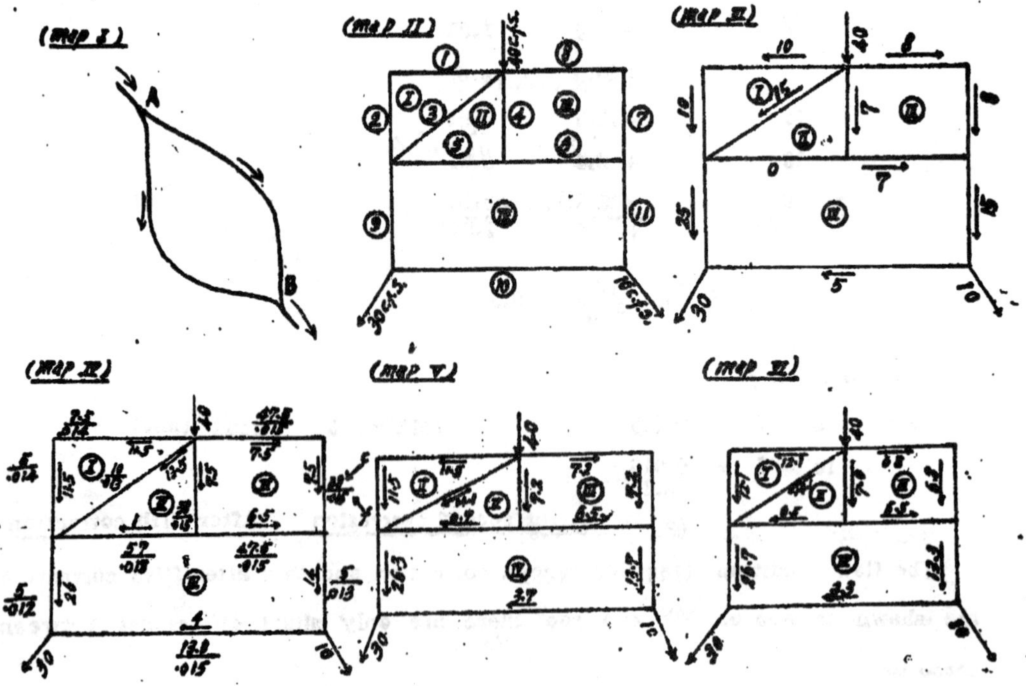

24742

漫憶滇緬鐵路

薛傳道

朋友：酷熱好幾天了，人們天天都在祈待着下雨。今天，烏雲飄風，必竟帶了上天的慈愛，瀟瀟灑灑地從上午一直到現在雨脚還沒有停過；農夫們高興着田土得到了蘇醒，市民正痛快的天氣大大的涼爽了！我呢，一陣雨也彷彿刷盡了一學年來繁冗功課積累下的心頭的沉重；遙眺天邊的雲層，望望洗過的山嵐，心神禁不得飛越關外！

六年了，而搭京滬最後一次通車離開故鄉到現在。六年來，由黃浦江畔而嘉陵江頭，從羅府山麓而喜馬拉雅山麓；人事滄桑，已經幾度花開花謝，任家園瓦碎，任骨肉顛沛，獨個兒始終隨着時代的洪流在動盪，說什麼形單影隻，舉目無親；飽經風霜雨露，逃亡流浪；時勢也如斯，一切還容我們區區於兒女之情長嗎？當然，誰不愛家，誰不思親？但半壁河山正淪敵手，漫天烽火裏除了祖國還有什麼時時在我們年輕人的心頭呢？所以幾次給你的信裏，我全多沒有提到個人家庭的鎖碎事；天涯海角的鄉思，客旅寄困的愁情，，全讓它們走進了[illegible]之中。

昨天得你國外寄來的飛函，知道你畢業了，並且一如你過去告訴我的遠赴邊疆去工作了，真使我感到非常興奮和安慰！自從一委座「中國之命運」出版以後，「恢復馬伏波班定遠的精神，立志邊疆」的聲浪和呼號，不能說不多，但究有幾人真的去邊疆立志埋頭苦幹了呢？紙醉金迷的都市生活依舊沉溺着不少的青年，出洋鍍金的念頭還是很普遍，「家有餘穀百石或腰纏餘金十萬」的不論其他條件如何，莫不多在想美國之遊，而你確終於沉着氣，立定志，悄悄的依着自己的理想去邊疆了。也許荒漠的原野，崎嶇的山嶺，稀少的人煙，正單調閉塞着你的生活，毒蛇，猛獸，蠻子，野人，正使你每天在生命的警備中，然而我相信你精神一定是愉快的，因為偉大祖國的廣野，不知將如何啓發着你崇高遠愛國進取的情緒！我敬佩你行動和意志的一致，並祝福你在邊疆沉默地努力吧，人生本來不是說嘴巴所能建造的，行動才是人生的表現呢！

你要我報告你過去三年在邊疆生活的經過和感觸以及在滇緬鐵路工作的情形和心得，使我有些慚愧。我已經身在冠蓋雲集的陪都，還好意思再與在邊疆的朋友談邊疆事？！而且邊疆三年，說來好像新奇，其實想想祇可說沒有知道了甚麼。雖然曾經渡過洶湧的流沙河，超越積雪的大相嶺；穿過夷人搶掠的涼山，爬上狼藉豹斑血跡斑斑的小相嶺；到過唐將駐定的滷經關，見了諸葛七擒孟獲的古城；也曾黑夜騎馬，迷失在荒山之中；獨自登高，徬徨於蔽天的森林裏；吃過苦口的青稞餅，嘗過新鮮的大雞渡；羊腸小道，蠻子苗人，更是司空見慣。但這些除了供我自己回憶的資料外，那裏值得上多提它。我們學習土木工程的，將來種種新奇的遭遇，一切危險的處境，還多着呢！至於在滇緬鐵路，雖名義上算服務了十個月，實際僅僅做了六個月工作。前年六月我才離開西康，九一八才渡金沙江進入雲南，那年的中秋就在滇緬公路上的一站鎮南城過的。本來預備由畹町去臘戍，然後經滾弄向轉孟定第一工程處去；後來改道瀾滄，經瀾滄江到雲縣，參加了第二工程處的趕工。十一月抵工地，次年五月初就以滇緬戰局的演變而匆匆離開了，時間實在很短促。但因趕工的急迫，規模的偉大，所以雖然僅五六個月，對我這初次正式離開校門的人總不能不算得了不少的經驗。當然從離開滇緬到今天，時間的沙上已經又添了一年的履跡。今天而再談滇緬的往事，好像有些隔日黃花之感，但「過去」正是「未來」的鏡子，追計一下這一年前實際工作的觀感，倒還不致完全是無意義的；而且目前反攻緬甸的聲浪很高，雄厚的國軍正等待着秋高氣爽，一旦緬甸收復，滇緬公路重開後，滇緬鐵路的再度興築，乃屬合理、可能而必要的。

這裏我想首先告訴你一點滇緬鐵路經過的情形：滇緬鐵路起點於雲南省會昆明，也即在昆明與滇越敘昆兩線銜接。自昆明由東向西，經安寧、祿豐、廣通、楚雄、鎮南、姚安達祥雲，是即普通所謂之滇緬東段。路線所經除廣通與姚安一段外，差不多全與滇緬公路平行，蜿蜒於紅河及金沙江兩流域之分水嶺上，大致可稱為山脊路線。自祥雲以西即入所謂滇緬西段，本有南北二條比較線，北線即現滇緬公路所經者，終以工程過巨而放棄，後採用者為南線。此線最早係1894－1900年間英國戴維斯少校（Major H. R. Davis）所踏勘；自祥雲經彌渡、蒙化、雲縣，順南汀河越鎮康縣屬之蘇達而與緬甸鐵路之臘戍支線相銜接；深入峽谷地區，大部可稱為山谷路線。沿線人口稀少，瘴癘流行，且人種複雜，言語不通，復遠離公路，給養困難，故工程進行更難於東段。總計全線共長885公里，橫貫雲南中部，跨越橫斷山脈，工程艱巨，堪稱冠於全國，由下表數字當不難知其崎嶇起伏之情況：

地名	距昆明（公里）	海拔（公尺）	地名	距昆明（公里）	海拔（公尺）
昆明	0	1940	彌渡	430	1060
楚雄	217	1740	白馬營	614	2140
鎮南	260	1880	雲縣	665	1[illegible]30
新村	278	2120	頭道水	669	1620
姚安	300	1900	孟定	867	520
清華洞（祥雲）	478	1980	蘇達	885	497

全線最高點與最低點之高差達1643公尺。最困難地段當推彌渡至白馬營及白馬營子間之盤山路線，後者距離50公里而高度相差竟達1200公尺，迂迴曲折，備極艱難。此外雲縣頭道水及頭道水以下[illegible]路線距離祇約30公里而高差亦達630公尺，亦為極艱巨之一段。而我所工作之地點紅土坡就在雲縣以西四五十華里，距頭道水僅四五華里之處；正為路線由瀾滄江支流南汀河流域爬上頭道水分水嶺而轉入怒江支流南丁河流域的地方；工程實在堪稱艱鉅。所用線路幾全為3%之最大坡，其盤迴曲折，尤為大觀。身臨其境，祇見山頂上在填挖，山坡上在填挖，山谷中也在填挖，如果沒人領路，真會不知路線將何來何去！僅僅一公里直接距離之地帶中，路線竟展長了十公里之長，你即可想像得到其盤旋的彎曲了。不妨讓我再憑記憶所及，將那邊一段路線的大概形勢，繪個草圖給你看看吧：（見附圖；此圖全憑記憶描出，完全不按比例尺，祇是個「大概形勢」而已）；

所以一位友邦專家視察滇緬鐵路後曾經驚奇地說：「滇緬鐵路真是世界上最美麗的一條鐵路，它最富於「曲線之美」呢！」

此外昆明的碧雞關，祿豐的老鴉關以及祿豐廣通間，鎮南祥雲間，工程亦多很不易，可惜我沒有機會能夠予注意。至於橋樑工程，困難則比較少，因沿線除瀾滄江外並無著名大川，而瀾滄江架橋處的江面亦僅長二百公尺左右。其實滇緬鐵路西段建築的困難，我覺得正如巴拿馬運河一樣所受氣候及給養的影響，猶遠甚於工程本身。蓋雲縣附近，南汀河沿岸，地勢低陷，氣候濕熱，惡性瘧疾終年猖獗流行，即普通所謂之「瘴氣」「煙瘴」，若衛生設備稍差，死亡可能實在太大，甚至有「鬼門關」等地名出現，其厲害可想而知！以至沿線人煙極稀少，遠地招來之工人也多成畏途，影響工程甚巨；雖政府招請了大批醫務人員，並專聘美國曾經參加巴拿馬運河抗瘧工作之專家來華組織抗瘧團（後更名美國醫務委員會）從事沿線之抗瘧醫務工作，以配合工程進行；但因趕工過急，時間過短，致未盡能適應工程之實際進度。運輸方面：東段緊貼滇緬公路，尚可藉其維持，然每日平均運量亦不到三百噸，物資已困難。而西段後則遠離公路線，連此有限之運量都無法直接利用，數十萬員工之給養工具以及洋灰、鋼管、炸藥等之材料，幾盡從日行六十餘里的駝馬維持，其艱難實不堪想像；以致一度變更移種工款急鐵路之人材先搶修保密公路（保山至雲縣）及沿線公路便道，企圖解決運輸之困難；似是局殺困難，不能說不賣盡氣力。自這次親入滇緬西段後，使我更深深覺得在鐵路公路踏勘的時候，對於沿線氣候，人口，交通等等實在必須有詳細的考慮。

其次我想再告訴你一點滇緬鐵路的建築標準和工程數量：滇緬鐵路是屬於西南窄軌鐵路系統，所以一般設計標準，差不多全與滇越及緬甸兩鐵路所採用者大同小異：

軌距：一公尺。

最小灣道：180公尺（11°27′38″）；便道：80公尺（14°19′26″）。

最大坡度：1%；便道4%（均包括曲線折減率在內）。

曲線折減率：R<200公尺者：$\frac{570}{R}$%；R>200公尺者：$\frac{700}{R}$%

介曲線長度：R>400公尺者免用；400公尺>R>200者：30公尺；

R<200公尺者：40公尺；便道得用20公尺

兩同向或異向介曲線間最短直線：20公尺；便道12公尺。

豎曲線：凸角每20公尺變更率0.4%；凹角每20公尺變更率0.2%；（坡度變更不及0.4%時免用）。

隧道最大坡度：2%（包括曲線折減率在內）。

隧道避車道距離：30公尺。

車站內最大坡度：0.3%（不包括曲線折減率）

車站內最小灣道：300公尺（3°49′10″）

路寬：4.4公尺（路塹邊溝在外）

道碴厚度：2公寸

枕木尺寸：0.15×0.2×2.0公尺。

枕木數目：灣道每10公尺16根，直道每10公尺14根

鋼軌重：每公尺30公斤

橋樑活載重：中華十六級（C.N.R. Loading Classic（C16），約合古柏氏E三十五級）。

橋樑枕木：最小厚度為2公寸

道岔號碼：正線10號，支線8號。

外軌超高限：1公寸。

軌道距加寬限：2.5公分。

車站距離：10公里。

山洞淨寬：4公尺。

橋樑淨寬：4.0公尺。

站台最短長度：200公尺。

水站最長距離：30公里。

煤站最長距離：100公里。

固定建築物淨空限：寬4公尺，高4.6公尺。

車輛載積限：寬3公尺，高4.2公尺。

24745

滇緬鐵路的建築開始於民國二十七年冬，當時最高組織爲工程局，嗣因經費困難，未能積極進行。二十九年復移一部份人、材修建川滇西路之西祥段（西昌至會理），竟於六個月裏完成五百多公里長的公路，於是一時不但蜚聲國內，且受 最高領袖的嘉獎。三十年美國租借法案成立，建築經費獲得大量借貸，因此工程又告積極復活。以限期十五個月完工，乃不但撤回原有人馬，並大量集中全國鐵路土木人才，將原有工程局擴大爲督辦公署，由現任交通部部長曾養甫先生任督辦，原任局長杜鎮遠先生任總工程司；在西段分別成立第一、第二、第三三個工程處，東段成立第四工程處，分段動工，一時全線工作者達二十萬人，並擁有卡車六七百輛，馱馬五六千匹，場面的偉大，情緒的緊張，真是空前所未有！惟以材料缺乏，且須爭取時間，故工程技術上殊少成就。凡一切工程：多將陋就簡，雖量以節省水泥，少用鋼料爲目標；堤填工程，過高山谷旱橋，深長山洞工程等多以避免爲原則；致填土逾二十公尺者還是填土，不用橋樑，挖方超過二十公尺者仍舊挖塹，不用山洞；全部工程幾全在依賴男女老幼數十萬民工之斤鎬，「愚公移山，精衛填海」想來也不過如此！所以儘管有人評此次滇緬趕工是「集中人力人海濫耗物力」，但那積極苦幹的精神，絲毫不容我們加以抹殺。結果雖因大局關係，功虧一簣，通車路線僅局明安寧間之三十五公里，然其在於抗戰史上之意義，以及影響於今後高原鐵路之興建者實在很重大。至於各項工程數量，以各處段臨時均有局部改線，故實際數字未能統計，就其預算所列則爲：

土	方	26.850.000方
石	方	13.150.000方
大	橋	3.000公尺
小	橋	2.700公尺
涵	管	3.000座
隧	道	5.200公尺
堤	填	42.000公尺
車	站	94個

關於盟國收復緬甸後之滇緬鐵路復工問題，或有人以爲既然此路工程如是浩大，環境復又如是艱苦，短期內當難應軍事之急需，則處此國庫孔缺之戰時，於其以數億萬元趕士鐵路似不若用較少之經費改善滇緬公路而增進其運輸量比較切用時效。此議我們不能說其沒有相當理由；但時效固然重要，長久之計確也不容我們徒因時效而暫棄。蓋建國基礎必須奠定於勝利之前是爲不可疑議之事。滇緬鐵路是高原鐵路網之咽喉，外銜緬甸鐵路而通達印度洋之孟加拉灣，內接敘昆鐵路而深入天府之四川，將來若黔桂鐵路展至貴陽，滇黔鐵路能予開築，青海西寧與雲南大理間之路線得那動工築成，則此路不但將能促歐風便捷內輸，廣沛西南奧區，令西南物資縮短里程，不出滬港而遷運西洋；且可使國內交通能由東海之濱直達怒江之畔，西南之陲得越西康青萬尺高原接隴海鐵路而遙應西北之邊；對整個中華西陲國防文化經濟之關係太鉅大而悠遠了！更且此路之通是西南其他建設的先決條件，蓋必待能藉此路運入機器等外洋重器材後西南邊陲的各項建設才能事半功倍。所以緬甸收復後滇緬鐵路的必須仍予復工，當爲無可非議的事，唯在工程進行上，不無研究之處，應同時顧到時效的問題。由上述情形，可知滇緬鐵路工作進行最大的困難是運輸和氣候，欲其短期完成，必須先打破這二重困難。氣候方面一半屬於天然，一半始屬人爲衛生；而人爲衛生的改善也須先運輸問題的解決。所以歸納一句話可知暢便運輸當爲滇緬鐵路復工的第一步。關於這一點，我曾有一種見解，覺得應先集中力量趕工完成西段公路便道，路面並須相當高級。因爲這樣既可解決鐵路本身的運輸困難，復無異自祥雲以西另闢了一條新的滇緬公路；並且從祥雲至蘇達接緬甸鐵路比現自祥雲出畹町至臘戍接緬甸鐵路之里程近得多多；而以過往經驗及過去已有基礎，相信此項公路最多六個旱季必可完成，其有裨軍事集體運輸效必

定至無！因此我有一種意見，以爲復工滇緬應分爲二期進行：

第一個半季：（a）東段（八月至六月）：全部完工，舖軌至祥雲。

（b）西段（十月至五月）：完成全部沿線公路便道及保霸公路。

第二個半季：（十月至五月）集中全部人材於西段，完成路基，並即由種邊、雲縣、祥雲分段同時舖軌，務使全部竣工。

這樣短短二年內即可打通全線，同時並另添了一條公路；於現在，於將來，都兼籌並顧，不無爲工程界造成空前的一大奇蹟，以與神聖抗戰同垂不朽。

至於我在滇緬鐵路工作一年的心得和感觸，彷彿像是很多，但要想寫，又似乎找不到具體的落筆處。生活眞是一首詩，那裏的深奧又那樣的平凡！聽，窗外的雨，灑着大大的桐葉，陣陣自然的聲籟炎，我怎能不沉默於過去的回味，但我又能用什麼來寫一點心靈的深處呢?!朋友：願你涉入現實的社會去親自欣賞生命的詩篇吧，不要徒聽一般似是而非的「經驗談」，不要過信加油加醬的「世故話」。光明和黑暗，困苦和幸福……祇有從生活中才能體味這些生活的兩面。我可以告訴你的是社會一點也不可怕，可怕的祇是自己沒有自治，自制的能力。祇要我們有理想，有主見，有膽量，有毅力，任何環境沒有不可處的。地獄也是天堂，問題全在自己！的確，誰不在說社會太複雜，誰不在嘆現實太污黑，但是我們爲什麼不想想，這種複雜和污黑難道不是人爲的?!人而不能對付人爲的局面，這能怪誰呢！而且現實社會如果眞是完全像一般所說的那樣黑暗到不可救藥的話，那六七年血肉的抗戰又怎樣能支撐的呢?!怨天尤人沒有用，悲觀苦悶太多餘，抬起頭，迎面一切，用最單純的心應付最複雜的新社會，以固定的理想旅行千變萬化的人生。做人祇有一個字：「誠」；處事祇有一句話：「不變應萬變！」這是我一年服務的觀感，很願深深貢獻於你。

其他學術技術等各方面，所得感觸也不少，但紙短情長，這次信中來不及多費篇敍了，姑且簡單地臚列試似提出幾點先供你參考：

（甲）學問技術方面

一、理論學課要學好：現在不少人以爲材料力學結構學等等理論學課實地是用不到的，在學校中x,y做得的忙個終日，其實一到新社會上那裏還會去用到。這話聽來好像有些不錯，其實確大不然。固然由於目前中國一切工程尙多草率而憑經驗，不講究精確計算，不依照科學設計，因之很多地方彷彿全可無師自通，那用艱深高深的學理。可是我們能容許這種不科學狀態沿續下去嗎？我們難道不預備高度科學化，標準化嗎？在眞正科學化標準化的工程中，學理無疑是必備的基礎。即退一萬步說：就在目前這種不健全的狀態中，我們也無法一定說用不到學理。譬如這次滇緬鐵路因鋼料無法解決，中途奉命把所有較小橋梁以當地木材改建木便橋，於是原可依樣胡蘆的鋼橋標準圖到此全不適用，祇有另從應力，應變……一步步重新設計，這時你就不能再說基本學理的無用了。所以我覺得求學祇少難像軍，所謂「養兵千日，用於一旦」，寧可備而不用，不可用而不備。

二、工程材料的知識須注意：土木工程應用的材料，種類甚多，關於他們的性質、製法、特點必須清楚，不然將影響你全盤的設計和施工。在學校的時候，誰會重視材料試驗，誰不對工程材料一課頭痛；然而一出學校，才知道這方面知識的不足，眞是莫大的苦惱！記得在滇緬的時候，因爲洋灰太缺乏，偶能運到一點補給貨，也無濟大用，而工地附近，石灰石又沒有，石灰的燒製復大成困難。於是我們很想試試能不能就當地的石質土壤設法製造代替品；然而就因爲自己化學，工程材料，地質等在校多沒能學徹底，應記的東西全忘了，連洋灰詳細的成分是些什麼，土壤的分類特性是如何多記不記，而所帶的參考書中也無一本關於這方面的資料，以至心餘力拙，徒望工程爲這種必要材料而滯礙。後來祇有專函貴陽去請問以前的老師，可是得回信我已快離開工地了！更有一次因爲覺得吾國西南各省產竹甚富，趕工上應用極方便，工棚的搭製，臨時屋舍的建築，普通傢具的製造，山地泉水的導管，都可用竹；甚之公路便道的涵管，也可把竹節打通而充任[illegible]更關以竹堅而輕，有使之作為飛機製造之材料之可能，於是又想與同事們就工地附近的竹加以試驗，但是因為在西康專校時無設備而沒有做過材料試驗；在中央工校時雖曾教過幾種材料試驗儀器，然也並不曾太加注意；以至又茫然不知如何着手。後來閉門造車地擬一點直點的習識[illegible]了一下，結果一點成績也沒有，真夠慚人！及後我到昆明，偶在第一期航空工程上見到「竹性能之試驗」一文，甚感寶貴，這是呂鳳章氏一九三八年在德國試驗結果的報道，所用之竹是國立清華大學航空研究所供給，工作地點曾借用德國T chn sc-h H chschul Aach n, Instıtu fur Werkstaffkund之試驗室，雖結果並不完全，僅限於基本物理性能之一小部份，然確為國內不易多見的關於竹性能研究的事文。這裏就將他製成的竹與其他材料的比較一表附此，也許這可供你參考：

竹與飛機材料之比較

	比重 以水為單位 r	比重 以竹為單位 r/rB	抗拉強度 ΔZ	抗拉強度比重比數 ΔZ/r	(ΔZ/r)/(ΔZ/rB)	抗壓強度 ΔD	抗壓強度比重比數 ΔD/r
單位			Kg/Cm²	Kg/Cm²		Kg/Cm²	Kg/Cm²
竹	0.6	1.00	1400	233	1.00	534	944
樅木 (Douglas Fir)	[illegible]	0.716	730	164	0.7[illegible]4	352	818
合金鋼 (18×8)	7.83	[illegible]	[illegible]	168	0.718	[illegible]	135
鋁合金 (24-81)	2.8	4.67	433	156	0.668	283	1010
[illegible]合金 (Am-58s)	1.31	3.2	324	179	0.703	246	1367

仝前

	(ΔD/r)/(ΔD/rB)	抗拉彈性係數 EZ	抗拉彈性係數比重比數 EZ/r	(EZ/r)/(EZ/rB)	抗壓彈性係數 ED	抗壓彈性係數比重比數 ED/r	(ED/r)/(ED/r)B
單位		Kg/Cm²	Kg/Cm²		Kg/Cm²	Kg/Cm²	
竹	1	130000	217000	1	95000	1585[illegible]	1
樅木 (Douglas Fir)	0.869	915[illegible]	211000	0.975	915	211000	1.332
合金鋼 (18×8)	1.43	2100000	268000	1.236	2100000	268000	1.69
鋁合金 (24-18)	1.[illegible]83	732000	261000	1.200	732000	261000	1.645
[illegible]合金 (Am-58s)	1.416	458000	254000	1.17	458000	254000	1.600

符號右下角有「B」者為代表竹之性能。

——載第一期航空工程64頁。

總之，工程材料的知識在實際工程上確實太有用了，願你特別加以注意！尤其竹子和鐵是滇緬二線路曾用得很多的混凝土，更值得我們隨時留心研究，它們都很可能將是工程材料發展的新園地。

三、技術該應熟練：技術這東西並沒有什麼難得不好懂的，祇是要熟而精確並不容易。中國有句古話說：「拳不離手，曲不離口」，這拿來說明學習技術的秘訣是再恰當沒有了。土木工程中最常用的技術當然是測量，測量與其他技術一樣，易學不易精；在校的時候測量不及格的人總是很少，而對測量實習能特感興趣的也不甚多見，大部份同學多只求懂得、會做，就算完事，很少還想到去訓練熟巧而精確。其實這正在預留你踏出校門的一個大弱點呢！社會根本是個戰場，祇要你的技能不足夠是決定忍不住它的磨鍊的。這次在滇緬，有位從國內著名工學院已畢業三、四年的同事，測水平會錯誤到三四公尺，貪圖一山洞開工接頭處又差了一公尺多，一時就被傳為笑柄。這完全是在校沒有注意實習，平日不講究精準的後果；很值得我們作為殷鑒。我自從高中開始學土木到現在，正式非正式踏入新社會四五次，其中三次參加測量的工作，第一次是為后才生煤礦公司勘測輕便鐵道；第二次是加入航空委員會測量險峻地飛機場；這次到滇緬鐵路大部份還是從事測量，很榮幸我能從我負責測中線、定測點、測B. M.、抄水平、放邊坡、定涵洞，並做了幾次隧道測量，使我更覺得測量實在必須精確和熟練。要達到精確和熟練的目的，決不是經濟學理就能奏效的，必須經常經久的野外經驗。這點願你特別能體味，不必怕烈日風雨，有機會就多出去爬爬山坡；否則紙上談兵，技術不會接近你的。

其他，目光、語文的訓練，以及經濟、地理、地質的常識，都是我們土木工程人員應該注意的；不過這些題目似乎更大了，容後再談吧。

（乙）性格涵養方面

關於這方面，我不必也像先生似的多嚕囌，土木工程人員既然也是人，那末凡是一切人所應具備的涵養，土木工程人員當然也得具備，尤其敏捷、誠實、忍耐、堅毅、沉着等更是不可缺乏的性格。不過我願特別把謙遜和自信加重的提到，因為很多青年朋友似乎不注意，不分清這二點。謙遜並非說不自信，同時自信也不是說不應該謙遜。不少剛畢業的同學，一入社會就喊苦悶，說環境惡劣，說長官不信任他囉，說沒有施展抱負的機會囉，其實他不想想：今天的社會環境還不是以前一般畢業生造成的，那末自己是不是比過去畢業的強呢？你是剛畢業的後生，如果長官你本來素昧平生，為什麼一下就要信任你呢？施展抱負那又要請問你究有多少經驗？人家畢業後已幹了幾年，難道還不如你嗎？這顯然多是自己不知道謙遜的盲目牢騷！又有很多剛畢業的同學，見了任何工作都不敢負責，獨怕自己不能勝任，簡直好像對自己十多年來的教育深表懷疑，膽怯、退避，表露自己的無能。其實他沒想想：那一件事不是人為的，人能為我為什麼不會呢？即使真的不會，那又何不正是給你學習訓練的機會，為什麼要退避而不敢負責呢？這完全是沒有自信的毛病。所以我常覺得做事不必須要有信心，處世時時要知道謙遜；用俗語「膽大心細」四個字來解釋這點，似乎正適當。

此外誠懇和廉潔也是對人處事特別須要的性格和涵養。最近我在一家工程公司的會客室裏看到一副對聯說：「從古精誠能破石，掀天事業不貪錢」，真是再好不過的銘言呢！

（丙）生活習慣方面

一、天涯海角都要跑得，風霜雨露全要受得：土木工程本來是一種野外職業，大部份是不安定而危險辛苦的生活；土木工程又多是時期有限的建設，一路完工又一路，一河治好又一河，所以土木工程人員很難能安居一地，必須隨時遷動，到處奔波。急湍之上，懸崖之巔，叢林裏，深谷中，都是我們土木工程人員寄足之所，辛勞危險，真是不太亞於前方的將士。查勘金沙江的尚需水利測間和我國幾位工程師葬身魚腹事情，想你早已知道；喜馬拉雅山下修築中印公路的員工被猿子用石子擲死的新聞你也一定會見到。其實為國防工程而犧牲的無名英雄還多着呢，滇緬鐵路上即有為測量而從半山墮下跌死的工程師，有為解決工人械鬥而被打掉耳朵的工務員！沒有真正從事土木工程的人是不會知道土木工程界可歌可泣的形績的。那般捨不得老家園和膽小怕死沒有冒險性的人是不配學土木的；祇有厭棄紙醉金迷，不願半生半死，有勇氣，愛新奇，好探險的青年人才是最理想的土木人才！其實，人生本來好像一脈流水，「榮華富貴」，到頭還不全是一片茫茫大海，於其出賣心靈於烏煙瘴氣的笙簫舞錦，於其無波無紋地偷過平淡無奇的旅程，那爲什麼不就在這種驚險的野外生活中激起幾朵生命的水花呢？真如董詠春先生所寫：「你可能碰到大批猩猩用石頭將你的儀器打成粉碎；或者貪婪的狼羣黃昏時在你的帳篷四周低聲嗥叫；或者黑夜裏野人偷偷地想砍你的脚；或者你被蠻子擄去，而你的英俊與勇敢引起住在寨美麗的蠻子姑娘的同情，她悄悄地設法救了你；或者眼睜睜看年青的同事絕望地與惡疾掙扎，親手埋了他又繼續前進。」這些全不是虛構的傳奇，這全是土木工程人員所遭遇的生活，所以我們必須及早養成不辭艱苦，不怕冒險的習慣，時時要存心能天涯海角都跑得，風霜雨露全受得！

也許你會說：我將來是願意從事室內設計工作的，那又何必一定要像你說的這樣呢？可是，你要該清楚：最好的室內設計必須建築於最好的室外經驗，一個沒有實際施工經驗的工程師而從事設計的工作，正像一個沒有親上戰場衝鋒陷陣而運籌於深宮的帷幄，其結果如何，是不難想見的！

二、瀟灑落脫，熱烈負責：正因爲如上所說，土木工程人員是不能在戀戀騃騃中生活的，所以我們從事土木工程的人對生活應該有熱烈負責的精神和瀟灑落脫的胸懷。唯其能熱烈負責才有勇氣敢冒險；正因瀟灑落脫，才會置生死於度外，視名利如浮雲。不然，不會有樂做風月的姿采，不會真正做個改造大自然的無名英雄。

三、要有正當的愛好：人不是機器，除掉生存必須的衣食住行之外，當然還得要有娛樂；尤其土木工程人員人跡天涯終年奔波，若毫無娛樂以爲調劑，未免將使生活太枯燥了。可是由於我國學校教育一般對娛樂興趣的培養太不注意，以至很多人一入社會，因爲不知道在正當的方向去尋求消遣，於是誤入歧途，沉迷於嫖賭煙酒，不但造成社會頹廢的風氣，摧殘個人身體精神意志，更且影響國家社會的事業；甚或因此走入歧途，挪用公帑以償私欲，偷盜公家，貪污作弊，犯法亂紀；結果公私都弄得一敗塗地。我眼見過好幾位在校本來豪邁有爲的青年，一入社會就因踏進這種泥坑而漸次沉淪了；及今想起，還有些令人不寒而慄。所以最後特別提到這點，誠願你警惕。工作之暇，望你能養成好的興趣，像讀書下棋或體育運動旅行等習慣，庶不致讓那些不正當的消遣上有隙可入！

拉拉雜雜，想不到已經寫了這一大堆，時間已不早，雨雖然還在下，天卻漸漸地黃昏了，風、雨、夜……，真是黎明前的景色！就此擱筆吧，不想再多嚕囌這些世俗的瑣碎了。祝福你在千萬里外安康快樂！你的朋友[illegible]人寄自香港九龍城

國父對於鐵路建設之遺訓

交通爲實業之母，鐵路又爲交通之母。國家之貧富，可以鐵路之多少定之；地方之苦樂，可以鐵路之遠近計之。計劃交通，當先以鐵路爲重要；建築鐵路，應先以幹路爲重要。謀建幹路，又當先以溝通交通限塞之幹路爲重要。蓋交通不便之地，是連之幹路，正在籌築，而業者爲經營便之內部幹路者必多。故吾人能放大目光，注全力於其所難，是不獨四面包舉，使全國人民起而競成計劃之內線，其樂觀之，適成最要之也。

（對民立報記者談話）

抗戰中的上海交大

蔡定一 鄭元芳

呂班路，一提起她，便不禁神往。我憶憬着那幽靜的柏油路，夾道的法國梧桐。青年們挾了幾本西書，出入着一扇大門，門裏面巍然矗立着一幢四層樓的大廈，在那最高一層樓上，便是我前半期大學生活的園地。隔壁的天主教堂，不時的鳴出一陣鐘聲，怪有詩意的生活呀！

自從火藥氣味瀰漫了上海以後，交大無可奈何的拋棄了她原來良好的環境，優美的設備，離開了歷年來苦心經營的徐家匯校舍，像難民一樣的逃進入租界。在法租界冷靜的一個角落裏——愛麥虞限路上——她佔據了中華學藝社的社址，停留了下來，繼續着以往的精神困苦的設法復課。

這樣一個龐大的學府，偏促在一隅，自然是感到狹窄擁擠的，幸而憑着以往的名譽和校風，幾度交涉，方能够在呂班路震旦大學，借到新舍四樓一層房子，這樣一二年級就在這裏上課而三四年級及宿舍却併在學藝社。

交大一向是設立土木、機械、電機、理、及管理五院，教務長是由五院院長輪流担任，註冊處權力甚大。開學時候，同學祇要報到註冊，就可待正式上課時，來校上課。至於選課等手續是沒有的，這是同其他學校相異之處。

教授多是專任十數年以上的。尤其是我們土木學院的院長李謙若先生，是國內有名的測量專家，自他來長我院，十數年間，經他興廢改進，土木系就一年發達一年了。並且他是在滬碩果僅存的天文大地測量教授，那時他一人兼教數校。所以在滬任何一校土木系的同學，都可說是出於李先生的門下！

因早先交大隸屬於交通部，所以土木系注重鐵路公路，到了土四，分為結構、鐵道、公路市政四門，對於水利則注意較少，這是與現在總校土木系稍不同的一點。

同學方面大家一踏進交大之門，就秉受了交大傳統上的精神，一貫的風氣，把握住自己。圖書館自修室都借用震旦，廣大的館內，孜孜不倦埋首勤讀的大半是交大同學。自清晨以至黃昏及亮了電燈，方才依依不捨的離校返家。

課程方面，一年級的物理，化學、微積分是有名的三關，並且土一比其他理工學院一年級多讀了一科測量，所以土一是比較繁忙的，到了土二，最是吃緊，功課繁而且重。交大一向考試嚴格，大概開學上課了三星期後，當局就排出了一張「本系各級各科考試日期表」，於是各科的攷試，就接踵而至。加上理學院排定的理化教學考試，平均每週至少一二樣，而且考前一定要先做習題，這樣的一直忙到大考之後。並且因為經濟時間，考試時間，大概都在每星期六日下午五時至六時，時至今日，我每逢這時，總不無感想。教務上雖則有各種二份之一三分之一退學留級的規定，可是前面已經說過，同學一入交大，都能把握住自己，所以並不容易達到這種「標準」毋須摸倣蘇聯，來什麼「五年計劃」……。

圖書儀器經過一次遷移，自然稍有損失，然而各種設備，仍然齊全。理化實驗一年級借用震旦的實驗室，二年級在中國科學社及文華製墨廠，工廠實習在××機器廠，雖則地方東落西借但實驗並不缺少，由此可見學校當局的苦心維持了。測量實習因為限於環境，祇能在震旦操場上實習，當然對於地形，水平及大地測量不無缺陷。

測量儀器之多，在滬各學校中當然是首屈一指，就是同國內著名學府比較也未見遜色。並且這許多儀器，專門有一位資格極老極老的老測量工管理，他早年就跟着李先生奔走，除了測量書本上的洋文外，差不多比誰都來得精熟。逢到每次實習，就由他分配一切，實習完了，每根標尺，每架儀器，都經他細檢驗，遇有損傷，立即加以修理，所以從無重傷失落之弊的。

因爲功課繁重，校方深恐同學體力不濟，對於校醫室特別注重。每學期開始，校醫先要檢驗體格，及格了方能註册入學。遇有患病或體重過輕，立即設法醫治，或勸你休息一年再來。

以這樣的設備，這樣的環境，是多麽利於讀書求學啊呀。可是敵人是絲毫不肯放鬆的，他既把我們趕出了徐家匯，見到我們依然能在困苦的環境下艱難維持上課，對於這樣偉大的教育事業，自然是滿懷忌妒的。「一二，八」早晨的炮聲猶如喪鐘一樣，租界政權，大公司，銀行，報紙，學校都逐一被接收，或被迫關門。不久，愛麥虞限路四十五號的門旁掛出了「國立交通大學」的招牌，這是上海交大的墓碑，也是她空前的遭遇，這是污辱啊！大部分教授都退隱在家，或設法到內地去，同學們也悄然離校。未走的一切都鬆弛下來，大家所討論的是赴內地路線和旅費，因其是知道了內地有交大復校的復活。可是一部分都限於家庭環境及經濟能力，無奈仍留在滬中，但人心還是向着自由的內地的。[illegible]舊的是陳腐破落了，新的卻正在[illegible]發展中，[illegible]嘉陵江畔的九龍坡吧，交大[illegible]

交大土木系在九龍舖

劉 克

[illegible]交大土木系在國內[illegible]如交大在國內[illegible]的[illegible]歷史[illegible]和[illegible]，尤其[illegible]人，[illegible]交大土木系校友[illegible]他們對國家交通建設方面，盡了很大的力量，[illegible]後方交通建設才能有目前的情形，更不能不說是他們對事業奮鬥的成績。這也說明了在此後的交通建設中，交大土木系同學[illegible]所處的地位[illegible]何等的重要，[illegible]我們土木系[illegible]的原因。

一、恢復經過

隨着戰局的進展，上海情勢日益險惡，爲奠定他日復校基礎計，順後方校友的[illegible]於三十九年夏[illegible]分校[illegible]小龍坎[illegible]人力物力[illegible]有所不逮[illegible]，機械[illegible]。迨至[illegible]敵人的[illegible]上海的每個角落[illegible]在上海[illegible]無法再行維持下去，於是[illegible]努力[illegible]設新校於九龍坡，[illegible]先生[illegible]先生的苦心[illegible]以及各校友的協力襄助[illegible]土木系也[illegible]而恢復了[illegible]因爲先天的[illegible]和後天環境的[illegible]在不久的將來[illegible]將會以嶄新的姿態[illegible]的[illegible]出現在交通建設的隊伍中。

二、現任教授

[illegible]大學都[illegible]教授[illegible]我們能有這幾位教授，實值得我們[illegible]不過這也難爲了我們的[illegible]先生[illegible]他們[illegible]都在東奔西走的請教授，因爲[illegible]。本系現有專任教授[illegible]先生，[illegible]先生，[illegible]先生，[illegible]教授兩位：[illegible]先生，[illegible]坦先生，講師兩位：宋家治先生，林振國先生，助教三位：熊朝鈺先生，[illegible]先生，[illegible]先生。[illegible]先生[illegible]可親的長者。而他們[illegible]你如果[illegible]的任一位同學[illegible]他們都會有[illegible]的說給你聽[illegible]到九龍坡後[illegible]一點也沒有減淡了[illegible]努力[illegible]的精神！

下學期起，大家所熟知的橋樑專家茅以昇先生，公路方面的教授李崇德先生，以及助教李道倫先生等，多將到校執教，所以教授陣容，一定更將大大的充實！

三、在校同學

九龍坡——這以對人們極端生疏的名字，如今隨着交大的遷來，交通也跟着發達起來了，到重慶有輪船，公共汽車，校車等，堪稱便捷，所以現在的九龍坡，已是盡人皆曉的地方了。這兒不像古路壩的過於「荒漠」，沒有華西壩的「洋氣」，也沒有沙坪壩的「繁雜」，這兒有的是適度的活潑，清新的風，明朗的月，不高不低的山，奔流不捨晝夜的揚子江，如果說讀書須配合上優美的環境的話，這兒便是這理想的王國！對於土木系，尤其是一片天造地設的理想的實習地方。就在這優美的環境中，一二年級同學，完成了他們一年的學業，和應有的實習。

在這般理想的環境中，本系同學的生活情形大概是這樣：——

畢業班——本年度有十三位同學畢業，他們都是上海總校的，他們知道現在上海的空氣對他們將是一種壓制，所以便毅然的跑到內地來，其中十一位在平越分校借讀一年，二位在中大借讀一年，在平越分校借讀的十一位，已於本年八月初來九龍坡了，他們是總校遷渝後，本系第一班畢業生，從他們肯吃苦耐勞埋頭苦幹的精神看來，他們將為這新生的土木系放出響亮的第一砲，

土二——本系二年級有男同學二十二位，女同學一位，雖然大家都來自不同的地方，可是同學間的感情却極為融洽，

土木系在工學院中，因為野外工作的多，說起來是比較苦一些的，而二年級又為土木系四年中，野外工作最繁最重之一年，本年度二年級的野外工作時間，約佔每週的三分之一，雖值烈日炎炎，或朔風怒吼的時候，我們仍可看到一羣皮膚黧黑，神采翩翩的小伙子們，攜經緯儀，提大木箱，奔跑於山崗上，田埂間，他們野馬似的活躍於偉大的自然中，都市的煩囂，世事的坎坷，功課的累壓，對他們都一股腦兒忘記得乾乾淨淨，大自然正對他們啓示着某種人生哲理，但一回到教室中，打開書本，攤出習題，平下心，靜下氣，馴服得像羊兒，生活對他們似乎是一個善變的孫悟空，

本年暑假，學校建築委員會因為要把學校附近地區的地形，測繪出來，到外面找測量隊，因恰值暑天，既不容易，又不經濟。因為愛護學校，和服務心的驅使，土二同學便毫不猶豫的担當了這件辛苦的工作。正值室外溫度達到了一百十度，人們坐在電扇旁邊大喊其熱的時候，他們却正手持標尺，爬上爬下的工作着，一個個幾都晒成了黑炭團剛果人。新中國交通建設的生力軍，就是在這樣的一般的鍛鍊下成長着呢！因為生活的使然，土二同學大半都具有曠達的人生觀，和幽默的談吐，但是他們不作無聊的取鬧，他們努力正經的工作，同學們見面的時候，多在「老板」之上，冠以姓而呼之曰「某老板」，此究出何典尚待考證。

土一——本系一年級有男同學五七位，女同學一位，一二年級是大學工學院中最令人頭疼的過程，一年級同學的功課更重，所以他們很少參加課外活動，多自修在晃晃的豆樣燈光下，令人窒息的煙灰氛圍中，假使你因失眠而半夜裏起來的話，我敢担保你還能看到的燈光，一定是在土一教室裏面，他們還多埋着頭一點聲息也沒有，有的也只是鋼筆寫在紙上的沙沙聲。這一批青年的苦幹精神，正象徵着交大土木系的新生！

四、目前設備

總校雖說是遷渝，實際乃是在渝另起爐灶，値此時期，憑空建設，一切設備談何容易，雖云土木系所需設備較為簡單，然亦非可一蹴而至者，幸賴薛主任的極力設法，並承寶天鐵路、綦江鐵路、西南公路局等工程機關的慨予捐贈或借用，實習儀器粗告不缺。現將本系所有儀器，大約統計如次：

經緯儀	五具	水平儀	五具
大平板儀	一具	小平板儀	三具
標尺	十四根	求積儀	三具
六分儀	二具	標準鏈	一具
方位儀	一具	望遠鏡	二具
皮尺	十捲	鋼尺	四捲
手水平	五個	氣壓計	二個
流速儀	一具	天秤	一具
橋樑模型	一具		

此外尚有各種木材及沙石標本，共有數十種之多關于材料試驗室土壤力學試驗室及水工試驗室之建築計劃，已經擬具最近即可興建一部分儀器現已運到，其他有關儀器除經常向各方募集外，尚正積極設法購置中，至於本系圖書，尚感不足，近雖已添置不少，普通參考書及教本仍稍缺乏自前紡織學校由本校接收後，關於天文方面書籍，增加不少此後尚希望圖書當局能盡力購置，則本系的充實指日可待。

五、結語

總之本系雖然在光復後恢復，到現在爲時僅一年，可是各方面已建樹了基本的規模，這我們不能不說是進步的迅速，當然精益求精，一切還須我們在校師生的共同努力，更待前輩校友們的愛護督促和幫助。

分校土木系內遷史略

本校貴州分校土木工程系之前身，即前本校唐山工程學院土木工程系也，唐院土木系之創立，遠在清光緒三十一年，合山海關鐵路學堂計之，則已有四十七年之歷史，正與總校同其年歲。自二十六年七七戰起，該院院址即告淪陷，華師生不辭辛勞，漸次集合湖南湘潭，得於十二月十六日在湘復課；二十七年三月奉教育部令將本校北平鐵道管理學院暫行併入該院，乃以校舍不敷，於五月遷湘鄉楊家灘上課。長沙大火後，於同年十一月再遷貴州平越縣城開課，由茅以昇先生任院長；迄三十一年一月始奉教育部令改稱國立交通大學貴州分校，仍設工程及管理兩學院，初由胡博淵先生長校，現已請任教三十年之土木系名教授羅忠忱先生任校長。工學院仍分土木、礦冶兩系，土木系以擁有原校老教授，故雖值戰時，依然蜚聲國內也。

系會一年來工作記略

總校內遷後，本系亦即在後方復活，三十一年十一月一日九龍坡新校舍落成開課，本系即有一二年級各一班，共計同學六十一人，雖皆來自各方，多屬初次同窗，然感情極融洽，乃不久即有系會發起之議，當由一二年級各推代表五人進行籌備，幾經磋商，至三十二年一月六日而舉行成立大會，吳校長李教務長薛主任柴主任等既嘉賓凌鴻勛先生李法端先生蒞會指導頒訓，由劉克同學主席薛傳道同學記錄，當場通過會章及重要決議案多項，嗣遵大會決議，由一年級推選幹事六人，二年級推選幹事五人，成立幹事會，以為本會會務執行之機構。

一月十六日舉行幹事會首次會議，當推定負責同學如次：

主　席：蔡聽濤　總務股：劉　克　袁森泉　學術股：黃紹忠　宋國歡

出版股：薛傳道　徐　永　康樂股：張廣恩　鄭慶翔　交際股：李邦平　闕瑞林

一月二十九日請系主任薛次莘先生，對本系同學作首次訓話，薛主任除將本系發展之計劃詳加報告外，並指示土木工程人員應有之抱負及應注意之要點，旨「從事土木工程者必須有為人服役之精神，土木工程師是常常要先天下之憂而憂，後天下之樂而樂，並且天下之憂土木工程師必有某份，而天下之樂土木工程師未必能享受到，所以沒有澈底為人服役之崇高理想和胸懷者不宜學土木工程！」同學聆訓後，莫不興奮萬分。

三月五日舉辦第一次學術講演，敦請中央設計局專門委員董大酉先生主講「戰後我國鐵路公路之建設工程。」內容極詳實，且語多勉勵，聽者動容。

為計劃籌製本系系徽，自三月十二日起公開徵求式樣設計圖案一月。

五月十三日舉行第二次系會會員大會，薛主任王達時教授徐人壽教授粟顯安教授等均蒞臨指導，當場決議按前例由一二年級分別改選幹事。

五月二十九日新幹事產生，舉行第二學期第一次幹事會，當即推定負責同學如次。

主　席：薛傳道　總務股：錢家順　王傳堯　學術股：馮傳炯　胡孝聞

出版股：沈乃森　鄧辛笙　康樂股：鄭元方　程鴻森　交際股：李邦平　闕瑞林

並決議工作計劃要案多項。

六月七日新舊幹事移交完竣，第二屆幹事會開始工作。

六月九日再度公告，繼續徵求系徽式樣一月，並聘請蔡聽濤劉克袁森泉蔡定一陳道為本會編輯委員。

六月十三日舉行第一次編輯委員會，推定負責委員如次：

主任委員：薛傳道　副主任委員：蔡聽濤　總務：劉　克　蔡定一　出版：袁森泉

鄧辛笙　編輯：沈乃森　陳　道

並推主任委員薛傳道兼任總編輯，當即決定出版「交大土木」期刊，刊期定為一學年一次，內容以學術為主。

七月十日全體同學公決系徽式樣採用承林熙業先生設計之方式圖案。「交大土木」出版事宜亦大致商定，決九月中旬付梓。

八月六日本系同學門啓明袁森泉蔡定一陳才良黃紹忠吳琰桂丞才七位暨林振國馮漢邦二先生組織測量隊為本校建築委員會代測本校及附近地區地形，由門啓明同學担任隊長。

八月十四日定製系徽於重慶。

八月三十一日「交大土木」截止收稿。

九月十日「交大土木」編輯竣事，[illegible]
九月十五日測量隊工作完畢，「交大土木」第一期在滬付印。

編　　後

一、本刊草創伊始，對於稿件之徵集，印刷之編排，均須假以時日；且因囿於人力財力，[illegible]，定今後[illegible]！

二、本期所載，或係[illegible]，或屬專著，內容除學術之研究，[illegible]土木工程建設之[illegible]方法以及實地工作之心得等莫不均有包括，其足供吾土木界之參考者，無待編者多贅，惟尚有若干文獻以及最近國內外土木工程之[illegible]！

三、本期尚蒙王蘊時先生宋家治先生錢瑞華先生李進倫先生[illegible]同學施光校同學等熱心介紹廣告，以維持印刷費用，並蒙于思暉先生從中接洽印刷事宜，俾本刊能及早付梓，隆情厚誼敬此一併深致謝忱！

會員錄

(甲) 師長

職別	姓名	性別	年齡	籍貫	履歷	附註
系主任	薛次莘	男	四十七	江蘇武進	美國麻省理工大學畢業曾任上海工務局技正經濟委員會技正濟委員會專門委員西南公路處處長等職	
教授	王[illegible]	男	三十二	江蘇宜興	美國米敵根大學土木工程碩士曾任中山大學重慶大學復旦大學教授	
教授	徐人壽	男	三十二	浙江吳興	美國麻省理工大學碩士曾任國立廈門大學教授福建省建設廳技正兼科長等職	
教授	葉爾安	男	三十六	廣東寶安	美國普渡大學碩士曾任嶺南大學中山大學暨南大學等校教授	
兼聘教授	李以昇					
教授	薛桂輪					
教授	宣大墳					
教授	李崇德					
講師	朱學治	男	三十二	江蘇奉賢	交通大學畢業曾任南京市政建設委員會工程師南京首都電廠副工程師等職	
講師	林振國	男	三十一	福建思明	國立同濟大學畢業曾任經濟部中央地質調查所技士	
助教	熊朝鈺	男	三十一	漢口	重慶大學畢業曾任中大土木系助教一年	
助教	錢德騰	男	二十七	四川榮昌	重慶大學畢業曾任水利委員會助理工程師	
助教	馮漢翔	男	二十六	廣東鶴山	私立嶺南大學畢業曾任香港城多利電器製造廠技士	
助教	李道倫	男	三十一	河南信陽	重慶大學土木系畢業	
助教	詹道江	男	二十六	湖北黃安	國立中央大學水利系畢業	

(乙) 同學

—本屆畢業同學—

姓名	性別	年齡	籍貫	姓名	性別	年齡	籍貫
管紹沅	男	二十三	江蘇吳縣	田作平	男	二十五	江蘇吳縣
張志綱	男	二十三	江蘇嘉定	鄒師韓	男	二十三	浙江吳興
李叔綸	男	二十四	福建閩侯	劉效曾	男	二十三	江蘇無錫

一[illegible]一

李贊勳	男	二十五	江蘇吳縣	陸德叙	男	二十三	上海市
朱協均	男	二十三	江蘇松江	朱保如	男	二十五	江蘇江都
鄧崇才	男	二十一	廣東中山	陳和平	男	二十三	河南正陽
張崇畋	男	二十一	江蘇松江				

一一民三四級同學一一

姓名	性別	年齡	籍貫	姓名	性別	年齡	籍貫
李浣滋	女	二十一	廣西蒼梧	潘燕炯	男	二十一	江蘇無錫
蔡鶴濤	男	二十二	浙江蕭山	劉 克	男	二十二	河南商邱
韓昌耆	男	二十三	浙江富陽	錢家順	男	二 十	浙江吳興
黄紹忠	男	二十三	廣東潮陽	薛德道	男	二十三	上海市
陳才良	男	二十一	湖北荊門	袁森泉	男	二十二	浙江新登
吳 琪	男	二十三	吉林雙陽	門傑明	男	二十一	遼寧撫順
施光俊	男	二十五	浙江紹興	嚴定一	男	二十一	江蘇金山
王爲璣	男	二十三	浙江吳興	鄭元方	男	二十三	上海市
俞受毅	男	二 十	浙江慈谿	劉爲成	男	二十一	四川新津
何開希	男	二十三	浙江桃源	許國忠	男	二十二	浙江嵊縣
栗世鏗	男	二十二	湖北嘉魚	萬仁炯	男	二十五	江西南昌
胡世平	男	二十三	浙江吳興				

一一民三五級同學一一

姓名	性別	年齡	籍貫	姓名	性別	年齡	籍貫
韋 延	女	二 十	江蘇吳縣	周世政	男	二十一	浙江吳興
張廣恩	男	二十三	河北安平	李 英	男	十 九	河北深縣
胡家開				沈乃恭	男	十 八	江蘇青浦
周以勛	男	四 十	浙江吳興	王兆熊	男	二十二	浙江吳興
徐 永	男	二十二	江蘇武進	劉瑞林	男	二十三	江蘇南匯
袁 龍	男	二十四	江蘇東台	宋福熙	男	二十三	四川仁壽
江祥品	男	十 九	四川內江	鄧宇華			
李邦平	男	二 十	湖南汨水	王樹森	男	十 九	福建南安
楊興芳	男	二 十	四川遂縣	鄒榮昌	男	二 十	四川江津
張有昌	男	二 十	四川涪陵	程鴻謨	男	二十二	四川江津
鄒其斌	男	二 十	湖北宜昌	孟慶源	男	二 十	安徽阜陽
李澤坤	男	二十一	安徽阜陽	陳錫森	男	二十一	廣東台山
梁增廣	男	二十一	廣東梅縣	汪樹德	男	二十一	安徽桐城
鄭慶翔	男	二十二	山東濟南	鄒祖鏗	男	二十一	江西清江
張昌勝	男	二 十	湖北黄岡	陳紹如	男	十 九	廣西邕寧
張興德	男	十 八	廣東番禺	左鴻修	男	二十二	四川合川
蕭錦榮	男	二十一	江蘇武進	周培芝	男	二十三	江蘇吳縣
韋德孟	男	二 十	安徽桐城	陳 遇	男	二 十	浙江慈谿

陳建周	男	二十一	浙江嘉善	李育岳
鄭祥貞				莊和秀
李熙唐				陳我軍

本屆錄取新同學(民三六級)

楊運生	胡功業	胡 奘	胡偉堅	吳松鶴	余知邇	錢松曦	范廣居	張由衆
趙振采	裴 中	鍾啓壽	蕭永鋼	陳百鈞	黃文華	朱椿鳳	王慶壽	華冠琳
張永焜	屈憲筠	程濟凡	魏宗麟	康顯揚	張光鈞	呂紹謨	宋 瀚	王芸華
王福東	邴 珍	成國靜	金 球	盧新炯	陳景初	徐秀嵐	胡崇俊	李瑤復
黃蘭谷	萬正達							

24760

交通部[illegible]組織中

中國橋梁公司

資本

二千萬元

業務

承辦各種橋梁工程

承製各種鋼鐵建築

總公司

地址　重慶中三路二號

電話　一六

電報掛號　二八一六

24761

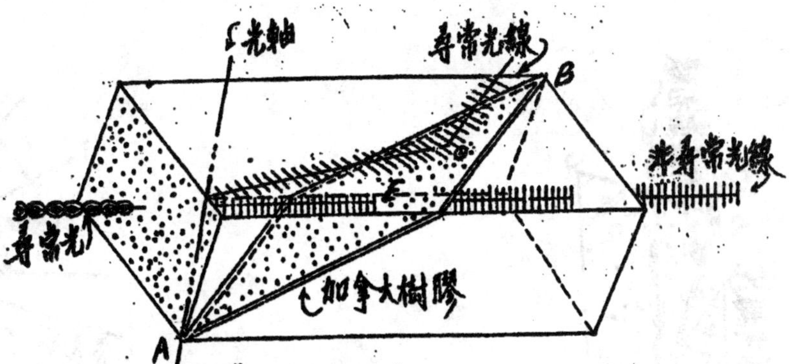

圖5 泥科爾稜晶

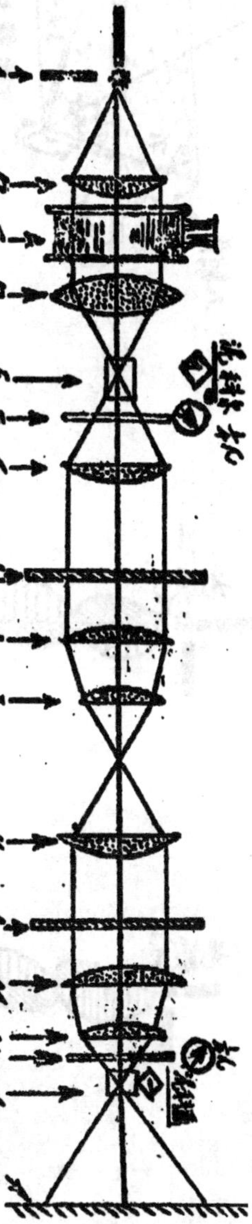

圖1 偏光顯微鏡之構成

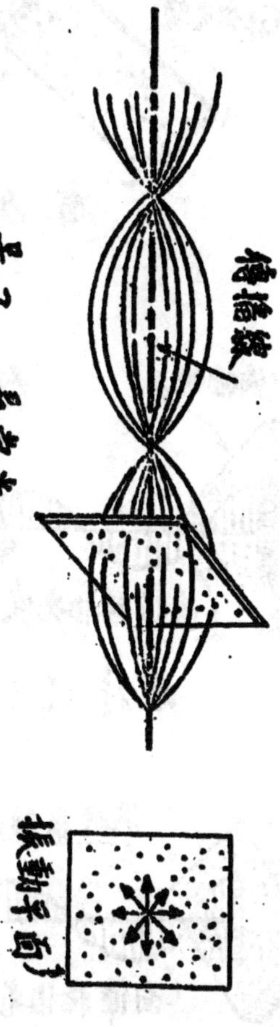

圖2 尋常光

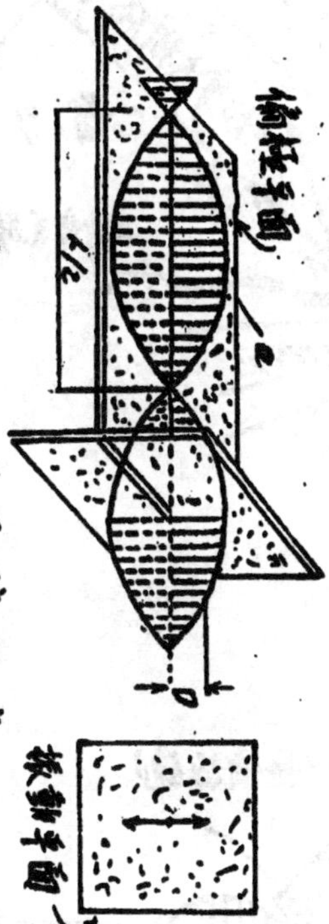

圖3 平面偏極光

圖4 圓偏極光

圖 6

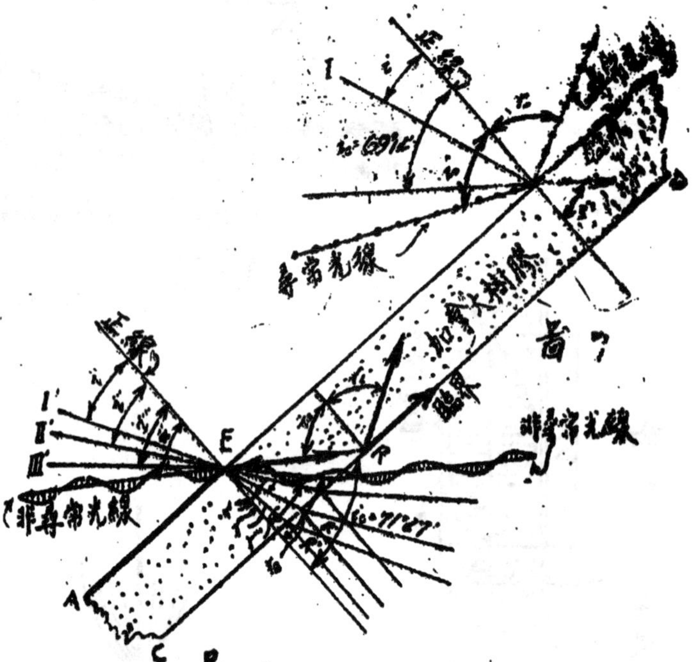

圖 7

圖 8

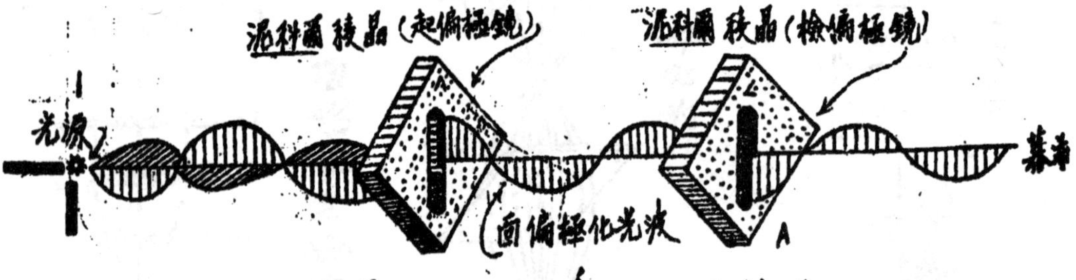

圖 9　　平行泥科爾稜晶

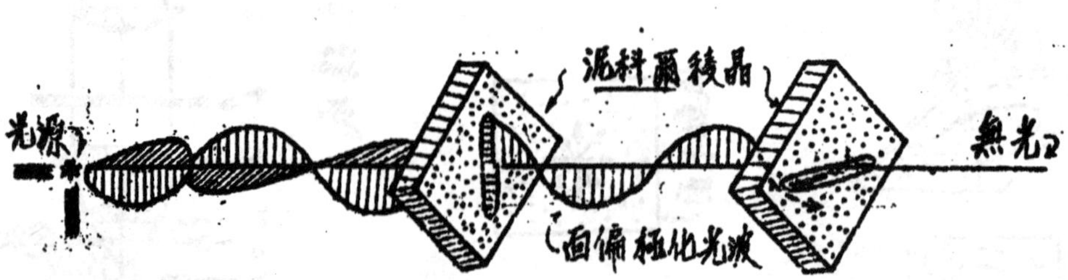

圖 10　　正交泥科爾稜晶

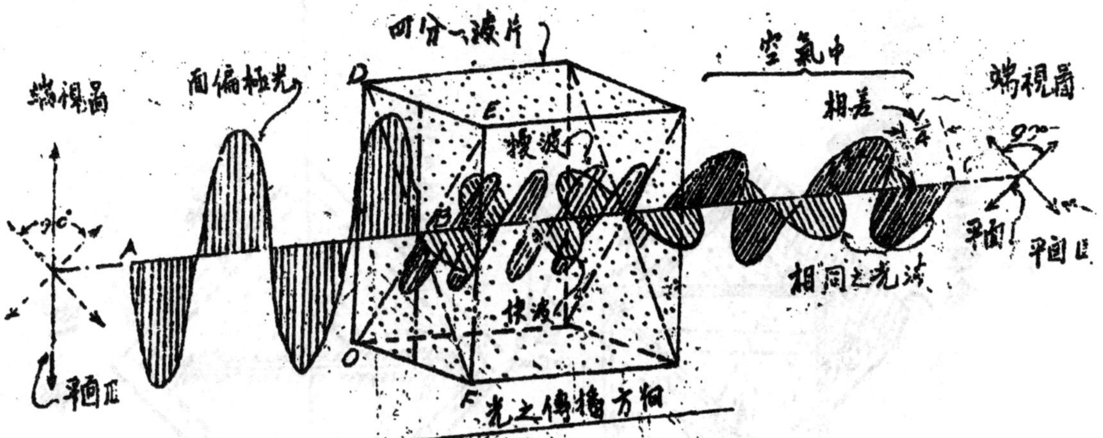

圖 11 四分一波片之作用

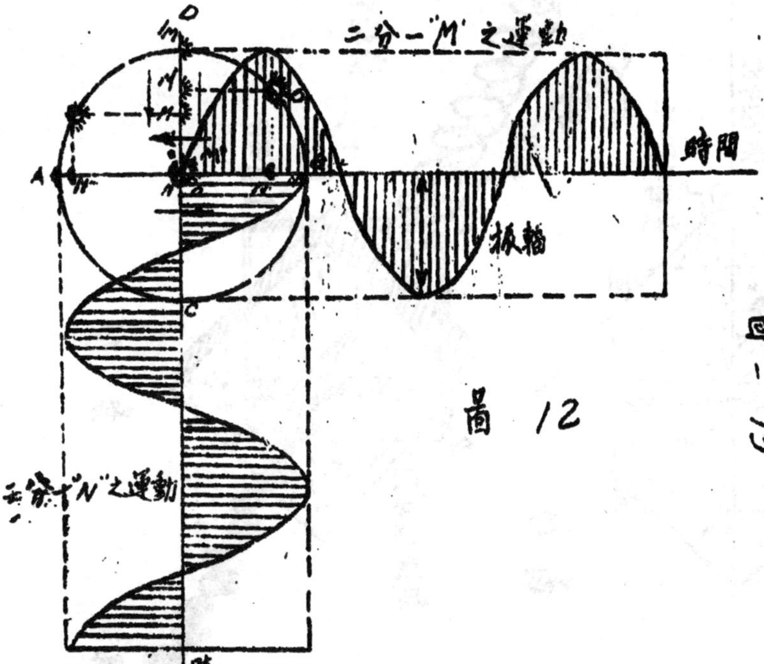

圖 12

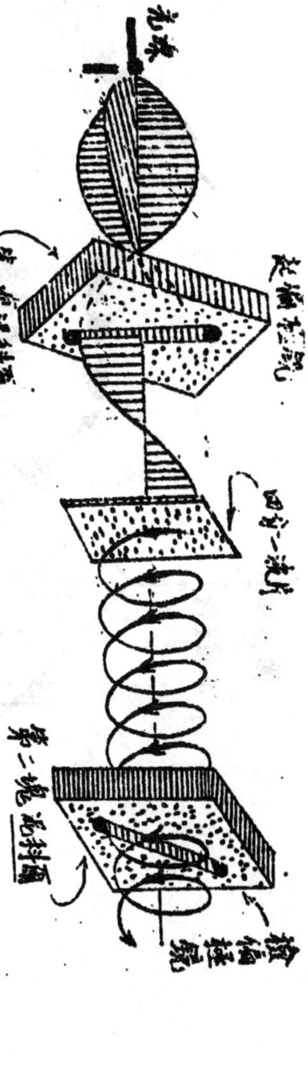

圖 13

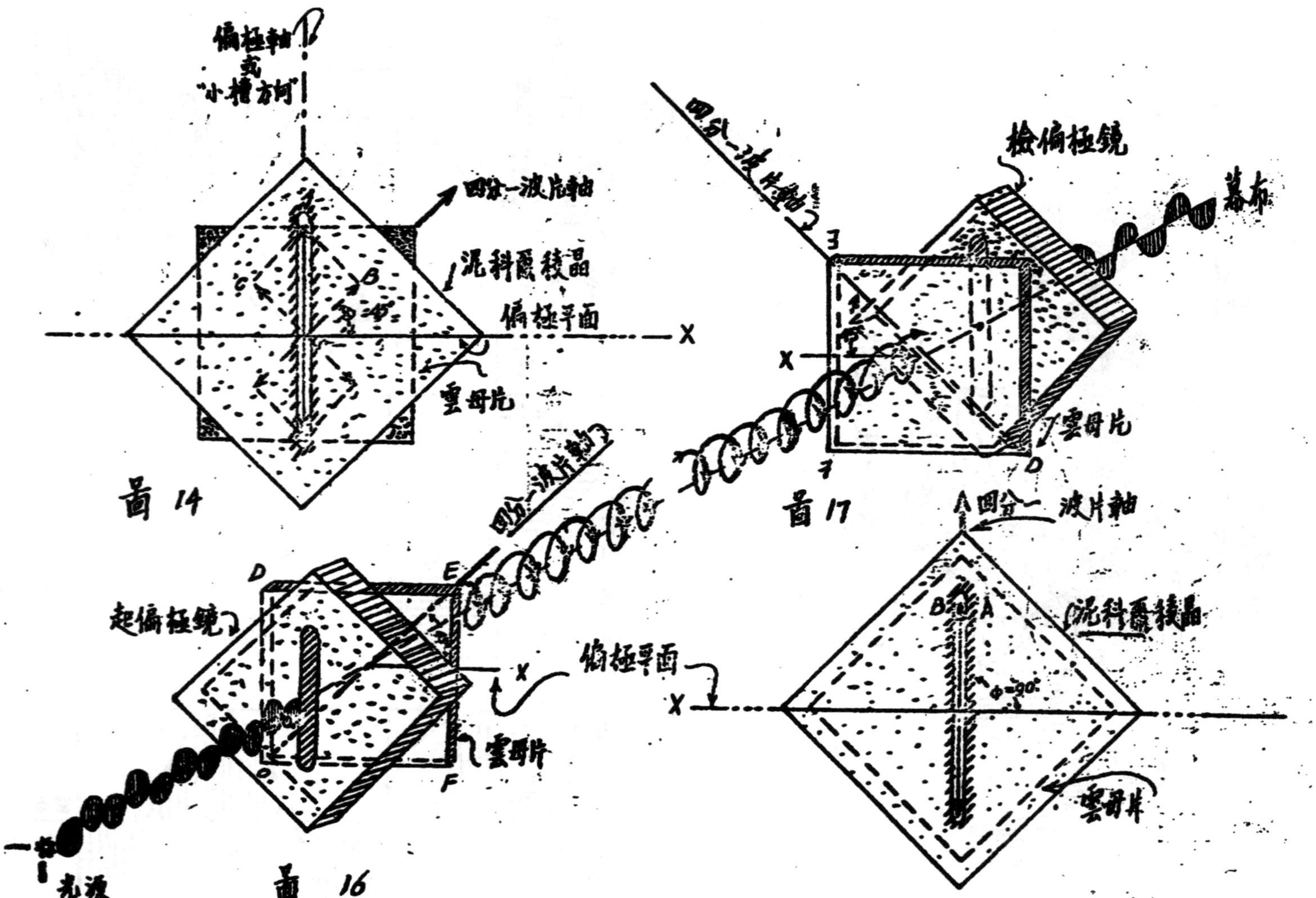

圖 14

圖 17

圖 16

圖 15

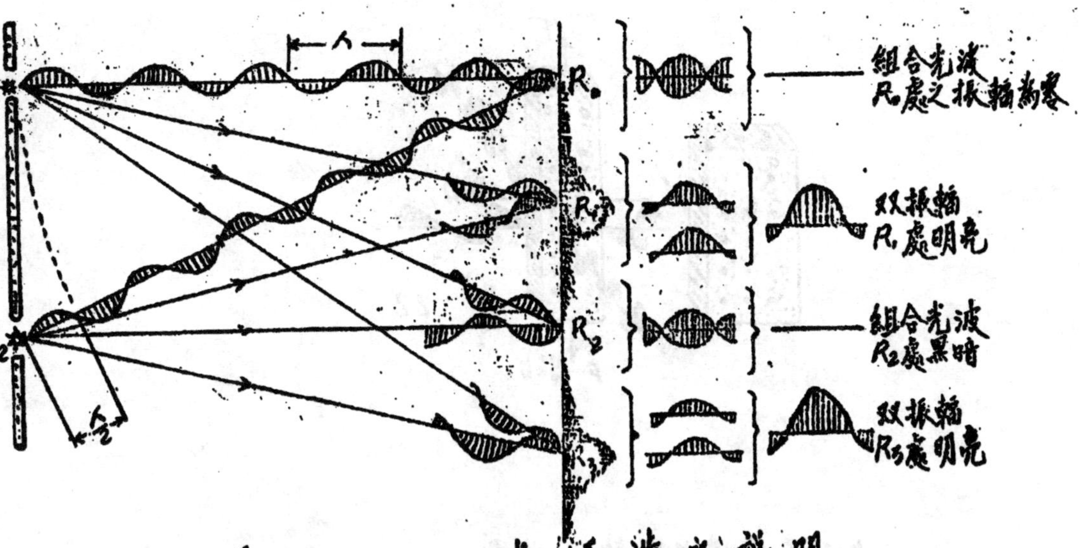

圖 18 光干涉之說明

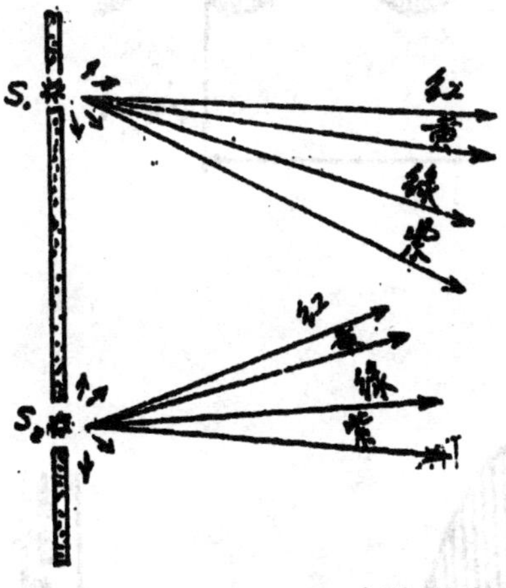

圖 19 干涉色光發生之光譜

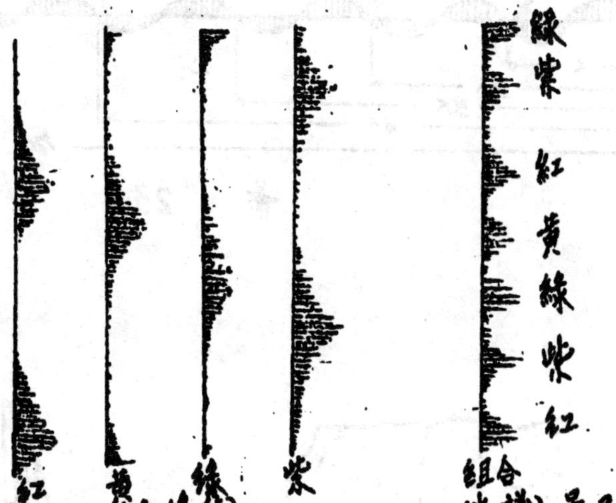

圖 20

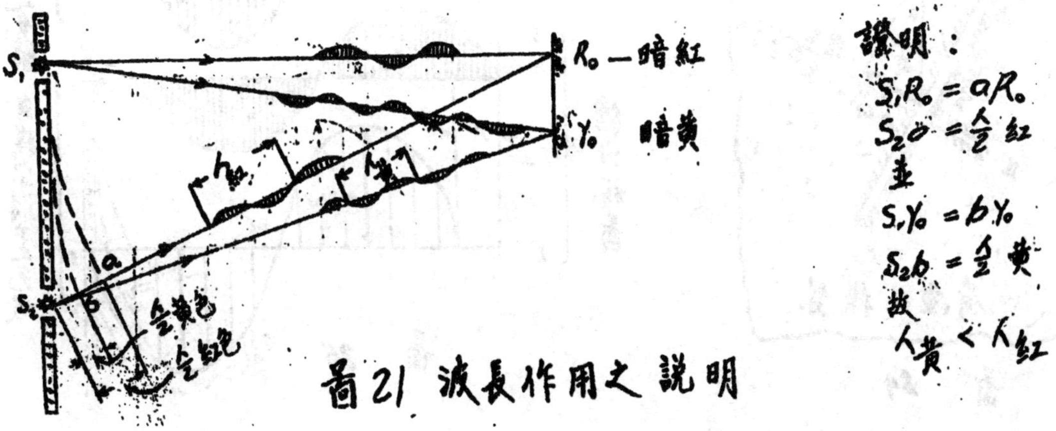

圖21 波長作用之說明

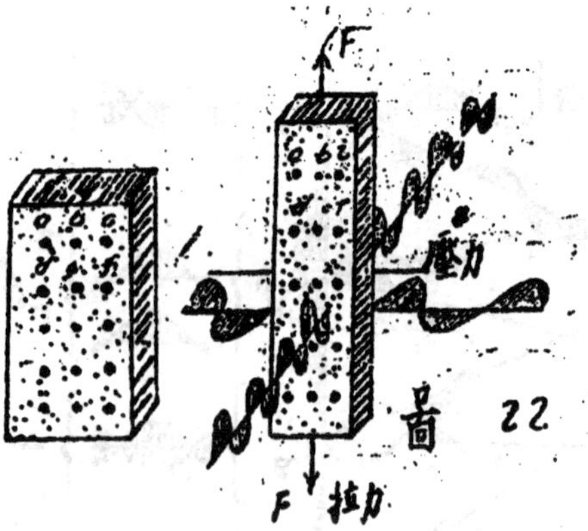

圖 22

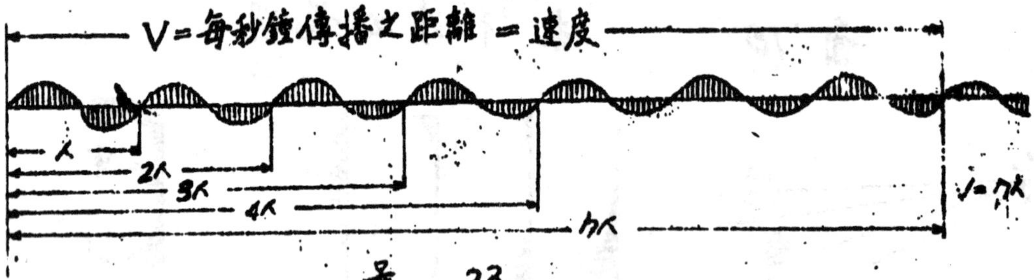

圖 23

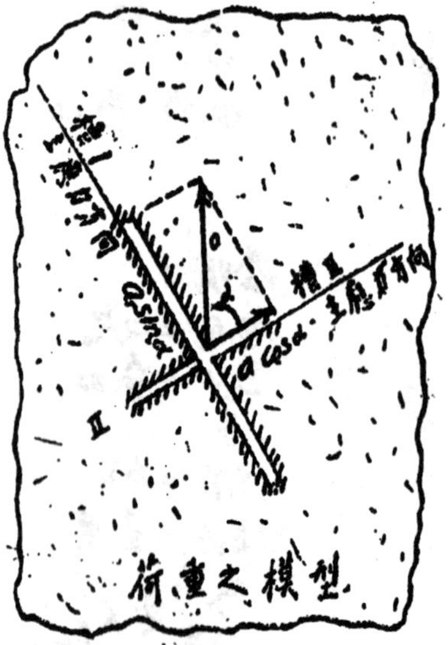

圖 24

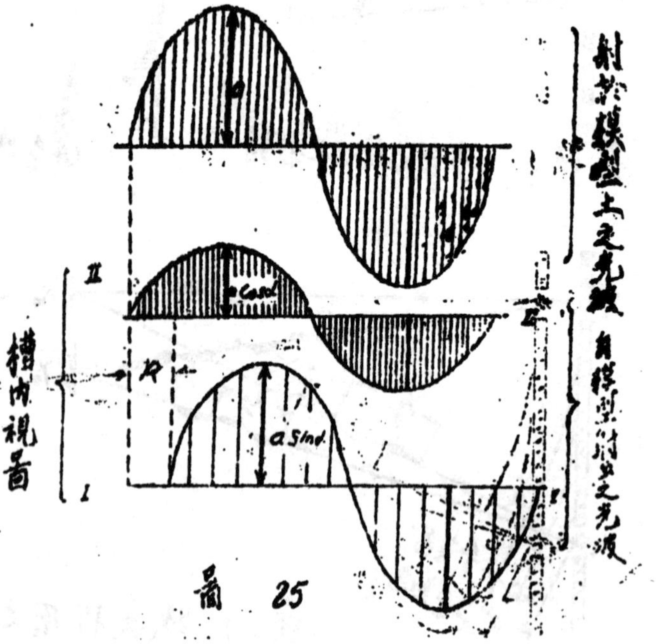

圖 25

24768

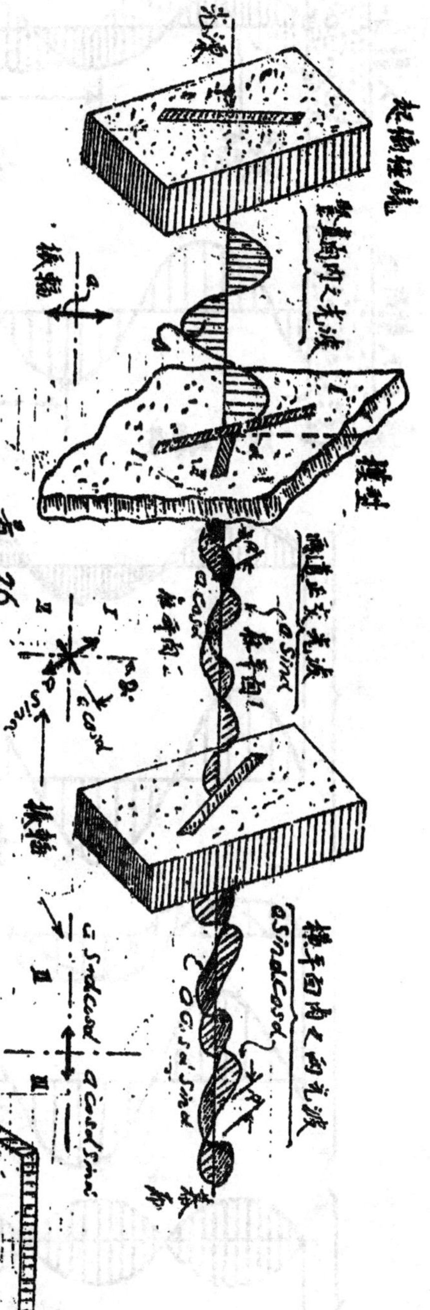

圖 26

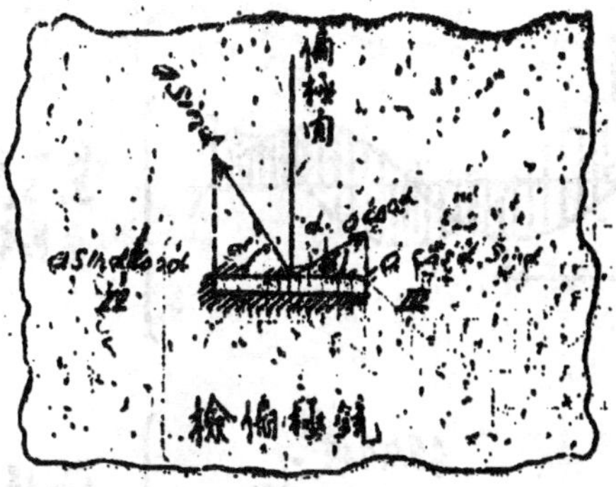

圖 27

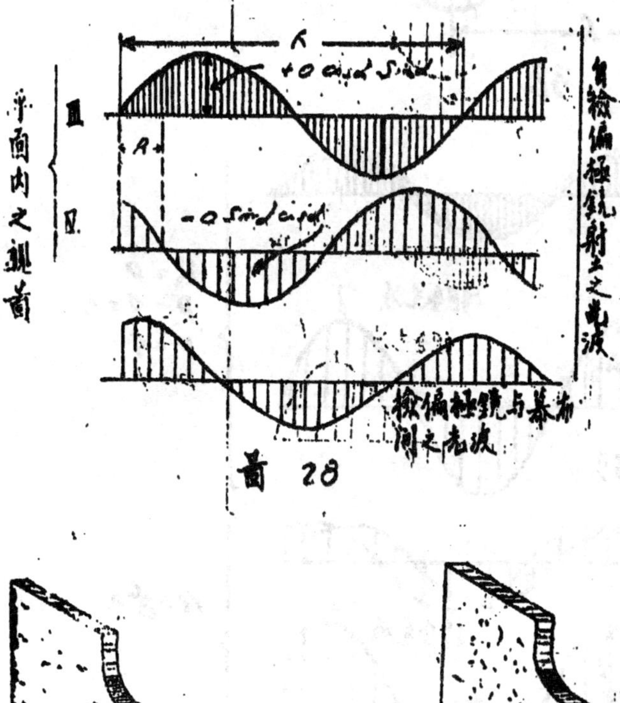

圖 28

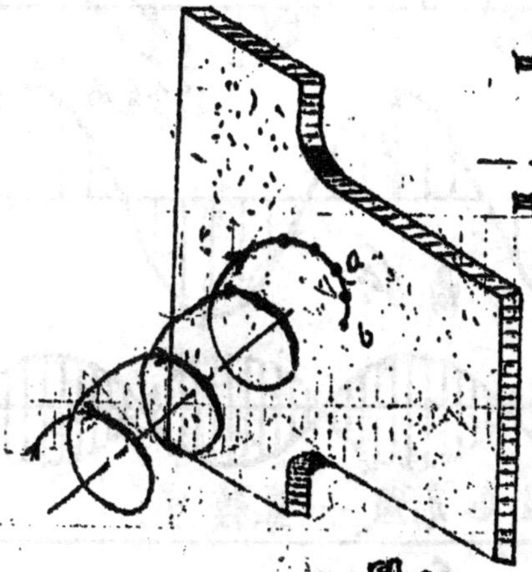

圖 29

圖 30

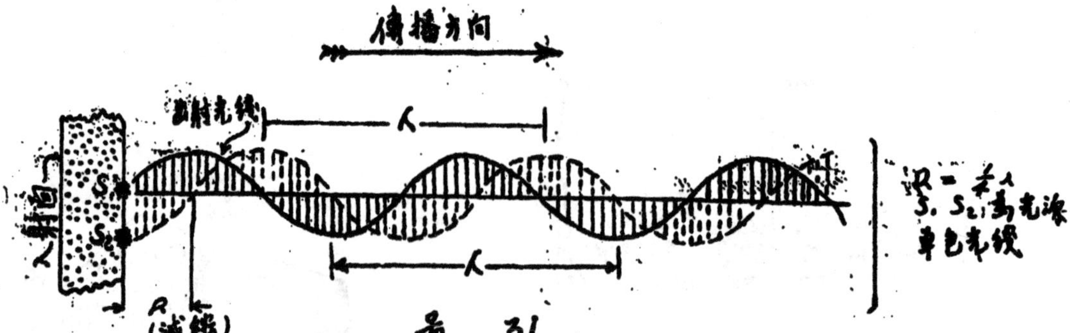

圖 31

圖 32

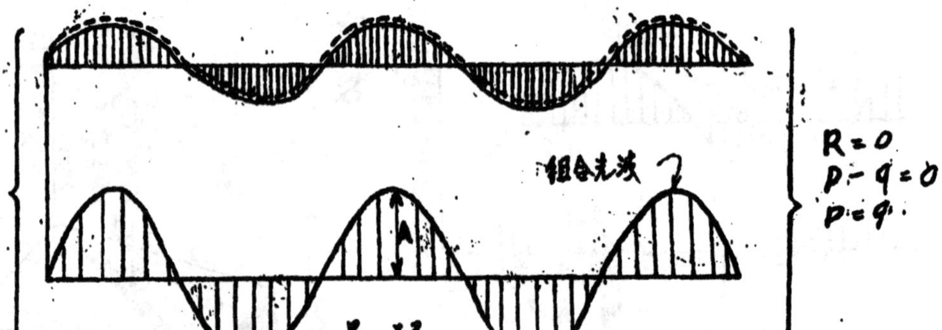

圖 33

圖 34

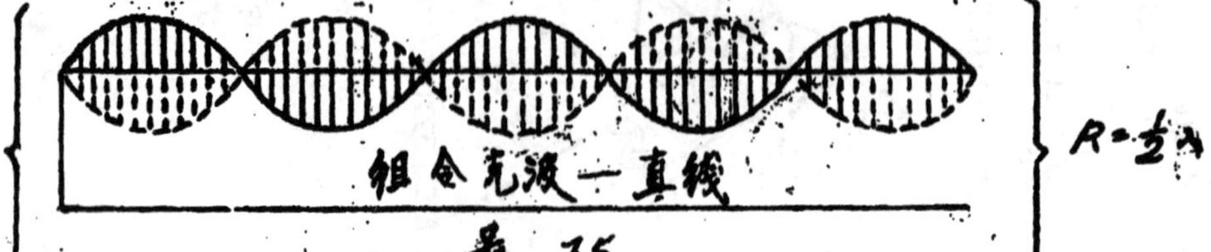

圖 35

交大土木

第二期

中華民國三十三年十月十日出版

國立交通大學土木工程學會編印

交大土木第二期目錄

八十年來之中國鐵路

凌鴻勛

——為紀念唐蔚芝先生八十壽而作——

民國三十三年十月，為吾師太倉唐蔚芝先生八十壽辰。同門諸君子謀所以為先生壽者，余以先生誕生八十年來，正值吾國內憂外患存亡絕續之秋，又正維新革命抗戰建國，國運上發生劇烈轉變之會；先生在此時期所與之政治外交文化教育實業交通諸大政，與其所提倡勵俗敬信躬行實踐之風，出處進退辭受取與之辨，施於當時而垂於後世者至為重大。因議輯錄八十年來中國各項學術與事業演進之概況，由同門分任其事，彙為先生八十紀念專刊，而將鐵路一題屬於鴻勛，竊以自齠齡即幸列先生之門牆，雖於先生之道德文章未能窺其萬一，然於此又烏能辭。

先生誕生於同治四年，其時太平軍之亂將息，舉國上下漸知物質建設之足以強國。適英人史蒂芬孫氏來華，大倡建築鐵路之議，在滬之歐西人士亦提議修築上海至蘇州之鐵路，遂於同治五年有淞滬鐵路之創設，其後雖經拆毀，非復今日之淞滬鐵路，然此實為中國有鐵路之始，而其誕生則幾與先生同時，不可謂非巧也。

光緒二十九年清廷設立商部，鐵路事務歸商部主管。先生自設部起即任右丞，旋轉左丞，補左侍郎，署理尚書。其時對於鐵路之經營計畫，大有煥新氣象，曾編纂全國路線表，有鐵路誌表，月計表之公佈；而釐訂軌制之議，擬統路章之議，遴派路務議員之議；暨張弼士之請辦三水佛山鐵路，張煜南之請辦潮州汕頭鐵路，以及合興公司粵漢之廢約，蘇杭甬鐵路之力爭，皆在此時期。先生駁復北洋大臣袁世凱酌擬路務議員辦事章程一摺，傳誦於一時。陳石遺先生撰先生全書總叙，謂此摺為必傳之作者也。世人但知先生經學湛深，為一代宗師，致先生於鐵路建設初期之經營擘畫，反為文名所掩有如是者。

先生於光緒三十二年丁內艱後，即絕意仕進。翌年應郵傳部之聘為上海高等實業學堂監督，嗣以迭經改組，歷稱校長，即今之交通大學也。先生在任凡十四年，此十四年間，擴充土木工程科，創辦電機工程科，及鐵路管理科，並一度兼辦船政科，執江左教育界之牛耳者十四年，所造就之路電航政人才至眾，而以鐵路一門為尤多。近三十年來我國鐵路局中級幹部，或屬工程，或屬運輸與會計，多出於先生之門。今先生雖已隱居，而一部鐵路史與先生生平之關係實至深且遠也。

溯自鐵路輸入我國，八十年以來，事事均與政治外交軍事有關，對於我中國大局遂有不可分離之象，而自　孫中山先生發表建國方略提倡鐵路政策，舉國上下方知此為建設國家首要之所在，近年鐵路事業在國策上始漸納於正軌。今鐵路雖已備受暴敵之摧殘，然勝利之券已操於吾人之手，否極泰來，為期不遠，除舊布新之實現自可拭目以待，他日舉行我國鐵路百年紀念，亦即先生期頤開祝時也。茲將我國鐵路分(一)滿清時代(二)民國初期及(三)國府成立後三個時期，述其演變如后：

(一)滿清時代之鐵路

甲、閉關時期。自同治末葉淞滬鐵路為曇花一現之後，光緒初元遂有開平煤礦鐵路之建設，為北寧鐵路最早之一段。茲後二十年間以外患日深，國防空匱，識者始漸為建築鐵路之議，顧以事出草創，得失利弊聚訟盈廷，蓋當時疆吏之稍諳時務者如李鴻章、劉銘傳、左宗棠、張之洞之輩，皆主張築路；而廷臣之自命清流不識時代者，則又危詞聳聽，橫亘其中，致多梗阻。北京鎮江之議既失敗，蘆漢鐵路之議亦未成，僅由津沽接至閻莊之線幸告成功。在甲午（光緒二十年）中日之戰以前，鐵路尚在閉關時代，政府亦無固定政策之可言。

乙、借款築路時期。自甲午對日戰敗以後，朝野怵於國難之嚴重，稍知國防之急迫，對於建築鐵路無復如前之反對，顧其時官商均無自行籌款築路之能力，於是一舉而開大借外債之漸。復以國力薄弱，已因甲午之敗而暴露於世，凡借債築路者開訂約喪權之先例。而外力之侵入，列強之各自經營，經濟侵略與國際野心之隨鐵路而俱進，皆肇於此時。計由光緒二十一年至二十九年，此九年中實以盛宣懷氏所主持之鐵路總公司為此政策之中心，所有蘆漢、正太、滬寧、汴洛、粵漢、津浦、道清各借款，以及蘇杭甬、津鎮、浦信、廣九諸約大半皆在此時期中由盛氏訂立。其與各國所訂諸約，大部份以建築管理諸權盡授之外人，凡借用某國之款，即用該國籍之總工程司代為營建，在合約年限之內，一切包工購料用人理財，甚至於行車營業悉歸經理，其職權略如海關之稅務司，實為此時期中最失策之事。

滇越鐵路　始於光緒二十一年十月法人索辦廣西龍州至越南河內鐵路合同條約

人挾甲午助我收回遼東之德，要求報酬，訂立東清鐵路之約。二十三年十一月德人強據膠州灣案，要求膠濟鐵路及膠沂鐵路敷設權。同年法人復要求由越南築路經雲南蒙自至雲南省城，以抵制英人，且索北海至西江間修路權。英人又索雲南境內修路之利益與法均沾，政府與訂約十六條。而中法廣州灣之約，復允其修築赤坎至安鋪鐵路。廿五年中法協約成，政府允法國建築安南至昆明鐵路全權。廿七年英使請將緬甸鐵路展進華境，以踐修路利權英法無別之約。蓋是時外人洞知吾國之積弱，羣起要求，直視我國如殖民地。英法諸國復互爭利權，各謀均勢，莫肯相下，而吾國坐受其敝，舉凡不平等條約之訂定，莫不與鐵路問題有關。借款造路，喪失主權之不已，更繼以外人攘路自辦，此實開歷來未有之奇局，列強勢力範圍遂基於此時。

丙、拒款自辦時期　盛氏大借外債之結果，雖工程頗有進步，但以權利喪失關係，不久發生極大之反動，而商辦拒款之局成。蓋自光緒三十年至宣統二年間，乃全國主張拒外債廢成約收回自辦之時期也。商辦之動機，發生於粵漢，以此路美商合興公司以將大部份底股讓於比國，時論以爲當時國際情勢，比通於法，法通於俄，京漢既屬於比法之利益，萬不可再使與粵漢聯爲一氣。於是粵漢由廢約而改爲贖約，歸三省商辦。繼而蘇杭甬之廢約，京漢鐵路之贖回，皆繼續實現。政府懲於往事，曾通飭不得再借用外款築路，而官紳商之自辦紛起。屬於官辦者，有光緒三十一年至宣統元年之京張張綏兩路，與光緒三十三年江督自辦之江寧鐵路；屬於商辦者，則川督奏倡之川漢路，以及長廣、江西、福建、浙江、安徽、西潼、新寧、洛潼、江蘇、湖南、廣西、滇蜀、黔桂、陝西、河南、吉黑、齊昌、洮法、廣廈、潮汕、開海等地，同時並進，一時紳富商民，多以集辦本省鐵路爲名，設公司推總理搜斂公司款項，祇有狂熱而無永久性，且多集虛名而缺經驗，不特進行遲緩，成效寥寥，且浸假而弊端百出：如潮汕有洋股嫌疑，南潯亦私借日款，光緒三十三年乃有收歸國有之議。部限各商辦路務於三年內辦成，否則由部會同督撫辦理，開國有鐵路政策之張本。

在此商辦拒款之時期內，借款築造之路乃有津浦滬杭甬廣九等路，而屬於外人自辦者，則又有日本所築之安奉、新奉，與日本由俄人手中所奪東清支線而成之南滿鐵路。

丁、國有時期　自拒款自辦以來，商辦公司之無力既已顯著，政府遂轉移其政策於國有之一途。商辦鐵路中較有成績者，厥爲廣東之粵漢，而所持永久商辦之議亦以此路爲最堅，政府對於此路宣示三十年後須歸國有，此外各路不得爲例。嗣又有幹路收歸官商合辦之提議，同時並由政府派員澈查商路工程款項。宣統三年遂由清廷宣佈幹路國有之政策，然政府對於幹路仍進行借款，為各省人士所抗爭，以為國有乃借外款，直有名無實，人情憤激，舉國譁然。川中鄂民相繼接應，部議與民情遂各走極端。政府更為武斷操切之策，激起川變，不久民軍紛起，武昌起義，清廷以亡。此一時期僅廿年而已。

(二)民國初年之鐵路

民國成立，氣象一新，孫中山先生辭臨時大總統之職，由政府授以籌畫全國鐵路全權，設鐵路總公司於上海，並全國鐵路為整個系統，預計十年間築成十萬英里鐵路。各路以北方東方南方各大港及海岸碼頭為起點，分向內地伸展，其目的在移民內地，建設實業，更為開發資源，充實國防，並謀國際交通之聯絡。惜乎民國初定，政局杌隉，中山先生以不得行其志而去，嗣後軍閥割據，內亂迭起，武人干涉路政，擅用借款，政客復藉借債築路為政治之活動，於是鐵路遂捲入政治漩渦。歐戰以後，財源枯竭，無法借款。袁段當國，日人勢力益隨鐵路問題而侵入，蓋自民國初元以至國民軍北伐時期，十餘年間鐵路進展至為遲鈍，良可惜已。

在此時期中所差強人意者，則收辦商路之成功是也。有清既以國有鐵路政策召亡，乃民國成立時甫一年，交通部遂舉川路湘路鄂路皖路蘇路浙路豫路而盡收買之，一無抗阻，此足見當時商路之本無實力，亦以國民觀念與昔大殊也。其時鐵路行政逐漸集中於交通部，於是促辦各幹路，訂定統一鐵路會計則例，辦理國際聯運，訂定鐵路技術標準，禁商路私借外債，審訂鐵路名詞，公布民業鐵路條例，均在此時期逐一實施，奠當時之基礎，樹此後之規模，為極有成就之事。至於新路工程，此十六年中則有粵漢北段之武昌長沙一段，長沙至株洲一段，及南段通至韶州一段之完成，與隴海路徐海段洛陝段平綏路綏包段之展築。

日人於我國鐵路久懷野心，南滿鐵路既因日俄戰後而讓渡於日，自後日思向東省發展，四洮開海之預約，福建鐵路之覬覦，膠濟鐵路之佔領，皆民國初年之事。歐戰以後，歐美金融告緊，日人復乘機為利用墊款之引誘，而有吉會鐵路，滿蒙四路，高徐濟鐵路之借款，同時並與我定膠濟新約，以為誘我之陷阱，卒有二十一條之屈辱，蓋至是而中日之關係益隨鐵路問題而緊張矣。

(三)國府成立後之鐵路

民國十七年國府奠都於南京，特設鐵道部以經營全國鐵道，後因抗戰軍興而合併於交通部，在此廿餘年間鐵道事業居國策中一重要位置。計可分抗戰前及抗戰後兩時期敘述如下：

抗戰以前

一 民國十七年底鐵道部成立後，即向中央政治會議提出庚關兩款築路計畫一案，於十八年一月通過公布。其所擬分期築造路線，第一期築粵漢路之株韶段，隴海路之潼蘭段及滄石路，共計一七一三公里。第二期築京湘、[illegible]、韶昌、福昌、粵滇、湘滇諸路，共計八四六八公里。第三期築包寧、[illegible]、道濟、同蒲諸路，共計二一八八公里。第四期築黃欽路，計一二〇五公里。該案又說明在六年之內，以庚關兩款發行公債，可得四〇八，五〇〇，〇〇〇元，約能築路四千公里。其餘則待此四千公里築成後再籌集之。此案選線之標準，注重在長江以南，並注重在南京國都之拱衛，此案決定後，幹線計畫稍具雛形，嗣後雖因財政關係未能盡付實施，然後來英國退還庚款，首先利用於鐵路，粵漢全路即由此奠定其完成基礎，隴海鐵路之靈潼、潼西段亦因得中比庚款材料而西展，實為最足紀錄之事。

民國二十五年 蔣委員長手訂五年建築八千公里鐵路計劃，其次築之路，包括湘黔、貴昆、黔滇、成渝、川黔、京贛、廣梅、湘桂、鄂陝、南玉、南萍、蚌正、杭紹、蘇嘉等線，當時國家統一之基礎已定，正積極從事建設之時，同時國家債信恢復，外資易於吸收，而國內築路人才輩出，築路前途大有突飛猛進之象。不意日人忌我進步之速，狡焉思啟，民國二十年有瀋陽之變，旋至侵佔四省，所有四省鐵路，盡被蹂躪；二十六年並發動蘆溝橋之役，擴大侵略於華北及沿江一帶，我國歷來所經營之鐵路慘遭破壞，此種暴行將必自食其報，而我國鐵路他日之恢復自必取償於侵略者也。茲將民國十七年至二十六年，抗戰以前所建設之鐵路約舉如下：

浙贛鐵路 民十八年浙省創辦杭江鐵路，廿二年年底由杭州江邊通車至玉山（三四一公里），翌年鐵道部與浙贛兩省府合組浙贛鐵路公司，續修玉山以西，二十五年通車至南昌（二八五公里），二十六年九月通車至萍鄉（二六〇公里）。同時粵漢路之株萍支線改歸浙贛鐵路管轄，此長江以南之東西幹線，遂得與粵漢鐵路相接，上海與廣州乃有直接鐵路之聯繫。

粵漢鐵路株韶段　粵漢鐵路北之湘鄂段南之廣韶段先經築成，中間四百五十六公里相隔未通者垂十餘年，民國二十二年中英庚款案解決，韶州樂昌段（五〇公里）即已築成，樂昌株州段（四〇六公里）於二十五年四月告成。於是經營三十餘年之粵漢鐵路，始完成通車。嗣於二十六年「七七」抗戰軍興後之一個月，與廣九路在廣州附近接軌，外洋物資得直由九龍通達內地。

隴海鐵路之展築　此路在國府成立以前，東止於大浦，西止於靈寶，靈寶至潼關一段（七二公里）雖開始興修，因中原多故，迄未曾成。鐵道部成立，首撥款完成此段，並利用一部份比庚材料，於二十年年底通車至潼關，二十三年年底通車至西安，（潼西段四三二公里）嗣再展築長安至寶雞一段（一七二公里），於二十六年七月通車。而東端自新浦至連雲港一段（二八公里），與築港工程同於二十一年動工，二十四年全部完工。是隴海路之出口問題得以解決，而成一東西重要幹線。

同蒲鐵路　由大同縱貫山西全境而至風陵渡（幹線五一三公里），於二十二年由太原綏靖公署創辦，建築一公尺軌距之狹軌輕便鐵路，以兵工修築為主，由太原分南北兩方向推進，至二十六年三月幹線南自風陵渡北至陽方口已先後通車營業，其自陽方口至大同之一五二公里，原應於是年底完工，全線通車，乃以抗戰軍興太原淪陷而停頓。

江南鐵路　此為民營鐵路，民二十二年成立公司，二十三年七月蕪湖至宣城段開始通車，嗣展至孫家埠，二十四年南京蕪湖間通車，嗣接築南京中華門至堯化門一段，（堯化門至孫家埠共九四公里）與京滬路相接。

淮南鐵路　民十九年淮南礦務局為運輸煤斤而築，北起淮河南岸之田家庵，南至揚子江邊之裕溪口，長二一四公里，二十三年三月開工，二十四年六月完成。

蘇嘉鐵路　此路係為京滬、滬杭甬兩路易於溝接而設，自蘇州至嘉興共七四公里，二十四年二月開工，二十五年七月完成。

京贛鐵路　由孫家埠起至浙贛路之貴溪，共四百七十餘公里，二十五年間分皖贛兩段動工，二十六年十一月孫家埠至歙縣一六〇公里，及貴溪至景德五四公里已鋪軌行車，嗣以戰事停頓。

湘黔鐵路　由粵漢鐵路之株洲西達貴陽，約長一千公里，二十五年開始辦理，未幾抗戰軍興，迄二十八年一月，由株州通至藍田(一七五公里)，因戰事逼近，將軌道拆卸作為移築黔桂之用。

此外有足述者，則尚有平漢路之道楚支綫，(道口至內黃縣之楚旺六十六公里)滬杭甬路之杭曹段，(錢塘江邊至曹娥姚江八十公里)皆於此時告成。其不屬於一路而有高度聯絡性者，則有廿二年竣工之首都輪渡，與抗戰後數日通車之錢塘江橋，皆為較鉅大之建設。此外尚有成渝鐵路，(五二三公里)在民二十五年間即開始進行，嗣以路料未及運入，而上海與廣州相繼淪陷，至今路基隧道一部份已成，而未克鋪軌利用，良可惜也。

東省鐵路　自帝俄築中東路日佔南滿以後，藉此兩路為侵略之工具，已使東省一切受其支配，地方當局受此壓迫，不得不為自行築路之謀。在九一八之前數年中，分築洮昂、吉敦、瀋海、吉海、呼海、齊克、洮索、鶴岡等路，增長一千五百餘公里，築路與營業均各有發展，九一八以後則為敵所侵佔不堪問矣。

抗戰以後

抗戰軍興，華北與沿海及長江一帶鐵路備受戰事影響，我國為增強抗戰力量，鞏固後方地位，並打通國際路線，於是鐵路全盤計畫為之劇變。在此數年中所興建之已成或尚在推進中之各路如下：

湘桂鐵路　此路由衡陽至桂林(三六一公里)原發動於七七以前，迨抗戰軍興，遂有由桂林展築至鎮南關，並與越南鐵路聯接之決定，由鐵道部與湘桂兩省組織湘桂鐵路公司，經營全線，二十七年十月衡桂段首先通車，二十九年一月桂柳段(一七七公里)通車，柳州至南寧段(二六〇公里)二十七年六月開工，連同黎塘貴縣支綫(五七公里)路基橋樑已大部份完成，迨二十八年十一月南寧失陷停工。其後柳州至來賓一段(七二公里)繼續鋪軌，於三十年九月通車。其南寧至鎮南關一段，(二三二公里)則係同一時期利用借法料與一部份法款，委託中法建築公司辦理，至二十八年十一月已由越境同登鋪至寧明附近計八十餘公里，亦因南寧陷敵而停止。後南寧雖已收復，而因越南已為敵所盤據，因之未繼續進行。

黔桂鐵路　此路由柳州接至貴陽，長六二〇公里。於湘桂鐵路通至柳州後即繼續進行，二十九年十月通至宜山(一百四十餘公里)三十年二月接至金城江，三十二年六月接至獨山，三十三年二月接至都勻，由都勻至貴陽一百五十餘公里正在趕工中。

滇緬鐵路　由昆明經祥雲、彌渡、孟定、滾弄接至緬甸臘戍之線，為西南國際路線之一。在國境內計長八八一公里，因與緬甸境內之一公尺路軌相接，故此路係照一公尺軌距標準建築，二十七年十二月動工，原定於三十一年通車，乃以太平洋戰事發生，緬甸失利，功敗垂成，至可惜也。

敘昆鐵路　由昆明經曲靖、宣威、威寧接至四川之敘府，共長七七四公里，亦為西南國際路線之一。蓋由昆明轉滇越鐵路，即可通越南。滇越鐵路為一公尺軌距，故敘昆鐵路亦用一公尺軌制。此路二十七年十二月與滇緬路同時動工，三十年二月通至曲靖，（一七二公里）三十三年六月接通至霑益，（一二公里）會太平洋戰事發生，料運阻塞，未能速進。

隴海鐵路咸同支線　由咸陽至同官，（一三八公里）為抗戰以後隴海西段之重要煤運支線，二十八年五月動工，二十九年年底告成。

寶天鐵路　此為隴海幹線西展之一段，由寶雞至天水計一百七十公里，二十八年即籌備興築，此段工程浩大計有隧道一百二十餘座，共長二十二公里，進展困難，工作亦時作時輟，三十三年春間決定趕修，預計三十四年春間可以告成，從此西北交通更可進一步矣。

綦江鐵路　長八十五公里，為川省重要鑛運路線，三十一年四月開工，先築江口至五岔一段，三十三七月間暫行停頓。

以上係抗戰前後所修築之各線，至在此時期所測量而未興築者：則民國十八年以後有京粵、滇粵諸線之測量；抗戰以還更利用人力與時間，測量西南西北各重要路線，藉作他日修築之準備。其中較重要者在西南有筑咸（貴陽至咸甯約四二〇公里）、川黔（貴陽至重慶五一六公里及比較線）諸線，在西部有天成（天水經廣元至成都七五五公里已定測）川康（成都經樂山雅安至康定五六五公里，又由樂山經瀘沽至西昌二七〇公里均經踏勘）諸線，在西北有天蘭之定測（天水至蘭州三七二公里）隴西寧洮線之初測（一二〇公里），蘭州肅州線之初測（九三三公里），甘新全線之踏勘（肅州至迪化一千一百餘公里迪化至烏蘇二七〇公里現正進行中），均為近年之準備工作。

自國府成立以來十餘年間，除中央主管院部積極推行鐵路計畫外，所有歷屆中央會議及國民參政會議所提關於鐵路建設之案，皆與國計民生有至大之關係。以政策言，初注重於長江以南以及東南一帶，繼以抗戰形勢轉變，急於西南國際路線與後方路線推之進，近年則頗注重於西北幹線之籌畫，與將來復員與復興之準備，將開今後路政之新紀元。以築路工款言，則中央每年均有鉅額建設專款之支配，凡鐵路之建築經費，皆事前有所核定，無往昔零星舉債及集股之煩，以組織言，則新築各路中有與地方關係頗為密切者，如浙贛、如川黔、如湘桂、如川滇皆由中央與有關各省組織鐵路公司，加入省方理事共同管理，開中央與地方合作築路之新頁。以技術言，則以西南西北各省地形困難，物力人力亦較艱困，築路標準已隨時代與環境而有所改進，此皆為此十餘年中較為特異之點。

綜觀我國之有鐵路，自同治五年淞滬鐵路創始起，逮八十年，計距英美始有鐵路不過四十餘年，距法比德俄荷奧之有鐵路約在三十年左右，距西班牙不足二十年，瑞典十年，義大利六年，日本乃距淞滬設軌後四年而始有鐵路，是吾國鐵路之產生在與各國比較之下，原不為過遲；而自開平煤礦鐵路發軔之時起，至民國十六年止，此四十八年間，總計完成路線僅八千三百五十公里，平均每年建築一百七十四公里，則較之歐西諸國瞠乎後矣。自民十七國府特設鐵道部之後，截至民二十九年止，此十三年間完成通車之路線，共增長五千九百八十公里，平均每年建築四百四十五公里，視昔四十八年間，其速率已超過兩倍。近四年來，以海疆封鎖，外料未能輸入，築路計畫自難積極推行，惟抗戰勝利已在目前， 蔣委員長於其所著中國之命運一書已揭櫫戰後十年內必須建築鐵路二萬公里，且以鐵路交通為一國生存命脈所繫，前此八十年間已在艱難困苦中樹其基礎，今後鐵路之復興與建設，定為整個國家經濟建設之中心工作，自無疑義；而我唐先生及門諸君子所以壽先生者，益各致力於所學所司以應時代之要求，庶可與先生對於我國鐵路建設初期之經營擘畫，益顯著於今後，受不揣愚昧，於寶天鐵路趕工之頃，將八十年來之中國鐵路就所知者拉雜叙述，一深期及門諸君子有以教之，更願與諸君子共勉之。

我國的鐵路

袁夢鴻

一　過去鐵路之發展史略

我國鐵路，萌芽於紀元前四十六年，（清同治五年，西曆一八六六年），迄今已達七十餘載。即自正式修築唐胥鐵路以來，（清光緒七年，西曆一八八一年），亦距今有六十餘年。在此期間，歐美各國深知鐵路之利，積極興修，數十年間鐵路網佈滿全國，交通稱便。而我國則以種種牽制，未能步趨，遂致落後，良可慨嘆！茲將我國鐵路過去發展概況，分三個時期略述如次：

甲　第一時期

自民國紀元前四十六年起，至紀元前一年底止，（清同治五年至宣統三年，西曆一八六六年至一九一一年），爲第一時期。此時適當遜清末葉，政治腐敗，民困財乏，復經甲午戰役及拳匪之亂，我國衰微，眞象暴露無遺。於是列強覬覦，爭相投資築路，藉鐵路之勢力範圍，爲攫取經濟權利之基地，遂啟帝國主義國家侵略之野心。此時無一路不賴外債修築，即無一路不受外力之支配。厥後雖有在野士紳謀集資商辦，爭回路權，乃以款項難籌，都歸失敗。計自唐胥鐵路開工時起，凡三十一年，建築完成通車路線共長五千八百四十九公里，每年平均建築一百八十九公里弱。更分三個階段述之：

（1）自民國紀元前四十六年至紀元前十八年，（清同治五年至光緒二十年，西曆一八六六年至一八九四年），凡二十九年，爲排斥築路之階段。清同治五年，英商在北京宣武門外試造小鐵路里許，行駛火車，見者詫駭，謠言四起；旋經步軍統領命其拆毀。其後同治十三年，又有英商創造淞滬鐵路，長九英里，已開車營業，經由政府購回毀棄於台灣。迨光緒七年，開平礦務局奏准興修唐山胥各莊運煤鐵路十八華里，同年竣工，實爲我國建築鐵路之嚆矢。當時人民狃於舊習，迷信風水，不願拆移田舍；復以火車駛傷人畜爲口實，羣起反對。政府亦恐外人勢力藉此侵入，或與民間衝突，滋生事端，亦不予提倡。幸劉銘傳李鴻章左宗棠張之洞等獨具遠見，力排衆議，朝野論調始爲一變。

（2）自民國紀元前十七年至紀元前九年，（清光緒二十九年至三十年，西曆一九五年至一九〇三年），凡九年，爲借債築路之階段。光緒二十二年，清廷爲修築蘆漢鐵路，設立鐵路總公司，由盛宣懷主其事，嗣又招致東南紳商入股，遂籌辦淞滬、滬蘇、蘇寧等鐵路，與外人訂有最苛刻條件之合同，遂開後此借款之惡例。盛氏所辦蘆漢，正太、滬寧、道清、汴洛等鐵路合同，與蘇杭甬、浦信、廣九之草約均於其時成立。而關內外、粵漢，津浦以及龍州、東清、膠濟，赤安、滇緬、滇越之約亦隨之而起，各路多屬英、法、德、比諸國，借款條約紛歧，而工程設計制度，規章又係各自為政，對於整理統一籌劃改進，極感困難。

（3）自民國紀元前八年至紀元前一年（清光緒三十年至宣統三年，西曆一九〇四年至一九一一年）凡八年，為籌款築路之階段。清光緒三十年以後，各省士紳憤列強攘奪路權，政府讓收苛刻條件之合同，群起反對，力主廢約，收回自辦，維時各省創立商辦公司者，倡於粵，和於湘、蘇、浙兩省相繼而起，展轉遍及粵、川、湘、贛、閩、浙、皖、蘇、滇、晉、豫、鄂、黑等十三省，惟各商辦鐵路公司規畫路綫，希望過奢，終於集股不易，成者甚鮮。雖總建築完成數段鐵路，但除新寧潮汕民營鐵路公司外，餘均逐漸收歸國有。

乙　第二時期

自民國元年起至民國十六年止為第二時期，此時民國肇興，政體丕變，先　總理手訂十萬英里鐵路計劃，指示周詳，而全國人民對於國有借款政策，咸願贊助，惜乎執政非人，假築路為名，濫借日債，以充軍費，繼後內戰頻仍，軍閥割據，鐵路事業摧殘特甚。迨民十五年北伐軍克復武漢後，國民政府設置交通部，始漸謀路政之整理。以此十六年間，建築完成通車路線，共增長三千七百二十三公里，每年平均興築二百三十三公里弱。仍分三個階段敘述之：

（1）自民國元年至二年，凡二年，為籌施新政之階段。民國成立，先　總理以籌劃鐵路全權，設立中國鐵路總公司於上海，並設調查處於北京，劃全國鐵路為三大幹線，並訂定三項辦法，預計十年間以六十萬萬元資金，築成十萬英里鐵路。嗣復繼續研究，著成建國方略一書，全關於鐵路建築，分為六個系統，以北方、東方、南方各大港及海岸[illegible]為起點，分向內地鋪設，其目的一面在移民內地，建設實業；一面開發資源，充實國防，并謀國際交通之聯絡。此外另有創立機車，客貨車製造廠之計劃，當時雖能逐步實施，其成績亦有可觀。各路行政亦逐漸集權，中央商路以次收買，南北幹線已經決定，東西幹線亦借款成立。整頓業務則以鐵路會計統一為入手，而民業鐵路條例亦於其時公佈

(2)自民國三年至七年，凡五年，爲濫借日債之階段。歐戰爆發，各國不遑東顧，欵項材料來源斷絕，工程停頓，營業衰疲，二次革命之後，袁世凱假築路爲名，大借日債以充軍費，而日本即於是時提出二十一條爲要挾，段祺瑞討逆之後，步其覆轍，利用墊欵，而有吉、會、滿、蒙四路高徐順濟之借款，且訂立膠濟新約，以保障二十一條之要求，日本侵略野心，遂藉此益彰矣。

(3)自民國八年至十六年，凡九年，爲路政衰敝之階級。民國八年以後，革命政府雖在廣州成立，但未能統一全國，北政府軍閥當權，中原戰事連年不息，大都以鐵路沿線爲戰場，各路名義雖屬中央，實則分由軍閥割據，旣因兵燹而破壞，復以路收被剝削，而失正常之修養，種種設置，殘毀殆盡。北伐軍克復武漢後，國民政府設置交通部，內設鐵路處，公佈整理鐵路十大政策，十六年着手整理京漢、湘鄂、南潯各路，并將株萍併路湘鄂路局，餘則因破壞之後整理維艱，且路帑支絀，雖有計劃，成效甚鮮。

丙　第三時期

自民國十七年起至現在爲止：爲第三時期。此時國府奠都南京，鐵道部成立，集權中央，積極整頓，以期實現與發展　總理計劃。惟政事甫定，國內資金匱乏，國外信用未著，舉借維艱，迨民二十年鐵路事業漸趨好轉，而「九一八」瀋陽事變突起，繼以「一二八」上海之戰，影響建設事匪鮮。二十三四年間，鐵路整理已具肧胎，然只限於局部之規劃改革。二十五年　蔣委員長掌管行政，飭由鐵道部訂定八千公里鐵路之五年計劃，同時努力於整個鐵路風氣之振刷，及營業財政債務之整理，均極著成效。因是國內外對於鐵路之債務，均表深信；善同外資之政策，於焉樹立。乃日人懼我新建設之完成，遂先發制人，策動七七事變。抗戰五年以來，一面維持正常交通，一面加緊建設，計此十五年間，連同抗戰期間，建設完成通車路線，共增長六千〇六十六公里，每年平均建築四百〇四公里強，仍分三個階段述明之：

(1)自民國十七年至二十四年，爲開始整理之階段。十七年秋，國府爲貫澈　先總理鐵路政策，明令設立鐵道部，於十一月一日組織成立。當時各路經業凋敝，收支不能相抵，負債欠薪，信用日喪。鐵路路軌橋梁失修，機車車輛缺乏，而管理不得其法，弊端百出，歷任鐵路當局，雖有整頓之決心，無如路帑空乏，僅能作局部之措施而已。民二十年以後，中樞政府已臻鞏固，社會情形漸趨安定，鐵路事業正在積極整飭之際，突有「九一八」之瀋陽事變，東北各鐵路及北甯路關外段，共長三千〇二十一公里，全告淪陷。「一二八」上海戰事起，京滬鐵路自青陽港以東，亦被敵人佔據，嗣雖次第收復，損失甚鉅。敵人佔據東北四省後，一面積極建築新路，擴張路路；一面圖修滄石鐵路，并控制華北各鐵路，以為進攻華北之發軔點。

（2）自民國二十五年至二十六年六月，凡一年半，為籌劃建設之階段。二十五年，政府鑒於外患日亟，國難嚴重，乃急謀建築新路，以期發展國防交通，遂決定五年間興築八千五百公里鐵路之計劃，需款十萬萬元，其中求之國外者約四萬萬元，國內者為六萬萬元，當時各舊路經整理後，路收較增，國外債票價格飛漲，各國咸願踴躍投資，協助我國建設。乃不料於二十六年七月七日，蘆溝橋事變爆發，各路建築進行，頓受打擊。

（3）自民國二十六年七月迄至現在，為抗戰建國之階段。七七事變後，敵人戰略始為爭線政策，凡能破壞我交通聯絡線者，無所不用其極。我國對策則以在鐵路路線作戰，軍隊未撤退前，鐵路員工隨毀隨修，不使中斷，以應軍運。於軍隊將撤退時，則將鐵路設備儘量拆除與破壞，免資敵用。并同時在後方積極興修新路，爭取國際交通，以粉碎敵封鎖政策。在此五年半中，由我自動撤毀於戰事進行期間之鐵路，達一萬〇八十三公里。現在殘餘路線，僅有二千三百四十四公里。舊路之維持交通，新路之晝夜趕建，均無日不在艱苦卓絕環境奮鬥也。

綜觀上述，我國鐵路事業，雖以受政事及外患影響，進步至緩。但將第三時期建築完成之鐵路里程數，與第一時期者相較，則已增加兩倍以上。他日抗戰勝利後，先總理十萬英里鐵路計劃，必將逐步實施，方興未艾，尚有待於鐵路同業員工之努力也。

二　現在鐵路概況

溯自蘆溝橋事變爆發以來，敵人作戰陰謀以爭奪及破壞我交通路線為其政策，凡能破壞切斷我交通聯絡路線者，無所不用其極。故在抗戰五年期間，所有在前線之鐵路。多隨軍事之演變，逐漸淪陷，現存者僅二千餘公里。吾國當局為應付計，早在後方西南、西北積極建築國防及國際交通路線，茲將現時通車營業鐵路，及抗戰期間建築新路概況，分述如下：

甲　現時通車營業鐵路概況

戰前修築各鐵路，多在東北及東部附近沿海各省，地勢平坦，無甚險要，故自抗戰軍興，多隨軍事之演變，或相繼淪陷，或由我自動拆除與徹底破壞，截至目前為止，祇存粵漢隴海兩鐵路仍就殘餘路段，維持通車營業。此外湘桂、黔桂、川滇各鐵路，均係為適應抗戰建國之需要，於抗戰以後新築之路。各鐵路處此非常時期，一本軍事第一主義，全力辦理軍運，搶運物資，並設法兼顧後方工業建設器材及民生日用必需品之運輸，任務至為繁重。而物價飛漲，路收短絀，支出浩繁，處境亦極艱困。幸各鐵路上下員工均能仰體時艱，淬勵奮發，盡忠職守，戰時鐵路運輸得以維持不墜。茲先將營業各路現狀，略述於下：

(1)隴海鐵路　本路除鄭州以東早經淪陷，鄭州以西至洛陽間亦已經拆除破壞外，餘存幹線由洛陽至寶雞，計長五百四十二公里，及最近新築之咸陽至同官支線，長一百三十八公里。潼關至會興鎮一段，因瀕近黃河，終年受隔河對岸敵炮轟擊，該段路線時有中斷及傷害列車員工旅客情事，但均經鐵路員工奮勇搶修，或設法維護，該段交通始終未斷。本路為溝通西北唯一幹線，并因鄰近第一二兩戰區，軍商運輸甚為繁忙，但以潼關至興鎮一段，祇能晚間行車，每夜僅開行列車四列，每列運量二百七十公噸，致全綫運輸能力極受限制。

(2)粵漢鐵路，　本路南北兩端均已淪陷，現在通車路段由曲江至湘潭，計長四百八十一公里。縱貫第四九兩戰區，並與湘桂黔桂各路辦理聯運，為戰時交通路線之一。任務至為繁重。其由淥口至湘潭一段，路軌橋樑，及各站設備因湘北三次會戰疊拆屢修，其營業路綫今仍其舊，運輸量每日單程可達五千公噸，而目前貨運每天僅約有一千公噸，運輸極為清閒也。

(3)湘桂鐵路　本路由衡陽至來賓共長六百〇五公里，業已正式通車，辦理客貨運輸業務，并與粵漢黔桂等鐵路辦理三路聯運，軍運繁忙，運輸量每日單程可達四千餘公噸，而現在貨運每日為一千餘公噸，僅及其運量四分之一。

(4)黔桂鐵路　本路由柳州至拔貢，計長二百〇五公里。其由柳州至金城江，早已正式開辦客貨運輸業務，由金城江至拔貢，因在工程時期，祇辦客票包裹業務，附帶營業本路與湘桂粵漢辦理三路聯運。拔貢以西工程現仍繼續展築，預計三十二年六月可通車至獨山。卅三年春，通車都勻，其運輸業務亦將隨工程進展加以擴充。現在運量柳州至六甲一段，每日可對開貨車六列，每列六百公噸，計每日單程為三千六百公噸。六甲至都匀一段因坡度關係，每日僅能對開二百四十公噸之貨車三列，計每日單程為七百二十公噸。

（5）川滇鐵路　川滇鐵路公司修築之叙昆鐵路，已由昆明築至霑益，計長一百七十四公里。交由川滇鐵路公司管理營業，并將滇緬鐵路修成之昆明至安甯一段。計長三十四公里，一併經管營業。此兩段路線雖短，因接通國際路線，搶運物資，至為繁重。現在運輸量每日僅能對開一百公噸之貨車一列，然於軍運繁忙之際，將客車一律停駛，其運量自可增加。

以上五路，為現時後方之營業鐵路，此外尚有浙贛鐵路，在三十一年二月間，仍可由株洲通至鄧家埠，長四百三十七公里，聯絡東南各地，極為重要，并對於抗戰已有極大貢獻；嗣因敵人在去年四月在浙贛境內發動攻勢，本路兩段受離，遂於六月全路淪陷。嗣於八月間敵人撤退後，沿線各站逐次收復，局勢穩定，上饒至江山一段，現已修復，再行通車。

乙　抗戰期間建築新路概況

民國二十五年，政府決定建設國防交通，五年完成八千五百公里鐵路計劃。甫經着手進行，即遭七七事變，而大部停頓，如京贛、湘黔、成渝等鐵路，或以國防及軍事關係發生問題，或以材料來源不能供給，不得不暫時停工。但自武漢淪陷以後，大量民衆及政府機關，工商企業，轉向西北西南後方移動，向之交通閉塞人煙稀少之區，遂一轉而為全國政治、軍事、經濟、文化之重心，一切建設，自非迎頭趕上不足以應付需要，故在西南西北大後方積極趕築新路。茲將抗戰期間業已完成及正在興修或籌劃建築各鐵路之犖犖大者，略述於下：

（1）成渝鐵路　本路屬於川黔鐵路公司，自重慶至成都計長五百二十九公里，又為聯絡叙昆鐵路起見，擬自內江至宜賓修築支線一段，計長一百三十三公里。在抗戰以前即着手興工，但開工未久，抗戰軍興，長江被敵封鎖，材料不能內運，數年以來，只作土石及隧道橋梁等工程。重慶內江一段，大致完成，現在料款不繼，業經停工。

（2）湘桂鐵路　本路由衡陽至鎮南關外四公里法屬越南鐵路同登車站，總長一千零二十九公里，計分四段進行：

（子）衡桂段　自衡陽至桂林計長三百六十一公里。於抗戰開始後三個月即二六年十月興工，加緊趕築，以每天一公里之速度於二十七年十月一日正式通車。維時正值廣州武漢同時撤退，所有軍事及工商物資，器材，傷兵，難胞之運輸，深有賴於本段之完成也。

(丑)桂柳段 自桂林至柳州，計長一百七十四公里。於二十七年八月開工，二十八年十二月十七日全段完成通車，對於桂南戰事協助甚大

(寅)柳南段 自柳州至南寧，計長二百六十公里。於二十七年興工，嗣以敵人南侵，工程緩進。後因南寧之變，乃於二十八年十二月完全停工。後以本段過江橋礎告竣，故自柳州展築至來賓七十公里現已通車，正謀與西江水運聯絡。另在鳳凰車站修一支線通至大灣，俾軍運便捷得以暢通，該支線長約二十公里，預計明年春季可以通車。

(卯)南鎮段 自南寧經鎮南關至同登，計長二百三十四公里。二十七年自鎮南關起開工，二十八年十二月同登至甯明六十七公里已鋪軌通車，嗣以南寧失陷，此段無法利用，遂行停工，并將鋪軌道拆除運回。

(3)滇緬鐵路 本路自雲南昆明，經楚雄，祥雲至緬甸邊界之蘇達，全線計長八百八十公里，為國際交通孔道。二十七年十一月興工，原定二十九年底完成，乃以英國態度游移，滇緬公路運輸封鎖三個月，西段遂無法進行；東段亦受連帶影響，工程不得進展。僅將昆明至安寧三十四公里一段鋪軌通車，現移交川滇鐵路公司管理營業。迨太平洋戰事發生，緬甸失守，本路失其價值，遂告停頓。

(4)敘昆鐵路 本路屬於川滇鐵路公司，自昆明經宣威威寧以達四川敘府，全長八百五十九公里，二十七年十一月開工，本路與滇越鐵路銜接，所有需用材料不能不向法國商借，乃以歐戰突起，法國材料合同未能履行，迨敵人侵佔安南，材料不能輸入，工程亦受停頓，致原有計劃未能完全實現。目下係就昆明至曲靖一段一百六十二公里，先行鋪軌通車，交由川滇鐵路公司管理營業。

(5)黔桂鐵路 本路自柳州至貴陽，計長六百二十公里，為西南湘桂鐵路深入黔桂後方之重要幹線。於二十八年四月籌備勘測。黔桂兩省素多崇山峻嶺，工程艱大，幸經工程人員之努力克服天然困難，鐵路路線仍可通過，建築材料均自敵區拆運而來。自柳州至金城江一段一百六十公里，已於三十年一月通車開始營業，現已修築至都勻。

(6)咸同支線 隴海鐵路支線自咸陽至同官，計長一百三十八公里，專為同官煤礦運輸，供給鐵路燃煤而設，現已完成通車營業。

(7)寶天鐵路　本路自寶鷄至天水，為隴海鐵路之延長線，亦為西北交通之主要幹線，計長一百六十公里。路線沿渭河兩岸進行，懸崖絕壁，隧道甚多，工程艱鉅，二十八年開工，期於三十四年春間全路通車。

(8)綦江鐵路　本路自長江上游江津縣屬江口之貓兒沱至綦江縣屬之三溪，共長八十五公里。現就江口至五岔一段先行開工，長約四十公里。此路係為重慶附近工業之需要，運輸綦江附近煤礦而修築。三十年五月設處着手進行，現已將路基修通。

丙、抗戰以來軍運情形

(一)軍運機構

戰前鐵路軍事運輸，大多為剿匪警耗換防之部隊與軍用補給，其數量遠不及戰時之繁重。上項運輸由請運之軍事機關或部隊，報由軍政部核准後，函知前鐵道部轉飭鐵路局備運，並無專設軍運機構辦理之。自抗戰軍興，軍事委員會為統制管理後方軍事運輸，特設立鐵道運輸司令部，秉承　軍事委員會委員長之命，并受軍政部軍令部後方勤務部各部部長及軍事運輸總監之指揮，綜理下列各項事項：

子、指揮各鐵路辦理軍運事項。

丑、籌劃增進各鐵路軍事運輸之效能。

寅、鐵路軍運業務之管理組織及普通公私運輸業務之統制。

卯、維持鐵路運輸之安寧秩序及紀律。

各項軍運法，係按軍事委員會頒布之戰時鐵路軍運條例，及戰時軍事運輸實施規則辦理。鐵道運輸司令部為管理指揮便利起見，於各鐵路設置線區司令部及車站辦公處，又組織調度所，分設於長江南北，統籌支配各鐵路軍用車輛。

凡由軍事委員會，軍政部，後方勤務部核准運行物運，或核轉交通部專案飭運之軍運，統由各鐵路線區司令部查核撥車運送，現有各鐵路之線區司令部番號如下：

粵漢鐵路線區司令部

湘桂鐵路線區司令部

隴海鐵路線區司令部

黔桂鐵路線區司令部

滇越川滇鐵路線區司令部

鐵道運輸司令部於民國二十八年間曾一度改組為運輸總司令部，綜理各項運輸機關辦理軍運事宜，其管理範圍由鐵路推廣及於公路與航政部份，至二十九年又恢復原來名稱。計運輸總司令部成立經過約有一年之歷史，最近又復改組爲鐵道運輸處，自三十二年二月一日起直屬於後方勤務部，，仍辦理鐵路運輸事宜。

(二)軍運手續

戰時鐵路軍事運輸，關係作戰極爲重要。交通部特將鐵道軍運定爲重要中心工作，本軍事第一之義，一切運輸均以軍運爲先，暂飭各鐵路集中全力以赴。溯自七七事變以後部隊調動及軍需供給，輸送頻繁，爲適應事實上需要，各鐵路曾抽撥大部份機車車輛，編組軍運專用列車，以備運送部隊與軍需之用，並集中調度，以發揮戰時鐵路最大之能力。在各鐵路於軍運最繁忙之際，客貨列車路均車掏暫行停駛，抗戰六年餘，鐵路在艱苦環境中奮鬥，對於軍運尙無貽誤，實堪慶幸。粵北桂南之役，湘桂鐵路於新路甫成行車設備不完之狀況下，辦理軍運，迅速達成任務，助成軍事勝利，尤深得軍事當局之贊許。現各鐵路仍不斷努力以求軍運之改進，關於部隊及軍用品之運送，按照鐵道運輸條例規定，均應分別憑持軍運甲乙種車照或運照赴車站換票起運，其使用辦法區分如下：

甲種車照　即軍人乘車付半價現款購票之車照，單行軍人乘車適用之。

乙種車照　即軍人乘車按半價記賬購票之五十人以上之部隊乘車適用之。

甲種運照　即軍用品運輸付半價現款裝運之運照。

乙種運照　即軍用品運輸按半價記賬裝運之運照。

抗戰之初，前鐵道部爲協助軍運，立即通令各鐵路對於軍運條例所列之軍用品，不分整零與整車或非整車一律暫行適用軍運乙種運照，將運費按半價記賬，甲種運照即暫停使用，便利軍運殊多。嗣又以現代戰爭，軍用範圍日廣，各種新式軍械及兵工物資多爲軍運條例所未列載，交通部復與後方勤務部，軍政部及鐵道運輸司令部會商，擬定戰時鐵路運輸軍運物資暫行辦法，以補軍運條例之不足。凡未經軍運條例規定按軍運辦理，而確係與軍用直接有關之軍用物資，由軍事委員會，軍政部或後方勤務部核轉交通部專案飭運，自此以後軍用物資之運送更形便利。此外與軍用間接有關之物資，如製造服裝之布疋紗線等原料，以非普通商品可比，而又限於定章，未便按軍運辦理，交通部特飭各鐵路減收半價現款撥運。

運送部隊手續，係凡經軍政部核准撥運之官兵，其人數在五十人以上，持有軍政部核發之軍運乙種車照者，得向鐵路報運，經鐵路線區司令部查核，填發部隊輸送准運通知書，交起運站憑以起票收照，撥車運送，其運費即按半價記賬。單行軍人乘車，須持用甲種車照，向鐵路車站繳付半價現款，換票乘車。戰時各鐵路於普通客運列車加掛軍人乘坐車，凡單行軍人及少數部隊乘車，均免收運費。至運送軍用品則凡經軍政部核准運送，並經軍運條例規定，按軍運辦理，持有軍政部核發之軍運乙種運照，經鐵道線區司令部查核填發軍需品准運通知單，交起運站憑以起票，收照撥運，運費按半價記賬。運送軍運條例未列載與軍用直接有關之軍用品，則事先應由軍委會，軍政部或後方勤務部核轉交通部專案核定收費辦法飭運。緊急軍運不及呈准軍政部核准發給軍運照，及報由軍政部核轉交通部飭運者，由鐵路線區司令部查明，先行飭站撥運，隨後補辦手續。所有半價記賬及經軍事委員會核准按全價記賬之軍運運費，在三十一年以前均係於年終結算，經軍政部簽認後，辦理轉賬手續。在交通部方面作爲解繳政府之款項，在軍政部方面作爲領到政府撥款。近以各鐵路處境艱難，收不敷支，自三十一年度起，半價記賬及全價記賬軍運運費，一律改由軍政部撥付半價現款，以資助。

（三）軍運情形

各鐵路自七七事變以後，均隨戰事之演變而逐漸淪陷，現存各路亦不完整，此次戰爭動員如是之衆，軍需給養如是之繁，各鐵路雖在材料缺乏，設備不全及時遭敵人襲擊之下，奮勇搶修，并組織敢死隊冒險行車，六年以來，鐵路軍運得始終維持，未使中斷，此爲我國戰時交通可引以自慰者。茲將二十六年七月起至三十一年十二月止，運輸部隊人數及軍用品噸數列下：（另附表）

薛主任安抵紐約

薛次莘主任奉派赴美考察，已於七月十一日由九龍啓首途飛印，二十九日安抵紐約，不日即將轉赴各地考察交通及工程建設，並擬返其母校麻省理工大學觀光云。

現在國營鐵路僅有粵漢湘桂隴海黔桂川滇五路，其情形已略如前述。茲更將各鐵路營業里程，起訖站點及機車車輛數目列下：

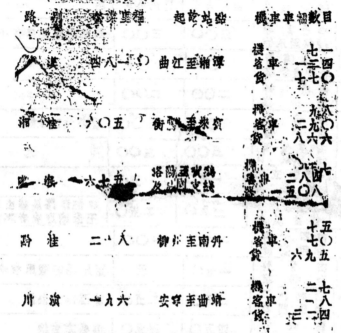

路別	營業里程	起訖站點	機車車輛數目
粵漢	四八一〇	曲江至湘潭	機 七一 客車 一三四 貨 七七〇
湘桂	六〇五	衡陽至來賓	機 九六 客車 二九〇 貨 八六六
隴海	一六七五	潼關至寶雞及咸同支線	機 八七 客車 二八四 貨 一五〇八
黔桂	二一八	柳州至南丹	機 十五 客車 七〇 貨 六九五
川滇	一九六	安寧至曲靖	機 二七 客車 一八 貨 三二四

現在抗戰已臨最後階段，軍運或將更加緊劇，交通部已電飭各鐵路局長，時應居危慮患，督飭員工加緊準備，以應急需，并將各項準備限期完成具報。以各鐵路現有設備之估計，如他日軍運緊急時將一切客貨列車停駛，則其最大軍運能力約計如下：

粵漢　每日開行八對往返各四千噸

湘桂　同　　　　　　　上

隴海　潼關以西每日往返各四千噸潼關以東，每日往返各五百噸

黔桂　六甲以東每日往返各四千噸六甲以西每日往返各一千噸

川滇　每日開行三對往返各三百噸

軍運之迅速準確，在關係作戰勝負之決定，現在各鐵路在抗戰期內，處於極端艱難困苦之處境中掙扎奮鬥，千數萬之鐵路員工，均能淬勵奮發，不避艱危，盡忠職守，英勇殉難者有之，勞瘁損軀者有之，際此抗戰之最後階段，各員工當能以更堅毅之意志，克服嚴困難之環境，竭力辦理軍運，以期最後勝利之早臨也。

（丁）敵偽操縱下之東北及淪陷區鐵路情形

一、新路建築

24793

(子)「九一八」後東北之新建鐵路(截止二十九年十一月止)

省別	路線名稱	起訖地點	共計公里	已成公里	附註
熱河	錦承路	由金廟寺接修至承德	三〇〇	三〇〇	錦縣北票間原有不計
	承平路	由承德至北平東雙橋	一〇五	一〇五	
	葉峯路	由葉柏壽至赤峯	二〇〇	二〇〇	
	峯多路	由赤峯至多倫	三〇〇	三〇〇	曾否施工未詳
	多張路	由多倫至張家口	三〇〇	三〇〇	同右
	新義路	由新立屯至義縣	一五〇	一五〇	
遼寧	[illegible]路	由王爺廟接修至溫泉	二五〇	二五〇	即洮赤路展修由洮南至王爺廟原有者不計
	四西路	由四平街至西安縣	一〇〇	一〇〇	
	開海路	由西豐至海龍	一五〇	一五〇	開原至西豐原有者不計
	梅圖路	由梅河口至圖們江	二五〇	二五〇	曾否施工未詳
吉林	長洮路	由長春至洮南	四五〇	四五〇	偽名京白線
	吉會路	由敦化展修至會寧	二五〇	二五〇	由吉林至敦化原有者不計
	圖江路	由圖們江至佳木斯	六〇〇	六〇〇	
	林虎路	由林口至虎林	三五〇	三五〇	
	拉濱路	由拉法至濱江	三〇〇	三〇〇	
	圖綏路	由圖們江至綏芬江	三〇〇	三〇〇	曾否施工未詳
黑龍江	北黑路	由北安鎮至黑河	四五〇	四五〇	
	呼南路	由呼蘭至通江口	五〇〇	五〇〇	曾否施工未詳
	寧黑路	由寧年至嫩江	二五〇	二五〇	
	寧北路	由寧年至北安鎮	二〇〇	二〇〇	

以上共廿線，計長五千九百公里，除未詳者外均已完成。此外各線支線不及百公里者尚未列入，至關國防重要交通如鴨圖兩江鐵橋，於民國二十三年六月完成，可由安奉吉會兩路直達釜山清津二港，敵又擬由琿春起沿烏黑兩江至滿州里接洮索路，修一大弧

24794

形國防鐵路，以防蘇聯，長約四千餘公里，計劃五年完成。

以上各路之主要作用，軍事重於經濟，係兩年前所完成者。近來增建情形以無詳確報告，無從臆測。自「九一八」後至二十九年底止，九年間敵人建築新路卽如斯之鉅，配合我原有之北甯關外段，瀋海、吉海、吉長、吉敦、呼海、齊克、四洮、洮昂等路（共六〇四二公里）竟達一萬二千公里。敵人曾舉行「滿州鐵路突破一萬公里」之大慶祝，國人聞之應有警惕。

丑「七七」後內地新建之鐵路

路別	起訖地	公里數	附註
通古線	通縣至古北口	一四五	
石德線	石家莊至德縣	二〇〇	
門大線	門頭溝至大尤	五〇	
邯濟線	邯鄲至濟南	三一五	曾否施工未詳

（三四十公里之支綫均從略）

敵偽建築之通古線係二十七年四月一日通車，北通承德與朝承路銜接，可輔助北寧路運輸，並可與平漢，津浦聯運，極有侵略之意義。石德線係二十九年十一月十五日通車，該線橫貫河北腹地，東接津浦，西聯正太溝通津浦平漢，除便利敵寇軍運外，並為掠奪我冀中物資之用。此外於原有之平綏路，從包頭至十拐子溝建一鐵路，專為運煤之用。又擬由十拐子溝至百靈廟修一鐵路，便利內蒙之統治。又自該路宣化至煙筒山及宣化至龍烟新建兩支線，屬於龍煙鐵礦公司管理。由懷來縣沙城鎮經寧堂至門頭溝之鐵路亦己修竣，其由沙城鎮經蔚縣渾源至大同增築鐵路，預計十四年內完成，專為奪取我晉北煤礦之用。敵人為消除我淪陷區同胞之愛國觀念起見，將北寧易名「京山」，平綏易名「京包」，平漢易名「京漢」，京滬易名「海南」，滬杭甬易名「海杭」，江南易名「南寧」。綜觀上述，敵人之經營我淪陷區鐵路，似側重於華北各省，至華中華南各地，因受我軍力牽制等關係，未聞有積極新路建設，僅將平漢路自新鄉起改線繞經開封，并建一臨時木棧橋跨越黃河，以接南段，於廿八年間通車。粵漢路由武昌至蒲圻間，於廿八年通車。隴海東段徐州連雲港間於廿八年十月恢復通車。南潯於廿八年一月廿一日修復通車，淮南線於廿八年冬通車，廣九（大沙至石灘六十一公里）廣三（石圍至三水）及黃諸支線均已先後通車。

(二)行政系統

子、東北各鐵路之組織方式

偽滿鐵路之發展，實以南滿鐵路為骨幹。所有偽滿鐵路，均須委託南滿鐵道株式會社(簡稱滿鐵會社)經營，俾之日臻統一元化。(現在華北各鐵路亦受華北交通會社管轄)滿鐵會社仍獨立存在，直屬於關東廳，其所轄各線—瀋陽至安東，長春至大連—稱為「社線」，滿洲國有各鐵路稱為「國線」，設滿洲鐵道總局管轄之。該局實際即等於滿鐵支社，設於瀋陽，其下設六個支局，即(1)奉天鐵道局(2)錦州鐵道局(3)吉林鐵道局(4)牡丹江鐵道局(5)哈爾濱鐵道局(6)齊齊哈爾鐵道局。每局管轄若干線，不採我國一線一局之制。敵人此種組織方式，不但在鐵路管理上免去分歧之弊，且可節省開支，調劑各線盈虧，甚為合理化自不待言，光復之後大可參酌沿用。

丑、內地各鐵路之組織方式

A. 北支(華北)鐵道事務局所轄各路系統

(1)北京路局計分八線：(一)正陽門至豐台坡(二)正陽門至通縣(三)正陽門至門頭溝(四)通縣至古北口(五)西直門至沙河(六)西直門至南口(七)西直門至門頭溝(八)[illegible]城鐵路。

(2)天津路局計分三線：(一)豐台至山海關(二)天津至滄州(三)北戴河至海濱。

(3)張家口路局計分二線(一)南口至張家口(二)張家口至包頭。

(4)濟南路局計分二線(一)滄州至徐州(二)濟南至青島

B. 他處之鐵道事務局組織未詳

C. 各路局之組織，係鐵路各設局長及副局長，其下分設人事、事故、經理、工務、資金、業務等五科。此外并分設下列各處：(1)營業處——轄業務等三科(2)調查處——掌主計、調查、倉庫等六科(3)營業處——轄貨物旅客三科(4)運輸處——掌貨車等四科(5)自動車處——轄運轉技術等二科(6)保運處——轄碼頭築港內水三科(天津及濟南兩局有水運處其他各局在營業處內設水運科)(7)工作處——轄工廠機械兩科(8)工務處——掌保管、改良、土木、建築四科(9)電氣處——轄電力通信兩科(10)警務處——轄警備保安護路三科。

D. 敵軍在華鐵道上之設施及其駐在地

1. 華北軍輸送指揮部 駐北平

名稱	駐在地	管轄區域
中央路線鐵道司令部	石家莊	平漢正太兩鐵路
東部路線鐵道司令部	濟南	津浦膠濟兩鐵路
西部路線鐵道司令部	太原	同蒲鐵路南北段
南部路線鐵道司令部	新鄉	隴海道清兩鐵路
北部路線鐵道司令部	北平	平綏北寧通古等鐵路

註：各鐵道司令部在各鐵路局設有調度班，各軍用列車設司令車長，與各車站停車場司令取得聯絡。

2. 華中軍鐵道司令部

名稱	駐在地
第一野戰鐵道司令官	上海
第二　仝　上	蘇州
第三　仝　上	杭州
第四　仝　上	南京
第五　仝　上	蕪湖
第六　仝　上	蚌埠
第七　仝　上	廣州
第八　仝　上	徐州
第九　仝　上	九江

註：各野戰鐵道司令部附有汽車隊、駱駝隊、驟馬隊、輸卒隊、野戰建築隊、海船隊等。

（三）管理辦法

子、東北方面

僞滿鐵路員工：日人約佔百分之廿，多爲高級管理人員，技術人員，及大站站長；華人佔百分之八十，多爲中下級職員，如小站站長，副站長等，均在敵人嚴格管理下工作，責罰極嚴。嗣各路局，以日籍職員薪水過高，乃逐漸易以華人代之，因工作能力不低於日人也。

24797

訓練中下級幹部，則設有偽「中央鐵道學院」，三年畢業，分發各路任用，多係廿五歲左右之青年，業經畢業三期，約一千五百餘人，用以補充日人之不足，並代替華員。

對於鐵路之保護：利用人民利用力量，沿綫分段組織「鐵道愛護村」，村設「愛護隊」，選農村青年任之，保護鐵路上一切設施，並於鐵路兩旁嚴禁種植高梁等農物，以消除我義勇軍活動之堡壘 設有我義勇軍襲擊，應盡全力防守，並報告日本警備隊，否則對全村嚴懲，或燒燬，此種威脅，力行之頗見成效。

丑、內地方面

「鐵道愛護村」等組織，亦在內地各路普遍實行，「鐵路學院」亦已在北平成立，一切管理辦法完全仿照偽滿。

附：敵在朝鮮偽滿華北鐵路各車輛總數調查表：

用途	級別 ＼ 車種	機車	客車	貨車
軍用（大型）	朝鮮	119	1,013	5,290
	偽滿	936	1,783	21,297
	華北	330	545	7,977
	小計	1,465	3,341	34,564
	百分比	66%	86%	83%
交通用（中型）	朝鮮	169	35	1,456
	偽滿	353	348	2,227
	華北	228	176	3,376
	小計	750	559	7,059
	百分比	34%	14%	17%
總	計	2,215	39,00	41,623

附記：

1. 本表根據敵件調製而成。

2. 本表車輛數字係據一九三九年(昭和十四年)調查所得。

3. 軍用大型車輛貨車為客車之十倍客貨車為機車之廿六倍每列車以廿八輛計可編成一千三百五十四列車。

4. 交通用中型車輛貨車為客車之十三倍客貨車為機車之十倍每列車以廿八輛計算可編成二百七十二列車。

5. 總計(軍用交通用)貨車為客車之十一倍客貨車為機車之廿一倍共計可編成一千六百二十七列車。

(三)將來鐵路之展望

甲、總理鐵路計劃之研究

總理十萬英里鐵路計劃，係將全國鐵路盡分為六大系統：(一)中央鐵路系統(二)東南鐵路系統(三)東北鐵路系統(四)西北鐵路系統(包括西北鐵路系統)(五)西南鐵路系統(六)高原鐵路系統。凡曾讀建國方略一書者多能道之，蓋我國幅員廣大，政治、軍事、文化、經濟、工商業等中心每不能集於一處，建設鐵路遂不能如蛛網式之發展，必須逐區自成系統，而於各系統間予以相當聯繫，如是方能獲得鐵路運輸最大之效果。先總理是項計劃，曾殫思竭慮，對於海港之興築，人民之移殖，資源之開發，經濟建設之促進，國內主要城市之聯絡，國防交通之鞏固，國際運輸之溝通，在在均考慮週詳。今後建築新路，原則上自當奉為圭臬，逐步實施發展，以期完成。

詳察六大系統之鐵路路線，係以北方大港、東方大港、南方大港為三個重要出發點，分別向內地伸展，我國交通經濟事業一向落伍，濱海各省則以海運商埠等關係，一切新文化較內地稍形前進，故鐵路之建築由沿海以達內地，易於推動成功，且當時所擬計劃，係欲利用第一次世界大戰歐美各國剩餘之鋼鐵出產，為運輸便利起見，新築各路自必須由海口起逐漸內移，惟時遷境遷，國內與國際間情形，與三十年前變化頗多，先總理鐵路計劃之實施，其先後步驟似有研討之必要，姑試言之：

1. 一國之建立，必求自力更生，而重工業之發展，乃為自力更生之要圖。我國今日重工業落後，無庸諱言，他日抗戰勝利後，自當急起直追，亟謀發展，以圖富強。惟重工業之重心，須在腹地，較為安全，地帶更須視國內資源產地為轉移，就目前情形而論，資源開發如煤鐵、石油、[illegible]等礦產，多在西北西南腹地，為運輸便利，成本輕微計，我國最近將來之重工業之重心必將聚於西北西南諸省，新路建築似亦必以工業重心而向其他區域發展。

2.經此次抗戰，深知我國海軍力量脆弱，一旦國際交惡，沿海各地最易受襲擊，而遭淪陷，然建設海軍需時費工，決非短期內所能完全者，在海防未臻鞏固前，鐵路重心似不宜置於沿海各地，應由內部逐漸向外推進，以防萬一之損失。

3.國防交通路線每即爲國際交通聯絡路線，此項鐵路之建築，必同時有強大之軍備爲其後盾，方能得其効益，否則反受其害，蓋國際風雲變化莫測，今日爲友者明日或可爲敵，反之亦然。設不幸國際間發生糾紛，友我者自可由國際路線供我所需，而敵我者則必假國際路線爲侵入之捷徑，如無自衛之軍備，則國防路線有時反足資敵。故在計劃建築新路時，必須事先審查國內軍事配備，國際形勢及地方情況，然後擇其有利者先行動工，隨軍事強化再行推進其他各國防路線，方爲妥善。

綜上所述，今後築路實施，雖依照　先總理之原擬計劃，而所採步驟則應適合目前環境，先完成核心腹地之鐵路，再由內向外推展及於沿海暨邊區，方能致國防之安全也。

乙、戰後新路之展望

抗戰勝利後，舊有各鐵路之遭受破壞者，必須積極修復，以利交通。同時并須選擇重要路線，盡力趕修築新路　藉期建國之早成。蓋交通建設每爲國防經濟等建設之先驅，而鐵路建設又爲交通建設之主幹也。　總裁在「中國之命運」中亦曾指示在今後十年中，必須趕修二萬公里鐵路，關於新路建築目標，自當以　總理十萬英里鐵路計劃爲準，惟我國物力財力均極匱乏，十萬英里鐵路决非短時期內可能完成，何者應先建築，何者可以從緩，是須有精密通盤之籌劃方易措施，茲將戰後建築新路之步驟，分別言之：

1,各省省會亦即軍事政治重心，在戰後十年內必須有鐵路相互聯繫之，是項工作除邊區較爲困難外，餘尙易爲，蓋東北東南中央西南諸省省會，大部份已有鐵路接通，不必另築新路也。

2.爲軍事政治統一指揮便利起見，新疆、蒙、藏等邊區必須建有鐵路，使與內部各重要地點相聯絡，但邊區各地間彼此暫可不必有鐵路相聯繫，俾工作範圍較小，問題較爲單純化。

3.完成東西向及南北向井字形幹綫，南北幹線有三：一自瀋陽起經津浦路南下以達廣州，一自北平起沿平漢粵漢路南下以達廣州（已完成），一自天水經成都南下以達昆明。東西幹線有二：一自東方大港沿隴海路西上以達迪化，一自上海西上以達昆明，東西向因有長江水運爲輔，故幹線可以較少。

4. 凡在軍事經濟上均有重要價值之路線，應於此十年內分別增舖雙軌，以利運輸，是項工作或全線同時實施，或分段先後辦理，要視各路情形而定。

戰後十年內建築新路之最低目標，爲完成　總裁指示之二萬公里，但戰後各地開發同時進行，二萬公里鐵路尚難敷全國之需求，倘物力財力人力有富餘時，應以完成　總裁希望之雙倍數字（十年完成四萬公里）爲吾人努力之最大目標，方足以應付將來建國之需要也。

丙、未來鐵路管理之探討

鐵路管理制度，通常分爲三種：(一)線制：即每一鐵路綫不論其里程之長短，業務之繁簡，設一主管機構管理之。(二)幹綫制：主管機構除管理一較長或較重要之路綫外，并管鄰近之支線或次要路線。(三)分區制：即將各鐵路按營業運輸狀況及地理環境劃爲若干區，每區設一主管機構，管理鐵路若干線，乃由綫的管理進而爲面的管理。各制之採用，係隨鐵路建築之發展而轉移，初期鐵路線路甚少，各綫間距離亦甚遠，爲管理便利起見自須採用綫制；漸次因環境上之需要幹綫鄰近陸續有次要路綫或支綫之增修，管理制度必進而爲幹綫制；迨乎鐵路大量發展，至成爲一鐵路網，則應實行分區制管理之。

我國目前鐵路管理方法，大致係採用綫制，是因現有鐵路爲數不多，分散四處，不得不採用初期辦法，并非故步自封，不求改進也。然亦有一部份轉入幹綫制之階段，如平漢路之有道清綫，粵漢路有廣九綫是。敵人在華北各省經營鐵路改用分區制，蓋其地鐵路綫路較多，已呈網形，故能實施較前進之方法。今日抗戰勝利，國土收復，逐步實現先總理十萬英里鐵路計劃，則鐵路管理必將採取分區制無疑，惟在過渡時期或有幹綫制與分區制并存之可能也。

以往各路機車車輛之調度除在特別緊急軍運時期，概係囿各路營業範圍以內，甲路之機車車輛非因聯運或租借，每難行駛於乙路，於是發生不平匀之現象。鐵路之運輸在一年內恆有忙月淡月之別。而各路「忙」「淡」情形，每因地域人事種種關係，而未能盡同。有時甲路以運輸特殊繁忙機車車輛不敷應用，而乙路恰值淡月，大部份機車車輛竟予閒置，妨害運輸，糜廢物力，無待贅言。故今後全國各路機車車輛，必須由一中樞機構集中調度，隨時視各路運輸情形，予以合理之支配，俾能充分利用物力，使發生最大效能，遇有特種運輸發生時，亦可應付裕如。我國鐵路均係國營，（其有民營者多係實業支綫，範圍極小）。本不應存爾我之見，鐵路從業員亟須捐棄以往積習，在新的制度下共謀鐵路事業之發展與繁榮。

新橋新路新燃料

△「巴雷橋」係一種輕便可裝之鐵橋，因發明者巴雷氏得名，爲最近重大發明之一。橋爲分把又成，每段約長十呎，重二十噸，裝配時無需鉚釘或鉗接，可謂極其簡單而巧妙，六人即可裝搭。接合數段即成一長橋，足以載最重之坦克車，如即裝以鋼橋，載重更可增大數倍。盟軍在意大利使利格諾河之役，工兵卽在卅六小時內築成三百呎長之鐵路跨越低岸，被譽爲卓越驚異之成就。他如西西里及突尼西亞兩戰場中亦備受蒙哥馬利將軍之讚譽云。

△「麥路」在文加哥城，爲全球首次用麻布鋪成之公路，可分畫爲同時平排行駛八輛汽車，業於今年完工。行車。

△「柴油火車」將在西北鐵路上首先行駛，按柴油車較使用蒸汽機者力量更大，路面坡度可稍大施工較易，修築時間亦可縮短。西北油源豐足，用途上果得此出路，對後方運輸當不重大補益。唯因用柴油火車時，鐵路建築之計畫路線須再度測繪，作技術上之修正云。

近三十年來我國鐵路橋樑工程之概況

三十三年六月八日交通部橋樑處處長
顧懋勛先生在本會演講
周增譽記錄

本人本日所講之題目為「近三十年來我國鐵路橋樑工程之概況」因所包括之題材過廣，今日僅能就大概情形報告一二，其目的僅在對我國鐵路橋樑事業之過去情況及今後動向，藉以指出其前途為光明抑為黑暗，為寬廣抑為窄狹。師說句曰：「聞道有先後，術業有專攻」，本人習業早於諸位二十餘年，願將此二十餘年經驗報告諸君，以為參考

為權宜計，今將此三十年分為三期，每期為十年，此種分法雖欠正確，但用以說明演變之序已足，此三期即：

第一時期　　創始時期

第二時期　　守成時期

第三時期　　新興時期

第一時期之前我國並無正式之鐵路，故本期為開始接受鐵路建設之動機，而大規模從事實施之創始期，促成之原因，因清季國勢阽危，國人以為外國之富強在其物質建設，而鐵路尤為重要，故積極提倡造路，在濱海諸省完成重要幹綫數條。惜因當時我國適承積弱之餘，人材款項器材，莫不仰求國外。橋樑工程比較專門，當然更非假外籍工程師不可。各路因借款關係，大抵即由債權國承造，我國既無統一之標準，因之各工程師即各依其本國規範，形成各路標準之參差。該時期完成之平漢，津浦、隴海、膠濟、北寧諸線，其標準至為紛歧。尤於橋樑方面，出入特多，甚至同一路上，因借款不同，亦不一致，例如平漢南段用法比制，北段用[illegible]制，津浦南段為英制，北段為德制，均以借款來源不同，承造者不同，以致標準迥異。

再如德人築膠濟路時，因急於通車，在短期內建築完成，全線橋樑均極單薄，故有十二年之婁河橋事件。該路於接收後，當局深知橋樑之危殆，列車通行向須限制速率並

法，以策安全。肇事之日，因值舊曆大除夕，司機違章逕駛上橋，以致橋身中斷，釀成覆車慘劇，同類事件他路亦有不免，固非絕無僅有也。

今將舊有各路重要橋樑略述一二：

(一)津浦路黃河濼口鐵橋——此橋係德國M.A.N.公司設計承造，爲十二孔永久式鋼橋，自北起八孔均爲單支桁梁橋(Simple Truss)，每孔跨徑91.5公尺，第九與第十一兩孔爲128.1公尺之錨臂(Anchor Arm)，第十孔爲164.7公尺，此164.7公尺一孔，係由懸臂(Canntilever)各27.45公尺及中段109.8公尺之懸梁(Suspended span)所構成，橋寬9.4公尺，預計將來如改成雙軌，僅將兩側主梁增設爲二，加以聯繫即可應用。美工程師華德爾氏以爲本橋之缺點在1.比例不稱 2.加設主樑改作雙軌用之設計係彼其個人之創作。濼口橋之建築費共計一千二百萬馬克，於民國二年完成通車，其載重量經計算約合E40。橋墩之建築，多處均用汽壓沉箱。

(二)平漢路黃河鐵橋——比國工程師所設計建造，共一百零二孔，後因河床變遷，在北段資去二孔，故存百孔，其結構設計僅足供臨時性橋用，桁架所用材料多T形截面，兩端各二十四孔爲桁梁，中間五十二孔爲鈑梁，基礎用30公分直徑之鋼管作樁中填混凝土。其實際能載之荷重，計算僅及E25，戰前我國通用機車均在E40左右，故危險異常，過橋亦用速率限制辦法，同時該段黃河冲刷甚烈，基礎時處傾危，每年須塡入一萬至二萬方之蠻石以維護之。

(三)津浦路淮河大橋——爲九孔之鋼架橋，跨徑200尺，設計型式通常，桁架爲Pratt式，值一提者爲該橋因當時淮運要道，初築時地方紳民堅請用活動式橋，後經政府決定仍用定式，但在上下游設置上下船桅之特種設備，以利船隻過橋。

本時期完成之大橋頗夥，今不一一多贅而將橋長四百公尺以上者列表於下：

總長在400公尺以上之大橋表

23年鐵道部工務司彙編

路名	橋名	說明	載重量	橋礅材料
平	永定河橋	15孔 30.60M T.T.	E-30	混凝土
		1孔 8.75M T.T.		
	沙河橋	7孔 30.0M T.T.	E-20	碎石
		16孔 18.28M D.P.G.	E-40	混凝土
	滹沱河橋	13孔 30.70M T.T.	E-25	鐵樁

	黄河橋	24孔 30.00M T.T. 52孔 21.01M D.P.G. 24孔 30.00M T.T.	E—25	鐵
漢	淮河橋	14孔 30.00M T.T.	E—25	石
津	黄河橋	8孔 91.5 M T.T. 1孔128.1 M 1孔164.7 M T.T. 1孔128.1 M 1孔 91.5 M T.T.	E—40	石 混凝土，石
浦	泜河橋 淮河橋	62孔 9.14M(30') D.P.G. 9孔 60.96M(200')T.T.	E—35 E—27.4	混凝土 混凝土，石
隴海	灤河橋	16孔 25.00M D.P.G.	E—50	混凝土
北	六股河橋	16孔 30.48M (100') 1孔 18.29M (60') D.T.	E—5	石
	大凌河橋	26孔 30.48M (100')Warren	E—35	混凝土，石
	遼河橋	2孔 30.48M T.P.G. 18孔 30.48M Warren	E—35	混凝土
寧	錦襄支線	16孔 30.48M T.T.	E—50	混凝土
平	大洋河橋	16孔 30.48M D.T.	E—35	混凝土
綏	王河橋	18孔 30.48M D.T.	E—35	混凝土

第二時期適當國內革命初成，內戰頻仍，鐵路橋樑新建甚少，而反多破壞，謂之守成猶恐不逮。本時期較足一叙者爲黄河橋之修復及華特爾氏領導之全國橋樑考察，與鐵路鋼橋規範之擬訂。津浦路黄河橋於民國十六年北伐軍將至濟南前爲北軍所破壞，係將懸臂橋北錨臂之北橋墩施以爆炸，毀北錨臂之橋座及下桿横樑等部，錨臂降落，懸臂上翹，全橋失其平衡與繩直之狀態，交通中斷，當時鐵道主管當局，原擬委託原造者 M.A.N. 公司代爲修理，但因該公司開價過高，遂決定由津浦工務處自行修理，經向德國購備必要工具，其主要者爲100 噸之千斤頂十餘枚，用以頂起降落之錨臂，恢復原有之繩直與平衡，並設置輥軸，留備温度之漲縮，交通遂以恢復。至民國十七年又自M.A.N. 公司購得必要桿件，澈底修復，此次修理工程之成功，在中國鐵路橋樑史中實爲有聲有色之一頁，因此事表示中國工程師已有勝任獨立工作之能力矣，再由北橋昔知原設計圖與實際多處不符，頗爲驚異，何德國素重準確之工業先進國，亦有此種情形。

鐵道部鑒於各路運輸頻繁而橋樑薄弱，時虞不勝，特請美籍橋樑專家華特爾氏作實

24805

地之考察，從事設計改進，並就便視察各路橋樑情形，渠對我國工程師建設膠濟路橋樑之卓越成就，頗讚賞其能力足與美國工程師相頡頏。此行本人亦隨同考察，爾後並將各路橋樑載重重加核算，發現其中有僅及E－12者，相當於E20者則比比皆是，我國通用機車爲E－40左右，此等橋樑實已無日無時不可出事，然仍徼倖得免者，其原因不外二端，一爲安全係數之保障，二爲設計時所計入之衝擊力一般似均較實受者爲大。此次視察之結果，華氏供獻之補救辦法有二，一爲速率限制，一爲加設托架於結點，以減輕橋樑上之荷重，但當時因種種困難，鮮能實行，幸直迄戰前，均未失事，然此行險徼倖之舉，實不可爲吾輩工程師訓。

關於鐵路鋼橋規範，前述各路自依標準，不甚一致，極爲紛岐，北國路政司台相當規模，頗宜有所制定，北京鐵道部經由民國十一年集合專家(當時尚多外籍工程師)訂定中華國有鐵路鋼橋規範，大抵均以1910 A.R.E.A.規範爲藍本，惟對鋼中含燐之成分規定不得超過0.05一點，殊爲不倫，蓋當時外籍工程師均袒顧及本國鋼料之銷路而力爭(按美國標準開爐鋼Acid爲0.06 Basic爲0.04，在歐國家則一律爲0.06)，故結果折中爲0.05。

最後一時期之十年間，我國鐵路建設事業復脫離停滯而趨於積極，本期完成之新路有粵漢南段，隴海西展綫，江南、湘桂、浙贛等線及因戰事停築之湘黔，成渝、滇緬、川滇諸綫，計劃及進行中者亦多，完成之橋樑亦多，唯材料向國外採購時，每感紛歧，甚不一致，昔有之規範既已陳舊，而當時所依A.R.E.A.1935年訂定之規範，亦未必盡能適合國情，鐵道部工務司爲應各方之需要，曾按E50級活重訂定鋼橋標準圖一套，粵漢隴海諸橋均按此建造在國外購料以作根據外人亦均遵循，其後錢昌淦先生更以應用古柏式活重對中國通用機車情形略有不符，改擬中華荷重，制其C－20級，約相當於E－50級，C－16級約相當於E－35級。

民二十七年交通部橋樑設計處更完成C－16鋼橋標準圖一套，因戰事影響，未及公佈施行，現因國內鐵路失陷頗多，工作稍閒，更擬進而將全國各種橋樑增進標準化，以期派其爲向，俾此可以互換，不受路別與疆域之限制，在適合經濟條件下，經擬定七公尺爲唯一之鋼樑標準幅長，例如有四幅則長二十八公尺，五幅則長三十五公尺，以次類推，有時爲適合特殊情形，則可改變末端之幅長以調劑之。

本期完成之大橋值得注述者有茅以昇先生主持在戰前完成通車之錢塘江大橋，其正橋為十六孔，各長220呎之固定鋼桁樑，其下層設計係按E－50專供鐵路，上層按H－15設計通行汽車；潼關黃河鐵橋因戰事停築，預定計劃為十五孔之60公尺跨徑上承鋼梁橋，荷重按E－35設計，關於鋼筋混凝土橋方面完成者如粵漢路之五大拱橋，京贛路之25公尺拱橋，成渝路亦有甚多之鋼筋混凝土拱橋，重要之大橋均如附表(二)。

材料方面我國現用者為含炭鋼，錢塘江大橋所用則為英國之Chromador Steel，其安全應力可達二萬四千磅每平方吋，普通常所用者率為一萬八千磅每平方吋。

電焊方法，我國各橋亦多有應用者，例如粵漢路株韶段因比工程師建築時所用樑上鉚釘過稀，即利用電焊方法以加強之，他如津浦路亦曾利用電焊加固若干通過之橋樑，該項電焊機戰時用於浙贛路尤著功效。

其他橋樑方面所需努力之處尚多，例如我國所有橋樑既已不少，迄今猶無一橋樑廠，戰後必須設法建立之，我國鐵路橋樑事業，戰後之任務甚重，其基礎則在一方面與一般重工業建設配合，一方面培植人材以擴展充實之。

新修各路大橋表

路名	橋名	說明	載重	附註
浙贛	梁家渡橋	14@35M D.P.G.	E－35	鋼橋
,, ,,	贛江橋	3@35M D.P.G. 9@60M T.T.	E－35	,, ,,
粵漢	淶河橋	4@60M T.T. 8@18M D.P.G.	E－50	,, ,,
,, ,,	淥河橋	7@18M D.P.G. 4@45M T.T.	E－50	,, ,,
,, ,,	株河橋	1@18M D.P.G. 2@45M T.T. 13@18M D.P.G.	E－50	,, ,,
成渝	沱江橋	7@ 50 T.T.	E－50	鋼橋
滬杭及浙贛	錢塘江橋	1@164呎 (arch) 16@220呎 D.T. 3@164呎 (arch)	E－50 H－15	鋼橋
	潼關	15@ 60M D.T.	E－35	鋼橋
粵漢	五大拱橋			
	新岩下	4@ 30M 2@ 15M	E－50	鋼筋混凝土橋

24807

	礁碰冲及省界	1@ [illegible]0M 2@ 10M	E—50	鋼筋混凝土廚
	風吹口	1@ 30 M 2@ 10 M	E—50	鋼筋混凝土廚
	燕塘	1@ 40 M 1@ 10 M	E—50	鋼筋混凝土橋
川滇	馬過橋	1—20 M 2—12 M	C—16	鋼筋混凝土及石拱橋

本系添設雙班

近年各項土木人才，需要孔急，而本系自在渝恢復以來，成績日游，乃奉部令自下學期起改設雙班，俾大量儲才，以為建國之用，故今夏錄取新同學即已增至七十三名之多。

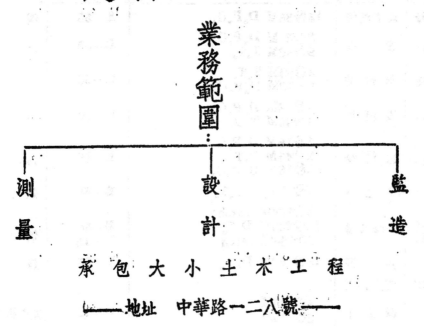

24808

首都鐵路輪渡工程

卅三年五月十三日汪菊潛先生在本會演講

袁森泉記

首都鐵路輪渡起議頗早，至民國十九年冬才正式興工。鐵路輪渡與普通所常見之公路輪渡相似，但以其載荷較重，車列較長，故兩岸之坡度較小，所用之渡船亦較大；火車自岸分節上船，由船載至對岸再上軌道。南京浦口間在未建鐵路輪渡之前，機車車輛亦可用臨時木架及渡船過江，然以其過於費時費事，僅在戰時及特殊情形之下用此辦法。為便利兩岸過江客貨運輸起見，爰建築首都鐵路輪渡，以供長期之用。

首都鐵路輪渡工程之情形約可分下列四端說明之：

(甲)引橋　輪渡為永久建築，必須絕對不受江水之影響；南京長江江水，最高洪水位與最低枯水位相差達二十四呎，欲輪渡適合上項條件，必須使其建築具有二十四呎之調節。乃利用活動引橋與兩岸相接，猶如跳板然，以中水位為其水平位置，夏季水漲可以上升十二呎，冬季水枯，復能下降十二呎。引橋一端固定於岸，另一端可以活動。鐵路坡度普通為不超過百分之二，故引橋至少須有六百呎長；然六百呎之引橋架於船上，船之負荷重過，故另需一跳板以搭之，以使引橋一端由直接支於船上變為由橋墩支架，而以跳板與船作連，則橋之重量可不需渡船載負，而船之升降仍得由跳板調整。世界各國之輪渡其高低水位相差罕有如此之大而可資參考者，乃於施工之前在浦口岸上依照計劃坡度之最劣情形築路試驗，以引橋與跳板連接處，並不能若固定鐵路之利用豎曲線，故結果普通貨車尚可應付，而客車尤其藍鋼車車廂較長，極易脫鈎，原定坡度計劃遂不得不加以修改。乃將引橋接跳板一孔一百五十呎放平，他端四百五十呎之坡度增加為百分之二、七五，分三孔(Span)每孔一百五十呎，如此即減少引橋與跳板接連處之坡度差而可應用矣！

橋之本身與普通橋梁無異，乃帶柱華倫式桁梁 (Warren Truss with Verticals)，所不同者，即橋身必須活動，能上下，故橋墩上建兩鐵柱，上架一橫梁，橋身則用眼桿

(Eye Bar) 懸掛於大螺絲帽上。螺絲繫於轉盤在橫梁上，當其旋轉時，可調節橋之升降。旋轉有兩法：一為轉螺絲，一為轉螺絲帽，今採用後者，因其不致使螺絲向上伸出。另在桁梁下弦之外面設銅板一塊靠住柱面，固定橋之位置，以免左右擺動，此種動作，全以電動機轉動之。鐵橋上下雖由電動機之速度等配合或仍不易成一直線，故另用角差限制開關(Angle Lmt Switch)以調整之，裝於兩孔孔端之間，其角度過大過小時，停止過速之電動機，使其自動調整，則橋面可保持一直線。最外一孔，必須保持水平，其法係在桁梁上裝擺度限制開關(Pendulum Switch)，兩端電動機受其控制而保持桁梁之水平；整個引橋即如此掛住。

跳板原計劃長四十五呎，後嫌略短，改用五十四呎；一端接橋，他端置船上，隨船上下，於船開行時用鋼纜滑車(Pulley Block)控制其上下。行車坡度限為百分之四，船空時向上，火車上船後達平或向下。

基礎與普通橋墩相同，惟係承受兩柱之力，最末之橋台與普通者略異，普通之橋台均用輾軸式擺座(Rollers Rockers)以應付漲縮，此處因四孔均用鋼樞相連接且橋身在向上及向下時縱方向發生一相當大之拉力或壓力，必須由最末橋台承受，故其橋座 (End Shoe) 與普通不同。在縱向亦須用橋墊及錨螺栓，係平面及豎面混合結構。此外縱梁與橫梁皆位於下弦之下方，亦與普通之橋異。

(乙)渡船 渡船全長三百餘呎，上鋪三股軌道，以跳板與引橋連接。引橋軌道亦分三股，近岸之三孔合而為一，呈喇叭狀；船尾裝機車換軌台(Tr nsfer Table)，以便機車換軌，軌道與引橋上軌道之銜接，係用鑄鋼梢栓插入槽內。船之兩邊有兩極大之水櫃及抽水機，用以調節火車上船時船之傾側，務使船身平穩，至多在二三分鐘內可使水櫃裝滿或抽空。機車均備真空 空氣及蒸汽三套制動器，以求其安全。

(丙)安全問題 可分數方面來講：

(一)橋頭有一門，以電流控制與跳板兩端之接軌處成自動連鎖，須跳板軌道完全吻合後，此門始能開放。

(二)因水流關係，引橋斜向下游，渡船靠岸之處，設木樁三排成架狀 (Frame Work)，船銜接其上，方向稍又固定，然後以絞盤拉抵引橋。

(三)引橋升降之際。機車不能行動，橋上裝紅綠燈，為控制之標誌。

(丁)管理 渡船之容量，每次可載車廂二十一輛，每一股軌道載七輛，第一批七車先上近木梁之軌道，次上遠木梁之軌道，末上中軌；每上一車列，即應須抽動兩水櫃中之水，使船身保持平衡，以免危險。

此工程於民十九年十二月開工，廿一年春基建完成，廿一年冬開始安裝鋼柱及引橋，廿二年十月正式通車。渡船自英國訂購。本人曾參加全部工程，因得述其詳。今日因時間關係，僅能言其大概，諸位如對此更有興趣，當願於來日作更進一步之討論。

康老教授蒞渝

本校老教授康時清先生，以校友資格爲本系盡瘁者已歷有年所，自上海完全陷敵後，不甘附逆，決心內來，雖長途跋涉，備嘗艱辛，然全家均已安抵貴陽，現康老教授已應本系之聘，回母校服務，本系師生，聞訊後，至爲興奮，深信「老當益壯」之康教授，對本系將多有所貢獻矣！

談航空測量事業

三十三年五月廿五日王之卓博士在本會演講

俞受穀摘要筆記

航空測量術乃二十世紀測量術中一重大之進步，其法為利用飛機飛行空中攝影，然後根據其地攝影之紀錄，直接用以測圖。諸君在校肄習三角測量，地形測量，水準測量等學科，此等均為測量之基本學科，但此等測量方法，雖有百餘年之歷史，而在方法本身，自始至終，不外乎下列二原則：

（一）所有測量作業均不外由長度與角度測量組合而成——長度丈量由最原始式之繩索，鐵鏈等，漸進步而為鋼尺，銦鋼線；而在角度觀測方面，亦漸由極大笨重之儀器，日益改良，成為輕巧玲瓏者，同時更使讀數簡單而精確。但在測量方法本身，則仍不出長度與角度二者之範圍。

（二）所有測量成果均以點之測量為基礎——不問其地形起伏若何，欲測求一幅地圖，測量者必須在整個區域中，逐點測量，然後用內插法，將各點連成線後，由線並組成輿圖。

迨航空測量興起，遂能擺脫此二原則之束縛，測量方法不僅限於長度與角度單純之組合，而點之測量亦可進而為綫之測量，甚至在某種特殊地形中，可演進為面之測量，但此非謂航空測量術一出，其他三角測量等即趨於淘汰，反之陸地上之各種測量，仍為測量的基本作業，航空測量乃基本學術之輔助工具，特所以增進其功用及效能耳。

茲將航空測量之原理在此作一粗淺之介紹：

設吾人能停留太空，以兩眼俯視地面之山嶺河流，則必能繪出等高綫之大概情形。此種工作實可由攝影機在空中攝影，以達到吾人之理想。茲試以飛機在甲乙兩點先後攝影，以代替空中觀測者之兩眼。更為測求精確計，使兩攝影站間距離增長至千百公尺，蓋誠如在平板儀測量中之原理，基綫加長，即可以得比較準確之交會也。底片洗出後，利用透鏡，三稜鏡，顯微鏡及望遠鏡等儀器之巧妙裝置，即可將二幀空中像片，反射入觀測者之二眼，形成一立體印象，據此即可測繪地形。較之吾人留停太空，以兩眼俯視地形而畫繪地物者，準確數千倍以上。

如上所言，則利用航空攝影以測繪地圖，其可能性極易為一般人之所瞭解矣，但航空測量在原理方面雖已早有根據，但實用方面所以遲遲未能早日實現者，殆受其他科學牽連之故。當其他有關科學未能有進步之時，則航空測量之理想亦迄不能實現。譬如攝影必須有鏡頭與底片，航空測量所要求鏡頭光學與底片化學之標準甚高，二者無有顯著之進步時，則航空攝影所得之結果，即不能應用於測圖工作；又如航空攝影，必須飛機，而飛機為近三十年之產物，故航空測量之進步，亦主要在近二三十年間，以前所發展者，祇限於地面攝影測量，間以汽球作空中攝影，但因空中攝站無法自由控制，亦只為試驗階段而已。

我國之有航空測量事業，肇始於民國二十年，其時參謀本部陸地測量總局首先成立航空測量隊，時僱德專家為顧問，儀器百分之九十採自德國，並於是時擇陸地測量局中之優秀人員組織航測研究班，其後五六年間，逐漸發展，由創始時代進而達於全盛時代。其間比較特殊之工作舉例如下：

民國二十一年黃河決口成災，各方紛急救濟，時航測隊初立，聞訊後立即飛赴災區上空攝影，攝後日夜趕製輿圖，故在其他調查人員尚未抵達災區之前，圖即製就，使一切其他工作，均能提早順利進行，此實為中國歷史上之創舉。雖當時所製之圖，係草率性質，非一般地圖可比，但航空測量在中國社會間遂引起相當之注意矣。其後江西舉行土地測量，亦試用航空測量，成效卓著；工程界方面，先後有水利航測隊，從事黃河之測量，鐵路航測隊任川湘天成等鐵路之踏勘工作，成績快捷準確，且費用低廉，因此博得各方一致之期許。而航測在中國之發展，頗有蒸蒸日上之勢矣。

迨抗戰爭興，此種新興之事業，竟致一落千丈，飛機及攝影器材之供應日益困難，航測事業遂漸趨衰落，終至停頓，但航空測量究為測量工作之最新工具，當此抗戰勝利在望之際，戰後地圖之需要至為急迫，最近又有大規模航測作業之準備，正在動員人力物力籌劃進行之中。而衰落期中之航測事業，遂又漸呈活躍矣。

為適應需要起見，吾人現在面臨二大問題：一即人才，二即技術是也。我國幅員遼闊，五萬分一標準地圖共需數萬幅之多。諸君在學校所練習者多為數千分一大比例尺測量，一幅五千分一地圖縮為五萬分一時，其圖面面積只當前者百分之一。吾人或可想像此數萬幅五萬分一地圖完成工作之艱鉅矣。依照往昔我國測圖之速率，非百數十年不辦，加速之法惟有一方面採用新式技術，同時加緊培植人材，諸君學習土木工程與測量技有關係，希能隨時注意航空測量之發展，必要時并希儘量參加工作，共襄盛舉也。

根據航攝底片測製成圖，前顧及觀測者之便利并成果之精度，使完成最完善之測圖儀者，首屬德國察司工廠製造之精密測圖儀。我國曾購備二架。此儀可以供用於任何種類之測圖工作，但其價值過昂，不能多加設置，使多組平行工作，故應用此種儀器測圖，在理論上固已獲得理想之解決，但實際上仍不能得大規模發揮之効力。因更有比較簡單儀器之設計，或則犧牲其觀測之精度，或則犧牲其理論方面一部分之正確性，應用之時，率須由不同組合之方法輔助之。

按前所述者，係於測圖室內，由重建空中攝影時之情形着手，繪製成圖。如此則必先假定攝影時之各種情形均為已知，或用航空測量之術語表示之，即攝影之外方位須為已知也。事實上在攝影之剎那間，攝影機擺動不定，其傾斜之角值無法精密記載，測求之法，惟有賴地面已知點之關係反求。此等地面已知之點，稱之為控制點。控制點須由大地測量各業測求，依成圖不同精度之要求，應用不同測算之方法。其最簡單之形式為天文點之應用，因天文點之觀測，各各相互獨立，工作比較便捷也。但因錘線偏差關係，有時必須應用三角測量，則工作較為繁重，因而減低航測應用之效力。殆技術研究日益進步，遂有空中三角測量及輻射三角測量方法，用以代替一部分地面測算之工作，此則所以說明航空測量與地面測量相互之關連也。

按一般之了解，迅速，準確，經濟乃航空測量應用之三大優點，尤以我國各地，交通不便，陸地測量諸多困難，因而航空測量更顯其卓然之處。但航空測量之應用，尚有數點特異之處，為常人所忽略者：

(一)底片可以永久保存，隨時可供製圖查考之用，不受時間之限制。尤以與時間有關係之變遷，極易由比較不同時間之攝影，求得其變遷之進度情形。

(二)底片可攜至任何地點繪圖，不受地域之限制，例如我國之地圖可在美國繪製，南美之圖，可在佐國繪製等等。

(三)同一底片，除軍事及測量上之應用外，地理學者可自底片中研究地形之構造等問題，森林學家可利用以研究森林分佈之面積及木材之高度等，其他若考古學家，生物學家俱有利賴之處，其應用至為廣泛也。

航空測量之優點及其重要性既如上述，將來必能廣事應用無疑，希望諸位土木工程師多多參加為此新興之事業服務，作者實有厚望焉。

24815

續偏光彈性學之概念

王達時

本刊第一期偏光彈性學之概念一文，作者介紹光與應力之關係，本文專述應力之求值。

(1)最大剪應力之求值

前文所論：說明利用圓偏極光，是假色彩而顯示模型中(P—Q)應力之分布，每一種色彩代表模型內一定之最大剪應力，或 P—Q)／2。然此並不能得(P—Q)線或等色線之數值，本節所論，乃適用於最大剪應力之解求。

彎曲比較法：彎曲比較法解求 (P—Q) 之值，用一簡單横樑，其兩端各有一伸樑，並於中線作用兩外力(圖一)，則兩支點間之彎曲力矩為一常數，其應力與離中線之距離成正比例。圖(一)代表受外力F之横樑，及其彎曲力矩圖。支點A爲滾軸，支點B爲定點，而均切線於中和線，此因載重必須作用於中和線也。

支點間之彎曲力矩：M=FL吋磅。

截面係數：$Z=I/\left(\frac{h}{2}\right)$吋^3。

慣性力矩：$I=th^3/12$吋^4。

樑邊之單位彎曲應力：$f=M/E$磅/吋^2。

圖(二)所示正應力之分佈，係用此式計算所得。

因R=C(P—Q)t，『比較樑』之材料，必須與模型之材料相同，兩者之厚度亦應一樣，則偏光彈性學公式中之光學常數C及厚度t得以消去。

已知『比較樑』之外力，並預備10，20，30磅所生之應力圖，可於幕上得應力之色彩比例尺。

根據承載模型及『比較樑』之影像，任何被樣結構物或機械部份之應力，均極易求得，因模型與『比較樑』係用等厚及同一材料製成，由同一種光源所生之色彩，不難比較也。

彎曲樑比下述之桿拉爲優；此因前者之零應力處；由中和線明示之，且同可得較大之應力範圍。電木之雙折射率甚大，故判斷色彩時之差誤甚小。在應力變號處有一黑線，因以狹小之黑灰條紋而帶有棕黃色彩。若應力遞增，則色彩之次序爲：棕、棕黃、黃、黃橘、橙、紅橙、紅、棕渴、綠。以後自黃色起重複。在重複第四次以外之色彩，不甚明晰，惟色彩繫於所用之光源，此可用濾色器改進之。

比較市上之樟腦賽璐珞及電木 在『比較限』以內：前者祗能得一級色譜；後者可得六級或七級色譜。雖在色彩級數爲一定之電木『比較樑』，其應力範圍不大者，然色級重複之次數較多，故如圖(三)圖(四)所示：雙折射率較大之材料中，判斷色彩時之差誤較小。

拉力比較法：與上節類似之比較法，爲應用受拉力之模型。知『比較桿』之荷重F，及截面A，則單位拉力應力：

$$f=F/A。$$

此法之最大優點，在同時祗能得一種應力，且因桿內之拉應力繫於拉力作用點之情況，此不易得均等分佈之應力，桿端熔剝之急速蒸發；及製造模型時所生之邊緣影響，均爲缺點。圖(五)示『比較拉桿之裝接法』。

補償法：叢影中之黑色條紋，代表該處之主應力差(P－Q)爲零，或P＝Q，此種試驗須用圓偏極光，如是可消滅指示主應力方向之點，且可不顧模型對於偏極鏡與析偏極鏡之角位。

本法需用與模型同材料及等厚度之補償條片，此條片承受單軸拉力。若壘補償條片於模型之影，則有多數黑色條紋呈現於光亮之色彩條紋。此種現象證明模型與補償條片之組合作用，切合兩者所組合之(P－Q)爲零。

圖(六)示P及Q爲主應力，若P及Q爲壓力，正號乃改爲負號， 謀滿足P－Q＝O或P＝Q之條件，則兩P應力之代數和必須等於Q，以算式示之如下：

$$+P_c \pm P=\pm Q \quad 或 \quad P_c=\mp(P-Q)$$

其中Pc爲補償片之拉應力，P及Q爲試驗模型之主應力。

兩疊加模型之各種承載情形，示於圖(七)、(八)、(九)、(一〇)及(一一)，補償條片之應力爲4磅/吋²。圖(一二)說明應力Pc增至6磅/吋²之情形。P及Q爲承載模型內一定之應力，使模型內某點發生黑色時，此項增加可謂必要，從方程式：

$$(P_c \pm P)-(\pm Q)=0$$

即可明瞭。

上圖說明已知P_c後，如何可解求(P—Q)之值。繼續加拉力於補償條片達所擇之點呈黑暗而止。已知截面A，則單位應力$P_c=F/A$磅/吋^{2}及$\pm(P-Q)=P_c$，故得等色線之數值。

(P—Q) 應力之紀錄：應力分布之紀錄，概有下列三法：其最簡單者包括將幕上放大之影，於紙上繪成等色線，第二種方法為拍攝有色照片，第三種方法為拍攝普通照片，但最後者不適作翻印之目的而已。

若用比較彎曲樑，可繪任何適當荷重之直線圖，類似圖(二)者，並採用適當之比例尺疊加於幕上彎曲條片之影。

模型內所生等色線之級數，極易從增加荷重自零至所需之應力，並數同色發現之次數得之。所有色彩均連續發現，故不難定色紋之級次也。

(P—Q) 應力之意義：二分之一 (P—Q) 等於最大剪應力，乃解求滑動摩力之唯要因素；此種滑動應力存在於各種彈性物質內，如鋼、銅、鉛、等，因最大剪應力＝(P—Q)／2，或 P—Q＝2×(最大剪應力)，故於此類物質，以等色線解求(P—Q)之值已足應用。

於剛脆之物質，如石、磚、混凝土等，必須設法，分開P及Q之值，此可用下文之數解法或圖解法完成之。

晶體補償法：取兩塊厚度相等之晶體片A及B(圖一三)，使其軸互相正交，而置於兩塊正交泥科爾稜晶之間，因A、B係極面正交，幕上不能發生光亮。

照圖(一四)所示者切開晶體片，則射至幕布之光線，將在ab×面上消滅，其影為平行於ab之黑線，(假定am＝md)。

於截面efgh，其厚度ei及lh不等，射出之光線乃發生與厚差成正比例之相差，若採用白色光源，可呈現平行於ab線之有色干涉條紋。

疊加補償器於受拉力之模型(圖一五)而置於正交之泥科爾稜晶間，則此應力所生之減速，

$$R=c(P-Q)t。$$

假定補償器之截面 efgh 所生相差Rc＝—R，則光線將射過補償器及模型，而此時之總

相差：

Rc+R=O。

故漆布呈現切合於jk之一直綫，及an，eb之兩直綫。

兩黑綫間之距離ae與「R」成比例，故可假主應力差(P—Q)校準之。

若模型承受任何應力，直綫jk乃變爲黑色曲綫N，距離MN可用以度量N點之(P—Q)應力。

(II)主應力之數學分解

模型各點最大剪應力(P—Q)／2之解法已詳見前文，本節所論，爲用數學方法分解P與Q之數值。

(甲)剪力綫之公開：剪應力或切綫應力之數值，可從材料力學得

$$Txy = \frac{P-q}{2}\sin 2\phi \quad \cdots\cdots(1)$$

其中

P，Q爲主應力，

φ爲主應力P與X軸正向之交角。

Txy爲平行於ox及oy軸之截面內之切綫應力。

因(p−q)及角φ可分別自等色線及等傾線（假定起偏極鏡與檢偏極鏡互相正交，當兩者之截面與模型上某點者相合時，則檢偏極鏡以後，無電子活動，故此點不能在漆布發光。因光綫射過承載模型之大部份凡主應力方向與前者相同各處；均將在模型之光影內呈黑暗，根據是項理論，乃得等傾綫），如上各所示：切綫應力乃繫於可由偏光彈性學解求之數值。

用式(1)可得剪應力之值，圖(一六)說明根據前式所繪背樑之相等切線應力或剪應力綫。

P及Q兩應力，可用圖解積分法分開得之。其法包括繪製平行於X與y軸之直線網(圖一六)，然後沿「切線應力線」，pxy，之ox及oy軸完成圖解積分之工作。

現導出關於正應力及切綫應力之微分方程式，於本題採用扁平模型，先行檢察各點正應力Tx，Ty與切綫應力Txy之變化。

想像自平面模型鑿出之一塊矩形(圖一七)，作用於邊緣及均等分布於對邊之應力，均示於圖。

24820

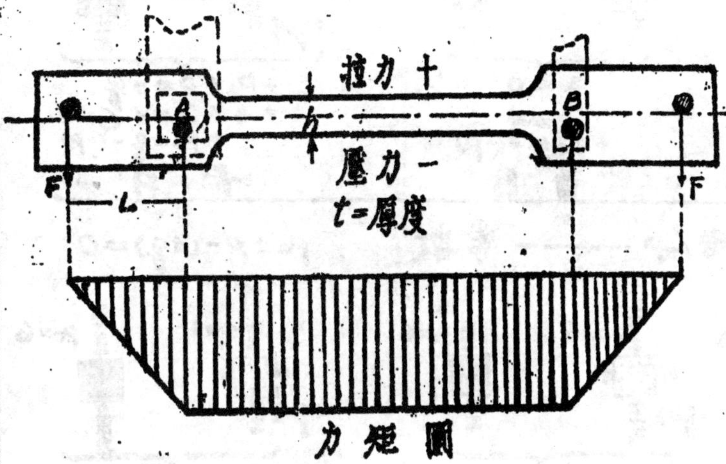

圖 1

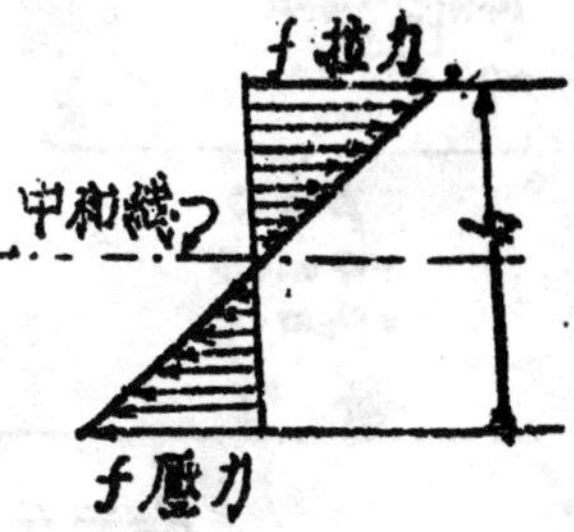

圖 2

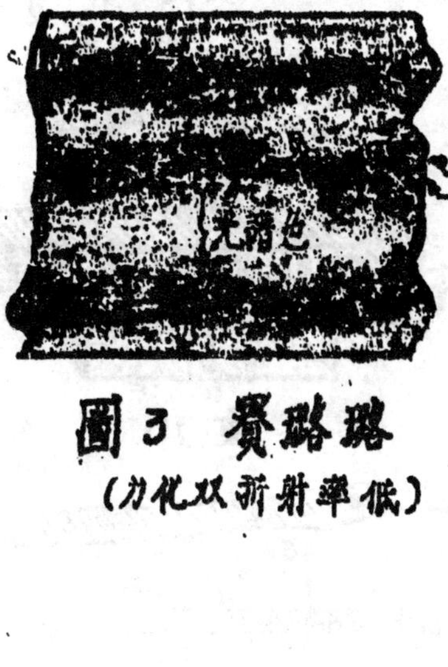

圖3 賽璐璐
(力化双折射率低)

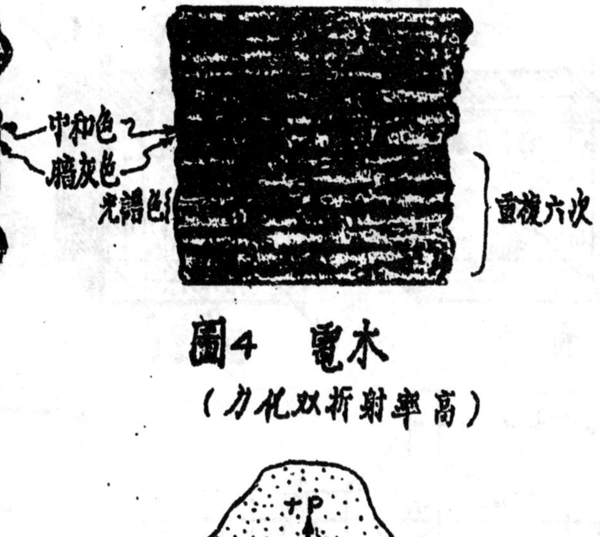

圖4 電木
(力化双折射率高)

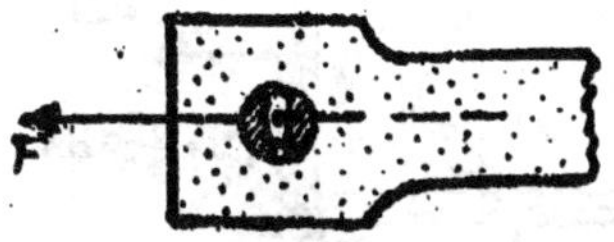

圖 5

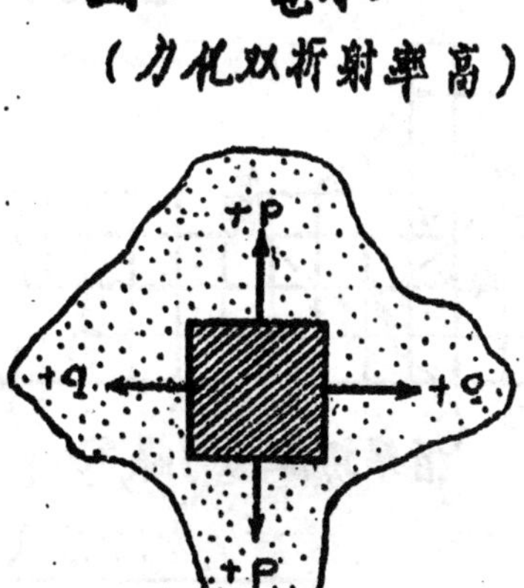

圖 6

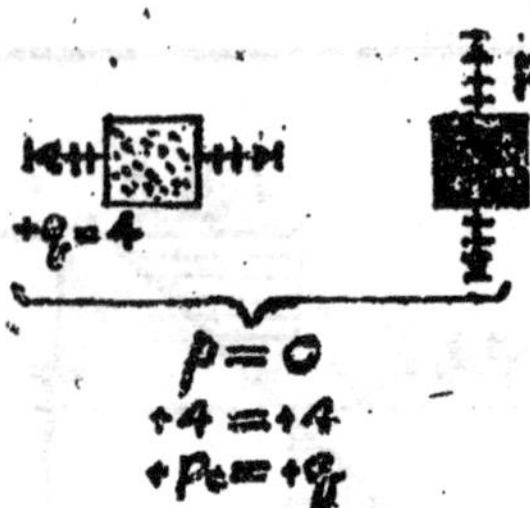

圖 7

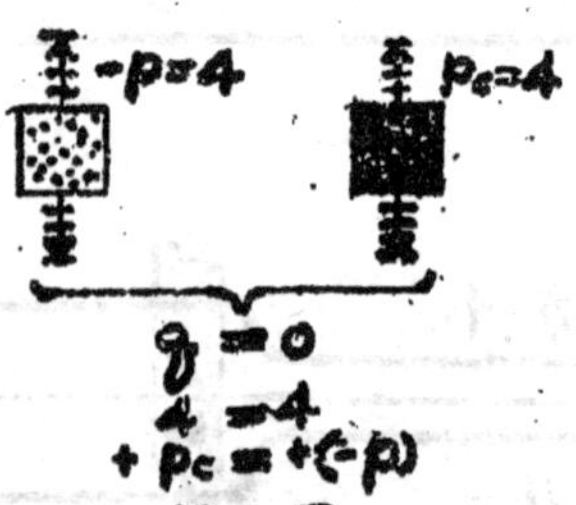

圖 8

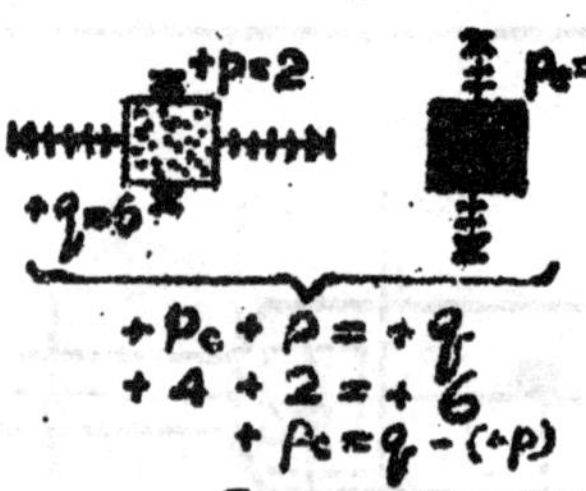

圖 9

$+p_c = 4$ 磅/吋² —— 常数　　　$p_c \pm p - (\pm q) = 0$

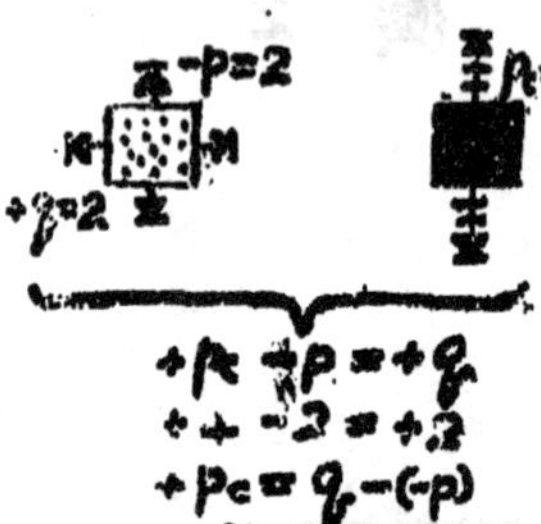

圖 10

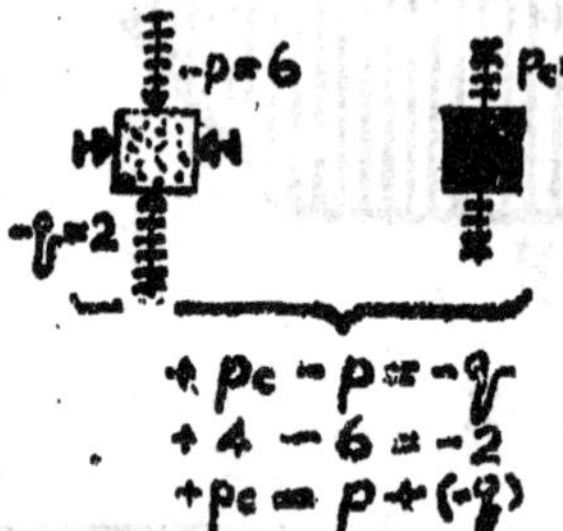

圖 11

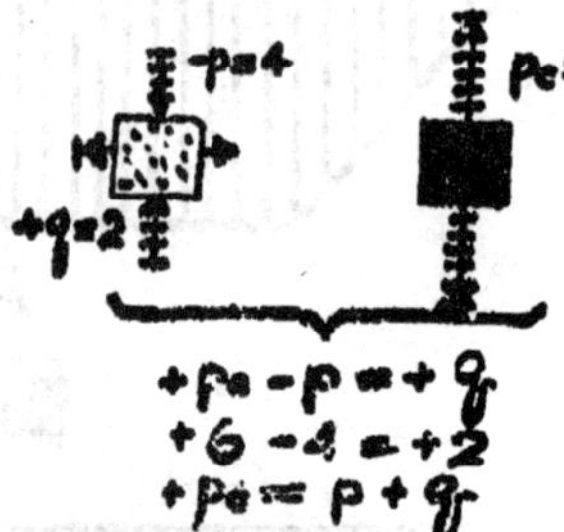

圖 12

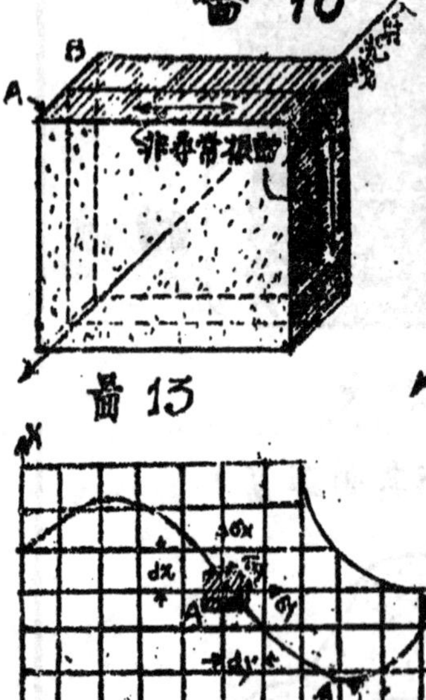

圖 13

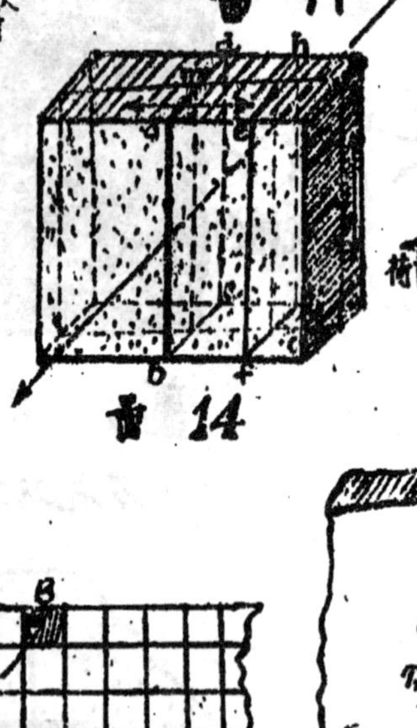

圖 14

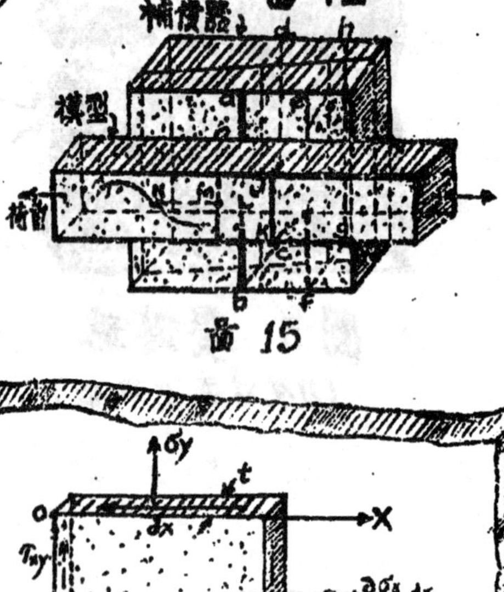

圖 15

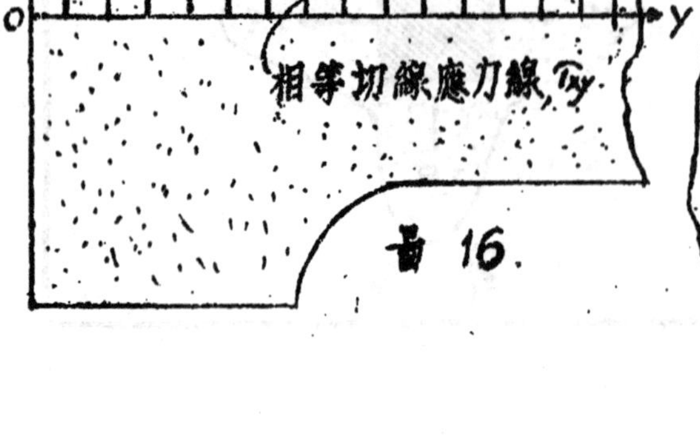

圖 16.

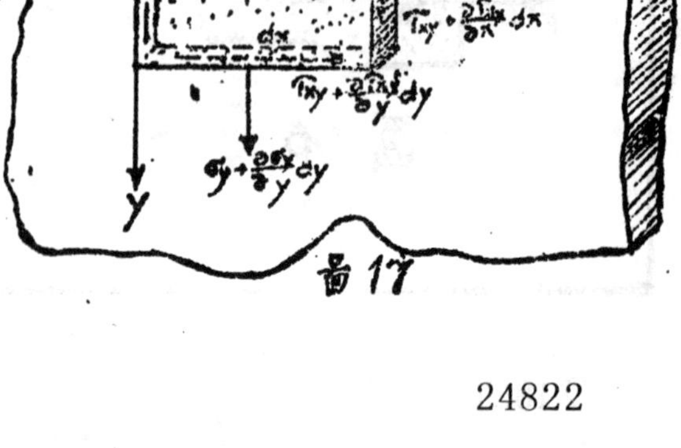

圖 17

相加作用於x及y方向各力，乃得平衡方程式，兹假定無ㄒ力作用於此，删去短矽重量，及互消厚度t，得：

$$\begin{cases}(\sigma_x+\frac{\partial\sigma x}{\partial x}dx)dy-\sigma_x dy+(Txy+\frac{\partial Txy}{\partial y}dy)dx-Txy\,dx= \\ (\sigma_y+\frac{\partial \sigma y}{\partial y}dy)dx-\sigma y\,dx+(Txy+\frac{\partial Txy}{\partial x}dx)dy-Txy\,dy=0\end{cases}$$

簡化之得：

$$\begin{cases}\frac{\partial\sigma x}{\partial x}+\frac{\partial Txy}{\partial y}=0\\ \frac{\partial\sigma y}{\partial x}+\frac{\partial Txy}{\partial x}=0\end{cases}\quad 或\quad \begin{cases}\frac{\partial\sigma x}{\partial x}=-\frac{\partial Txy}{\partial y}\\ \frac{\partial\sigma y}{\partial y}=-\frac{\partial Txy}{\partial x}\end{cases}$$

積分得：

$$\begin{cases}\sigma_x=(\sigma_x)_0-\int_0^x\frac{\partial Txy}{\partial y}dx\cdots\cdots\cdots\cdots\cdots\cdots(2)\\ \sigma_y=(\sigma_y)_0-\int_0^y\frac{\partial Txy}{\partial x}dy\cdots\cdots\cdots\cdots\cdots\cdots(3)\end{cases}$$

若邊界處之$(\sigma x)_0$，$(\sigma_y)_0$及剪應力(Txy)之變化為已知，方程式(2)，(3)即表正應力之解法。方程式內之偏導微函數，$\frac{\partial Txy}{\partial y}$，$\frac{\partial Txy}{\partial x}$，乃剪應力曲線對於x，y軸之變化，此可由圖解法得之，$(\sigma x)_0$及$(\sigma y)_0$爲由邊界處之正應力，亦通常爲已知。如圖(一六)說明B點之正應力p或q等於零，若將B點取出，(圖一八)因無外力作用，苟非p=0，B點不能平衡，故祇q須加顧及，因等色線圖中各部之(p−q)爲已知q之數值可直接自等色線得之。

在邊界處：

$p_0=0$，則$(p-q_0)=-q=(\sigma_y)_0$

若

24823

$q_o=0$，則 $(p-q)_o=+p_o-(\sigma_x)_o$

在 $(\sigma_y)_o$ 及 $(\sigma_x)_o$ 為已知之邊界處，乃積分之適當起點，dx 及 dy 之數值，由網狀決定，此可取為0.1吋，或0.2吋，等 σ 計算可依下表完成之。

σ_x 之計算

點　　號	每吋之變化 $\frac{\partial T_{xy}}{\partial y}$	增量dx吋	積 $\frac{\partial T_{xy}}{\partial x}dx$	和M $\frac{\partial T_{xy}}{\partial x}dx$
		假定邊界處之 $(\sigma)_o=0$		

同樣之表格可用於 σ_y 之計算。知 σ_x，σ_y 之值，並已知 T_{xy}（方程式1），則從材料力學得：

$$p=\frac{\sigma_x+\sigma_y}{2}+\sqrt{(T_{xy})^2+\frac{(\sigma_x-\sigma_y)^2}{4}} \cdots\cdots(4)$$

$$q=\frac{\sigma_x+\sigma_y}{2}-\sqrt{(T_{xy})^2+\frac{(\sigma_x-\sigma_y)^2}{4}} \cdots\cdots(5)$$

完成上表之總和時，應顧及向號之變化。

要略：摘要上述方法，包括下列程序：

(1)選擇一適宜之坐標。

(2)繪(p—q)曲線即等色線。

(3)從等傾線得角 ϕ。

(4)用方程式(1)計算點之 T_{xy}。

(5)繪 T_{xy} 曲線。

(6)用圖解法從 T_{xy} 曲線決定導微函數 $\frac{\partial T_{xy}}{\partial y}$ 及 $\frac{\partial T_{xy}}{\partial x}$。

(7)沿x，y軸用圖解積分計算 σ_x，σ_y（方程式2及3）。

(8)從方程式(4)，(5)計算p及q。

24824

(乙)沿主應力方向之積分分解：分解主應力差$(p-q)$之第二法：包括繪畫線紋，而其切線所以代表主應力之方向者，然後沿主應力線用圖解積分求之。

此法假定等傾線及等色線均已決定而繪於模型之紙上。

設想自平面模型內之兩鄰近主應力線S_1及S_2間，割出一小塊ABCD(圖一九)。根據主應力之定義：(一)彼垂直作用於小塊兩邊S_1及S_2；(二)祇有主應力p及q，而無切線應力。

作用於鄰邊之主應力為：

$$p+\frac{\partial q}{\partial S_1}dS_1$$

$$q+\frac{\partial q}{\partial S_2}dS_2$$

繼求主應力p方向內所作用於小塊ABCD上各力之總和。假定小塊之厚度為一，並採用下列符號：

R_1，R_2各為S_1及S_2兩曲線之半徑。

(R_1+dS_2)及(R_2+dS_1)各為鄰邊之半徑。則平衡之條件為$\Sigma p=0$。

$$pdS_2-\left(p+\frac{\partial p}{\partial S_1}dS_1\right)dS_2'\cos\alpha+\left(q+\frac{\partial q}{\partial S_2}dS_2\right)dS_1'\sin\beta=0 \quad \cdots\cdots\cdots\cdots(6a)$$

半徑與其所繪之弧成比例：

$$\frac{dS_2'}{dS_2}=\frac{R_2+dS_1}{R_2}$$

$$dS_2'=\left(1+\frac{dS_1}{R_2}\right)dS_2 \quad \cdots\cdots\cdots\cdots(6b)$$

$$\frac{dS_1'}{dS_1}=\frac{R_1+dS_2}{R_1}$$

$$dS_1'=\left(1+\frac{dS_2}{R_1}\right)dS_1 \quad \cdots\cdots\cdots\cdots(6c)$$

角α及β甚小，故

$$\cos\alpha=1 \cdots\cdots (6d)$$

$$\sin\beta=\beta=\frac{dS_2}{R_2}\ (\text{弧度}) \cdots\cdots (6e)$$

將式(6b)，(6c)，6d)，6e)代入式(6a)得：

$$pdS_2-\left(p+\frac{\partial p}{\partial S_1}dS_1\right)\left(1+\frac{dS_1}{R_2}\right)dS_2+\left(q+\frac{\partial q}{\partial S_2}dS_2\right)\left(1-\frac{dS_2}{R_1}\right)dS_1\left(\frac{dS_2}{R_1}\right)=0$$

$$pdS_2-pdS_2-\frac{\partial p}{\partial S_1}dS_1dS_2-p\left(\frac{dS_1}{R_2}\right)dS_2-\frac{\partial p}{\partial S_1}\frac{(dS_1)^2}{R_2}dSd_2+q\left(\frac{dS_1}{R_2}\right)dS_1$$

$$+\frac{\partial q}{\partial S_2}\frac{(dS)^2}{R_2}dS_1-q\frac{(dS_2)^2dS_1}{\beta_1 R_2}-\frac{\partial q}{\partial S_2}\frac{(dS_1)^2}{R_2}\frac{ds_1}{R_2}=0$$

略去高級小數，得：

$$-\frac{\partial p}{\partial s_1}ds_1dsR-p\frac{\partial S_2}{\sigma_2}ds2+q\frac{dS_2}{R_2}ds_1=0$$

消去ds_1及ds_1得：

$$\frac{\partial p}{\partial s_1}+\frac{p-q}{R_2}=0 \cdots\cdots (6f)$$

用同樣程序於主應力q方向之力得：

$$\frac{\partial q}{\partial s_2}+\frac{p-q}{R_1}=0 \cdots\cdots (6g)$$

以p_0及q_0代表邊界處之主應力，積分式(6f)及(6g)，得：

$$\left.\begin{aligned} p&=p_0-\int_0^{S_1}\frac{p-q}{R_2}dS_1 \\ q&=q_0-\int_0^{S_2}\frac{p-q}{R_1}dS_2 \end{aligned}\right\} \cdots\cdots (6h)$$

因須解求半徑R_1及R_2，方程式(6h)中之積分，不適於計算，此積分可化為比較適於應用之式樣。

繪等傾綫ϕ及$(\phi+d\phi)$，如S_1綫上A_1B及S_2綫上A_1D處切綫之夾角為$d\phi$，主線應力之變更可得之如下：

24826

$$\left.\begin{array}{ll} d\phi=\frac{dS_1}{R_1}, \text{或} & \frac{1}{R_1}=\frac{d\phi}{dS_1} \\ d\phi=\frac{dS_2}{R_2}, \text{或} & \frac{1}{R_1}=\frac{d\phi}{dS_2} \end{array}\right\} \cdots\cdots (6i)$$

已知等傾線φ及主應力p間之反時針向角ψ_1，並假定φ爲係平行於經過B,D點之(φ+dφ)線，從小三角形ABD得下列關係：

$$\frac{dS_1}{dS_2}=\tan\left(\psi_1-\frac{\pi}{2}\right)=-\mathrm{Cot}\psi_1 \cdots\cdots (6j)$$

以ψ_2示等傾線φ及主應力q間之角度，得：

$$\frac{dS_2}{dS_1}=\mathrm{Co}\,\psi_2 \cdots\cdots (6k)$$

將式(6i)代入式(6h)，得

$$\left.\begin{array}{l} p=p_0-\int_0^{s_1}(p-q)\frac{d\phi}{dS_2}dS_1 \\ q=q_0-\int_0^{s_2}(p-q)\frac{d\phi}{dS_1}dS_1 \end{array}\right\} \cdots\cdots (6l)$$

再將式(6j)(6k)代入式(6e)，得

$$\left.\begin{array}{l} p=p_0+\int^{\phi_2}(p-q)\mathrm{Cot}\psi_1 d\phi \\ q=q_0-\int^{\phi_1}(p-q)\mathrm{Cot}\psi_2 d\phi \end{array}\right\} \cdots\cdots (6)$$

已知邊界處之應力q°及q0式(6)代表主應力p及q之積分形式，上項解法與前節相似(圖一八)。

若已知等傾線之主應力線及等色線………等剪力線………，可從邊界處之一點開始積分，而繼沿主應力線進行。

下表可用作主應力線p及q之計算。

p及q之計算

24827

點數	ψ	(1) Cot ψ	(2) dψ	(3) p−q	積 (1)(2)(3)	總和

實際上用尋常光所得等傾線爲寬大條紋，故應用上法之困難，在角ψ_1及ψ_2之求值。外加繪等色線時須要觀察者之極大技巧。若角ψ甚小，角φ極小之差誤，能使Cot ψ發生大差誤。

此法可稍加改進如後：不量角ψ_1，ψ_2而量周邊，dS_1及dS_2，以$\triangle S_1$示dS_1，以$\triangle\phi$示$d\phi$並取一定之增量$d\phi$，式60乃變爲：

$$\left.\begin{aligned} p &= p_0 - \triangle\phi\int_0^{S_1}\frac{p-q}{\triangle S_2}dS_1 \\ q &= q_0 - \triangle\phi\int_0^{S_2}\frac{p-q}{\triangle S_1}dS_2 \end{aligned}\right\} \qquad (7)$$

然後照下列程序計算之。

(1)從圖得(p−q)及$\triangle S_1$，$\triangle S_2$之數值。

(2)計算所選各點之$\dfrac{p-q}{\triangle S_2}$，$\dfrac{p-q}{\triangle S_1}$。

(3)在矩形坐標內繪畫以$\dfrac{p-q}{\triangle S_2}$，$\dfrac{p-q}{\triangle S_1}$爲縱坐標之新曲線。

(4)用圖解法求式(7)內之積分。

(5)用式(7)計算p及q。

(III)主應力之應變度量分解

(甲)扁平模型面內之應變度量：

(1)小圓圈法：此法包括用顯微鏡度量劃於扁平模型上小圓圈之形變，圖(二〇)。當模型承載後，小圓乃變爲橢圓形，橢圓形之方位，指示主應力之方向。

已知主應力方向之單位伸長，可導出計算主應力之公式，假定桿拉長以後之截面仍爲平面，並仍垂直於桿軸，因各縱向纖維之伸長相同，應力乃均等分佈於截面，而可用下式計算之。

$$p_x = F/A_x \quad \cdots\cdots (8a)$$

其中 F＝以磅為單位之拉力。

Ax＝以平方吋為單位之截面面積。

根據虎克定律，桿在彈性限以內之伸長，

$$\delta = \frac{F}{A_x}\frac{L}{E} \quad \cdots\cdots (8b)$$

式中 δ＝以吋為單位之伸長。

L＝以吋為單位之桿長。

E＝以磅／吋²為單位之彈性係數。

從式(8_a)及(8_b)得X軸方向之單位伸長，

$$e_x = \frac{\delta}{L} \quad \cdots\cdots (8_c)$$

$$e_x = \frac{F}{A_x E} = \frac{P_x}{E} \quad \cdots\cdots (8_d)$$

根據試驗之結果，縱向伸長常伴有橫向之收縮在oy軸方向之收縮可示如下式：

$$e_y = -\frac{1}{m} e_x \quad \cdots\cdots (8_e)$$

其中 e_x＝x 軸方向之單位伸長。

e_y＝y 軸方向之單位伸長，(收縮)

$\frac{1}{m}$＝帕松比，此乃彈性材料彈性之常數，式中之負號所以代表形變之收縮

也，

在ox及oy軸方向之單位應力

$$P_x = F_x/A_x, \quad P_y = F_y/A_y。$$

24829

其中 F_x, F_y 爲作用於 x，y 軸方向之拉力。

A_x 爲垂直於 x 軸之截面面積。

A_y 爲垂直於 y 軸之截面面積。

x 與 y 軸方向之組合單位伸長，可從分別研究 F_x 及 F_y 兩力之作用得之，並擇方位軸 x及y 於主應力之方向，故組合單位伸長 e_x 及 e_y 將以主應力方向度量之。用 e_p 及 e_q 代替 e_x 及 e_y；並以 p 及 q 代替 p_x 及 q_y，得單位伸長，

$$\left.\begin{array}{l} e_p = \frac{p}{E} - \frac{1}{m}\frac{q}{E} \\ e_q = \frac{q}{E} - \frac{1}{m}\frac{p}{E} \end{array}\right\} \cdots\cdots\cdots (8)$$

解方程式(8)，可得 p 與 q，並示怕松比以通常之符號，

$$N = \frac{1}{m}$$

則

$$\left.\begin{array}{l} p = (e_p + N e_q)\frac{E}{1-N^2} \\ q = (e_q + N e_p)\frac{E}{1-N^2} \end{array}\right\} \cdots\cdots\cdots (9)$$

單位伸長可由量橢圓形之大軸『a』及小軸『b』得之，

$$\left.\begin{array}{l} ep = \frac{\text{大軸之變化}}{\text{圓之直徑}} = \frac{a-d}{d} \\ eq = \frac{\text{小軸之變化}}{\text{圓之直徑}} = \frac{d-b}{d} \end{array}\right\} \cdots\cdots\cdots (10)$$

知方程式(10)中之材料性質 E，N，主應力 p 與 q 可分別計算得之。

上述之法 可聯合偏光彈性學之方法，而適宜於校核(p−q)應力之解求。

(2)小四方形法：第二種方法包括劃小四方形於模型上 而用顯微鏡量其形變。

24830

繪四方形於扁平模型上，各邊平行於所擇ox，及oy軸，當模型承載後，此四方形即變爲平行四邊形，此種變化包括下列兩個設想之程序。

(1)四方形變爲矩形：假定矩形之四邊與x，y軸平行且對稱。在此設想之程序中：由此種變形所生之正應力爲主應力，是以式(9)，(10)可供本節之應用，即稽圓形之大軸「a」爲矩形較長邊「a」，小軸「b」爲矩形較短邊「b」(圖二一)，同時 e_p 及 e_q 爲 ox 及 oy 軸方向之單位應變。

以副符號x，y代替方程式(10)內之p及q，得：

$$\left.\begin{aligned} e_x &= \frac{q-d}{d} \\ e_y &= \frac{d-b}{d} \end{aligned}\right\} \quad \cdots\cdots(11)$$

其中 a，b，及d爲設想矩形與四方形之邊長(圖二一)。

在方程式(9)中，以新符號 σ_x 及 σ_y 代表主應力p及q，並用新符號 e_x，e_y，則

$$\left.\begin{aligned} \sigma_x &= (e_x + N e_y)\frac{E}{1-N^2} \\ \sigma_y &= (e_y + N e_x)\frac{E}{1-N^2} \end{aligned}\right\} \quad \cdots\cdots(12)$$

根據方程式(12)計算 σ_x 及 σ_y，須先解求單位伸長 e_x 及 e_y，此項程序於下文說明之，

(II)矩形變化爲平行四邊形：角度變化β，決定設想矩形之畸變(圖二二)爲平行四邊形AB'C'D'，此角可量剪應力之大小。

根據虎克定律：

$$\beta = \frac{T}{G}\ (\text{弧度})$$

$$T = \beta G \quad \cdots\cdots(13)$$

24831

式中： T＝剪應力。

G＝剛性係數，可從下式得之

$$G=\frac{E}{2\left(1+\frac{1}{m}\right)} \quad \cdots\cdots(14)$$

$\frac{1}{m}$＝泊松比。

關於主應力之計算問題，包括下列程序：

（1）量a，b，d（圖二一，二二），及角β

（2）從方程式(11)求e_x與e_y。

（3）從方程式(12)求σ_{ex}及σ_y。

（4）從方程式(13)，(14)計算G及T。

（5）應用方程式（4），（5）計算主應力p及Q。

（2）橫向應變之度量：上述主應力分解法，無論用圖解積分或應變度量均甚複雜。若用上述各法求主應力p及q之準確數值，則須解(p－Q)值之點數，將超出一般工程目的所需者。故費時太久，頗欠妥當，外加扁平模型內之應變度量，必須準確，而此種精細工作，煞費目光及時間。爲免此種困難，乃有橫向應變度量法之發明。

橫向應變度量法分解應力，需要下列兩種獨立試驗：

（1）應用偏光彈性學解求(p－Q)應力線，亦稱等色綫。

（2）用橫向伸長計，直接度量模型上各選點之橫向應變。

若有橫向伸長計之設備，可得另一方程式代表主應力p與Q之和。

簡言之：下列方程式將應用於扁平模型之各點：

$$\left.\begin{aligned}&p-q=\text{自等色綫所得之數值}\\&p+q=\text{自橫向應變計算所得之數值}\end{aligned}\right\} \quad \cdots\cdots(15)$$

解此方程式，可得p及q。

茲導出用以解求本題之公式如下：

設想一均勻彈性之長方平行六邊形（圖二三），各邊平行於方位軸，兩對邊受均佈正應力σ_x。作用於平行六邊形之切綫應力示如圖（二三）。

從虎克定律所得x軸方向之單位伸長爲：

$$\sigma_x = e_x E$$

或 $$e_x = \sigma_x / E \quad \cdots\cdots (16a)$$

其中：e_x =(長度之變化)／(原長)，或x軸方向之單位伸長。

E＝彈性係數。

平行六邊形在x軸方向伸長，同時在Y，Z軸方向發生橫向之收縮。此種橫向收縮可示若縱向伸長之一部。

$$\left.\begin{aligned} e_y &= -\frac{1}{m} e_x = -N e_x = -N\frac{\sigma_x}{E} \\ e_z &= -\frac{1}{m} e_x = -N e_x = -N\frac{\sigma_x}{E} \end{aligned}\right\} \quad \cdots\cdots (16b)$$

假定平行六邊形之X，Y，Z軸各方向，同時受均佈正應力σ_x，σ_y，σ_z之作用，疊加三正應力所生之應變分量，得下列方程式

$$e_x = \frac{1}{E}\left[\sigma_x - N(\sigma_y + \sigma_z)\right] \quad \cdots\cdots (17)$$

$$e_y = \frac{1}{E}\left[\sigma_y - N(\sigma_x + \sigma_z)\right] \quad \cdots\cdots (18)$$

$$e_z = \frac{1}{E}\left[\sigma_y - N(\sigma_x + \sigma_z)\right] \quad \cdots\cdots (19)$$

式(17)(18)(19)代表虎克定律應用於均匀彈性材料時之普通公式。証明伸長繫於正應力及材料之彈性，後者包括彈性係數E及泊松比$\frac{1}{m}$。

本篇所論，無力作用於Z軸之方向，故$\sigma_z = 0$，同時σ_x，σ_z爲主應力p及q，變方程式(19)得：

$$e_z = -\frac{1}{E} N(p+q) \quad \cdots\cdots (20)$$

24833

解(p+q)，並刪去副符號得：

$$p+q=-\frac{eE}{N} \quad \cdots\cdots(21)$$

其中：$\epsilon=\Delta t/t$=(厚度之變化)/(模型之厚度)=單位橫向伸長。

量各點之橫向應變，可得若等之橫向應變曲線或相等(p+q)應力線，最後得包括未知數p及q之兩個聯立方程式：

$$\left.\begin{array}{ll} p-q=A & \cdots\cdots(從等色線) \\ p+q=B & \cdots\cdots(從橫向應變) \end{array}\right\} \quad \cdots\cdots(22)$$

解式(22)乃得主應力p及q。

24834

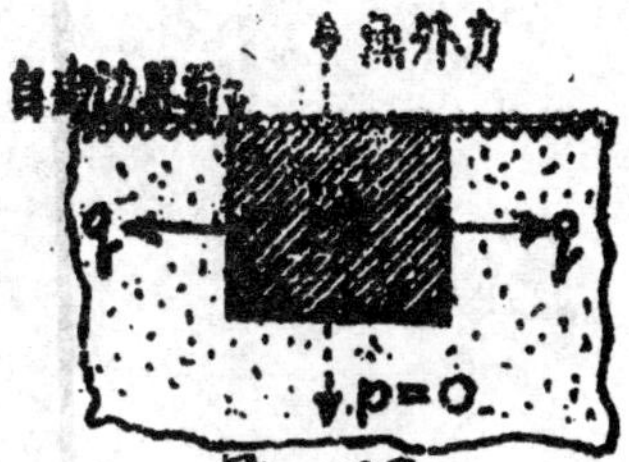

圖 18

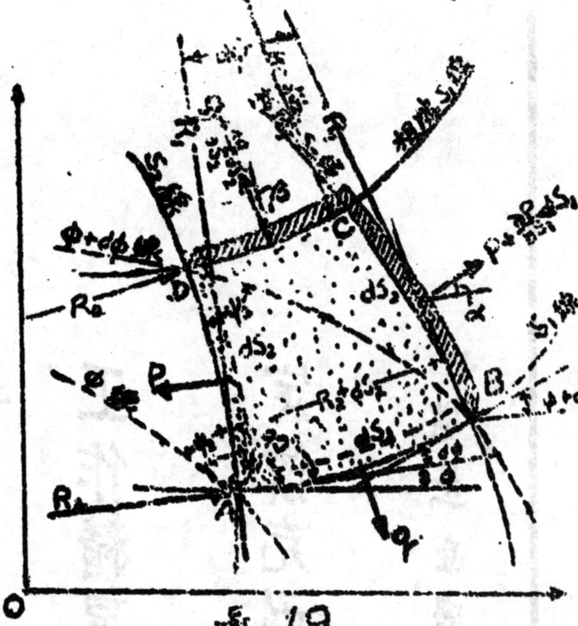

圖 19

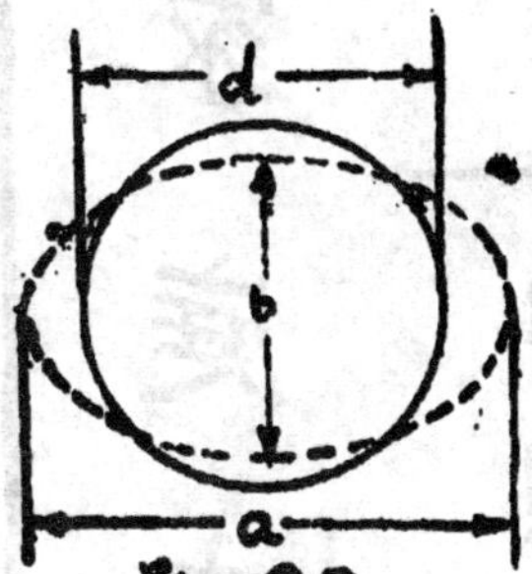

圖 20

圖21

圖22

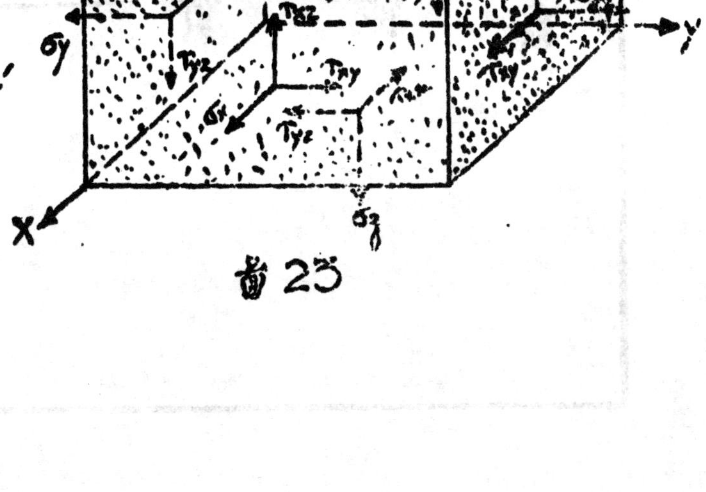

圖 23

24835

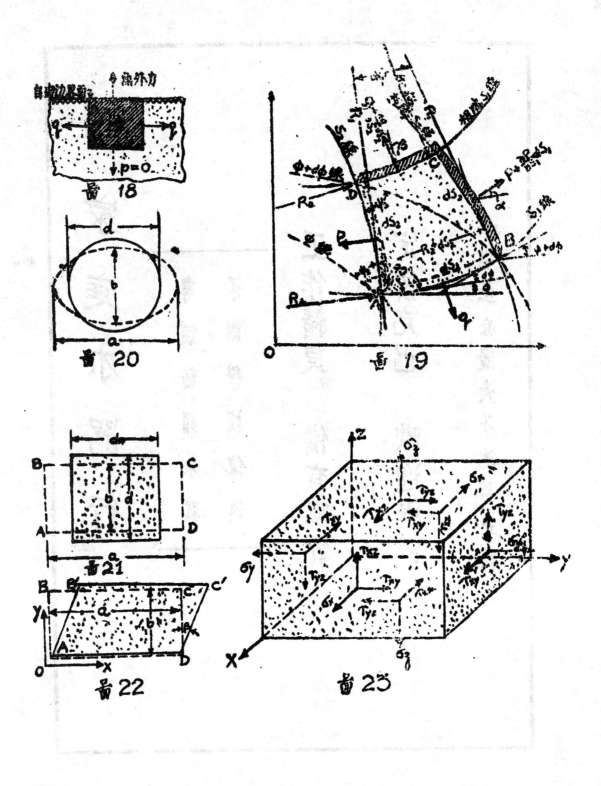

戰後東方大港建設問題之商榷

徐人壽

本文原係中國工程師學會十二屆年會論文，茲整理增補，登載本刊。　作者註

一、緒論

港埠爲水陸交通貨物轉運之處，爲交通線之重心所在。尤以沿海港埠爲國際交通運輸之關鍵，亦爲內地交通線之終點，鐵道公路及水道之建設，恆從此處出發，港埠地位未定，其餘交通路線，無從規劃。沿海港埠，且爲一國對外貿易之咽喉，輸出輸入之貨物集於此，其影響一國之國計民生，良非淺鮮。　國父實業計畫亦以築港開始，且視築港爲發展實業計劃之策源地，其重要性可見一般。戰後我國各種建設同時舉辦，應以交通爲第一，而築港闢埠，又爲一切交通之首，蓋各種建設所需之材料機器自國外輸入，轉運內地，均賴港埠之完成在先也。

我國將來應建設何處港埠，實業計劃中已詳加指示，自當遵照實施。　國父擬在我國北部中部南部沿海各建大港一，爲築港計劃中最重要之工作，亟應早爲規劃。尤以東方大港，在我國中部，將爲對外貿易之中心，在全國港埠中，佔領導地位。本文即就建設東方大港之種種問題討論之。

二、以上海爲東方大港

建設東方大港，應先研究其地位。遵照實業計劃，應建於浙江杭州灣之乍浦澉浦間，或即以上海爲東方大港。上海爲已成之港埠，有一廣大富庶之腹地，揚子江流域二百萬方公里，幾全爲上海商埠貨物供求之區域。且有揚子江及已成之鐵道公路網，貫通各地，交通便捷，其早成爲我國第一大埠，本非偶然。昔以揚子江口淤積日淺，黃浦江航道深度有限，且以戰前各國租界情形特殊；故　國父擬在乍浦澉浦間另築新港，該處距深海頗近，適合大港之條件。惟　國父同時亦指出，如仍以上海爲東方大港，應在浦東從楊樹浦及龍華間另闢運河，而將該兩點間之現在黃浦航道填塞之，旨在使工商熱鬧區域，移出租界，繁榮我國市區，港道爲我國管轄，苦心孤詣，事非得已。但自去年中英中美平等互惠條約簽訂後，將來抗戰勝利，租界收回，上海全部主權，重歸我國，則此

海港卽就抗戰前之規模與佈置改良擴充之，必能遠勝乍浦之計劃港，茲述其理由如下；

1，上海以揚子江流域，為其腹地，面積之大，幾等於中國本部之半，揚子江航道優越，巨輪終年通航，為世界有數之極佳水道，鐵道公路網早已完成，交通稱便。如在乍浦築港，雖亦可築運河，與揚子江接通，究不如大江本身之便於航行，欲使深度與大江相等，所費甚鉅，亦需時日，鐵道公路亦尙需趕築也。

2，上海工商業繁盛，經濟基礎大定，對於港務發展，均屬有利。新築港埠，在十數年內，難與競爭。

3，上海以黃浦江為其港道，不受風暴侵擾，乍浦之計劃港，欲防風浪之侵入，尙須建造艱難耗費之工程，乃保停泊船隻之安全。

4，上海有已成之碼頭倉庫等設備，雖尙須改進擴充，所費恐尙不及新闢港埠之半。

5，新築之港，戰後尙須搜集資料，測量設計，方可施工，恐非短時期可以開工，開工後亦非三五年可使其具相當規模者，戰後一切建設，均刻不容緩，港埠之需用甚急，能利用上海為東方大港，較能適合實際情形。

6，乍浦澉浦間，距深海（深及四十呎以上）雖近，惟有日漸淤淺之趨勢，且該處水流頗急，據海道測量局測得流速在每小時四浬以上，航行是否方便，尙需準確之測量及研究也。

根據上述諸點，戰後應以上海為東方大港，可無疑義。且戰後上海舊有設備大都被毀，改進時阻力較少，敵產沒收，友邦之產業，亦可設法收購，正可大為擴充。惟乍浦地位優越，港道深奧，亦有建築之必要，似可列為二等港之一。且上海港深度有限，欲使世界最大郵船駛入，尙有困難之處，下節中當再詳述。如乍浦之港建築一部份，供最大郵船使用，旅客貨物從陸路運至上海或直接至內地，則與上海港互相合作，可與英之倫敦及南安普頓相媲美，蓋倫敦雖為英國第一大港，而較大郵船仍泊於後者也。

三、上海港以往建設成績及戰前擴充計劃，戰後應如何建設。

上海以黃浦江為其港道，為河港之一例，黃浦在揚子江口之右岸，受潮汛之影響。當民國紀元前七年時，黃浦各段暗沙潛伏，最淺處在最低潮下不過十尺，航道分歧，亦不整齊。經卅年來之浚浦工作，至戰前非常低潮時航道至少有廿六呎之深度，岐道亦分別堵塞，河道日趨整齊。治理之成績，頗可稱道。惟揚子江之淺灘，仍使巨輪不能駛入

24838

港內，港內之設備，頗多不能滿意之處。碼頭雖不少，但供巨輪停靠者，尚付缺如，巨輪均停江中，頗不方便。其餘裝卸貨物之機械設備，殊感缺乏，蓋戰前人工低廉也。港內交通，如鐵道街道橋樑隧道等設備，亦未臻完善。港務管理，更覺混亂。以上種種，均有改進之必要。

關於上海港改進擴充計劃，戰前曾經數次研究討論。民國十四年由上海浚浦顧問局各顧問推薦港務專家，組成上海港口技術委員會，開會討論後，曾提出報告書，但事後鮮有實行。至民國二十一年上海市政府有發展船務之議，請國聯工程專家考察，亦擬有報告書。兩次報告之範圍，大概包括下列諸點：

1，楊子江口神灘之疏濬，及黃浦江深度之增加，使小潮汛時，吃水卅三呎輪船，出入上海港無阻。

2，港內應在適當地點建築郵船及其他輪船之公共碼頭，并在浦江之左岸或右岸建造一鉅大深水船港。

3，浦江右岸（即浦東），須建適當之鐵路及道路，并在龍華附近跨江建橋。

4，保留一切適當地面，以供將來港埠建設之擴充。

又以經費關係，擬儘先完成急需之工程。其中神灘之疏濬及在浦江左岸虬江附近做築鉅輪碼頭（市中心區附近），均在戰前開始實施，前者已見成績，後者且於戰事發生前竣工。

戰後如欲，應先有較以前更為完備之計劃，以次第擴充整個上海港埠為目標。以前浚浦工程戰後應即繼續實施，其他設備交通之改進，管理之統一，均應計及，俾上海港得與世界頭等港埠爭霸齊驅。茲將各種重要問題逐一討論之。

四、楊子江口及黃浦江濬深問題

上海港海輪進出，必經揚子江口，而該處水道分歧，經研究結果，認為南水道最易改良。惟有淺灘一處，俗稱神灘，寬逾三公里，其妨礙深水船舶航行之處，長約卅公里，最淺之處在低潮時僅及十七呎，最高潮可增十六呎，小汛漲潮時僅可增十呎，則深度不過廿七呎，吃水廿五呎以上之船隻，即難駛入。黃浦江為上海之港道，戰前已挖深至最低水位下廿六呎，小汛漲潮可增六呎，則深度反達卅二呎，可駛吃水卅呎之輪隻，但揚子江口深度如不設法增加，浦江雖深，仍無大用，是以疏浚揚子江為最急需之工作。

目前世界頭等港之航道，均維持四十呎以上之深度，因巨型郵船之吃水已接近四十

24839

呎也；如欲以標準以改進上海港之深度，即以每日兩次之漲潮時爲度，揚子江口尙須增深十三呎，浦江須深增八呎，恐非易事。

惟查航行遠東之巨輪，吃水鮮有超出卅呎者，因遠東各港深度頗不一致。戰後航輪或有加大之可能，假定吃水卅三呎爲其限度，似較合宜，民十年上海港口技術委員會亦認此爲行駛太平洋最經濟容積之船舶。將來或有世界最大郵輪吃水超出此數，此種巨輪，究屬少數，則在乍浦築港以容納之，已在前節中述及。

以卅三呎吃水之船舶爲準，航道深度應超出吃水三呎，則至少在小汎漲潮時應有卅六呎之深度，神灘深度須在低潮下廿六呎，浦江深度在低潮下卅呎。

揚子江口之濬深問題，似以利用巨型挖泥船，常川挖浚爲最宜。雖有若干河口，建築導堤，藉水力冲刷，以增深度，已收成效；但如此大河如揚子江者，每年水流挾沙而下，爲數可驚，又有潮汎影響，情形複雜，用導堤治理，極少把握。現巨型挖泥船之價力挖濬，日漸進步，已被治河專家公認爲治理河口之最可靠方法。戰前上海濬江局建造巨型挖泥船兩艘——建設與復興——，專供疏濬神灘之用。前者早已工作，後者在修建造，未及駛滬，戰事發生。欲在神灘上，闢開航道，底寬六百呎，底平在灘頂下最大者爲九呎（即低水位下廿六呎）航道擇最深之綫，但其處隨挖隨淤，假定百分之五十重淤率（Reacretion）（大半由於兩旁泥沙之滑入也，前浚浦局總工程師查德利氏(H. Chatley）稱每年重淤量當爲二百萬至三百萬立方碼），則有年挖共一千萬立方碼之兩巨型挖泥船，常川工作，當可維持需要之深度。惟關於航道線之選擇，對於重淤之影響甚大，因深度與潮汎水流之方向有關也。戰前所選之線，是否經濟，尙屬問題，戰後應先建模型，試驗重淤最少之航道，須顧及潮汎水流等作用；雖試驗結果不足表示重淤之眞實數量，但可比較各航道重淤量，以決定最佳之線。

至於黃浦江之深濬問題，戰前已有低水位下廿六呎之流道，仍賴濬浦局常年維護，挖濬重淤泥沙。如欲增加深度四五呎，以達低水位下卅呎之標準，非不可能，惟重淤泥沙必增加不少，維護工作當必更爲艱難。蓋依治河原理，河道之增深，必使寬度束狹，而束狹之百分率必遠超出增深之百分率，於是河道剖面減小矣。然潮汎河道之改善，應使流入之潮水量增多，則退潮時收冲刷之效；如河道剖面減小，反使潮量減而淤積量太增，致挖濬工作十分繁重。苟以航輪吃水需要，不得不要求增加深度，爲工程經濟計，似可先挖濬黃浦之下游一段，至低水下三十呎，自吳淞而上，或至虬江碼止，此段可指定

24840

為巨輪停泊處。上游仍維持已有之二十六呎深度，俟十年後，視挖浚之成績，與當時之需要，再考慮上游濬深問題。

五、港內碼頭及船塢之建設問題

上海港內之碼頭，向採用順河流式。有為固定之碼頭，供大船停靠；有為浮碼頭，以浮橋與岸接通，供較小船隻停靠，藉潮之漲落以裝卸貨物，上下旅客，可較方便也。戰後擴充港內碼頭建築時，仍可採用以前式樣，惟設計及材料等，尚有研究之處。因黃浦江河寬束狹，已如前述，則與河流垂直之碼頭，（英國各港普遍採用者）伸入河道，頗不相宜。黃浦挾沙太多，此種碼頭間淤積必多，亦殊不易也。

關於港埠設備之數量，如碼頭長度，貨棧容量，港之面積等，應依照進出該港之船隻數量及噸位而估計之。普通以每年進出港口之一切船舶淨噸位總數，以代表此項數量，名曰吞吐量。港內裝卸貨物之數量，恆與此吞吐量成一比率，可預為估計。例如此次戰爭前，英之利物浦港，每年吞吐量約為四千一百萬噸，每年港內裝卸貨物約為一千三百萬噸，約合上數之三分之一強。在若干港埠，此比率較大，視該港之地位是否航綫之終點，抑係中點而定。如以二分之一比率，估計貨物裝卸數量，必較寬裕。

上海港在戰前之吞吐量，無確實之數字，約在四千萬噸至五千萬噸間。戰前香港之吞吐量為四千二百萬噸，倫敦為六千二百萬噸。上海將為世界最大港之一，其吞吐量當可達倫敦之數字，姑以六千萬噸為估計之根據，則裝卸貨物不致超出三千萬噸。港內所需之碼頭長度，可以上數及每呎碼頭每年裝卸噸數相除求得之。歐洲若干港效率較高，每呎碼頭每年可裝卸五百噸，美之紐約港，管理較差，每呎僅裝卸一百噸，我國青島港，民二十二年進出口貨物共計二百四十萬噸，當時碼頭長度為一萬〇五百呎，則每呎可裝卸二三〇噸。管理較佳之港內，平均每呎碼頭每年裝卸二五〇噸，當屬可能，如以此數字用於戰後之上海港，則需要碼頭長度當為十二萬呎 $\left(\frac{30,000,000}{250}=120,000\right)$。

上海港範圍內，黃浦江長約卅九公里，兩岸可利用之岸綫約為七十八公里，（廿五萬尺以上）戰前已有碼頭之岸綫僅七四九〇〇呎，為前數之三分之一，頗有發展之餘地。雖若干處在江之彎道凸出部份，淤積太速，不宜建築碼頭，但所需之十二萬尺碼頭綫，總可設法覓得也。以前黃浦兩岸，工業及其他用途，佔據不少綫，戰後應規定，除公用事業如給水供電等用途外，距江岸若干尺以內留作碼頭貨棧之用地。戰後上海港重心，應儘量移至下游，改建楊樹浦以下之兩岸碼頭。尤注重虬江附近及其他適當地段之深水碼頭，卽在吳淞之深水區域建築碼頭，亦無不可，使巨型輪十艘，可同時停靠。蓋戰後上海市中心在江灣，虬江卽在其附近，距吳淞亦尚不遠也。

碼頭線沿河道之兩岸，長達卅公里，使港埠設備，不能集中較小之面積內，為頗不經濟之佈置。故極早有人建議在港內開闢船港，使若干船隻，可集中停泊一處，為歐洲各港所常見者，頗有討論之價值。有建議在黃浦左岸，緊接蘊藻濱之上，建造一鉅大深水船港；亦有擬在前公共租界對江浦東半島建築船港之計劃。經民廿一年國聯專家商討之結果，認為黃浦平潮時短，船舶航駛擁擠，河身與船港間航行，既不安全，又不便利。且船港內靜水面積，淤沙必多，維持深度所費甚鉅；雖可建船閘，使船港成為封閉水面，但於航行增多障礙，上海港內駁船來往頻仍，殊感困難，而在黃浦之現劣基礎情形下，建閘費用勢必驚人。是以各專家以為建造船港，必須待一切適宜與可用之沿河地面都已充分利用後，頗有見地。黃浦兩岸戰前尚未能充分利用於碼頭建設，卽已建有碼頭，因各有業主，各處無統一管理，未能平日充分利用供船舶停靠，有幾處船隻擁擠不堪，有幾處一月中停船一二次。此等情形在管理不統一之港內，常可見到，如紐約港碼頭商有者居多數，無統一之管理，致與歐洲各大港比較，紐約港之碼頭總長度，雖較世界任何港超出數倍，而每年停泊之噸位，未必超過其他大港。上海港內碼頭整理改良後，卽已成之設備，儘量供船隻利用，已屬可觀，況尚有擴充之餘地耶。但沿江適宜建築船港之地段，亦應預為保留，待將來適當之岸線都已利用無法擴展時，再作船港之計劃。

上海港狹長之碼頭區，一切不能集中一處，為其最大缺點，惟將來所有碼頭，都收歸公有後，可依照停泊船隻之大小性質　江輪或海輪，郵船或貨船；貨物之種類——普通或油類等特殊貨物；轉口或供本地銷用等等，劃分區域，同時改良港口水陸交通，可不致感過分之不便利矣。

六、港內交通及設備改進問題

港內交通，恃藉鐵路道路及水道，互相聯絡，並與腹地相通。上海雖為京滬及滬杭甬兩鐵路之終點，但港內除鐵路局幾處碼頭外，並無鐵路相連之碼頭，貨物旅客，均賴其他市內交通工具，與鐵路卸運，可謂不方便之至。上海道路，尚稱完善，租界華界各處均通大道，碼頭旁亦有道路，浦東路政較差，抗戰前亦曾建浦東大道，貫通浦東各地，尚有擴充之必要。黃浦兩岸，藉輪渡及駁船，互相聯絡，卽江之同一邊，亦常利用水運，以其價廉也。停泊江中之輪船，更不得不用駁船，以裝運貨物旅客。上海港內交通，不能稱爲滿意，亟須改進，而最重要者爲鐵道聯絡與渡江設備。

佈置適當之港內，必有一鐵道帶線(Belt Line)，可通港內各處，成一帶形，並與腹地之鐵路綫聯絡。上海港之黄浦兩岸，沿碼頭綫，應各建一鐵路綫，並在龍華附近建浦江大橋，接通兩岸鐵路綫。浦東鐵道選綫較易，因浦東地面空曠也。在浦江左岸，尤以前租界之外灘一帶，爲商業銀行區域，不宜建築鐵路。但滬杭甬鐵路，在新龍華分爲二綫，分達南市閘北二區域，乃一帶形，可爲上海港鐵道帶綫之一部份，將來可改舖雙軌。南市沿碼頭之外馬路可舖鐵軌，自南車站引長至法租界附近。閘北可自北站引長，至沿江碼頭，沿碼頭綫而下，至吳淞爲止。

黄浦渡江問題，曾有跨江建橋之議，惟因浦江船舶擁擠，建橋位置，應在上游之龍華附近，兼通鐵路公路。該處船隻較小，可不必用開孔式。龍華以下，渡江方法，除大量擴充輪渡外，應待將來著察情形，採用水底隧道。惟隧道建成後，仍須輪渡輔助，因後者地點可不必限於一二處也。隧道建築需費過鉅，且附旁引道，影響已成建築，倘可緩議，將渡設備改善，可運車輛，如管理適當，未始非渡江之最佳方法也。

上海港內裝卸貨物之機械甚少，因人工低廉之故，但戰後工資必高，各大輪碼頭，應備相当之起重機，固不必如歐洲各港之多，如有若干設置，可輔助船上之起重機，減少裝卸所需之時間。特種貨物，如油煤五穀等之裝卸，用特殊之機械，效率可增加不少。關於上下旅客之碼頭，以前設備太覺簡陋，應設法改進，如候船室行李房餐室等不可缺少。

修船設備，戰前已具相當規模，船廠有大小數十家，除江南造船所外，均爲商有，大者屬之外人。乾船塢亦有十處，但都太小，巨輪常須遠東其他港修理。戰後應即建千呎之船塢二處或擴充已成者。

貨棧有通貨棧(Transit—Shed)及長期堆棧兩種，前者堆貨期不過一二週，以速運出清爲原則，此種貨棧應在碼頭旁，建築可較簡單。長期貨棧，可距碼頭較遠，大都爲幾層之建築。上海港內對於此種劃分不甚清晰，且有以露天空地或馬路爲暫時堆貨之用，對於貨物，既屬不利，且於交通，不無阻礙。戰後應有整個計劃，使長時期之堆棧移至較遠地段，碼頭旁之房屋，改作通貨棧之用，且嚴格規定其限期，使貨物不致擁擠。新建之碼頭，更應有合理之佈置，使有適当地位，建築通貨棧，其大小及層數，應與停靠

24843

之輪船噸位及停靠間隔日期等有關。其與鐵路道路之相互位置，亦應妥爲規劃。

通貨棧之容量，對於該處碼頭裝卸貨物之效率，影響極大。其容量似可以下法估計之。如每尺碼頭每年裝卸貨物二五〇噸，假定貨物留存貨棧平均爲期旬日，每年出清卅六次，則每尺碼頭即需七噸容量之通貨棧。上海港估計每年裝卸三千萬噸，碼頭長度將爲十二萬尺，已如前述，而通貨棧之總容量應爲八十四萬噸。

七、港之管理及建築經費籌措。

港之管理方式不一，殊不能稱爲統一管理。上海港道之疏浚，屬之濬浦局；碼頭貨棧及一切設備，屬之私人政府或外人；標誌及收費，由海關管理；港內治安檢疫引水等又由不同機構主管。如此不統一之組織，對於港務之進行，至爲不利。英國各大港，常以各業代表組織之機構管理港務，但在中國，尤以上海，一切必須賴政府力量，方得順利進行也。將來上海港之管理，應設港務局主持之，一切港內設備及交通，均應收歸公有，由港務局統一管理。港務局或屬中央之交通部，或屬上海市政府，兩者各有優點。中央管理，組織較大，力量較宏，對於經費之籌措，產業之收購及敵產之處置等，較易辦理。地方管理，則可與其他各市府局處，易取聯絡，較能合作；但以全港業務，包括工程營業交通徵費等，歸一局主持，規模甚大，恐非市府下一局力量所能及也。將來全國港埠建設，必將歸交通部管轄，因港埠爲交通事業重要部門之一，與鐵道公路水道等交通建設，應取得連繫也。於我國第一大港之上海，港務之管理，似以由交通部設上海港務局主持爲合宜；較小港埠之業務，由地方政府設局處管理，交通部管轄，亦無不可。上海港區可與市區劃分，與市府職掌不致衝突。港務局內部如何組織，不擬詳爲討論。

戰後我國築港經費，可不必在國家預算內支付，因依照一般經驗，港埠經營之收入，爲任何其他交通事業所不及。如用借款或公債方式籌得經費，短期內必能歸還。至於購買私人產業所需之經費，爲數甚鉅，可用分期付款法，以港務經營收入之淨餘，逐年歸還。

戰前船隻進上海港，須納下列各費：(1)噸位稅，照船隻噸位數計算；(2)濬浦稅，(3)港埠稅，兩者依照進出口之貨物價值計算，以上均由海關徵收。其餘停靠私人碼頭，使用私人貨棧，或停泊浮筒，應付各項租費；引港應付引港費，各種租稅，各自徵收，手續繁雜，諸多不便。既納碼頭稅，而停靠碼頭，仍應繳租，甚不合理。徵費之方法，世界各港頗不一致，最普通者，一為噸位費，徵之船舶，一為碼頭費，徵之貨物。戰後上海港似亦應以上列兩項為主要徵費，稅率可以酌加，其餘雜項徵費，以儘量剔免為是。港務經營之收入，除償還債務外，應全部用於本港之擴充及建設，不得移作政府其他經費。

八、自由商埠問題

世界各大港，均劃出若干面積，作為自由商埠區域（Free Port），在此區域內，貨物可卸至陸上，存貯製造或改裝後，運往其他港口，不徵收關稅，此可使出口貨成本減低，在國外市場易與他人競爭。此在我國尤為重要，因人工低廉，製成工業品後出口，當較原料出口為合算。而上海又為工業城市，原料由國外或我國各地運入，如在上海港劃出自由商埠區域，既可使上海工業更為繁盛，又可鼓勵工業品之出口。上海港又為我國最重要之轉口港，如設立自由商埠區域，貨物轉運，可減去轉口稅之繳納矣。在上海港最適宜之地位，設為自由商埠區域，為吳淞附近一帶，與港之其他面積，可完全隔絕，易於控制及管理也。

九、結論

上海港在技術條件下，雖不足算為頭等港，但其經濟條件，最稱滿意，有廣大富庶之腹地，且已具相當規模，以舊擴充較新建者，當可省捷不少。是以戰後應以上海為東方大港，並努力建設，使成為世界大港之一。欲達到此目的，若干問題勢所難免，尚須經各方之研究商討，謀合理之解決，將來之建設，即以此為根據，上述之諸問題，為最重要者，本文討論所及，不過提供各方之研究參考，尚祈交通當局早為注意及之。

24846

機械築路概論

李崇德撰 薛傳道譯

一 序言

美國公路運輸之突飛猛進，乃由於汽車容量之日增，及行旅迅速舒適與安全之改進，凡此進步，實為生產方法改善，製造成本低減，而能迎合大眾之需要有以致之。其高速度公路建造之經費，大部取自政府所抽之油稅；美國油價低廉，與他國比較時尤為顯著，故其人民從未有節省汽油之傾向；於此大量消耗之下，油稅來源可觀，遂使新公路年增不已。

至於美國之所以能建築高級公路，則完全因能利用最新式之築路機械，此種機械之製造商不斷研究改進，日求公路品質能益趨上乘，而築路時間能日形減短。晚近築路機械之進步，係傾向於容量之加大，能力之儘量利用及能自動工作，集中管理，以增加其使用之靈活與經濟，對於個別工程上之特殊需要，則更有特殊機械之製造，因能善用此種優良新式之築路機械，乃使高級公路得滿佈全國。

在中國既不能製造車輛，又不生產必需之燃料，在在均仰賴於國外之輸入，而且經濟落後，購買力薄弱，輸入復又有限；油稅所入，殊不足供應公路迅速大量建築之用；然以吾國人口之眾，幅員之廣，運輸設備之急切需要，乃絕對不可否認之事實，目前國內各種高級公路，較之美國，僅可言為雛型而已，近年中因對於利用本國勞工，與外來機械，孰為經濟一問題，未能決定，對於公路之發展，頗受影響。此問題爭辯頗烈，有提倡利用國內勞工者，有主張採用機械築路者，紛紛莫衷一是。主張前者之理由，為吾國有大量低廉之勞工可資利用，從而將能解決民生失業問題。且內地運輸簡陋，搬運外來機器，不但費用浩大，且困難諸多，復加吾國無熟練之技工能運用機械，而外匯高漲，購買外洋機械勢非國家財力所能勝任。後者提議採用機械之理由，為節省有用之人力提高公路之品質，加速完成公路建設計劃，以促進其他經濟建設之發展，將來可使耗用之經費能於短期內恢復。兩者固各有其理，然完成優良公路當為其共同之標的，其所分歧者乃築路方式之差異也。今日我國缺乏完美之公路，事極明顯，在戰前難以溝通各地交通，戰時不能勝任軍運，貽誤戎機甚大，故公路不但為發展經濟所必需，於軍事尤為重要要。築路機械之輸入，將促使技工迅速培植，從而專家研究與模仿製造，必應運而生，將來必使中國能自造自用築路機械，以達自給之經濟原則，庶不再依賴於外洋之輸入，不僅杜塞漏卮，且可加強我國工業化之基礎。

爲欲使國人對築路機械之式樣及用途得一概括觀念，本文特將各種築路機械作一簡單之介紹。此項機械大都爲現代最新式而最實用者，包括有養路、平路、挖泥、開山、軋石以及建造馬克達路之各種機械工具。

二 養路工程之機械

公路工程，有養路及築路二種；築路工作，又可分爲路面與路基二種：

路基工程有：

1. 土方
2. 石方
3. 淤泥之清除
4. 路基形式之築成
5. 壓

路面工程則有：

1. 碎石路面
2. 馬克達路面
3. 柏油路面
4. 混凝土路面
5. 磚塊或石塊路面等

特種有效之機械，常爲應特殊需要而發明，非本文所將討論。下列各節所述乃爲最通用於一般之築路機械也，茲先就養路方面應用者述之：

一、土路保養 土路保養最有效之時間，乃當土中含適量之水份是也，此種情況僅在細雨之后，或大雨後而經過若干時間待過分潮濕蒸發之時，故此有效時間甚短，如何使此寶貴時間能盡量而迅速利用，實爲其中最重要之問題，有數種機械專爲達成此項目的而製造者，如亞當八號養路機(Adams No. 8 Maintainer)，此非自動開駛之機器。須由卡車爲之拖動，每小時平均速度爲十五英里；第二種爲摩托平路機(Motor Grader)

此係多能之機器。不但可作平路之用，且能清理疏通側溝，為自動進行之機器，但也有用曳引車拖拉而自身不能行動者，舊式之平路機，係用馬匹拖拉，過去二十年中曾採用頗廣，今雖仍有應用者 然摩托平路機已有完全代替之趨勢，吾國西北各省，馬匹眾多，故應用馬力拖拉機器依然適用，四匹或六匹馬之二輪平路車，每天可完成十五至二十英里之路面，並非難事。如此對於實貴時間之利用 較僅用人工煤鍬者，收效多矣。

二、礫石路面之保養 礫石路面易形成凹凸及波紋狀之路面，即一般所謂之「板刷」(Wash Boards)狀者，保養時即將路面上突齊處刮除，低窪處填平；用刮除機(Scr-aper)或平路機(Grader)即可完成此項工作。

三、馬克達路之保養 馬克達路，特別是水結馬克達路，每當高速度汽車卡車通過時，其路面損壞甚烈，故保養時乃採隨壞隨修制，因此各項修補材料，須隨時準備，其手續包括路面之耙鬆，舊材料之撒除，然後篩去泥土將舊石子混和於新石子內而重鋪之路再撒以細小之石屑，加水，而壓實之，此種機械係由帶齒耙及刮刀之平路機 與三輪壓路機聯合應用，亦有用帶齒耙之壓路機者。

四、柏油路之保養 柏油路之修補方法，首為掃除鬆土，清潔路面，次乃鋪以已混合之材料，再壓成所需高度，在小規模工作中 Galion Portable Roller 最為合用，因其可以繫於卡車之後，以高速度遷移也。當大規模保養工作進行時，則可用雙輪壓路機(Tandem Roller)

五、混凝土路之保養 混凝土路面之損壞，大部由於路基支承力之失敗，其最通常之現象，為在膨脹時之龜裂，修理工作，須視損壞之形狀而定，當受損之里程極長，以柏油拌和石子鋪於混凝土上較為經濟，受損路面甚小時，(如在接縫或邊緣處)則可用汽鑽，將其鑿破，將廢料除去而另補以已調和之混凝土，使其仍與原路面相平，此項已調和之混凝土，係在裝置於汽車上之混和器中和成，此種混合器，當混凝土運送時，乃經常旋轉不停，此乃一種特製之機械。設混凝路面，隨路基沉陷而低落時，普通多用扛泥手續(Process of mud Jocking)使其恢復原來之高度，此手續係在混凝土路面上鑽適當數量之小孔，達於路基，然後將泥水混合物或泥，洋灰，水泥合物壓至路面之下，以迄路面恢復原來之高度為止，扛泥工具，係安放於汽車上，包括有裝水，泥混合物之櫃，此櫃連有一唧機，並有帆布帶，工作時將帆布帶之噴嘴插於混凝土路面之鑽孔中，施壓力後可將水泥混合物經帆布帶而壓入路面以下。

三 路基工程之機械

一、土方 在平地上，修築路基之最普通之方法乃掘起路面二旁之泥土造成排水溝，並將泥土漸漸堆於路中使成拱形。一架重摩托平路機，(Heavy motor grader)即可完成此種築路工作。若地勢甚低，則路基勢必用土填高，所掘則溝深度須較大，因欲利用掘出之土作填高路基之用也。此種工作最適用之機械爲昇高平路機(Elevating grader)惟仍需以摩托平路機，同時進行以築成路拱形式。

在邱陵地築路時，必有填土，挖土，借方等工作。其運土所用之工具常視運程之長短而決定，普通在二百呎距離之內，則多用推土機(Bulldozer)二百呎以上，一千五百呎以內，以拖式刮土機(Hauling Scraper)最爲經濟，一千五百呎以外，則大都用卡車及機器鏟(Power Shovels)築路工程中，工程師莫不力求土方運程縮至最小度，故拖式刮土機最見常用也。

二、石方 當路線經過山地時，勢必遭遇大量堅硬之石方，處理此種石方，乃一特殊問題，所謂石方者包括各種堅石，鬆石及卵石等是也。

鬆散或風化之石層，用機器鏟(Power Shovel)即可處理。堅石則於應用機器鏟以前，須先施以爆炸，炸點石方最佳之炸藥爲 Du Pont Gelatm (由 E. I. Du Pont det Nemours所製造)，此種炸藥不畏潮濕。如炸鬆石，普通用 Da Pont Red Cross Exra。使用此炸藥者須注意炮眼(Charging Holes)必須乾燥，最多祇能有一點潮濕。

三、淤土之清除 當公路經過沼澤，充滿爛泥帶水之淤土時，須將此種淤土挖除盡淨，而另填以穩定之材料，路基方得堅實。普通所用之機械，爲拖線式之機器鏟(Dragline)或貝殼形之挖泥斗(Clam Shell)，亦可用卡車將實土加於淤之上，使淤泥擠向兩側，直至不再有沉陷爲止，亦有在淤泥中，裝以黃炸藥(Dynamite)使其爆炸時，將淤泥驅散於四周，而另填新土，此種手續最爲迅速。

四 路面工程之機械

一、礫石路 礫石路面之鋪設，係用混合之礫石，沙及黏土築成，此種混合料若得之於礫石場不經篩過者，則稱爲岸邊礫石 Bank Run Gravel 若係依照比例而將各種石料混合者，則稱之爲穩定礫石(Stabilized Gravel)，二者均可用散播機 Spreader)掛於斃自動翻起之卡車(Dumping Truck) 之後，而分層舖設，每層厚度約三吋至四吋普通用三輪壓路機，或讓載重卡車行駛壓緊，如係利用車輛壓實者，在舖設第二層之前，應先讓車輛行駛數月。6吋—8吋厚之壓實路面，一般應分三層舖設，路面上因車輛造成之崎嶇窪槽，需不斷用平路機刮平之。

二、馬克達路： 馬克達路之舖設，係用軋碎石灰石，石屑及水所構成，後二者乃充當黏合料之用，建築馬克達路分二層舖建，第一層用5吋至6吋之石塊，第二層則用 $1\frac{1}{2}$吋—2吋石子，其上更須舖以小石子及石屑，各種石料均可由散佈機 (Spreader)或人散佈之，石料舖至所需之厚度後，即加水輾壓，洒水車應以均勻速度行駛，輾壓則至少用十噸重之三輪壓路機。馬克達路，必須用生鐵輪盤之三輪機，始能壓實也。

三、柏油路面 柏油路面有下列數類：

1.澆柏油(Surface Treatment)

2.路拌柏油(Road mix)

a灌柏油(Penetration)

b流動拌柏油機拌和(Travelling Plant mix)

3.廠拌柏油(Plant mix)

a熱拌柏油(Hot mix)

b冷拌柏油(Cold mix)

1.澆柏油：先用柏油壓佈機(Asphalt Pressure Distributor)，將溶成水狀之柏油舖設於路面上，再用人工或石屑散佈機撒以石屑，然後均勻輾壓之。散佈機(Chips Spreader)約有數種(a)旋轉圓盤式(b)滾動式(c)重力式等。

2.路拌柏油

(a)灌柏油：將熱柏油或 ut back Asphalt 灌於鬆動之路面上，其數量以灌入2吋—3 吋為度，然後再撒以 $\frac{3}{4}$ 吋至 $\frac{1}{2}$ 吋之碎石而用重壓路機壓實之(普通多用十噸重三輪壓路機)，其所用築路機械大致與澆柏油相同。

(b)流動拌柏油機工作，係預將粗細石料，堆置於路基中間，由拌油機之起重部分起混合後，再以撒播部份散於路面上，使得適當之厚度及適當之形狀，此項機器，普通均製成能同時作三種工作，即起重，混合、及散佈，但亦有將其分為各個分開之獨立

24851

單位者。

3.廠拌柏油：係將細石料及柏油在一固定之拌和廠內拌和。

a熱拌柏油廠：其主要單位為(a)粗石料乾燥器，(b)粗石料起重機，(c)搖動篩(d)貯藏所(e)磅秤(f)柏油盛放器及柏油秤重吊桶(g 混合室。若係用以混合柏油砂(Sheet As Sphalt)之用者，則應另加一盛放石屑之吊桶。

b.冷拌柏油廠：與上述熱拌和廠相似，其唯一不同，乃在熱氣僅用作乾燥粗細石料，在混合之前，此項石料仍須令其冷却至大氣溫度，然後與柏油拌和。普通冷拌柏油工廠之建造，均使其能迅速變成熱拌工廠，而熱拌工廠亦極易變成冷拌工廠。

四、混凝土路：混凝土為公路建築中極重要之材料，美國高級公路大都採用此種做築，混凝土路極為耐久而經濟，其迅速發展僅為近二十年之者，為謀建築之優良，下列數項重要因素，必須注意，即路基之整齊劃一，所用材料之符合規定，石子、砂、水泥配合比例之適當，用水量之絕對控制，混合時間之充足，模殼之準確，鋼筋及膨脹接縫之安放，混凝土之適當攤佈及水泥硬化時之適當保護等是也。

舖建混凝土路而所需工具，種類甚多，茲姑簡要敘述如次：

1.路基準備：路基之準確齊一有關經濟問題，欲得齊一之路基，應用路基刮平機(tubgrader)路基鉋平機(Subgrade Planer)路基檢驗機(Svbgrade Tester)等工具，當混凝土舖撒於路面以前，路基之平直形狀等均須詳為校對。

2.材料選擇：所有粗細石料及石砂務使清潔，砂中之有機物雲母等不應超過1 %之重量，碎石務求堅硬，各種材料須先試驗，以視其是否合於標準。

3.比例及配合：粗細石料必須精確秤量，以確保其配合比例之正確。材料先用起重機(Clamshell or Granes)放入貯藏器(Storage bin)內，貯藏器(Bin)內可分數格以貯各種粗細石料，Bin下裝有自動式或半自動式或人工控制之開關更有備有衝鈕(Push Button)以控制材料之瀉出者，則起閉更為方便。Bin之出口下部連於磅秤待達所需之重量後即自動關斷，將材料卸於車上而卡車上常分成數格，每格恰為照規定配好之材料一份，以便分批倒入水泥拌和機(Concrete Mixer)內，如此辦理則工作既迅速而又精確。

4.水泥拌和：建築水泥路之拌和工作，乃由特種之舖路拌和機(Concrete Paver)為之，此項機器之容量，通常為27至34立方呎，新式混合機，有控制水量之裝置，故工作進行時不至水量太多或不足，此種舖路機，普通安放於曳引機之座上，用汽油機或柴

24852

油機開動，裝料，混合，卸料等步驟皆有自動控制設備，一切均能按所定之時間完成，重量則在十七噸至二十噸間，移動速度可達每小時 $1\frac{1}{2}$ 英里，水泥拌和時間普通定為一分鐘，因試驗所得，一分鐘時間之拌和，即已充分，其效力並不因長期混合而增大，混合時所用水量普通比例為水泥一袋不超過6加侖，在正常情況下應為5至 $5\frac{1}{2}$ 加侖。

5.給水：築水泥路時，需用水量包括拌和及養護已舖之水泥路面，每方碼約為25至30加侖，普通均係臨時安裝水管置於路旁，水之來源或逕接於城市內之自來水管上或用抽水機自清潔之水流中抽水應用。輸水管之直徑不得小於 $2\frac{1}{2}$ 吋—3吋，管線每隔300—500呎即需裝一接頭，以便修理操作或移動，在每隔200呎處須安置T字接頭以便裝置出水口，以聯接於拌和機或供保養路面之用，並需裝保險活門，以減除當抽水機在工作而用水甚少時之過剩壓力，開關活門則須每300—1000呎裝置一個，以備修理時關閉之用，排水龍頭應裝於抽水機之下部，及管線之最低處，以便不用水時，將管內之水放清，以防冰凍。

建築混凝土路時，所用抽水機，其供給量，須每分鐘能出水80至125加侖，並須能承受300至600磅之水頭，在巨大工程進行時，往往不止一隻抽水機工作，以防損壞，而致停止。

6.模殼：建築混凝土路面，必須用模殼以支持竣工機器(Finishing Machine)併造成路面形狀，並使能築成堅固路邊(Strong Edge)；模殼為鋼質，長10呎，高8吋至9吋，依路面厚度而定，模殼安置不僅需平直堅實，且當支持竣工機器工作時，而無絲毫變形。

7.撒布及竣工：混凝土自拌和機傾出後，必須立即撒布於路面，至一定厚度，此即撒佈機(Spreader)之工作，撒佈機可為螺旋式，或號板式，竣工機緊隨於撒佈機之後，有各種不同之方式，或為磨括，或為震動，機械工作完畢後，尚不能達預期之平面，須再用人工磨光，此時所需之設備為浮橋及帆布磨光帶。

8.路面處治：處治之目的，乃使混凝土能達全部強度，在舖好後，最初數小時中，使路面保有水份，實為重要之工作。普通方法，係不時洒水，或洒以化學藥品。或係洒水則在已鋪好之路面上，覆以麻袋，時常洒水，使24小時內均能保持潮濕。過此即將蔴袋取去，蓋以2至3吋厚潮濕之土壤，或覆以5－6吋厚之稻草，以阻止水泥面上潮氣之蒸發，亦有用其他物料以保持潮濕，約兩星期後，可以開放交通。

9. 膨脹與收縮接縫及鋼筋：(Expansion and Contraction Joints and Reinforcement) 膨脹接縫，每隔30呎或40呎安放一個，使每100呎有$\frac{3}{4}$吋之膨脹空隙。收縮接縫，每隔10呎或15呎留有一道，係用鋼板或他種材料在路面上壓出一縫，俾路面預留一弱點，深約1吋左右，俟當收縮時即有較薄而直之裂痕發生，此種裂痕使路面分成有規則之板塊(Slabs)，伸縮縫中之填料，瀝柏油，毛氈、軟木或橡皮等均可，為使載重由一板塊傳至另一板塊，伸縮縫中應更有接合鋼筋(Dowel bars)，普通用三分圓條鋼筋，縱向安放，中距約6吋，鋼筋則長約12吋，放於路面下2吋。

五 結 論

機械築路之大略情形已如上述，當茲勝利即將來臨，建國必須加緊進行之際，發展公路，便利交通，勢為迫切之要求，但公路工程，日新月異，進步極速，吾人如不能於機械築路方面迎頭趕上，則手推肩拖，豈堪想像，從事公路工程者實宜有所取捨而知所努力也。

（譯者按：李教授原文中附有不少精美圖表，照片，但因印刷困難，祇得割愛刪略）

24854

高樓架應力分析

金祿軒

高樓架負載竪向靜重活重，並抵抗平向風荷重。樓架風應力分析，用靜力學不能解出，須用靜力無定解法 Statically Indeterminate Stress Analysis 作準確分析，工作繁雜，不合實際設計之用。比如用傾度變位法 Slope Deflection Method 分析三間十層不對稱屋架，要解五十個聯立方程式，方程式上的係數，又要從到五位六位，計算麻煩，不易複核。爲減少設計時間，節省設計費用，所以有風應力近似分析。

近似分析

近似分析根據兩項臆定：

一、梁柱接合是剛節，(Rigid Connection)

二、設想鉸點在各梁柱的中點，

根據這兩項臆定，高樓架風應力可以完全用靜力學算出。只是所得結果不能和屋架受風力後實際變位情形相符合。故近似分析法的應用，只限於下面三種情形：(1)極有規則的屋架(2)初步設計(3)風力較比較不重要的屋架，要求準確和省時的方法，仍須從靜力無定學研求簡捷方法。這一個問題，經結構工程師多年努力終於得到他的解答。

傾度變位法的器械分析

靜力無定結構的準確分析，到傾度變位法發明，在學理上已算光明燦爛，只在實用時候還嫌麻煩，但是傾度變位可以用器械度量，一九一五年威氏和曼氏(W. M. Wilson and G. A. Maney)發表『鋼架辦公高樓架的風應力』一文，述說用器械觀測賽璐珞模型樓架之傾度和變位。與傾度變位法方程式計算的結果相同。但工作簡單時間經濟，茲分模型製造，器械設備，觀測方法，公式導出，說明於後：

製造模型所用的材料是賽璐珞或者黃銅，賽璐珞一經負重，不能再恢復原有性能，接卽發生爬行(Creep)繼續示數，難以準確，所以宜用黃銅。模型是比照實際樓架，按一定比例，由 $\frac{1}{32}$ 吋厚黃銅板剪出。整個模型厚度一致，只要模型上各桿的深度

(Depth)與實際樑架梁柱截面底惰性矩(Moment of Inertia)的立方根成正比就可使用。

模型剪出之後，平放在桌面玻璃版上，(見圖一)把模型柱脚夾固在桌面上，並在模型各梁柱之下玻璃版上，各放兩排 1/8 直徑的鋼珠。使模型變位時，可以隨意移動，不受阻力。加力量的方法是在模型桿上的承重點，繫一細繩，上繫彈簧磅秤和螺絲扣(Turn Buckle)繩的另端，繫在桌子那邊，加重到柱的時候，繩與柱垂直。加減荷重，只須微轉螺絲扣上的螺絲，彈簧磅秤準確達2英兩，黃銅模型沒有爬行的弊病，但易扭轉，因此宜在模型上壓上輕微的重量。

梁柱中心線交點上作一小夾，夾上附鋁針一枚，長6吋。鋁針平向並與梁中心線平行。梁中心線轉動的時候，鋁針針端隨之轉動，用測微計顯微鏡(Micrometer— Microscope)對好針端，在測微計上看針端移動的示數。例如針端移動 0.00906 吋傾度當是 0.00151，約合5秒的轉動，設梁AB兩端的傾度和變位都已測出，梁AB兩端固端力矩，就可以用傾度變位法公式算得：

$$M_{ab} = \frac{2EI_{ab}}{l_{ab}}\left[2\phi_A+\phi_B-3\frac{\triangle ab}{l_{ab}}\right]-\frac{A_{ab}}{l_{ab}}\cdots\cdots\cdots(1)$$

$$M_{ab} = \frac{2EI_{ab}}{l_{ab}}\left[\phi_A+2\phi_B-3\frac{\triangle ab}{l_{ab}}\right]+\frac{A_{ab}}{l_{ab}}\cdots\cdots\cdots(2)$$

公式裏E是是黃銅的彈性係數，

IAB是梁AB的惰性矩，

ϕA和ϕB是A點和B點處的傾度，

△AB是AB兩端的比較變位，

B如各梁分別荷重，梁AB的固端力矩用下列公式表明：

$$M = a_1\frac{A_{11}}{l_{11}}+b_1\frac{A_{21}}{l_{21}}+\cdots\cdots\cdots$$

$$+a_2\frac{A_{12}}{l_{12}}+b_2\frac{A_{22}}{l_{22}}+\cdots\cdots\cdots$$

$$+\cdots\cdots\cdots$$

24856

$$+a_r\frac{A_{1r}}{l_{1r}}+b_r\frac{A_{2r}}{l_{2r}}+\cdots\cdots$$

$$+\cdots\cdots\cdots\cdots\cdots\cdots\cdots\cdots\cdots\cdots\cdots\cdots\cdots\cdots\cdots\cdots\cdots\cdots(3)$$

公式裏 $a_1, b_1 \cdots\cdots a_r, b_r$ 選常數

A_{11}是第一間第一層梁的面矩(Moment Area)

A_{21}是第二間第一層梁的面矩，

A_{1r}是第一間第r層梁的面矩餘類推，

l是梁的長度，

當一側柱荷風應力時，第三式變爲

$$M=a_1\frac{A_1}{l_1}+a_2\frac{A_2}{l_2}+a_3\frac{A_3}{l_3}+\cdots\cdots a_r\frac{A_r}{l_r}\cdots\cdots\cdots\cdots\cdots\cdots\cdots\cdots(4)$$

公式裏 $a_1, a_1 \cdots\cdots a_r$ 是常數，

A_1 是第一層側柱的面矩(Moment Area)

A_2 是第二層側柱的面矩，

A_r 是第r層側柱的面矩，

l_1 是第一層上柱長，L_1 是第二層上柱長，

樓架模型荷重後，觀測模型各桿端點傾度和變位，將觀測的結果代入公式(1)(2)卽得模型各桿的固端力矩，用這些固端力矩，再算出荷重產生的面矩，代入公式(3)或者公式(4)求出各桿上固端力矩公式的常數並列出各桿的公式(3)或者公式(4)。

模型不能負載與實際樓架相等的荷重顯然易見。模型能負載重量大的數磅，雖不等實際荷重，然第(3)或第(4)公式列出後，(換卽各常數求出後)，就可用實際樓架荷重，與實際桿件長度，算面矩代入第(3)或第(4)式而得樓架各桿實際的端點力矩了。所以在公式(3)或(4)建立之後，工作可以很快的進行，所有各桿件端點力矩幾等於一氣寫出。

在用(1)(2)兩公式之前，應先求出公式上EI的數值。方法是用司樣截面的黃銅作成一長10吋的臂梁，(Cantilever Bea'm)端點負重後(荷重由半磅至七磅)觀測端點傾度和變位。固端力矩可以先求出來，然後只剩EI值是未知數，立卽可以算出。

此外，尙應規定如下：

(1)順時針方向的轉動是正，反時針方向的轉動是負，(2)如桿一端對另一端發生順時針方向移動，桿兩端的比較變位，是正變位，(3)使桿端發生順時針方向的轉動的固端力矩是正力矩。

現代簡捷法分析

研究假定風荷重時所含各種不定因數，就知道高樓架準確分析，大可化簡。實際設計上的需要，也只求達到一個合理的精確程度，自從美國克洛氏教授創用平衡固端力矩法（亦稱力矩分配法 Moment Distribution Method）高樓架風應力的簡捷分析，也就有了解決。

簡捷法離不開這幾點簡單道理(1)在任意一層樓架上各柱剪力之和等於該層上風剪力。(2)節點處相交各桿的端點力矩相平衡，即$\Sigma M=0$(3)在任意一層樓架上，沒有扭力(Torsion)的時候，各柱變位相等，(4)相交在一個節點的各桿端點轉動相等。

節點轉動使交在節點上各桿（梁和柱）發生固端力矩，力矩大小，和桿的$\frac{K}{C}$値成正比。K是桿的剛強率，等於$\frac{I}{L}$，I是桿截面惰性矩，L是長度，C是桿端轉動常數。

樓架傾側時，如束縛各節點不使轉動，柱端力矩端專因傾側關係，乃等於柱剪力乘二分之一的柱長度，柱剪力和柱的$\frac{K}{L^2}$値成正比。各柱長度相等的時候，柱剪力就和K成正比和I成正比。梁力矩由於節點轉動，柱力矩乃由於由於節點轉動，和屋架傾側兩項原因。

開始分析本可以假定樓架在抵抗風荷重時，節點側傾，但受束縛，不能轉動。所以柱上有固端力矩，梁上沒有。本此假定，標明每層上柱的固端力矩等於按柱的K值分配該層上風力矩（風剪乘柱長之半），梁固端力矩等於零。就此按克氏法分配各節點固端力矩，使節點達到平衡狀態。節端力矩平衡後，柱固端力矩，不復相當於該層上風力矩，須另加固端力矩抵當。另加後，再度分配各節點上固端力矩，再使節點達到平衡狀態。這樣接續下去，直到達到合理的準確程度爲止。

但是這種作法，仍可進一步化簡，而完成現代簡捷法分析。就是假定樓架節點傾側時，各節點同時轉動。在每一層樓各柱端標明固端力矩等於按K値分配該層上風力矩的數

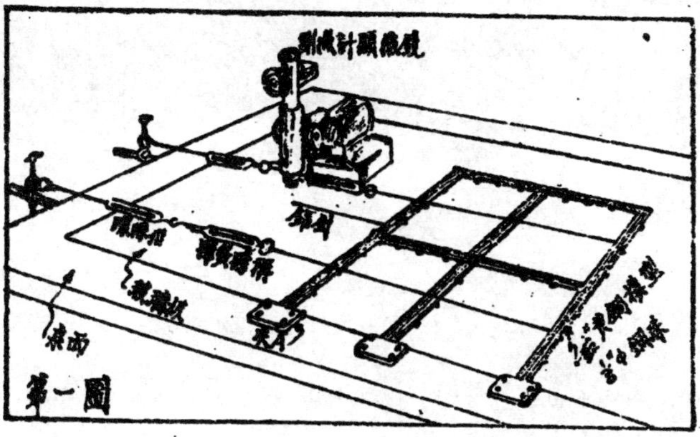

第一圖

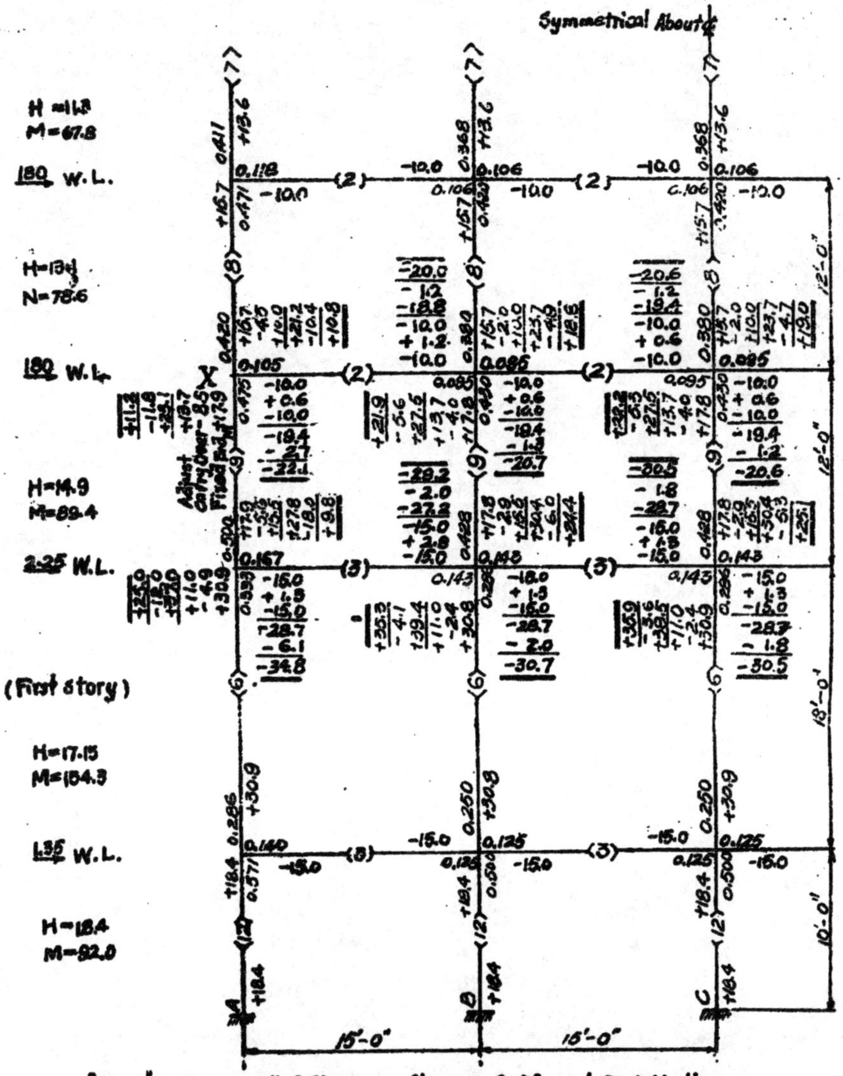

第二圖 "Exact" Analysis of Wind Stresses — Shear and Moment Distribution For the Third and Fourth Floor of a Ten-Storey Steel Building

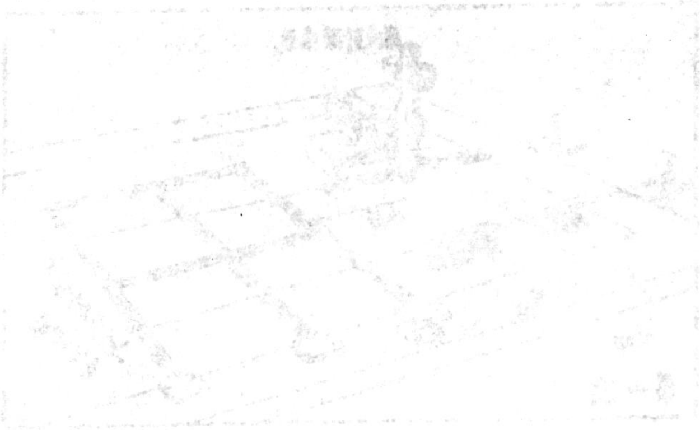

值，同時在梁端給以與梁的K值成正比的任何數值的力矩。分配各節點固端力矩，使節點達到平衡狀態。然後校正柱的固端力矩，以抵當原有風力矩。另再選一合宜的任何數值作梁端校正力矩，並再分配各節點固端力矩使達平衡狀態。

第二圖是一座四間七層樓架，地窖層高10呎，第一層高18呎，自第二層起每層均高12呎，屋頂並有四呎高的矮牆(Parapet wall)。風荷重每平方呎是20磅。作者用現代簡捷法分析二三兩層上風應力，用以解釋所用的計算方法。第二圖的分析可以分項說明：

(1) 計算並標明每層樓板綫處風荷重，求第二層樓架上風剪力就等於由第三層起以上各樓板綫處風荷重相加之和；第二層上風力矩等於兩層風剪力乘該層柱長的一半其餘風剪力和風力矩類此推算。

(2)在各梁柱上標明保強率K等於 I/L 值，並在靠近節點梁柱端點上標明分配因數

Distribution Factor 等於 $\frac{K}{\Sigma K}$ 如在節點X處分配因數等於 0'420,0'105,0'475,等。

(3)將每層上風力矩按該層上各柱K值比例分配到各柱之上，就成為柱固端力矩，如第三層樓架上風力矩是 78.6 而各柱k值相等 於是各柱固端力矩全是15.7,梁的固端力矩,只要和梁的K值成正比,並沒有一定的限定。此處為適宜起見定為等於K值的5倍。

(4)分配各節點上固端力矩，作為方便起見只標明傳遞力矩 (Carry Over Moment) 如傳遞到節點X處的傳遞力矩由於第二層上節端A的轉動第四層上節端A的轉動和第三層上節點B的轉動，傳遞因數 Carry Over Factor 等於轉動梁的分配因數的一半。節端

X處第二層柱上的傳遞力矩 $-8.5=\frac{0.500}{2}(30.9+17.9-15.0)$。

(5)校正柱端力矩以抵當原有風剪力，每層上(柱上下端校正力矩不同)的校正力矩等於該層各柱上傳遞力矩和分配力矩的總合例如 $+13.7=\frac{1}{5}\left[11.2+5.8+5.8+5.8+11.2+8.5+4+4+4+8.5\right]$ 因各柱K值相等，所以每柱各得五分之一。

(6)校正梁端力矩，須和梁的K值成正比，可以為一任意值，此處仍舊用梁K值的五倍，恰巧合適。

(7)將固端力矩傳遞力矩校正力矩相加。

24861

(8)再度分配第七項加得的固端力矩，使節點達到平衡狀態。

結論

結構的接合，大致分鉸節(Pin Connection)剛節(Rigid Connection)兩種，其實普通鉚釘結構的結合，既不是鉸節，也不完全是剛節，乃以半剛節(Semi-Rigid Connection)佔多數。鉚釘接合的高樓架很多是這樣的，如接合是半剛節，近似分析與現代簡捷分析因假定不同，無法使用。但是傾度撓位法的器械分析可以使用，這是一個特點。現今電焊接合的結構一天多似一天，接合全是剛節，就都可以用現代簡捷法分析。這是指鋼架結構而言，至於鋼筋混凝土多層的樓架，可以用現代簡捷法分析更不待言。

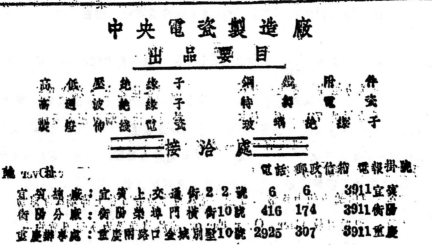

24862

控制碳酸鈣平衡之給水防蝕處理

楊　欽

引　言

鋼鐵管在給水工程中爲主要之部份，但日受水之侵蝕管壁厚積氧化物銹疤，年深月久後，乃致洞穿。更以所積之銹疤爲含水之氧化物(Hydrous Oxide, $Fe_2O_2 \cdot NH_2O$)，可能膨脹至原來鐵體積之三至十倍，管徑遂爲之減小，其減至原徑三分之一或二分之一者，數見不鮮。曾聞有一四哩長十二吋徑之鐵管，於十二年內，磨擦損失，增大三倍之多云。

因之以增加之電力消耗，固倘遠較修理管線之損失爲大也。近年鑒於問題之重大，致力研究者頗不乏人。銹之成因，殆已洞悉無遺，而補救之策，日新月異，不一而足。本文所述，僅其中之一耳。

銹蝕之原理

銹蝕之作用，可別爲二類：即直接化學作用與電化作用是也。

在大氣中乾氣或硫化氣之作用於乾金屬，可目爲直接化學作用，其作用之順序與程度，視所成產物之物理性而定。若所成者爲氣體或液體則作用將繼續不斷，迄作用劑用罄而止，但若爲固體，則將附於金屬表面，成一薄膜，如該膜緊密而不透水，則不啻成一護衣，銹蝕可以終止進行。

1903年威得奈氏(Whitney)首先以電化學說解釋金屬之銹蝕。嗣於1907年華克氏(Walker)，又加以補充，銹蝕作用遂得一滿意之解釋。電化作用，可別爲三類：(一)自蝕(Selfoorrosion)；(二)電池作用(Galvanicaction)；(三)盲電流電解作用(Stray Currentelectrolysis)。

自蝕：銹蝕最初之反應如次：

$Fe(金屬)+2H^{+}(離子)\rightarrow Fe^{++}(離子)+2H(原子)$。

$Fe^{++}+2OH^{-}\rightarrow Fe(OH)_2$　　(1)a.

戴氏對此作用曾云： Daniell

「氫之作用，一似金屬。設在一單納爾電池(Daniell cell)需，以鐵代鋅極，氫代銅極，連以導線，亦可得電流，鐵遂逐漸溶解。故鐵浸於氫離子液中，鐵質溶解，而氫被釋出，一似單納爾電池之硫酸銅也」。

嗣後華氏又增補第二步之反應如次：

$$2H(\text{原子})+\frac{1}{2}O_2(\text{溶解})\rightarrow H_2O\ \text{液}) \qquad (2)a$$

$$2H(\text{原子})\rightarrow H_2(\text{分子}) \qquad (2)b$$

$$4Fe(OH)_2+O_2+2H_2O\rightarrow 4Fe(OH)_3(\text{銹}) \qquad (2)c$$

由上式可知水中溶氧與銹蝕之進行，有莫大之關係，若無溶氧，金屬表面積以極化之氫，其作用勢必遲滯。

Fe(OH)3可能積於鐵之表面，而使銹蝕停頓，惟是項護衣，頗不穩定，其平衡易為氫離子打破，故鐵源源溶解，銹蝕將無止境。

泰半天然水中，都含二氧化炭，與水起作用成炭酸

$$CO_2+H_2O\rightarrow H_2CO_3 \qquad (3)$$

并由炭酸之游離，釋氫離子。

$$H_2CO_3\rightarrow H^{+}+HCO_3^{-} \qquad (4)$$

水中氫離子增加積聚原子氫之傾向，隨之而增，銹蝕乃轉劇。更有進者，炭酸本身，亦有溶解鐵之作用，例如：

$$Fe+H_2CO_3\rightarrow FeCO_3+H_2 \qquad (5)$$

$$4FeCO_3+O_2+6H_2O\rightarrow 4Fe(OH)_3+4CO_2 \qquad (6)$$

此間又以水中之溶氧而釋出CO2，再促銹蝕作用，殆無止境矣。

反應(2)a與(2)b，自可單獨或同時發生，但據美國麻省理工學院之試驗，在中和或鹼性水中，氣體狀態之氫遠較被氧化者為少，故鐵之銹蝕，純為(2)a所操縱。在強酸中，則以(2)b之作用較重要焉。

<u>電池作用</u> 是項作用有二：(一)兩相異金屬在電解液中相觸，(二)同一金屬上，電解液之濃度不同。茲分別述之如次：

24864

兩不同電勢之金屬，浸於電解液中即生電壓，連以導線，乃得電流。第一圖示一電偶，鋅浸於稀硫酸得負電荷，正鋅離子入液中，同時銅得正電荷。外連導線，即獲電流，可於所接電表見之。其電壓可由一高電阻電壓表測之，在瞬息間可測得兩極之勢差，惟不旋踵，即行下降，電流亦然，蓋以極化氫故耳。若有一氧化劑存在，例如二鉻酸鉀或過錳酸鉀之類，則氫被氧化，電流得以維持，迄全部金屬蝕而止。

任何金屬(如鐵)在電勢列中位在氫之前，而同時不立生一層不透水之護衣者，在電解液中能使與其接觸之另一較陰性之金屬，積聚新生氫。電流由積氫之一極流向被浸解之一極，在液中之流向則適相反。

第二圖示一銅塊嵌於鋅中，而浸於稀硫酸。因液中電阻大於金屬，電流當取最短之途，而集於銅鋅交接部份，故在此附近作用最烈。

同一金屬，因所觸溶液濃度之不同，金屬電勢遂異，可發生與上述相似之作用。

史各菲氏與史丹白氏(Scofield and Stenger)於一九一四年，由實驗證明，鹼含鹽份而性質不同之土壤，接觸於同一金屬，可得甚大之電勢差，蓋以不同之電解質故耳。

麥克開氏(Mck?q)謂：是項作用爲金屬在酸中銹蝕之主因，可以釋金屬上銹蝕所以不均匀之原由，渠謂：

「銹蝕可能由炭酸液濃度之差別，溶氧或氫之濃度不同，或溶解氧化劑或還原劑之不均一，例如一部爲亞鐵鹽，另一部爲高鐵鹽是。……」

鋼鐵管質料之不匀淨與夫所載水質之不均一，每爲局部銹蝕而致洞穿之主因也。

有電流電解　都市內鋼鐵管埋於土中，而接近未絕緣之電車鋼軌時，每發生自電流電解作用。是項作用，常致金屬之局部銹蝕，若金管導電度遠較附近之土壤爲佳，則金屬無甚損失。但若潤於濕土或管線接頭處電阻過大而使電流離去時，金屬管即遭侵蝕。地下鋼鐵管與土壤間之電勢，僅示電流之傾向，銹蝕之強弱，須決之於電流，此視電路中電阻而定焉。根據法拉特氏(Faraday)之定律，每96550庫倫，可耗蝕27.92克之鐵云。

鹼性與防蝕

鋼鐵管之防蝕不外二途：其一，管壁塗以瀝青，水泥之類等材料，使金屬與水絕緣，銹蝕無由發生。此法僅能收效一時，蓋經相當時日後，所塗護料剝落，銹蝕仍能進行。其二，將水加以處理，例如去氧去二氧化炭，注以鹼劑，或石灰，調整PH等等。本文所述者，乃控制水中炭酸鈣使達飽和點，俾管壁積成一層極薄之炭酸鈣護衣，以阻止銹

24865

蝕之進行。

銹之作用，已約略敘述。就中最重要者首推自蝕，故二氧化碳與溶氧殆爲最主要之因素也。

由於水中之二氧化炭，氫離子濃度以增，苦加以鹼劑，炭酸氣自爲之吸收，例如，洼以石灰：

$$Ca(OH)_2 + 2H_2CO_3 \rightarrow Ca(HCO_3)_2 + 2H_2O \qquad (7)$$

$$Ca(HCO_3)_2 \rightarrow CaCO_3 \downarrow + H_2O + CO_2 \qquad (8)$$

水蝕金屬之速率，視所含鹽類之濃度與性質而定。氫氧化物與炭酸物鹼度有別，前者遠較後者爲有效。氫氧化物曝諸空氣，漸成炭酸物或酸性炭酸物，以空氣中二氧化炭故耳。故氫氧化物鹼度與炭酸鹼度之比例，隨環境而異，有效鹼度隨時遞減，故須先決定水中何種鹼度，而後設法保護氫氧化物鹼度，使不與空氣相接觸。

水中含鹽類，防蝕功效大爲減低，溶解鹽類增多，則防蝕所需鹼度，亦隨之遞增云。

炭酸平衡之防蝕處理

由化學方程式(7)(8)，可知注以鹼劑去除CO2，同時沉澱CaCO3此物積諸管壁，成一護衣，有防蝕之功。欲收防蝕之效，至少須使水中CaCO3達飽和而澱出，然超出平衡點過多，亦非所宜，蓋鈣垢愈積愈厚，管徑日見其小，其弊固不亞於水蝕也。是以宜使水中之炭酸鈣恰在平衡點，此時已積之鈣垢，既不會溶解，又不致加厚。

1912年鐵爾門氏 (Tillman)開始研究(8)式之反應，果測定在蒸溜水中各化合物平衡時之含量，見第一表。根據該表，鐵氏用『侵略炭酸氣』一名詞，以指超過溶解炭酸鈣所需之炭酸氣。

第一表　蒸溜水飽和$CaCO_3$溶液中HCO_3自由CO2 P.P.m.及PH

HCO3	自由CO2	PH	HCO3	自由CO2	PH
14—17	0—17	8.3—8.1	263.0	20.75	7.48
125	2.4	8.1	277.0	25.0	7.43
139	3.0	8.05	291.0	29.5	7.38
152	3.9	7.46	305.0	36.0	7.31

166	4.8	7.92	319.0	40.75	7.28
180	6.0	7.85	333.0	47.0	7.23
194	7.5	7.80	347.0	54.0	7.19
208	9.25	7.75	360.0	61.0	7.16
222	11.5	7.76	374.0	68.5	7.13
236	14.1	7.60	388.0	76.4	7.09
249.	17.2	7.54	407.0	85.0	7.04

鹼性炭酸物濃度與自由炭酸氣已經測定，則由表可決定有無「侵略炭酸氣」之存在。若水之PH高於上表所示（由相對之鹼性炭酸物查得），則無「侵略炭酸氣」，反之，則水具酸性勢將有更多之CaCO3被溶解。

裴立斯氏(Boylis)曾試驗中和鹽類對平衡之影響，所獲之結果見第三圖。大半天然水中，同時有炭酸鎂之存在，如含量過多，亦足以影響平衡，見第四圖。第五圖示溫度對平衡之影響，是故每一水樣各有一平衡綫也。

炭酸鈣之溶解度甚低，僅達 13 P.P.m. 但如有CO_2時，可能高達 1000 P.P.m.。水中有甚高之炭酸硬度者，管壁護衣極易結成。在美國鮑爾鐵摩城(Baltimore)之水中，據裴立斯氏之報告云：「除非管內已有CaCO3之積垢，炭酸鹼度在 30 P.P.m.或以下者，無法使之自成護衣」。是以炭酸鹼度低於 25—30P.P.m. 之水中，宜注以石灰，惟須謹慎為之，勿使水呈苛性為要。

按學理管壁一經積鈣垢，以後祗須維持在平衡點，即有防蝕之效。但在極軟之水中，欲維持此理想之平衡，殊非易事，為保證產生管壁護衣，尚須間或使之在飽和點以上。

水中含炭酸鈣鹼度大於30PP.m.以上者，較易處理，是項水與鐵接觸後，鐵能溶入液中，取去自由CO2與半自由CO2。第二表示PH因鐵銹而逐漸增加，迨PH達 8.1時，已無自由CO2之存在，蓋盡與鐵銹化合矣。

第二表

鹼度ppm	與鐵接觸時間(分鐘)	PH
30	0	7.2

	1	7.3
	2	7.4
	3	7.7
	5	8.2
	10	9.2
	15	9.4
35	20	9.6

在管上任何一點開始銹蝕時鐵，有入液吸取自由與半自由CO_2之趨勢，使該點附近發生碳酸鈣之過度飽和，此举足助成護衣，蓋由於鐵化合物與碳酸鈣兩者之沉出耳。此現象在高鹼度之水中，尤爲顯著。

控制碳酸鈣飽和之鹼劑，常爲石灰，氫氧化鈉，或氫氧化鉀，以價廉而論，首以石灰$Ca(OH)_2$爲佳，但以其增加水之硬度，有時不宜應用。

石灰之用量，須視水質而異，普通每百萬加侖水中注以8—10磅，足以吸收1.PP.m之自由CO_2云。加石灰之地點，殊無一定，有與混凝劑同時注入者，有於砂濾池出水處加入者，亦有用所謂分裂處理(Split Treatment)者。若與混凝劑合用，砂粒有積碳酸鈣之趨勢，一部鹼度爲之吸收，故須注意濾出水中之銹蝕性能，是否確已消除也。致加石灰於濾出水者，濾池以前各部仍有被蝕之弊。分裂處理，固較麻煩，但爲最安全之法耳。

所需鹼劑之多寡，須視水中碳酸鈣含量離平衡點遠近而定，故在處理之先務必研究水樣中碳酸鈣是否在平衡點以下也。測定碳酸平衡之方法每有改進，茲將最普以及最新之方法，一一述之如次：

海氏大理石試驗

海氏(VOn Heyer)之大理石試驗，當推爲最普通最粗率之方法，其試驗之步驟如次：

將水樣盛於半公升之玻瓶，約與其頸相齊，此須就地施行，并須注意勿爲污染。注入幾克冲洗潔淨之大理石粉，瓶口以軟木緊塞，劇搖數次後，擱置一至三日。再就地取100公撮水樣，用酸滴定其酸性炭酸鹽之含量，同法取已注大理石粉之水樣滴定之。經加大理石粉後，酸性炭酸物如有增加，則該水有『侵略炭酸氣』之存在，此示在飽和後以下。在軟水中『侵略炭酸氣』約與自由炭酸氣相等；而在炭酸硬水中，則前者小於後者。

麥氏炭酸鈣平衡測定法

1936年麥克勞林氏(Mc Laughlin)建議一實驗室中測定炭酸平衡之方法，其基本概念為：在一定之鹼度與POH下，水中炭酸鈣飽和程度，可由加入純淨炭酸鈣後，水中所發鹼度增減推得之，此實爲海氏大理石試驗之變相也。其測驗步驟如次：

水樣之PH與鹼度先行測定，然後分貯於一排有軟木塞之玻試管中，每管含250公撮。每管注以市上所售之水灰(Hydrated Lime)懸游液，每公升含一克，其量以次遞增自零（即第一管空白）以迄若干公撮，記下每管所注之石灰量。經適當之混和後，按次測定各管之PH與鹼度。既竣，每管（包括第一管空白）注以五克純淨之炭酸鈣粉經攪勻後，擱置廿四小時，在此期間宜不時以手搖之。然後急過濾之，并一一測定其鹼度。含炭酸鈣前後鹼度之差，名之曰『鹼度差』，此差可正可負，視在平衡點之上抑下而異得。第三表示一實例，鹼度差對PH經描成曲線如第六圖鹼度差若爲零，則恰在平衡點飽此可於圖上得之，此例爲PH=7.94意即原水樣之PH調整至此值時，水中炭酸恰飽和，此7.94亦即梁氏式中之PH_s見下文。

第 三 表

石灰ppm	pH	鹼度ppm 加CaCO3之前	加CaCO3之後	鹼度差
0	7.5	93	99	+6
2	7.8	95	98	+3
4	7.9	97	98	+1
6	8.1	101	96	−5
8	8.3	103	91	−12
12	8.6	105	90	−15

梁氏指數(Langeliers, Index)

1936年梁格里氏得一化學公式，以示水中炭酸鈣在平衡點以上或以下：

梁氏指數=PH(實際)−PH_s(算得)……………………………(9)

式中 $PH_2^s = (PK_s - PK1) + PC_a + PAlk$ ························ (10)

此指數如為零，則恰為飽和，如為正，則為過度飽和，如為負則尚未飽和也。公式之由來與各項之意義謹述之如次。

由化學中幾個基本定律(Law of Mass Action And Stoichiometric equation)得：

$$[Ca^{++}] \times [CO_3^{--}] = K'_s \quad \cdots\cdots (11)$$

$$\frac{[H^+] \times [CO_3^{--}]}{[HCO_3^{-}]} = K'_2 \quad \cdots\cdots (12)$$

$$[H^+] \times [OH^-] = K_W \quad \cdots\cdots (13)$$

$$[Alk] + [H^+] = 2[CO_3^{--}] + [HCO_3^-] + [OH^-] \quad \cdots\cdots (14)$$

所有化學記號，統指各該離子濃度，所有濃度概指分子濃度(Molal Conc.)，惟鹼度(Alk)則為被滴定之當量濃度(Equivalent Conc. Titrable Equivalents of Base Per Liter) K'_s K'_2 可視作常數，其計算論見後文，在同溫與含同量礦物質之水中，此值為一常數。

由(12)與(14)得，

$$[HCO_3^-] = \frac{[H^+] \times [CO_3^{--}]}{K'_2}$$

$$[HCO_3^-] = [Alk] + [H^+] - 2[CO_3^{--}] - [OH^-]$$

相減得，

$$\frac{[H^+] \times [CO_3^{--}]}{K'_2} = [Alk] + [H^+] - 2[CO_3^{--}] - [OH^-]$$

或，$$[CO_3^{--}] = \frac{K'_2\{[Alk] + [H^+] - [OH^-]\}}{[H^+] + 2K'_2} \quad \cdots\cdots (15)$$

將(15)代入(11)得，

24870

$$[Ca^{++}]\times\frac{K_2'\{[Alk]+[H^+]-[OH^-]\}}{[H^+]+2K_2'}=K_s' \quad\cdots\cdots(16)$$

$$[Ca^{++}]\times\frac{K_2'}{[H^+]}\times\frac{\{[Alk]+[H^+]-[OH^-]\}}{1+\frac{2K_2'}{[H^+]}}=K_2' \quad\cdots\cdots(17)$$

以(13)式之 $[OH^-]=\frac{Kw}{[H^+]}$ 代入(17)

$$[Ca^{++}]\times\frac{K_2'}{[H^+]}\times\frac{[Alk]+H^+-\frac{Kw}{[H^+]}}{1+\frac{2K_2'}{[H^+]}}=K_s' \quad\cdots\cdots(18)$$

$$\log_{10}[Ca^{++}]+\log_{10}K_2'-\log_{10}[H^+]+\log_{10}\left\{[Alk]+[H^+]+\frac{Hw}{[H^+]}\right\}-\log_{10}$$

$$\left\{1+\frac{2K_2'}{[K^+]}\right\}=\log_{10}K_s' \quad\cdots\cdots(19)$$

$$\text{或}\ -\log_{10}[H^+]=-\log_{10}[Ca^{++}]-\log_{10}K_2'-\log_{10}\left\{[Alk]+[H^+]-\frac{Kw}{[H^+]}\right\}$$

$$+\log_{10}\left\{1+\frac{2K_2'}{[H^+]}\right\}+\log_{10}K_S' \quad\cdots\cdots(20)$$

設用 Px 此號代 $-\log_{10}X$，

$$PH=PCa+(PK_2'-PK_s')+p\left\{Alk+H^+-\frac{Kw}{H^+}\right\}+\log_{10}\left\{1+\frac{2K_2'}{[H^+]}\right\}$$

在天然水中，PH約自4.5——10.5，(14)式中之$[H^+]$及$[OH^-]$甚小，可以不計，故

$$PH = PK_2' - PK_S' + PCa + PAlk + \log_{10}\left\{1 + \frac{2K_2'}{[H^+]}\right\} \cdots\cdots\cdots\cdots (21)$$

上式中$\log_{10}\left\{1 + \frac{2K_2'}{[H^+]}\right\}$平常甚小，在PH=6.5——9.5間，可以從略，因得(10)式

$$PH_s = (PK_2' - PK_s') + PCa + PAlk \cdots\cdots\cdots\cdots (10)$$

用PH_s以示炭酸鈣飽和時，水中應具之PH。

假由(10)式算得之PH_s大於9.5則$\log_{10}\left\{1 + \frac{2K_2'}{[H^+]}\right\}$未便略去，此時可用(10)式

先求得近似之PH，次以第四表所列之改正數加入，乃得較精確之數值。

第四表

$PK_2' - PHs$	0.0	.1	.2	.3	.4	.5	.6	.7	.8	.9	1.0	1.1	1.2
$\log_{10}\left(1+\frac{2K_2'}{(H^+)}\right)$	.48	.41	.35	.30	.25	.21	.18	.15	.12	.10	.08	.06	.05

水樣之PH與按(10)式算得之PHs之差，謂之梁氏指數，因得(9)式：

$$\text{梁氏指數} = PH\,(\text{實際}) - PHs\,(\text{算得}) = \log 10\frac{1}{H^+} - \log 10\frac{1}{H_s^+} = \log 10\frac{H_s^+}{H^+} \quad (9)$$

是故梁氏指數乃水樣在炭酸鈣飽和時應有之氫離子濃度與實際氫離子濃度之比之對數也。

在炭酸鈣平衡之防蝕處理一節中曾述及水中含鹽類溶液，足以影響炭酸鈣飽和點，(10)式之有$Pk_2' - PK_s'$一項者，蓋即以此。K_2'與K_S'兩常數，可由熱力常數(Thermodynamic Constant)K_2'與K_S'（此為已知）與活躍係數(Activity Coefficient)算得。所謂活躍係數，由Debye-huckel氏公式推得如此：

$$-\log f = 0.5V^2\sqrt{u} \cdots\cdots (22)$$

式中f爲活度係數，u爲原子價，U爲稱之曰游離度（Ionic Strength），可由下式算得：

$$u = \frac{1}{2}\left[C_1V_1^2 + C_2V_2^2 + \cdots\cdots\right] \cdots\cdots (22)$$

式中C_1C_2……爲分子濃度(Molality)，V同上爲原子價。

茲舉一例以示 K'_s 之算法，設有一水樣，分析之結果如次：

Na^+ =18P.P.M.　　Ca^{++} =39P.P.M.

Cl^- =28P.P.M.　　SO_4^{--} 42P.P.M.

HCO_3^- =116P.P.M.　　溶解固體總量=220P.P.M.

Mg^{++} =10ppm

Na之分子濃度計算如次：

吾人知每ppm相當於每公升一毫克今Na爲18ppm，故相當於每公升0.018克，茲以Na之分子量爲22.997，故分子濃度爲 $\frac{0.018}{22.997}$ =00078餘類推詳第五表。

第 五 表

一價離子 P.P.m.	分子濃度	二價離子 ppm	分子濃度
Na^+ =18	0.00078	Mg^{++} =10	0.0004
Cl^- =28	.00079	Ca^{++} =30	.0010
HCO_3^- = 116	.00 90	SO_4 =42	.0004
ΣC_1	.00347	ΣC_2	.0018
$\Sigma C_1V_1^2)$	.00347	$\Sigma(c_2V_2^2)$	.0072

游離度 $u = \frac{1}{2}(.000347 + .00072) = .0054$

24873

由第五表可知一價離子之當量濃度(Eguivalent Cons)之和約與二價者相等。一般天然水中一價二價離子之比例，大抵亦如是。此間總溶解固體為220P.P.m.故每40P.P.m.之溶解固體，約合.001之單位之於離度。曾經分析多種水樣，此值大抵可以應用，故吾人可由既知之溶解固體，即能求得u矣。

K_s' K_s與 f 間之關係如次：

$$fCa\left[Ca^{++}\right]\times fco_3\left[CO_3^{=}\right]=K_s$$

再由(11)式

$$\left[Ca^{++}\right]\times\left[CO_3^{=}\right]=K_s^1 \quad\cdots\cdots(24)$$

故 $$K_s'=\frac{K_s}{fca\times fco_3}\quad\cdots\cdots(25)$$

茲以 Ca 與 $CO_3^{=}$ 原子價相同，故 $fca = fco_3$

因得，$$K_s'=\frac{K_s}{(fca)2}\quad\cdots\cdots(26)$$

或 $$-\log K_s'=-\log K_s+2\log fca\quad\cdots\cdots(27)$$

$$PK_s^1=PK_s+2\log fca=Pk_s-2\times.05\times2^2\sqrt{u}=Pk_s$$

$$-4\sqrt{u}\quad\cdots\cdots(28)$$

k_s 根據 Frear 與 Tohnston 兩氏為 48×10^{-9} 25°C.

若設 u=.001 則，

$$Pk_s'=Pk_s-4\sqrt{u}=\log\frac{1}{4.8\times109}-4\sqrt{.001}$$

$$=8.32-4\times.0316=8.19$$

第六表即按此法算得，Pk_2'值則根據 MacInnes 與 Belcber 兩氏，所得。

第十六表

游離度	總溶解固體 P.P.m.	25° C		
		PK_2'	PK_s'	$PK_2'-PK_s'$
.0000	0	10.26	8.32	1.94
.0005	20	10.26	8.23	2.03
.001	40	10.26	8.19	2.07
.002	80	10.25	8.14	2.11
.003	120	10.25	8.10	2.15
.004	160	10.24	8.07	2.17
.005	200	10.24	8.04	2.20
.006	240	10.24	8.01	2.23
.007	280	10.23	7.98	2.25
.008	320	10.23	7.96	2.27
.009	360	10.22	7.94	2.28
.010	400	10.22	7.92	2.30
.011	440	10.22	7.90	2.32
.012	480	10.21	7.88	2.33
.013	520	10.21	7.86	2.35
.014	560	10.20	7.85	2.36
.015	600	10.20	7.83	2.37
.016	640	10.20	7.81	2.39
.017	680	10.19	7.80	2.40
.018	720	10.19	7.78	2.41
.019	760	10.18	7.71	2.41
.020	800	10.18	7.76	2.42

再举一例以示(10)式之用法，設有一水樣，分析之結果如次，試求梁氏指數。

Ca=55P.P.m.　　PH=7.75

24875

$Alk=178P.P.m.$　　總溶解固體$=410P.P.m.$

水溫$=25°C$

由第六表根據溶解固體410p.p.m.與溫度25°C得$PK_2'-PK_s'=2.301$

Ca=55p.p.m.相當於.055克每公升之溶液，又以分子量爲40.8，故分子濃度（mole per liter）$=\frac{.055}{40.8}=.001345$ 因之，$PCa=\log_{10}\frac{1}{.001345}=\log_{10}744=2.872$

Alk=178p.p.m.相當於0.178克之$CaCO_3$每公升溶液，其分子量爲100，故根據滴定之當量濃度（即每公升中有幾個當量）$=\frac{0.178}{50}=.00354$，因之，$PAlk=\log_{10}\frac{1}{.00354}=\log_{10}282=2.45$。

應用(10)式，

$$PH_s=(PK_2'-PK_s')+PCa+PAlk$$

$$=2.301+2.872+2.45=7.623$$

梁氏指數$=7.75-7.623=+0.127$（該水樣之炭酸鈣已飽和）

(10)式近由李爾氏(M.L.Riehl)製成圖表，其應用甚爲便利，見第七圖。使用該圖解上例，其步驟如次：

由溫度25°C與總溶解固體=410P.P.m.，在第一線上得$PK_2'-PK_s'=2.32$。由此點與第三線Ca=55P.P.m.，連一直線，遂在第二線上，得一交點。經此交點與第五線上Alk=178P.P.m.，連一直線，在第四線上得PHs=7.62。

恩氏平衡指示器

1939年恩史勞氏（Enslow）創製一平衡指示器，俾可隨時指示水中之梁氏指數，應用甚爲便利，見第八圖，其詳細圖說如次。

A——金屬或玻管，內裝粉筆灰(Chalk Powder)。

B——與A相似之管，內裝大理石屑，或石灰石屑或甚粗之砂砂，其功用爲防止A管中粉末之被冲去。

C——實之玻璃絨塞，或其他有支持與隔濾功用之材料。

24876

D——活門以司啓閉與調節水流。

E——玻瓶，使有炭酸鈣之水在玻瓶中徐徐溢出，就中取一小部水樣與進水比較PH或鹼度。

進出此器之樣中，滴定其鹼度，即可知該水樣是否能銹蝕金屬，若測定進出水樣之PH，則藍氏指數，即可算得。例如進水之PH=8.0，出水之PH=8.4則8.0−8.4=−4.0(此示水中炭酸鈣尚未飽和)。

若進出水之PH不變，則示恰在飽和點；反之，出水之SH=8.8，進水之PH=8.4則，8.8−8.4=+0.4（此示該水樣有積厚鈣垢之傾向。）

結 論

若論防蝕處理，年來所用之方法爲數實不勝枚舉。例如：使用砂酸鹽，石炭接觸池(Lime Stoneocontact—beds)去氧法(Deactiration)，退氣法(Dearaivion)，陰極保護(Cathodic Protection)等等。但均未能大規模應用，或以價格過昂，僅宜於工廠，或以僅防止某種銹蝕，故至今未用諸一般之給水處理也。

其能適用水廠而價格低廉者，當推控制炭酸鈣平衡之石灰處理爲最合乎理想。雖然，此法之效用，實際亦未能盡善，蓋經常無間之維持平衡點，豈是易事，且測定平衡點，亦頗費時間，而於軟水之處理，更多困難，其弊之最大者，厥爲防蝕功效之未能一律，應用此法處理後，每見水廠附近之管內厚積鈣垢而距水廠遠端，則仍銹蝕如故。管內厚積鈣垢與銹疤累累，其弊固無甚軒輊耳。

1938年勞森泰氏(Rosenstein)試用六偏磷酸鈉(Sodium Hexametaphosphate, ($NaPO_3$)6於給水防蝕處理，卒著大效，若與石灰合用，上述之弊立釋，其功效能阻止炭酸鈣原子核之長大，故管壁僅能積成極薄之護衣，不論炭酸如何之過度飽和也。自從此物問世，炭酸平衡之重要性減低，石炭處理方法，因之簡捷，而其功效將更著矣。

參考文

(1)Treating Water to Prevent Corrosion

By J. R. Baylis 1940 data section, P100, W.W.andS.

(2)Continuous Stability and Corrosivity indicator

By L. H. Enslow 1940 data section P102 W.W.andS.

24877

(3) Corrosi n Cortrol by E. W. Moore J.N.W.W.A. June 1941

(4) SodiumpHexamata Phosphate as an Aid in the Control of Corrsion
By O. Rice J.N.E.W.W.A. Mar. 1940

(5) Milford Water Company Considers Cathodic Protection By M.H. Goff
J.N.E.W.W.A. Mar 1941

(6) Lime stone Contact—beds for Corrosion Control by I.M. Grace
W.W. andS Jan. 1937

(7) Corrosion Control by Deaeration
By S.T. Powell and H.E. Bacon W.W. andS. April 1937

(8) Water Treatment
A.W.W.A. P242—256 1941 Edition

(9) The Analytical Control of Anti Corrosion Watr Treatment By W.F. Langelier Journolof the Americ n Water Works Assoc. oct 1936

(10) Corrosion Causes and Prevention By F. N. Speller 1926 edition

(11) Protection Films on Metals By E.S. Hedges 1932 edition

(12) Water Supply Engineering
By H. E Babbitt P631—635 1939 edition

24878

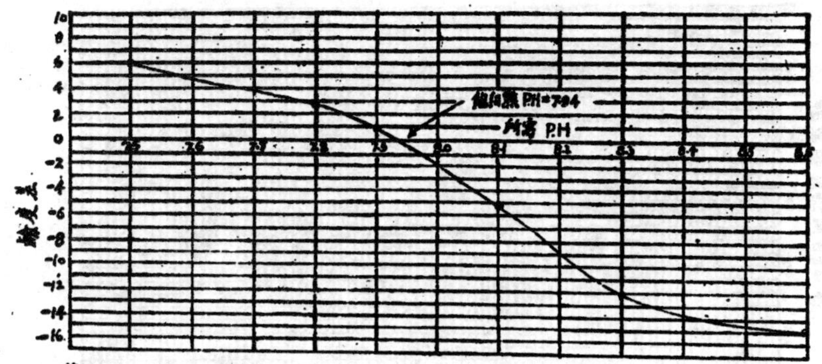

第六圖　參氏圖解法

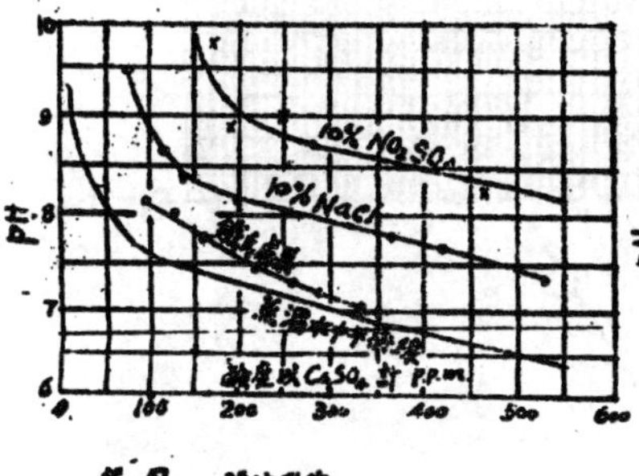

第三圖　鹽液影響

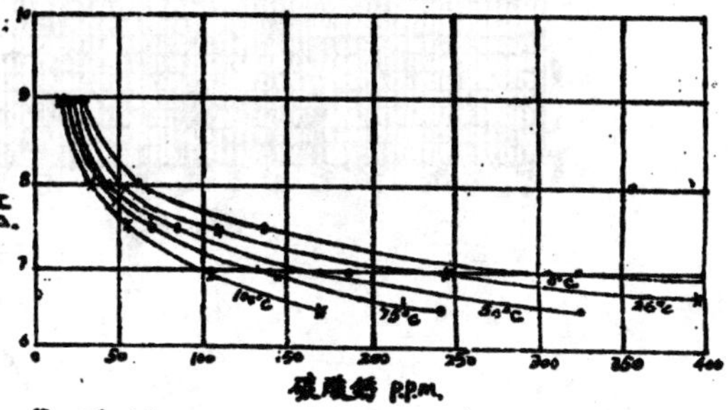

第五圖 溫度影響

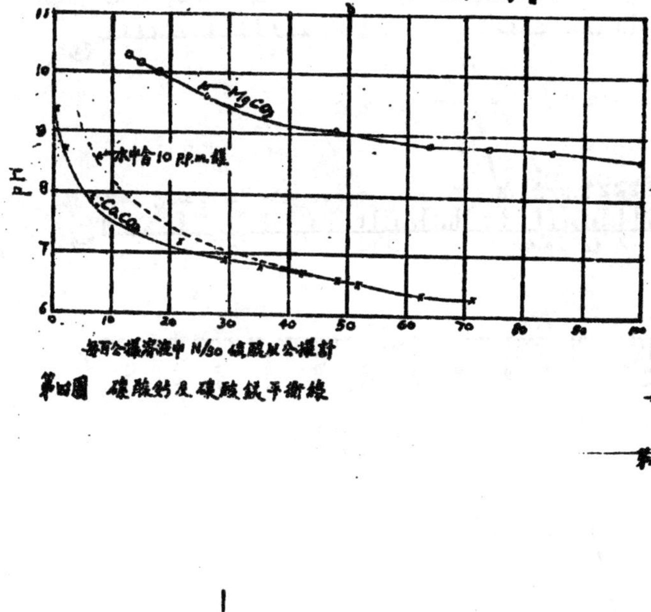

第四圖　碳酸鈣及碳酸鎂平衡線

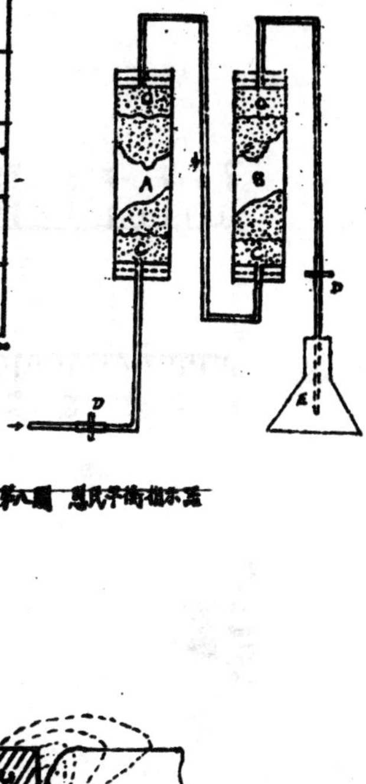

第八圖　恩氏平衡指示器

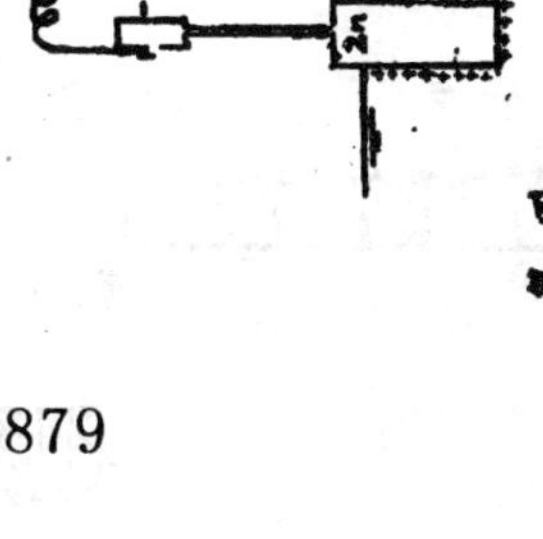

第一圖

第二圖

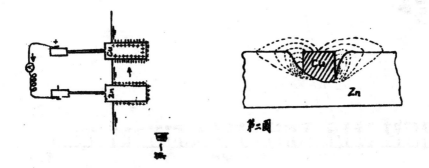

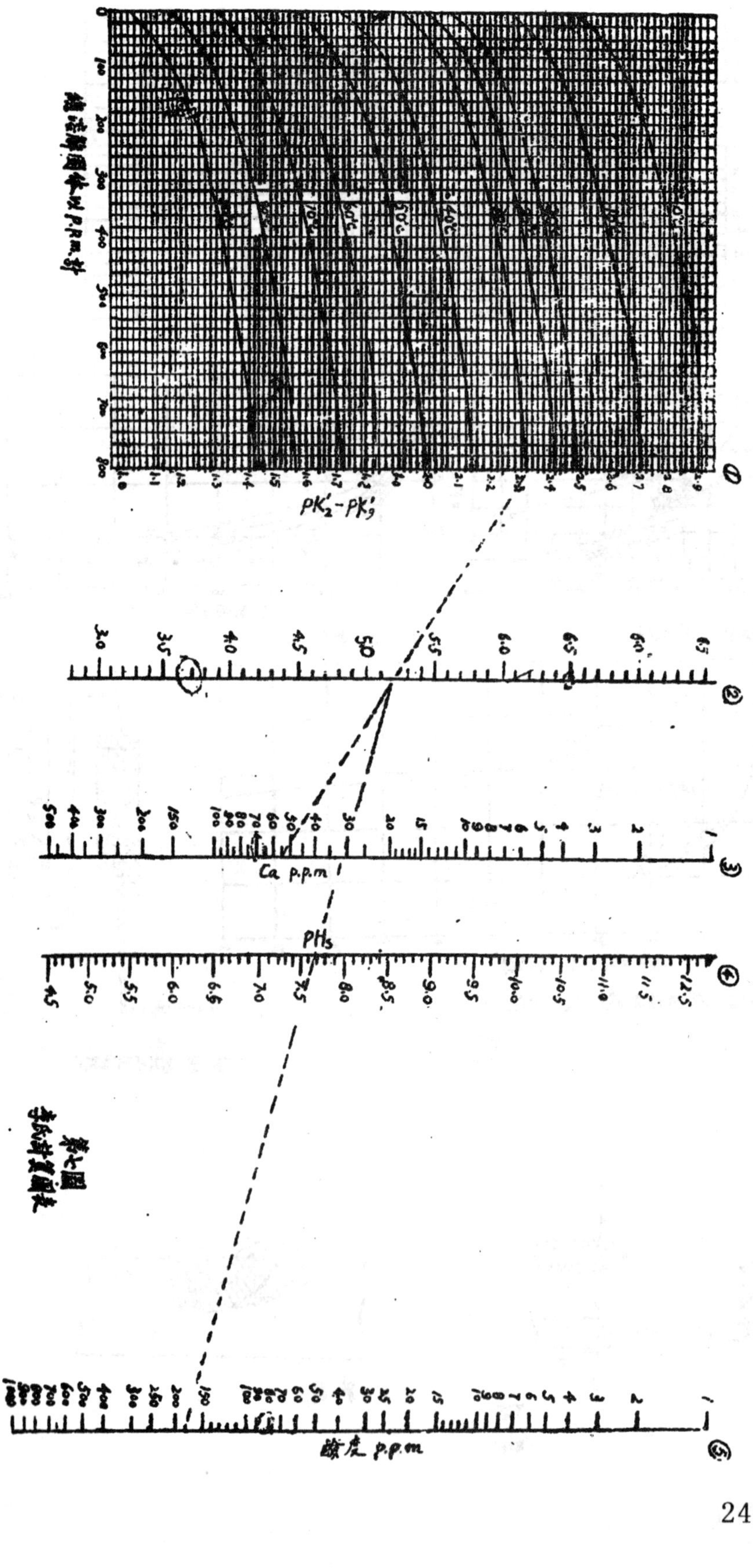

第七圖
李氏計算圖表

本會一年來工作記略

三十二年十月十日　第一期交大土木原定本日出刊，臨時因印刷局未能履約，致告脫期。

十月三十日，系會舉行幹事會，檢討以往工作，擬訂土木工程學會會章。

十一月十七日，系會正式擴大改組爲土木工程學會，於本日下午假座本校大禮堂舉行成立大會，到會員來賓八十餘人，吳校長李教務長等均蒞臨指導；當場通過會章，并選舉前任系會主席薛傳道同學爲首任會長，李邦平同學爲副會長，會後并有餘興，節目精彩，會員均興高彩烈，至天黑始閉會。

十二月三日，首屆理事產生，舉行首次理事會，討論工作計劃并決定全部負責人員：

名譽會長	薛次莘
會　　長	薛傳道
副 會 長	李邦平
總　　務	蔡聰瀚　錢家順　劉　克
學　　術	沈乃華　程鴻壽
出　　版	陳　邁　周以勛
康　　樂	張廣恩　張有昌
交　　際	李沅蕙　顧瑞林

三十三年一月一日　第一期「交大土木」印竣問世。

三月四日　全系同學參觀資源委員會主辦之工礦展覽會。

三月二十四日全系同學參觀交通部主辦之公路展覽會。

四月四日　假座三〇四教室舉行會員大會暨歡送薛次莘主任出國考察茶話會，到會者除全體會員外，吳校長李教務長李訓導長范總務長等均蒞臨指導；由薛傳道同學主席，報告半年會務并代表全體會員對薛主任出國考察深致歡送之忱，嗣由校長等訓話後，即請系主任作行前訓示，末改選會長，結果蔡聰瀚陳邁二同學當選爲正副會長。

四月八日　本校四十八週年校慶紀念，請俞受穀同學担任本會招待并分贈全體校友「交大土木」各一冊，另請同學數人招待本系一年級同學來九龍坡參加慶祝盛典。

四月十四日　第二屆理事產生，舉行首次理事會當推定負責人選如次：

名譽會長　陳次華

會　長　蔡聰濟

副會長　陳　適

總　務　薛偉道　門啟明　李邦平

學　術　馮偉炯　沈乃萃

出　版　周增發　李肖岳

康　樂　胡世平　張浩乃

交　際　劉　光　夏世傑

并確定工作方案如下：

一舉辦學術演講；聘請土木工程界權威主講各項專門問題。

二「交大土木」第二期定暑假出刊，編輯及出版事宜另設編輯委員會負責辦理。

四月十七日　新舊理事移交完竣，第二屆理事會開始工作。

四月二十日　就本屆理事會中推定七人組織交大土木編輯委員會另聘王偉堯皮森泉薛楠時周世政諸同學為××委員。

四月二十七日。舉行第二期交大土木編輯委員會第一次會議分配職務如次：

主任委員：蔡聰濟　副主任委員：薛偉道　總編輯：陳　適　編輯：馮偉炯周增發　總務：王偉堯　周世政　廣告：薛楠時　夏世傑　出版：皮森泉　李肖岳

並決議工作計劃及出刊日期等項。

五月十三日　本會敦請中國橋樑公司副總工程師汪菊潛校友返校主講「首都鐵路輪渡工程」，汪氏對輪渡工程中引橋渡輪各部之設計試驗施工及管理，均有詳細說明。

五月二十五日　全國陸地測量總局測量監察技術室主任王之卓博士應本會之請來校講演，題為「我國之航空測量事業」，除介紹航空測量之原理及測法外，對我國航空測量事業之過去成績未來發展更有詳盡講述。

六月八日　本會敦請交通部橋樑設計處處長顧懋勛校友來會演講；題為「三十年來中國鐵路橋樑工程」，顧氏從事鐵路橋樑事業垂二十年學識經驗均極豐富，闡述詳明動

24882

[illegible]。

六月十九日　交通部路政司幫辦袁夢鴻先生應本會之請來校主講「我國的鐵路」，回顧過去，檢討現在，展望將來，並就政治，軍事、經濟、交通、工程各方面提出戰後十年內應行修築各路之原則，聽者極眾。

八月三十日　第二期「交大土木」截止收稿。

九月十日　第二期「交大土木」編輯竣事。

九月十二日　第二期「交大土木」付梓。

24883

會員錄

(甲)在校師長

職別	姓名	性別	年齡	籍貫	履歷
系主任	薛次莘	男	四十八	江蘇武進	美國麻省理工大學畢業曾任上海工務局技正經濟委員會技正資源委員會專門委員西京公路處處長等職
代理系主任	王達時	男	三十三	江蘇宜興	美國米歇根大學土木工程碩士曾任中山大學重慶大學復旦大學教授
兼聘教授	茅以昇	男		江蘇	美國康乃爾大學加利基工業學院土木碩士工程博士曾歷任唐山北洋東南河海等院校之教授系主任院長校長以及交通部技正，工商部工業司長江蘇水利局長，錢江大橋工程處長等職現任交通部橋樑工程處處長暨中國橋樑公司總經理等要職。
教授	康時清	男	五十四	江蘇南滙	本校民前一年土木科畢業民四年畢業於英國伯明罕大學礦科爲中英美礦冶工程學會正會員倫敦皇家藝術學會會員曾任漢冶萍公司萍鄉煤礦工程總工程師等職民十六至卅一年任滬校土木系教授兼研究所職務曾獲教育部二等服務獎狀
教授	徐壽	男	三十三	浙江	美國麻省理工大學碩士曾任國立廈門大學教授福建省建設廳技正兼科長等職
教授	楊欽	男		上海市	美國米歇根大學碩士並曾在伊利諾大學研究曾任廣州市自來水廠工程師浙江大學副教授復旦大學教授衛生署技師等職務

教授	金恆欽	男		河北	本校唐山工程學院畢業英國B.aithwaite工廠實習特許工程師曾任叙昆鐵路中印公路工程師及戰車工廠工務所主任。
教授	譚璣	男	三十六	江蘇泰縣	本校上海土木工程學院畢業美國康乃爾大學土木工程碩士曾任粵漢鐵路株韶段工程局實習生工程助理員鐵道部交通部技佐滇緬鐵路帮工程司兼分段長叙昆鐵路副工程司綦江鐵路正工程司兼設計股主任代理工務課長等職。
兼任教授	李樂僖	男		江蘇	河海工科大學畢業後任上海工務局滬南路工程管理處主任凡十年旋即留學美國愛我華大學研究院先後在 Internationat Harvester Co.， Iowa Manufactorv Co.等築路機械公司及華盛頓公路局實習，返國後任滇緬公路工務局副總工程師現任中央水利實驗處簡任技正並在本校兼授公路工程等課程
兼任教授	汪菊潛	男	三十八	上海市	本校唐山工程學院土木學士美國康奈爾大學土木工程碩士曾任交通部技士技正工務科長美國橋樑公司設計工程師首都輪渡副工程司粵漢鐵路株韶段工程局副工程司分段工程司滇緬鐵路正工程司兼工務課長叙昆鐵路副總工程司兼工務課長綦江鐵路副處長副總工程司等職現任中國橋樑公司副總工程司
講師	林振國	男	三十二	福建思明	國立同濟大學畢業曾任經濟部地質調查所技士
助教	溥美邦	男	二十七	廣東鶴山	私立嶺南大學畢業曾任香港域多利亞電器

製造廠技士

助教	李道倫	男	三十二	河南信陽	重慶大學土木系畢業
助教	詹道江	男	二十七	湖北黃安	國立中央大學水利系畢業
助教	陳世柏	男		廣東	××嶺南大學畢業
助教	姚佐周	男		江蘇	西南聯合大學畢業
助教	徐萃英	女		江蘇	西南聯合大學畢業

(乙)同學

——民三四級補遺(轉學或復學)——

姓名	性別	年齡	籍貫	姓名	性別	年齡	籍貫
張 湍	男	廿四	江蘇武進	周以寧	男	廿三	湖南零陵
胡 定	男	廿二	雲南昆明				

——民三五級補遺(轉學或復學)——

姓名	性別	年齡	籍貫	姓名	性別	年齡	籍貫
李肯岳	男	廿三	山東德縣	陳我軍	男	廿一	福建閩侯
夏世模	男	廿四	江蘇青浦	陳光駿	男	廿三	四川榮縣
曾昭謨	男	廿二	湖南新化	顧 逖	男	廿二	江蘇吳江
顏根培	男	廿三	浙江吳興	龔鴻猷	男	廿四	江蘇崇明
余道勝	男	廿一	廣東番禺	陳本銘	男	廿一	湖南湘鄉
黃校寅	男	廿三	江蘇泰興	沙起鐘	男	廿二	江蘇海門
徐忠猷	男	廿四	江蘇江都				

——民三六級——

姓名	性別	年齡	籍貫	姓名	性別	年齡	籍貫
鍾啟霖	男	廿二	湖南乾城	胡功業	男	廿二	安徽蕪湖
蕭承釗	男	二十	湖北漢陽	徐秀嵐	男	廿一	江蘇鹽城
張承孟	男	廿一	湖南岳陽	葉 中	男	二十	江蘇吳縣
萬正達	男	廿二	四川梁山	何誠志	男	二十	浙工杭州
胡巢俊	男	廿一	四川墊江	李培德	男	十九	四川峨嵋
張光鈞	男	廿二	湖北恩施	范康居	男	廿一	江蘇靖江

胡傳華	男	廿一	湖北武昌	吳松鶴	男	廿二	安徽太和
楊運生	男	廿二	山東肥城	談松曦	男	廿一	江蘇宜興
王慶壽	男	廿一	湖北漢陽	甯國鈞	男	廿二	湖南邵陽
范　銳	男	廿二	江蘇海門	康顯陽	男	廿一	廣東順德
陳錫奇	男	廿二	廣東台山	吳松如	男	二十	湖南常德
俞乃新	男	廿一	浙江新昌	陳景初	男	廿一	浙江吳興
曾繁和	男	廿三	四川渠縣	李正權	男	廿三	四川潼江
宋　瀚	男	廿一	河南林縣	吳　畸	男	十九	江蘇江都
程濟凡	男	廿二	安徽懷甯	朱慰風	男	廿二	浙江鄞縣
盧衍炯	男	廿一	河北廣平	李震燕	男	廿一	江蘇嘉定
李傳燕	男	二十	上海市	呂紹讓	男	廿三	安徽繁和
胡多聞	男	廿三	江蘇銅山		男		

附　本屆錄取新同學（民三七級）

姚鼎坤	趙之華	沈崇勳	湯明如	湯洪增	梁益華	李久昌
張　秋	許夢安	胡樹傑	倪志琦	商吉淞	高興詩	李廣明
羅　裕	侯日俊	袁福奮	葛如苑	李毓琮	吳國凱	林維翹
傅家濟	朱成熙	朱榮名	胡達文	柴錫賢	鄭　鈞	鄭昌虎
李峻量	程銘時	倪書蓮	馮叔瑜	汪熊祥	王　濬	楊鶴生
萬體道	王榮麟	王鐵生	馬國華	盧慶才	蘇慶芳	徐民燕
麥源渠	周敢太	余正林	叶祖ㄅ	楊　洪	鄭　銓	戴行孝
張泉滔	鄭曾遠	吳　劫	張國軍	李寅賓	耿毓義	俞良正
黃篤欽	鄭朝緒	吳承禎	黎維元	李寶林	歐儒剛	徐祖森
吳漢南	陳升暢	王敏之	王蔭槐	趙承濟	嚴寬剛	李菊濤
紀可任	陳以日	葉嘯虎				

系　聞

智識青年從軍運動之熱潮波盪至本校以後，本系同學薛傳道，宋瀚、吳國凱三君熱情澎湃報國志切未及正式報名開始之日即爭先簽名投軍全校師生大為感動紛紛響應截至十一月十二日報名即有八十餘人聞本系同學尚有多人將於日內繼起參加此種神聖偉大之從軍運動云。

本校土木工程系課程

年級	科目	第一學期		第二學期	
		每週時數	學分	每週時數	學分
一年級	國文	三	二	三	二
	英文	三	二	三	二
	微積分	四	四	四	四
	物理	四	三	四	三
	化學	三	三	三	三
	物理試驗	三	一	三	一
	化學試驗	三	一	三	一
	工廠實習	三	一	三	一
	圖法幾何	六	二		
	工程圖			六	二
	三民主義	二		二	
	體育	二		二	
	軍訓	二		二	
	共計	三八	一九	三八	一九
二	應用力學	四	四		
	微分方程	三	三		
	地質學	二	二		
	機動學	二	二		
	經濟學	三	二		
	物理	四	三	四	三
	平面測量	二	二	二	二
	平面測量實習	六	二	六	二

年級	科目	第一學期 每週時數	第一學期 學分	第二學期 每週時數	第二學期 學分
	材料力學			四	四
	最小二乘方			二	二
	熱機學			三	三
	路綫測量			二	二
	路綫測量實習			三	一
	水力學			四	三
	水力試驗			三	一
	體育			二	
	共計	二八	二〇	三五	二三

年級	科目	第一學期 每週時數	第一學期 學分	第二學期 每週時數	第二學期 學分	附註
三年級	應用天文	三	二			
	道路工程	三	三			
	工程材料	三	二			
	電工學	三	三			
	水文學	三	二			
	河工學	三	三			
	鋼筋混凝土	三	三			
	機械試驗	三	一			
	結構學	三	三	三	三	
	結構計劃(上)			六	二	
	鋼筋混凝土計劃			六	二	
	鐵路工學			三	三	
	土壤力學			三	三	
	給水工程			三	三	
	運河工學			三	二	水利組必修

科目	第一學期 每週時數	學分	第二學期 每週時數	學分	備註
房屋建築			三	二	路工及結構組必修
大地測量			三	二	
大地測量實習				一	暑假期內修習
材料試驗			三	一	
電工試驗			三	一	
體育	二		二		
共計	二九	二二	三八	二三	

四年級

年級		科目	第一學期 每週時數 結構	第一學期 每週時數 路工	第一學期 每週時數 水利	第一學期 學分 結構	第一學期 學分 路工	第一學期 學分 水利	第二學期 每週時數 結構	第二學期 每週時數 路工	第二學期 每週時數 水利	第二學期 學分 結構	第二學期 學分 路工	第二學期 學分 水利
四	必修科	結構計劃	六	六	六	二	二	二						
		圬工及基礎	三	三	三	三	三	三						
		污水工程	三	三	三	二	二	二						
		鋼橋計劃	六	六		二	二							
		鐵路計劃		三			一							
		養路工學		三			二							
		高等結構學	四			四								
		築港工程			三			三						
		高等水力學			三			三						
		鋼筋混凝土拱身							六			二		
		道路計劃								三			一	
		水工試驗									三			一
		契約及規範							二	二	二	二	二	二
		公文程式							一	一	一	一	一	一
		專題討論							一	一	一	一	一	一
		畢業論文										二	二	二

年級													
	體育	二	二	二				二	二	二			
	共計	二四	二五	二〇	一三	一二	一三	一二	九	九	八	七	七
選修科	市政工程							二			二		
	高等材料力學	三			三								
	橋樑工程							二			二		
	彈性力學							三			三		
	高等道路工程							三			三		
	鐵道管理	三			二								
	車站及車場							二			二		
	鐵路號誌	二			二								
	隧道工程	二			二								
	航空測量							三			二		
	道路材料試驗							三			一		
	鐵路定線	二			二								
	水力機	二			二								
	港埠設備							二			二		
	水力發電工程	三			三								
	水利計劃	六			二			六			二		
	農田水利							三			二		
	選科說明	結構組最少選8學分路工組至少選10學分水利組至少選9學分得系主任之同意後並得選修他組之必修科											

編後

一、本刊創刊號問世後，頗得一般人士之愛護贊助，因使本期亦得於印刷日益艱困之際如期出版，實爲本刊之大幸焉。

二、本期對於過去鐵路建設之回憶檢討計有四文，其中凌鴻勛先生手撰一文原爲唐蔚芝先生祝壽而作，本刊得先爲刊登，實感榮幸。袁夢鴻先生一文對東省鐵路闡述頗詳，於將來之展望亦有所討論，且附有詳細統計數字，洵爲難得之作。此外各稿多偏於學術之研討亦均精心巡作，讀者當能細加領略無庸逐一介紹。

三、本刊第三期定於明年十月十日出版，尚祈諸吾學校友踴賜鴻稿，以光篇幅；如於本系校友動態有所報導，尤所歡迎。

四、本期荷蒙 薛次莘、茅以昇、柴昌鋒、周祖武、趙祖康、徐承燨諸先生惠助，印刷費並 陳派鍷、王曾泉先生熱心介紹廣告，奕助印刷，隆情高誼，敬此深致謝忱。

五、本刊對各校友均爲贈送，奈以通訊地址不明遺漏必所難免，諸校友請賜知通訊處當即奉寄。

24898

24899

中央汽車配件製造廠

主要業務	主要出品
汽車五金配件	活塞
修車工具機器	梢子
合金鋼鐵鑄件	鋼套
木炭爐及附件	軸承
	汽門
	齒輪
	水泵
	鋼板
	打氣機
	頂車機
	千斤頂
	呆板手

本廠通訊處

部份名稱	地址	電話
總經理室	重慶化龍橋龍隱路五號	6026
重慶化龍橋廠	重慶化龍橋龍隱路五號	6026
重慶鷄公塘廠	重慶南岸漁洞溪九號信箱	
重慶二塘廠	重慶南岸二塘七號信箱	
重慶城區陳列所	重慶民生路二六一號	41944
貴陽分廠	貴陽禹門外	557

鳴謝

本刊本期付印承蒙

薛次莘先生 捐助印刷費五千元

徐承燠先生 捐助印刷費壹千元

茅以昇先生 捐助印刷費五百元

裘昌鈞先生 捐助印刷費五百元

周祖武先生 捐助印刷費肆百元

趙祖康先生 捐助印刷費肆百元

敬此致謝

大川實業公司

石棉瓦

能隔火

禦寒　經濟

保溫　耐用

隔熱

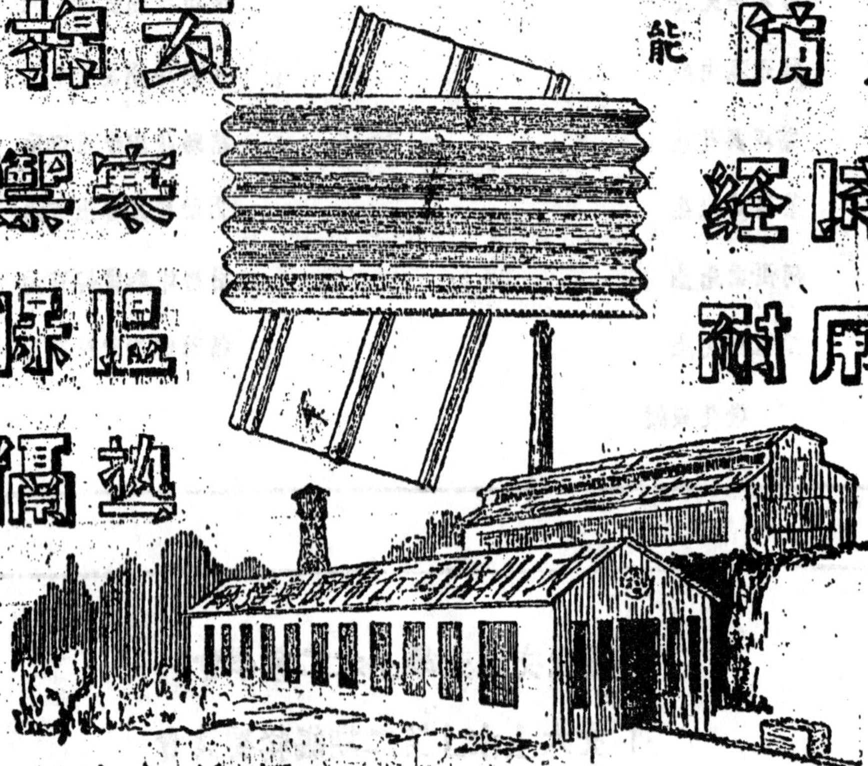

出品種類

名稱	規格	用途
石棉波紋瓦	¼"×30"×72"	工廠倉庫飛機庫蓋瓦用
石棉三紋瓦	¼"×30"×72"	仝上
石棉護壁板	¼"×30"×72"	裝修蓋牆用
石棉凹凸護壁板	¼"×30"×40"	仝上
石棉三角脊瓦	¼"×6"×40"	房屋頂脊瓦
石棉半圓水溜瓦	¼"×7"半圓×40	
其他各種裝修瓦種類繁多不及備載		

總公司及製造廠　重慶黃沙溪平安街37號

業務處　重慶民族路3號　電報掛號 6859　電話號碼 41108

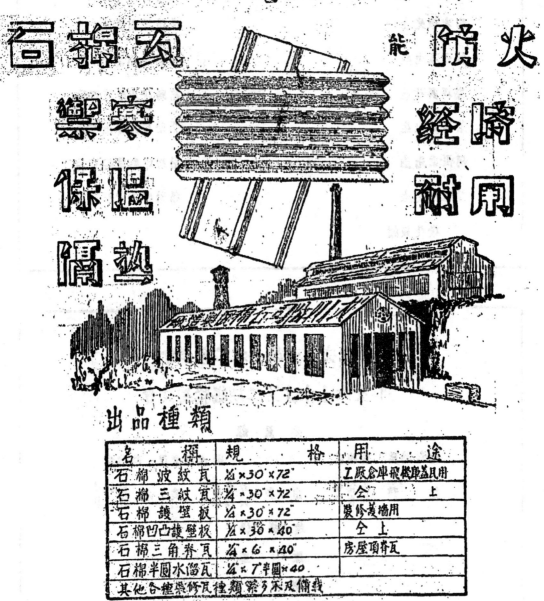

4

交大土木

目錄

國立交通大學土木工程學會刊行

申新紡織總公司

上海江西路四二一號

電話：一九六二〇號

第一廠 上海白利南路

第二廠 上海宜昌路

第三廠 無錫西門外

第四廠 漢口 重慶 寶雞

第五廠 上海楊樹浦

第六廠 上海河間路

第七廠 上海楊樹浦路

第九廠 上海澳門路

棉紗商標

人鐘　天女　好做

雙喜　金雙雞　雙馬

寶塔　童子軍　採花

光明　得利

棉布商標

人鐘　四耳蓮

招財　富貴　馬狗

草牛　雙喜

對於交大土木同學修業期間應注意事項之建議

趙祖康

余自離母校，業二十餘載。然關念母校同學，無時或釋。今適逢交通大學土木工程學會續刊"交大土木"徵文，得藉此機緣，與諸同學一敍所懷，深以爲幸。

余願對交大土木同學建議三事，深望君等皆能注意及之。余在工程界服務，同人中不乏交大校友。就一般而論，體格大都不能與歐美工程師比擬，究其原因，在校時過於注重功課，以致缺乏健身運動，實爲主因。普遍言之，土木工程師有時需在冰天雪地之下工作，有時需在酷熱烈日之下工作，有時需在狂風暴雨之下工作，有時需在高原稀氣之下工作；故須具備不避寒暑，不畏風雨，不辭辛勞，不懼奔波之條件。精神既須充沛，體魄尤須堅強。由此觀之，諸位同學，在校修業，對於健康之保持，體格之鍛鍊，必須萬分注意。攻讀課餘，充份之休息，適當之運動，實屬必不可少。吾人之身體，即爲吾人精神之泉源，工作之資本。此余所欲建議者一。

工科學生在校求學，研究學理之外，並應注重實驗工作。工程之學習應以理論爲基礎，而以技術爲依歸。工程建設，缺乏理論知識即難獲得進步。但若缺乏技術，必失之空虛。是故能使理論與技術融會貫通之工程人員，方爲理想之工程師。茲者學校當局，甫經復員。實驗設施，容有未周。在校學生，亟應深體斯旨，盡量利用機會，求取實際經驗。除上課室，進圖書館之外，對於材料試驗，測量繪圖實習等實驗工作，尤須加意注重。課餘假日，如能至工地實地觀摩，實地操作，必能在技術方面更多體驗，更多增益。此余所欲建議者二。

修業期間勤讀之餘，宜有自由活動。例如座談會。演講會，學術討論會，音樂演奏會，藝術表演，遠足旅行，以及發行壁報刊物等是。各位同學，均可擇其所近，投其所好，組織參加。既可收調劑精神促進友誼，啓達思想，增廣見聞之效，又可獲發揮合作精神，加強辦事能力之益，以此作對來投身社會之準備洵屬適合之舉。此余之所建議者三。

值玆抗戰勝利，建國開始之際，余深望各位同學皆能堅定志願，抱定決心奮勇前進，完竟全功。他日學成之後，服務社會，以一人之精神做數人之工作；以一日之時間，辦數日之業務；以應國家之需要，以擔當艱鉅之使命。

本系助教陳世柏先生，考取本屆留法公費；於自費留學考試，亦是名列前茅。本屆自費考試，土木一科，與考者全國在兩千人以上，居然能榮居魁首，壓倒羣英：且是兩元及第，實屬難得。陳先生本系崗大學生，借讀復旦；爲達時主任之得意高足。來校執教，已將四年；然與同學研究學術上諸問題時，至今猶含羞答：若新嫁娘。

暑假本系民三十六級同學，由楊培琫、陳本端二教授率領，赴西湖作鐵道測量大地測量天文測量實習；在重慶時，因限於經費，及設備不全，兩年未舉行；今得重行恢復，同學等至感興奮，因之對工作極爲熱心，此在戰前須四十餘日之工作，今能以在重慶時之戰鬥精神，白天努力於野外工作，晚上繪圖計算，連續不懈，不到一月即告完成。且測繪之準確度甚高洵非易事也。

24907

復員以來的交大土木系

王達時

本校土木系自去年十月間復員遷滬以來迄已年餘，其間聘請教員，接收器材，釐訂計劃不無可紀述者，茲扼要臚陳之：

(一)復員經過：民國三十一年夏本校在滬因環境惡劣而停課乃於重慶復校，繼續上課，去秋抗戰勝利，我土木系師生隨校分批復員東下，第一批四年級同學於去年十月中旬，乘輪到滬先行上課；第二批三四年級任課教員三年級同學於十一月底離渝十二月中旬到滬上課；第三批一二年級師生於今年三月中旬出發至四月中旬全部抵滬，至於書籍儀器等則於今年九月初始行運到。

(二)教員：本系教授潘承梁，楊培琫，粟家俊，康時清四先生自敵偽接辦上海本校後，即行離校他就，康時清先生且於翌年到達重慶本校繼續執教，去秋四年級同學到滬後，潘，楊，粟三先生即復員回校授課。

達時及其他在渝教授陳本端，劉光文，楊欽三先生陪同三年級同學到滬籌備繼續上課，康時清先生則留渝主持一二年級同學復員工作今春始克抵滬，郝昭濂，譚勝二教授則以另有高就，未能隨校來滬。

暑期後，上海臨大土木系學生經教部分發本校，學生人數激增各級必須分班上課，本系教授乃感不敷，經多方羅致，聘得王龍甫、張有齡、俞調梅、徐芝倫、謝光華、謝世激、周文德、紀增爵、薛鴻達諸先生來本系執教。後王之卓先生來長本校工學院，並擔任本系航空測量等課程，本系教授均海內知名之士，茲再介紹如後，詳見附表一。

(三)學生：本系原有學生一九三人，今暑招收新生八十四人教部分發一六六人，共計四四〇人，茲將各級各組學生人數詳列成表於下：

年級	一年級	二年級	三年級	四年級					總計
				結構組	鐵路組	道路組	市政組	水利組	
學生人數	81	116	141	15	34	8	32	13	440

(四)課程：本系課程，素主嚴格，於實地研習及報告等工作亦至注重，戰前採學年制，各種課程幾均屬必修，迨三十一年復校重慶，始改學分制，課程逐漸加多，四年級課程中如土壤力學、航空測量學、建築學、高等材料力學、彈性力學、海港工程等均近年增設之課程也。

本系在渝時，四年級原分結構，路工，水利三組，本學年因學生增加，於是分路工組為鐵路及道路二組，並恢復戰前之市政組，課程情形詳見附表二：

(五)實習儀器：本系各試驗室之儀器設備戰前尚稱完備，八一三戰事發生，重要儀器雖經大部搬出，惟亦多損壞，各試驗室零星設備散失甚多，茲將各部設備現狀及擴充計劃簡要述之：

(甲)測量室：最先接收運回徐家匯校中者為測量室各種儀器，本系測量儀器向稱完備，搬出時亦無甚損失，但前在上海舊租界上課時以經濟困難無力添置，歷年應用，損耗甚多，尤以鋼尺、皮尺、水平尺等為甚，幸經緯儀，水平儀等重要儀器經修理後，尚可應用。本系自渝運滬測量儀器，途中船遭沉沒，到滬時大部銹爛無法應用。本學期學生激增，更感不敷分配經擬具擴充計劃，呈校撥款添置，姑先購置鋼尺十四把，平板儀十四具，花桿，水平尺，視距尺等零星設備以應急用。奈校中經濟困難,未能儘照原計劃辦理,現有儀器及擴充部份詳見表三,四。

(甲)道路材料試驗室:本系道路材料試驗室各種設備,甚稱完備,國內無出其右者,戰時搬入租界時零件略有損失,惟堆存中華學藝社破木屋時,機器多已生銹,櫈櫈書櫥等所剩無幾,書籍亦散失甚多今春三月中搬回校中道路材料試驗室舊址,經整理後,已漸恢復舊觀,並已於上學期開始試驗,但本學期學生倍增,本室各部設備,尚感不敷,擴充計劃經已擬就,祇待實現,現有儀器及擴充部分詳見附表五,六。

(丙)衛生試驗室:本室儀器設備尚稱完備,今春接收遷回校中後亦經整理就緒可供試驗,並曾擬定擴充計劃,添置儀器藥品等設備詳見附表七,八。

(丁)普通材料試驗室:本室各種儀器等設備於今夏始全部搬回,以各部儀器久置不用(搬入舊法租界上課時借用震旦大學材料試驗室)不免銹損,經修理裝置後已可開始上課,惟以學生人數增加,原有設備亟待擴充,已經擬具計劃添置器材等項詳見附表九,十。

(戊)土壤力學試驗室:近年工程界對於土壤力學之研究至為重視,本系在渝時業已加開土壤力學課程,並向中央水利試驗處定製全套試驗儀器,現已全部運滬,擬再擴充,積極時立土壤力學試驗室,所需各種器材,經已擬具計劃,詳見附表十一。

(己)水力試驗室:本系在渝復校後,增設水利組以應我國水利工程人材之需要,惟限於經濟,水利試驗向中央借水利實驗處上課,滬校水利試驗設備素甚簡陋,幾等於無,復員以來急待增設,經已擬就計劃,一俟經費有着,卽可實現,詳見附表十二。

(庚)模型室:本室原有鋼製橋梁模型數座計鉚接鋼橋一座,栓接鋼橋一座,鈑梁橋大小三座。今夏運到印度鐵路公司所贈鐵路號誌大模型一套,均已裝置整就緒有俾教課非淺也。

(六)暑期測量:我土木系二三年級學生歷來利用暑期赴各地作測量實習,今暑亦早經計劃赴杭州實習,惟因校方經濟及接洽住處等困難,延至九月十日始克出發為時一月,習畢路線測量及大地測量之預定課程,經過順利於十月八日結束返校。

本系自去秋復員至今各方面多力求恢復舊觀,並事擴充改進,惟因限於經濟,雖已擬就各部充實改進之計劃,而全部之實施,則尚有待於愛護本系者之指示及協助焉。

本系同學素極沉默,對各項課外活動,常採不聞不問主義,自遷滬以還,因環境改善,大改以前沉靜作風,而日趨活躍,對校內各項活動,前往參加者甚衆;得獎者亦不少,玆錄於左:

林君炳華,原籍廣東,生長於北方;國語流利,能說善辯;此次參加本校國語演講比賽,榮居第二名。周君世政,前以愛國心切,應召從軍,後任通譯;英語流利,發音正確清晰;已於上學期返校復學,此次參加英語演講比賽,榮居第三名。張君有昌,精於網球,嘗參加上海市網球賽,雖未獲選,亦曾有過精彩表演,獲得觀衆好評,視為前途極有希望之網球健將;此次參加本校網球賽,雖鹿死誰手,尚在未定之天,然以張君球藝之精,冠軍實可預卜。李君德基與李君震寰,亦參加此次網球賽,球藝雖稍遜,然精神極佳,打來不慌不忙,頭頭是道,前途實不可限量也。記者以過去本系同學專門埋首書本,忽略課外活動,出而應世,常為人目為書獃子;所以不憚其煩,詳敍本系各同學之課外活動情形,以示提倡之意也。

繩條整理鐵路弧線法　楊培琫

緒言：是法適用於整理鐵路弧線，未審創自何人，然其理與法，早於民五載在美任賜君所著之"簡明弧線及轉轍工作" 註一 一書，惜其所用之法，難於推算，故不爲鐵路工程家所喜用，嗣是以還，英美工程雜誌屢有論及之者，至民十七美之巴烈君 註二 乃以其改良之法，著文登於"鐵道工程及修養"雜誌 註三 巴氏之法，已臻上乘，但其文係爲一般讀者而作，故對於推算之法，解釋獨詳，而於理論則反簡略。民二十美教授阿當所著之"鐵路弧線及土方學" 註四 第七次修增出版，復將是法加入，法中有用一"對消"表者，自謂爲創作，然以愚意觀之，究不若巴法之簡便，但其對於理論，則較詳明。今取阿氏之理論再加以說明，復取巴氏之法，稍事更張，使其合於理，而草成是篇。

步驟：在一完善所設之鐵路圓弧線，倘用同一之長弧而求其中垂距及 Eb Cc 及 Gd，但一經列車通行，日受推移震動，此種"中垂相等"情形，不復存在，故經過若干時間後弧線必須整理，使此種情形繼續存在，然後行車方得安全，當然，整理後，弧線之中垂距未必與原始之值相同，倘兩軌開合移動太多，祇能近似而已，整理之法，或用測量儀器，依據測量圓弧線定理而整理之。或以每段道伕監工之目力率工人整理之，由前之法，則須工程師或工務員之曉用測量儀器者臨場，始能舉行，整理雖較準確，但費時必多，如此種整理工作甚多，工程師或工務員有疲於奔命之苦，由後之說，既以目力爲工具，則監工必須富有經驗及才能始克濟事，然毫無根據，一任目力，將軌移動，使其合於既定之弧線，其非科學化也。故二法均不若繩條整理之佳，所謂繩條整理者，以一柔韌不易拉長之繩條作爲長弦，在其中心，量取各中垂距，然後根據理論推算而得一完善之弧線，推算妥當，即實地將軌道移動，使合於推算所得之弧線，由上所云，可知整理之步驟有三：一曰實地測量，即實地量取弧線，各中垂距是也。二曰推算，即根據量得之中垂距，由定理推算一適宜及完善之弧線是也。此步工作，又可名爲紙上整理，蓋與第三步驟相對而言者也。三曰實地整理，即依據推算所得之移動將兩軌移動之是也。今將三步驟分別言之如次：

圖一 a

實地測量：未測量之前，有先決條件二，即(一)所用以作長弦之繩條，其長度應該多少，(二)中垂距應量至如何準確是也，查民廿六美國鐵路工程協會年册(manual of A. R. EA. 1937 Edition)主張以英尺62呎，爲一長弦，其理由則因62長弦之中垂距之"吋數"恰等於弧線之"度數"故吾人如以"吋數"量取中垂，則所量得者，即爲弧線度數(D)殊爲利便。何以62呎長弦之中垂之吋數即爲弧線之度數(D)，可證明如下：

因 $M=\frac{C^2}{8R}$ 此式之 C, M, R 俱以呎數計，如M改用吋數計.(以M″代表之)則 $\frac{M''}{12}=\frac{C^2}{8R}=\frac{C^2D^\circ}{8\times5730}$；因 $M''=D^\circ$，結果得 $C^2=\frac{8\times5730}{12}$ $\therefore C=\sqrt{3820}=61.6$ 呎，通常都作62呎，我國既採公尺制，今如欲中垂距之"公分數 等於弧線之"度數 則得

$\frac{M^{cm}}{100}=\frac{C^2D^\circ}{8\times1146}$ 但 $M^{cm}=D^\circ$ $\therefore C=\sqrt{\frac{8\times1146}{100}}=9.58$ 公尺故大約

可作爲9.6公尺。然用9.58公尺。,則半弧長度＝4.79公尺,以之作爲一站,如圖 1 之 AE,EC等等亦未見其不便也。

至於中垂應量度至如何準確,則全視工人能將鋼軌移動至若何準確而定,美鐵工協會主張量準至10分之1吋,吾人可無異議,但在我國如量準至一公分則失之太粗,如量準至10分之一公分則雖甚準確,但推算時間有三位數目,計算不便,故筆者之意,以量準至市尺10分之一寸,最爲相宜蓋市寸與英寸相差無幾,計算較便,但量得之中垂,如以9.58公尺爲長弦,須以3乘之(因1公分＝3市分)方是弧線度數。

量取中垂距,及各站,可用三人爲之,其一爲工務員或工程師,餘二人可用道伕或測伕,未着手之先,用目力決定弧線之始點及終點,始點決定後,再向始點前量取一二站,如其中垂距皆等於零,則知始點前一站確在直線上可作爲－1站如圖1(b)所示,乃開始以鋼帶尺量取各站,每站爲長弦長度之半數,例如用9 58公尺爲長弦,則每站爲4.79公尺,各站站數可用紅鉛筆書在軌底邊,此站數即爲將來移動軌條之根據,必須保留,至弦線終點亦須向前量取一二站藉知確在直線上以上云云參閱圖1(b)便明瞭。

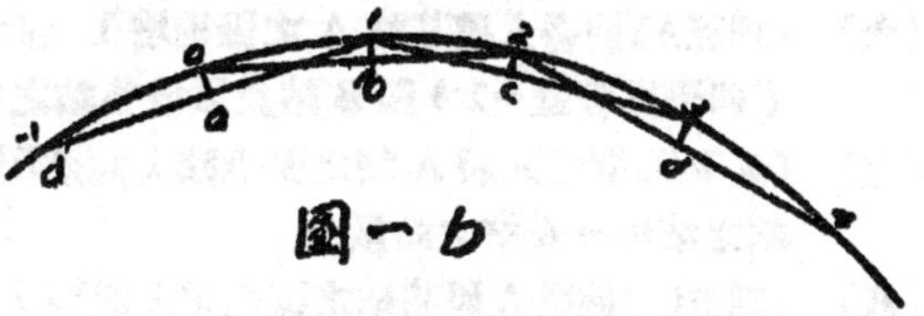

圖一b

次則量取中垂距,一人將繩一端放在－1站之軌距線,一人將繩拉緊亦置其端於站1之軌距線參閱圖1(d),然後由工務員量取0站之中垂距oa 繼以繩端置0站及站2之軌距線,量取站1之中垂距1b,如是繼續量取2c,3d……等等之中垂(參閱圖1(b))量準至10分之1吋即記錄於特製之手記簿,如量得爲2.1吋書作21蓋以10分之1吋爲一單位故也(如用市尺亦然,)但如用八分英尺,則如量得$2\frac{1}{8}$吋即書作17蓋以$\frac{1}{8}$爲一單位也,所用繩條,以柔韌不易伸長者爲佳,工人試用一二次,即可知用力若干便可使其拉緊,(或用試驗定之)繩宜比長弧稍長,兩端各繫以短木棒,不獨用時甚覺便當,即不用時,亦可將其繞在棒上,所有各中垂距須在外軌(即較高之軌)量取,務必準確,因推算時俱以各中垂距爲根據故也。量取時,當地情形如何亦須注意;蓋軌道之近建築物如房屋,橋梁,轉轍道者間或不能移動或能移動而不能超出若干寸數,凡此種種,須一一記在手記簿,以便紙上整理之張本,在弧線之軌,軌頭上每有損蝕,量取中垂距以在軌距線較下爲宜,如以兩鋼軌長度爲長弦,則每三個接頭即爲一站,而各中垂距則在接頭處,故工作頗便而不易錯誤,但弧線之鋼軌其長短多數不是一律故以兩條軌長爲長弧(此爲巴烈君所主張)殊少人採用。

紙上整理:各中垂距量得後,可將手記簿紀錄攜歸,從容推算,在未說明推算法以前,爲以後敘述利便起見,有幾個名稱的意義,說明如下:

(a) 所量得之中垂距,以後簡稱爲原垂,以符號O_o代表之

(b) 用以整理弧線之中垂距以後簡稱爲擬垂,以符號O_p代表之

(c) 擬垂較原垂有長短,如以擬垂減原垂,其餘以後簡稱爲較差以符號D代表之

(d) 每站鋼軌移動之多寡,以後簡稱爲本移,以符號T代表之,本移有內外之分,所謂外移者即將軌離弦中心點移,因外移使中垂距增加,故以加號(＋)置其前,內移者,即將擬向弧中心點移動,因使中垂距減小故以減號(－)置其前

(e) 某站本移之增減(亦即其中垂距之增減)其前後站之中垂距亦連帶受其影響或縮小或增

長，其縮小或增長度以後簡稱爲連移或稱爲半移（理由見後）前半移以符號 L 代表之後半移以符號 R 代表之

推算之法，步步按理，今將各理先列於下，而後說明之。

（一）〔原理〕半移＝本移之半數，以符號代表之卽 L 或 $R=\frac{1}{2}T$。

（二）〔理一〕擬垂總數＝原垂總數以符號代表之卽 $\sum O_p=\sum O$。

（三）〔理二〕較差之代數和必須等於零，以符號代表之卽 $\sum D=0$

（四）〔理四〕（本移）＋（前半移）＋（後半移）＝（本站之較差）以式表之爲 $T_n+L_{n+1}+R_{n+1}=D_n$

（五）〔理四〕（前站半移）＋（本站之較差代數和）＝（本站之半移），以式表之爲 $L_{n-1}+\sum D_n+L_n=\frac{1}{2}T_n$ 上兩式之 $\frac{n}{o}$ 代表本站，故 $_{n-1}$ 爲前站，$_{n+1}$ 爲後站。

（六）〔理五A〕倘吾人將某站 A 之擬垂增 1（卽予以較差＋1）又將數站以後某站 B 之擬垂減 1（卽予以較差－1）則 B 站及以後各站之半移＝－（B 站之站數－A 站之站數）

（七）〔理五B〕倘吾人將 A 站之擬垂減 1 而將B站之擬垂加 1，則B站及以後各站之半移＝＋（B 站之站數－A 站之站數）

（八）〔理五C〕倘吾人將某站之擬垂增 1 或減 1 則該站及該站以後各站之半移之增減與站點減該站站數成正比例

（九）〔理六〕弧線之始終點之移動必等於零。

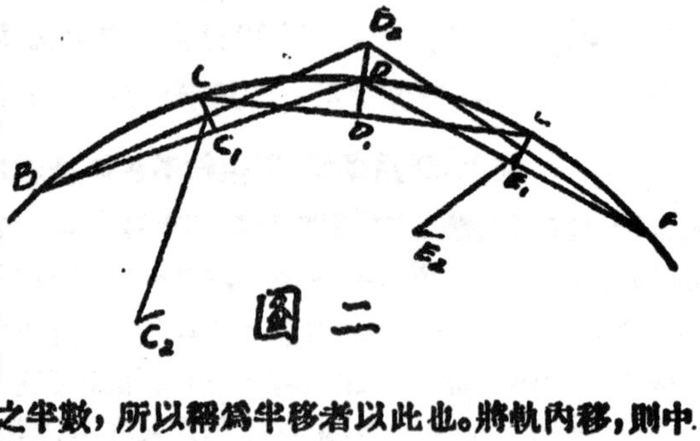

圖二

原理之說明：如圖二所示，DD_1，CC_1，FF_1，爲CE，BD，DF，之中垂距，倘將軌外移，使中垂距 DD_1 增長，變爲 D_1D_2 則按圖中垂距 CC_2 及 EE_2 均減小，變爲 CC_2 及 EE_2 因C，E，俱爲相等長弦之中點，依據幾何學 $C_1C_2=E_1E_2=\frac{1}{2}DD_2$ 此係根據 CC_1，DD_1 及 EE_1 皆互相平行，但實際上則否，故小有差誤但於準確無礙依上述，DD_2 謂之本移，（此處爲外移）C_1C_2 及 E_1E_2 謂之連移，故連移適得本移之半數，所以稱爲半移者以此也。將軌內移，則中垂距 DD_1 縮小，而中垂距 CC_1 及 EE_1 則反增長，但連移仍等於本移之半數

所以 L 或 $R=\frac{1}{2}T$

理一，二之說明：由 L 或 $R=\frac{1}{2}T$ 之關係推想，可知無論吾人將量得之中垂距如何更改；其總數並不變更，何以言之，因譬如吾人將點（參閱圖二）外移二寸卽將量得之中垂距 DD_1 加長二寸，則其前後站之中垂距如 CC_1 及 EE_1 各縮短一寸，一加兩減，完全取消，所以中垂距雖各有增減，但其總數並無增減，換言之，卽

$$\sum O_p=\sum O$$

倘吾人再作更進一步之推想則知因原垂總數須等於擬垂總數則其相減之餘數必等於零，換言之卽

$$\sum D=0$$

理三，四之說明：按圖二，D 站共有三個移動即，

(1) 本身之移動（即本移，將 D 站直按外移或內移得來）

(2) 將 C 站移動則 D 站得由 C 站傳來之半移

(3) 將 E 站移動，D 站亦得 E 站傳來之半移

然此三個移動，必須等於 D 站之較差，此理顯而易見故理三得以成立，今以 S 代表站數，D L，R，T，代表如前述所有各符號脚下之數碼代表站數，則可製表如下：

第 一 表

站數 S	較差 D	前 半 移 L	本 移 T	後 半 移 R
0	0	0	0	0
1	D_1	D	0	0
2	D_2	$2D_1+D_2$	$-2D_1$	D_1
3	D_3	$3D_1+D_2+D_3$	$-4D-2D_2$	$2D_1+D_2$
4	D_4	$4D_1+3D_2+2D_3+D_4$	$-6D_1-4D_2-2D_3$	$3D_1+2D_2+D_3$
5	D_5	$5D_1+4D_2+3D_3+2D_4+D_5$	$-8D_1-6D_2-4D_3-2D_4$	

第一表之塡列法說明如下：

(a) 依照〔理六〕 O 站之本移必須等於零，故前後半移亦等於零。

(b) 即 1 有較差 $=D$，初學者必以爲如吾人將站 1 移動 D，站可妥當，殊不知此與〔理三〕抵觸故欲站 1 有本移 D，祇有將站 2 移本 $-2D_1$ 則可由站 2 傳半移 D_1 於站 1，乃以 D_1 塡在站 1 之"前半移"柱內，以 $-2D_1$ 塡寫在站 2 之"本移"柱內又因 O 站之本移 $=0$ 前後半移亦 $=0$，所以以 O 塡寫在站 1 之"本移"及"後半移"柱內，如是站 1 之本移及前後半移相加等於較差，然後始與〔理三〕不衝突，學者所宜注意者爲各移之正負符號，例如站 2 之移動爲 $-2D_1$，則其發生之前後半移爲 $+D$，蓋移If爲內移（減號），故前後站之中垂距必增加，故半移得正號。

(c) 因站 1 之本移 $=0$，故站 2 之後半移亦 $=0$，乃以 O 塡 2 "後半移"柱內"理三"亦可寫如下列：

前半移 =（本身之較差）－（本移）－（後半移）即 $L_{n-1}=D_n-T_n-R_{n+1}$，如是站 2 之前半移 $=D_2-(-2D_1)-0=2D_1+D_2$，乃以之塡寫在站 2 之"前半移"柱內，站 2 之計算工作完成。

(b) 由站 2 吾人得站 3 之本移 $=-2(2D_1+D_2)=-4D_1-2D_2$ 以之塡寫於站 3 之"本移"柱內，且由站 2 吾人亦得後半移 D_1，乃以之塡於站 3 之"後半移"柱內，依"理三"得站 3 之前半移 $=D_3-(-4D_1-2D_2)-D_1=3D_1+2D_2+D_3$，乃以之塡於站 3 之"前半移"柱內而計算完成。

(e) 如是繼續塡算，則可得站 4，站 5 等等各移但吾人如將"前半移"一柱細心觀察，則知各値之變更，極有規則，列如：

站 2 之前半移，吾人可寫作 $D_1+(D_1+D_2)$

站 3 〃〃〃〃〃〃〃〃〃 $(2D_1+D_2)+(D_1+D_2+D_3)$

站 4 〃〃〃〃〃〃〃〃〃 $(3D_1+2D_2+D_3)+(D_1+D_2+D_3+D_4)$

但 $D_1(2D+D_2)$，及 $(3D+2D+D_3)$ 等等爲前站之半移，而 (D_1+D_2)，$(D_1+D_2+D_3)$ 及 $(D_1+D_2+D_3+D_4)$ 等等俱爲各該站較差之代數和，此"理四"得以成立也，故根據"理四"，可作表如下：

站數 S	較差 D	較差之代數和 ΣD	前半移 L
0	0	D	0
1	D_1	$D_1=$	D_1
2	D_2	$D_1+D_2=$	$2D_1+D_2$
3	D_3	$D_1+D_2+D_3=$	$3D_1+D_2+D_3$
4	D_4	$D_1+D_2+D_3+D_4=$	$4D_1+D_2+D_3+D_5$
5	D_5	$D_1+D_2+D_3+D_4+D_5=$	等等
6		等等	

由上表觀之。可知第二表所得之前半移與第一表所得者並無不同，但計算則利便不少，以後吾人俱以第二表之法推算。

理五之說明："理五"實由"理四"得來，可用第三表說明之按表倘吾人予站3（可暫稱爲站A以示區別）以＋1之較差，（換言之即將站3之擬垂增1）又予站8（可暫稱爲站B）以－1之較差（換言之即將站8之擬垂減1）

則依據"理四"吾人可得各站之半移如表所列，但站A之站數爲3。而站B之站數爲8故依〔理五A〕

B站及B站以後各站之半移＝＋(8－3)＝5

但觀所列站B（即站8）及站B以後各站俱爲＋5可知〔理五A〕不謬，倘予站4以－1之較差，亦可證明〔理5B〕不再贅。

第三表

站數 S	較差 D	較差之和 ΣD	前半移 L
0	0	0	0
1	0	0	0
2	0	0	0
3	+1	+1	+1
4	0	+1	+2
5	0	+1	+3
6	0	+1	+4
7	0	+1	+5
8	−1	0	+5
9	0	0	+5
10	0	0	+5

又由第四表觀察可知自站3起至站10止各半移俱以1遞加，即1,2,3,4,等等，按表所列，站數雖爲10但站點連O點在的者有11，以11減3得8，故站10之前半移爲8，第四表內共站3以＋1之較差爲例倘予以＋2，則站10之前半移當＝2×8＝16，此足證〔理五C〕之不謬，當然，倘吾人予站3以－1之較差，則所得各半移俱有負號矣。

第四表

站數 S	較差 D	較差和 ΣD	前半移 L
0	0	0	0
1	0	0	0
2	0	0	0
3	+1	+1	+1
4	0	+1	+2
5	0	+1	+3
6	0	+1	+4
7	0	+1	+5
8	0	+1	+6
9	0	+1	+7
10	0	+1	+8

理六之說明：因始終點俱在直線上，並無中垂弧，故距線無論實地或在紙上整理後，其移動須等於零，此理甚顯無待多言，所以填作第一表時已先將其應用矣。

以上六理除〔理六〕是由事實及理論得來者外，餘皆由〔原理〕輾轉變化出來，〔原理〕是否確立不移，抑或有所假定，吾人應予注意，以理想論D點（參閱圖二）之移動甚小而長弦比較甚長，如徐徐將其移動，C，E，兩點有不受D點移動之影響之可能，即受其影響，其移動亦甚微，以事實論,是法美國各鐵路用之者概衆且久,其結果俱甚滿意,故 $L=\frac{1}{2}T$ 之關係可作爲成立, 但吾人須知C,C_1,C_2三點本不在同一直線上, 然作爲同在一線上,所差甚微,並無大謬C_1C_2亦不與D_1D_2平行故依理"不能謂爲等於$\frac{1}{2}T$,但所差亦微,參閱圖三便可瞭。

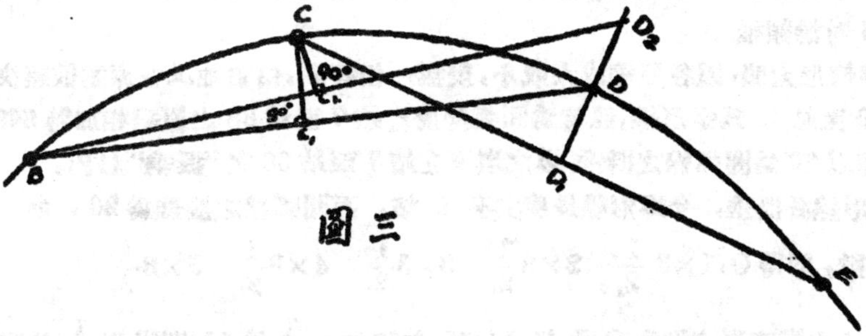

圖三

根據以上六理, 即可作紙上整理,但在未舉實例以前,吾人尚有一二事,理宜說明者:

(一)各弧線之兩端段,俱設有螺形弧線者註五,按螺形線之半徑與其長度成反比例,故其中垂弦,如由等長之長距中點量度,必不相等, 其各值若何, 頗難計算,據阿崙教授之意註六 可用沿螺形線各站之半徑作爲圓距線之半徑而以各該圓距線之中垂弧作爲螺形線之中垂弧此雖非準確,然亦無大謬,是亦解決此難題之一道也今以載爾勃氏 註七 螺形線爲例:

該螺形線之半徑(以R代表之)$=R=\frac{5730}{KL}$ 此處K爲一個常數L爲沿螺形線之長(以呎數計)而距圓弧線之中垂距(以M代表之)$=M$

$$M=\frac{C^2}{8R}$$

該式之C爲長弦長,度R爲圓弧線之半徑(均以呎數計)如照上所云則

螺形線之中垂距$=L=\frac{C^2}{8}\times\frac{KL}{5730}$ 但$\frac{K}{8\times5730}$爲一個不變數以A代表之則$M=C^2LA$

但在站O時$L=0$在站1時$L=C$,在站2時$L=2C$,在站3時$L=3C$等等

∴在站0時$M_0=O_1$ 在站1時$M_1=AC^3$ 在站2時$M_2=A_2C^3$

在站3時$M_3=A_3C^3$ 在站4時$M_4=A_4C^3$ 等等

上列之 C^3亦爲一個常數,因吾人係以同一繩條量取各中垂距故AC^3可稱爲螺形線因數以F代表之則得

$M_0=0$, $M_1=1F$, $M_2=2F$, $M_3=3F$, $M_4=4F$, 等等由此觀之,可知如吾人已決定採用某螺形因數後,則螺形線各中垂距之長短=0,1,2,3,4,5,……因數

因數頗可由理論推求,但實際上亦頗易決定。蓋螺形線長度有限, 最多不過六七站, 至其末站,其中垂距須等於圓弧線之中垂距例如吾人決定螺形線長度爲5站,而圓弧線之中垂距爲20 註八 則因數必爲3,因以1,2,3,4,5, 乘4 則得螺形線各中垂距等於0,4,8,12,16,20, 適爲5站而末站中垂距,不能湊得於圓弧線之中垂距,則相差一二,亦不礙事。

(二)在雙軌道上,兩端之螺形線長度,大都不相等進弧線之螺形線比離弧線之螺形線較長,然在單軌道上,兩端段之螺形線長度宜相等,因列車在軌道有來往, 不若雙軌道列車祇有來而無往或有往而無來也,但作紙上整理時恐或未能辦到,則祇有兩端不相等爾。

(三)將螺形各中垂擬除外,可將圓擬線各原垂相加,而求其平均數,作爲求弧垂之張本,各垂可隨意擬定,但不能與平均數相差太遠,本移以最小爲原則,如算出之本移太大,可將擬垂增減一二，即可將本移減小也。

說明：第一柱爲站數，本題係以 66 呎爲長弧者，第二柱爲實地量得之中垂距以 10 分之一吋爲一單位，例如 16 即爲1.6 吋餘類推

由各値觀之，可知弧線情形太壞，因各原垂或大或小，幾無一相等者，由實地及各原垂觀察決定自站 0 至站 6 及自站 39 至站 43 爲螺形線，餘皆爲圓弧線將自站 7 至站 38 之原垂相加得 649 以 32 站除之得 20 有奇，即以 20 爲圓弧線之擬垂，以之填寫在站 7 至站 36 之"擬垂"柱內。

次先定進圓弧線之螺形線各擬垂，今螺形線長度共有 6 站，而圓弧線之擬垂爲 20，如

$3\frac{1}{2}$ 爲螺形線因數，則得 O，$1\times3\frac{1}{2}$，$2\times3\frac{1}{2}$，$3\times3\frac{1}{2}$，$4\times3\frac{1}{2}$，$5\times3\frac{1}{2}$，

如小數皆四捨五進（或五捨六進亦可）則得 O，7，11，14，18，如再加 $3\frac{1}{2}$ 於 18，則得 $21\frac{1}{2}$ 此雖與站 7之擬垂 20 不相等，然亦甚近，姑作爲妥當，乃以 0，4，……等値填在站 1至站 7 之擬垂柱內。再定離圓螺線之螺形線各擬垂，該線長度共爲 16 站，如以 5 爲弧形數因數則得 0，5，10，15，再加 5 於 15 得 20，與站 38 之擬垂 20 適相符，即以各値填寫在自站 42 至站 39 的"擬垂"柱內。

各擬垂現已即定擬將原垂及擬垂之總數計出，得如表脚所示，二者比較，相差祇 1，但依'理一"二者必須相等。然後"理二"始能實現，所以吾人必須將擬垂修改，至於修改何站之擬垂，則可由算者自由擬定，今將站 38（弧圓即線之末站）之決垂 20 改爲 21 註九 如表所示則"理一""理二"均可實現。

繼將"較差"及"較差和"（圖D）一一算出，各値之正負號，每易錯誤，必須留神，結果得如表所列計算"較差和"　（前站較差和）+（本站之較差）即得（本站之較差和）；例如站 5 之較差和爲 + 6 加下站（即站 6 ）之較差 + 2 即 + 6 + 2 = 8 此即爲站 6 之"較差和"參閱第五表各節嘴所示便明白不贅。

計得"較差和"後，則可依"理四"計算各站之前半移例如：
站 5 之前半移 =（站 4 之前半移）+（站 5 之較差和）即 − 1 +（+6）= + 5，餘可類推，參閱表節嘴所示更覺明瞭。

由結果知站 43 之前半移爲 + 10，但依照"理六"始點與終點之移動必須等於零，如是半移亦須等於零。今既得 + 10，有修改之必要，修改之法，可根據"理五 A 或 B"爲之但結果之半移爲 + 10，應用"理五 B"方合，今於站 29 擬垂減 1 即 20 改爲 19，又於站 39 之擬垂加 1 即由 15 改爲 16 如是依"理五B"得 (39−29) = +10。

站 29 及 39 之擬垂既已更改，則自站 29 以後各値，皆有變更，須重算如第六表所列。

推算工作現已完成，所有上述各理，亦悉遵照無遺，統觀擬垂各値，除螺形線各値不計外，祇有站 29 爲 19，餘皆爲 20，與完善之理想弧線符合，可作爲計算妥當，本移 (T) 可由前半移(L)計出，所宜注意者各 T 値須填低一格列如站 2 之 L 爲 −1，則須以 2 乘之填現站 3 之 T 柱且須爲正 (+)號其理由可於第一表得之不復贅。

各擬垂雖可隨便增減，但由推算結果觀之，如某站之擬垂增 1 或減 1，則該站以後之半移俱受影響，例如吾人在站 38 將擬垂加 1（即將 20 改爲 21 ）則以後各站之半移，俱有增加，其增加與距離站 38 之遠近成正比例，此可於第三表見及，故吾人如欲更改而不於別站着想者，即以此也苟原垂總數與擬垂總數相差甚大，或初次計算結果，末站之前半移甚大，如何改更擬垂使其適合

第五表

站數	原垂	擬垂	較差	較差和	前半移	本移
S	Oo	Oa	D	ΣD	L	T
0	0	0	0	0	0	0
1	0	0	0	0	0	0
2	5	4	−1	−1	−1	0
3	7	7	0	−1	−2	+2
4	9	11	+2	+1	−1	+4
5	9	14	+5	+6	+5	+2
6	16	18	+2	+8	+13	−10
7	34	20	−14	−6	+7	−16
8	23	20	−3	−9	−2	−14
9	12	20	+8	−1	−3	+4
10	15	20	+5	+4	+1	+6
11	25	20	−5	−1	0	−2
12	20	20	0	−1	−1	0
13	13	20	+7	+6	+5	+2
14	19	20	+1	+7	+12	−10
15	28	20	−8	−1	+11	−24
16	25	20	−5	−6	+5	−22
17	28	20	−8	−14	−9	−10
18	24	20	−4	−18	−27	+18
19	16	20	+4	−14	−41	+54
20	8	20	+12	−2	−43	+82
21	13	20	+7	+5	−38	+86
22	17	20	+3	+8	−30	+76
23	17	20	+3	+11	−19	+60
24	34	20	−14	−6	−22	+38
25	18	20	+2	−6	−23	+44
26	13	20	+7	+6	−17	+46
27	10	20	+10	+6	−1	+34
28	32	20	−12	+4	+3	+2
29	18	20	+2	+6	+9	−6
30	20	20	0	+16	+15	−18
31	20	20	0	−6	+21	−30
32	33	20	−13	+7	+14	−42
33	13	20	+7	+0	+14	−28
34	14	20	+6	+6	+20	−28
35	31	20	−11	−5	+15	−40
36	22	20	+2	−7	+8	−30
37	17	20	+3	−4	+4	−16
38	17	21	+4	0	+4	−8
39	16	15	−1	−1	+3	−8
40	4	10	+6	+5	+8	−6
41	8	5	−3	+2	+10	−16
42	2	0	−2	0	+10	−20
43	0	0	0	0	+10	−20
	725	724				

第六表

站數	原垂	擬垂	較差	較差和	前半移	本移
S	O_0	D R	D	ΣD	L	T
29	18	19	+1	+5	+8	−6
30	20	20	0	+5	+13	−16
31	20	20	0	+5	+18	−26
32	33	20	−13	−8	+10	−36
33	13	20	+7	−1	+9	−20
34	14	20	+6	+5	+14	−18
35	31	20	−11	−6	+8	−25
36	22	20	−2	−8	0	−16
37	17	20	+3	−5	−5	0
38	17	21	+4	−1	−6	+10
39	16	16	0	−1	−7	+12
40	4	10	+6	+5	−2	+11
41	8	5	−3	+2	0	+4
42	2	0	−2	0	0	0
43	0	0	0	0	0	0

上云各理，是在計算者之隨機應變，不能盡言，本題之原垂與擬垂總數相差祇1而末站之前半移爲+10，故嘗試一次便得。

統觀第五；第六表，最大之本移爲+86 卽8.6吋，但本移愈小移不得超出±3吋，(卽±30)則擬垂又須更大，推算較爲複雜，今作推算如下：

第七表填法之說明：(a) 第一次之嘗試悉由第五表照抄藉醒眉目但到第18站前半移已近限定之値(30)至19,20站則已超出，故須將擬垂更改，方能使半移復歸限內更改之法，可根據"理五C"爲之，如吾人連續將第14,15站之擬垂由20改爲21，換言之予第14,15站各以+1之較差，則第19,20兩站之前半移可由−41，−43減低至−30，其計算法如下：

站19連0點在內共有20點，依"理五C"　20−14=6，　20−15=5，　所以−41+(+1)6+(+1)5=−30

又站20連0點在內共有21點，依"理五C"　21−14=7，　21−15=6

所以−43+(+1)7+(+1)6=−30　乃得第二次嘗試如第七表所示，

(b)在第二次嘗試，推算至第28站，則又超出定限(±30)，故擬垂又須更改，如將第24,25,26,27,四站之擬垂由20改爲19換言之，卽予各該站以−1之較差，則依"理五C"可將第28站及站28以後各站之前半移減至+30以下詳記如下：

站28連0點在內共有29點，　29−24=5，　29−25=4，　29−26=3，　29−27=2，

所以站28之半移(+32)變爲 +32+(−1)5+(−1)4+(−1)3+(−1)2=+18

站29連0在內共有30點，　30−24=6，　30−25=5，　30−26=4，　30−27=3

所以站28之半移(+40)變爲 40−6−5−4−3=22

餘可類推，不多贅，乃作第三次嘗試，計算至31站適得+30，仍可算不超出限外，如是繼續工作，至第42站得半移等於0與"理六"適符合，推算可作爲妥當，而本移(+)亦可算出，讀者細閱第七表，第三次嘗試，便可明瞭，尙有一事，吾人宜注意者，卽當吾人將擬垂隨便加減時切勿忘記"原垂總數"須等於"擬垂總數"是也。

(c)統觀以上計算，可知本移(T)有一定限度，則計算乃趨複雜，然如能明白"理五A,B,C,"則計算並不煩難。第七表之弧線，不若第五表所示之佳，蓋有兩站(14,15)之擬垂爲21而第24,25,26,27，站之擬垂則爲19，表示弧線，不是一條單弧線（即祗有一半徑之弧線）而爲一條複弧線，共有三個半徑，然此些微之半徑變更於行車安全，並不妨礙。

(d)將擬垂加1或減1對於弧線半徑變更，可計算如下：

因$M=\frac{C^2}{8R}$　普通因半徑(R)不便於用，每將其化爲弧度(以(D)代表之)即$R=\frac{5730}{D}$，如是

$$M=\frac{C^2D}{8\times5730}$$

今假定C=66英尺，按巴氏主張以兩條鋼軌長度爲長弦，鋼軌長度在美國十年前大都爲33呎，故兩條即爲66呎，此爲巴氏用以量取中垂之長弦長度上例題取諸巴作故C=66呎，但如M=1即$\frac{1}{10}$吋$=\frac{1}{120}$呎則得

$$\frac{1}{120}=\frac{66\times66D}{8\times5730};D=\frac{8\times5730}{66\times66\times120}=5分15.7秒$$

換言之，如將擬垂加1或減1，即等於將弧線之弧度加增或減少5分15秒，如此小弧度，如用經緯儀測量，頗覺費事，但如用繩條，則無不便之處且將弧線整理後，目力不能看出弧線之弧度有兩樣也，如吾人以20公尺爲長弦，而中垂量至10分之1市寸，則C=20M，而$M=\frac{1}{100}$市尺$=\frac{1}{300}$公尺且R=1146M，如是得$\frac{1}{800}=\frac{(20)^2D}{8\times1146}$；$D=\frac{8\times1146}{300+400}=4分35秒$較用英尺量度爲小，故用市尺量取中垂，以20公尺爲長弦，較用英尺爲標準，不必用9.58公尺爲長弦，但計算弧度時，不如用9.58公尺之便耳，第八表爲交大三年級生實地測量計算之結果。長弦係用20公尺，中垂以市尺量取，讀者細閱，便知所量之弧線狀況甚佳，故推算亦便。

實地整理：紙上整理既畢，即可實地整理，整理之法，論者紛紜，有主張以軌底邊距離，特置木樁之釘點某千尺者，例如某站軌底邊外移6吋，可置木樁，距底邊6吋，則整理軌底邊適與木樁距離1呎如圖四所示，倘6吋爲內移則木樁應距軌底邊1呎6吋，則整理後，由樁至軌底亦爲1呎，餘可類推，此一法也，能美工協會則主張以軌道中線爲根據而量至軌距線，按標準軌距爲4呎$8\frac{1}{2}$吋，故中線至軌距線爲2呎$4\frac{1}{4}$吋，（此假定道弧軌距並未加寬者）因2呎$4\frac{1}{4}$吋即28.25吋加外移或減內移，則爲中線，釘點至軌距線距離，如第七表末柱所列，此又一法也，但何論用何法須先安設木樁，如用第一法，樁宜與軌底平，用第二法則樁宜與軌距綫等高，樁之確定點，可用小釘在樁頭誌之木樁安設後，則各道伕可依紙上整理之結果，按站將軌移動，移動妥當後，外軌之升高度，亦須重新整理結路。

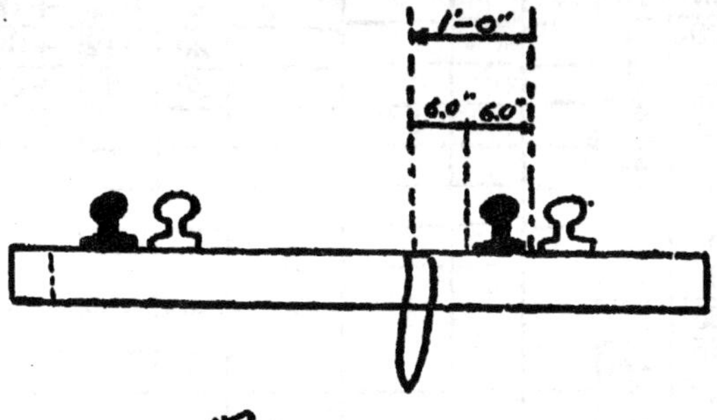

圖 四

第 七 表

站數	原垂	第一次嘗試				第二次嘗試				第三次嘗試				本移	釘點至軌距線之距離
		擬垂	較差	較差和	前半移	擬垂	較差	較差和	前半移	擬垂	較差	較差和	前半移		
S.	O_0	O_R	D	ΣD	L	O_R	D	ΣD	L	O_R	D	ΣD	L	T	
0	0	0	0	0	0									0	28.25
1	0	0	0	0	0									0	28.25
2	5	4	−1	−1	−1									0	28.25
3	7	7	0	−1	−2									+2	28.45
4	9	11	+2	+1	−1									+4	28.65
5	9	14	+5	+6	+5									+2	28.45
6	16	18	+2	+8	+13									−10	27.25
7	34	20	−14	−6	+7									−26	25.65
8	23	20	−3	−9	−2									−14	26.85
9	12	20	+8	−1	−3									+4	28.65
10	15	20	+5	+4	+1									+6	28.85
11	25	20	−5	−1	0									−2	28.05
12	20	20	0	−1	−1									0	28.25
13	13	20	+7	+6	+5	20	+7	+6	+5					+3	28.45
14	19	20	+1	+7	+12	21	+2	+8	+13					−10	27:25
15	28	20	−8	−1	+11	21	−7	+1	+14					−26	25.65
16	25	20	−5	−6	+5	20	−5	−4	+10					−28	25.45
17	28	20	−8	−14	−9	20	−8	−12	−2					−20	26.25
18	24	20	−4	−18	−27	20	−4	−16	−18					+4	28.65
19	16	20	+4	−14	−41	20	+4	−12	−30					+36	31.85
20	8	20	+12	−2	−43	20	+12	0	−30					+60	34.25
21	13	20	+7	−5	−38	20	−7	+7	−23					+60	34.25
22	17					20	+3	+10	−13					+48	32.85
23	17					20	+3	+13	0	20	+3	+13	0	+20	30.85
24	34					20	−14	−1	−1	19	−15	−2	−2	0	28.25
25	18					20	+2	+1	0	11	+6	−1	−3	+4	28.65
26	13					20	+7	+8	+8	9	+6	+5	+2	+6	28.85
27	10					20	+10	+18	+26	19	+9	+14	+16	−4	27.85
28	32					20	−12	+6	+32	20	−12	+2	+18	−32	25.05
29	18					20	+2	+8	+40	20	+2	+4	+22	−36	24.65
30	20									20	0	+4	+26	−44	23.85
31	20									20	0	+4	+30	−52	23.05
32	33									20	−13	−9	+21	−60	22.25
33	13									20	+7	−2	+19	−42	24.05
34	14									20	+6	+4	+23	−38	24.45
35	31									20	−11	−7	+16	−46	23.65
36	22									20	−2	−9	+7	−32	25.05
37	17									20	+3	−6	+1	−14	26.85
38	17									21	+4	−2	−1	−2	28.05
39	16									16	0	−2	−3	+2	28.45
40	4									11	+7	−5	+2	+6	28.85
41	8									5	−3	+2	0	−4	27.85
42	2									0	−2	0	0	0	28.25
43	0									0	0	0	0	0	28.25
	725.									725					

繩條測量弧綫之計算

第　八　表

站號	O_0	O_R	D	ΣD	L	O_R	D	ΣD	L	T	備考
		第一次嘗試					第二次嘗試				
0	0	0	0	0	0	0	0	0	0	0	
1	5	4	−1	−1	−1	5	0	0	0	0	
2	8	7	+4	+3	+2	7	+4	+4	+4	0	已近轍軌尖
3	13	12	−1	+2	+4	12	−1	+3	+7	−8	
4	16	15	−1	+1	+5	16	0	+3	+10	−14	
5	20	17	−3	−2	+3	11	−3	0	+10	−20	
6	22	17	−5	−7	−4	17	−5	−5	+5	−20	
7	16	17	+1	−6	−10	17	+7	−4	+1	−10	
8	16	17	+1	−5	−15	17	+1	−3	−2	−2	
9	15	17	+2	−3	−18	17	+2	−1	−3	+4	
10	16	17	+1	−2	−20	17	+1	0	−3	+6	
11	17	17	0	−2	−22	17	0	0	−3	+6	
12	16	17	+1	−1	−23	18	+1	+1	−2	+6	
13	17	17	0	−1	−24	17	0	+1	−1	+4	
14	16	17	+1	0	−24	17	+1	+2	+1	+2	
15	19	17	−2	−2	−26	17	−2	0	+1	−2	
16	19	17	−2	−4	−30	17	−2	−2	−1	−2	
17	16	17	+1	−3	−33	16	0	−2	−3	+2	
18	12	15	+3	0	−33	15	+3	+1	−2	+6	
19	11	11	0	0	−33	11	0	+1	−1	+4	
20	7	7	0	0	−33	7	0	+1	0	+2	
21	4	4	0	0	−33	3	−1	0	0	0	
22	0	0	0	0	−33	0	0	0	0	0	近虹橋路

量度單位　1市分　　日期　民,二五,十二,二十,　　地點　徐家匯車站附近

天氣　冷,陰。　　測量用具　市尺一枝　繩一條(長20公尺)

測量及計算者：　陳啓源　陶壽炤等。

(註一) Simplified Curve and Switch Woch by W.F.Renod 爲美國 Railway Educational Press Inc, Chicago, Ill, 所出版，曾任月之書，民二十四年增修，改由美之The Simmons–Boardman Publisbing Company（地址見註二）出版，所用之法，雖有改良，然仍與原法大同小異。

(註二) The String of Curves Made Easy, By Charles H. Bartlett 曾載在美國 Railway Engineering And Maintenance 雜誌，凡六期，自民七一月至七月，查現已有單行本，爲美國之 The Simmons-Boardman Publishing Company, 105w Adam Street, Chicago 所發行。

(註三) Rai road Curves And Earth Work, by C, Frank Allen 7th Edition, Published by McGraw—Hill Book Company New York U.S A.

(註四) Gage hine 普通以軌頭最高點，向下量取八分之五(5/8)吋處爲點聯各點則得所軌距綫。

(註五) 緩舒弧綫 (Eas ment Curve) 又名漸度弧綫 (Transitional Curve) 有數種，如螺形綫 (spiral) 立方拋物綫 (Cubic parabola) 等等，但普通稱爲螺形綫交通部之規定名稱爲介曲綫。

(註六) 戴爾勃教授 (Prof A.N.Talbot) 亦有是議。

(註七) Talbots Spiral

(註八) 以十分之一爲單位，實際爲二寸。

(註九) 此處相差祇 −1 故可自此做法，如相差過多，修改之處亦必多宜重新列表，庶計算時不易差誤。

(註十) Degree of Curve。

雷達大三角測量

王之卓

(一)方法

雷達係無線電電波之一種，戰爭時用以作轟炸定位之用。利用雷達電波，可以量測距離；因雷達電波之周率相當穩定，可以量其電波行經之時間，藉以計算其距離。但雷達電波之速率，幾可與光速率相比擬。量其時間之法，可利用一陰極光管，使放射傳播之電波與另外一指標相比較，則其電波傳播所經過之時間可以精確測定，此種測量距離之精度，受各種不同環境之影響，其最大誤差約爲士 150 呎。但由近半年來之進步，其求距離之精度，已超過上列數字。

大三角測量時，可利用雷達電波測距方法，測量其邊長，邊長距離可使達數百英里。此意創始於 1944 年，在 1945 年八月間，由美空軍開始試驗，其法如下：欲測量某一邊長時，則在該邊端兩三角點各設地面雷達收發站，飛機在邊長之中心點附近，垂直於邊長方向飛過，同時自飛機放射雷達電波。經兩地面雷達站分別收到以後，立卽由地面點分別反射於飛機之收報機。在飛機上由陰極光管之設備，可以知道雷達電波經過之時間，亦卽得其電波所經過之距離。其電池傳播過程，示如圖一：

當飛機飛近三角形時，卽依一定時間間隔收發雷達電波，以求其邊長兩端地面三角站點之距離。當兩端距離之和爲最小時，卽知其爲飛機正在邊長上空之時矣。普通當飛機距邊四哩左右時開始記錄距離，共約得讀數三十餘，用平差方法求其結果。此種距離係空間傾斜距離，必須加以各種改正，以得其眞正之邊長。

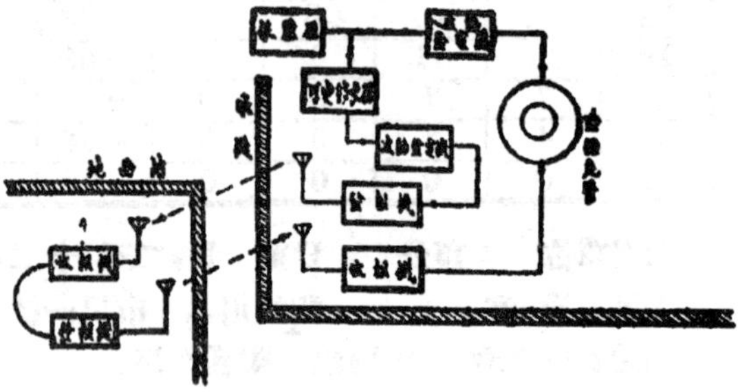

圖 一

(二)各項改正

由雷達測量所直接測得之距離，必須加以各項更正，使歸化成爲地面大地線之距離。雷達電波路線可視爲圓弧，其半徑約爲 15,000 哩，其改正爲大地線長之公式爲：

$$S-M=\frac{2.391}{10^8}M(H+K)+\frac{1.794}{10^6}\frac{(H-K)^2}{M}-\frac{0.2483}{10^8}M^3-V \cdots\cdots (1)$$

其中 S 爲雷達距離(以哩爲單位)：M爲大地線距離(哩)；H 爲飛機高程(以呎爲單位) K 爲地面三角站點之高程(呎) V 爲速率改正(哩)。

式(1)前三項爲自雷達圓弧距改正爲地面距離之各項，推廣公式(1)時，所假定雷達電波路線上之曲線半徑 S 與地球半徑R之關係爲

$$S=3.91R \cdots\cdots (2)$$

事實上自試驗結果，知雷達電波路線之曲線半徑，隨高程不同而變遷，其關係應爲：

$$S=R\,(2+1.9h) \cdots\cdots (3)$$

其中h爲電波路線中某點之高程。因S與 h 爲直線之變遷關係，可取電波路線各點 h 之平均值代入上式(3)以得其平均之e值。今稱 M_1 爲某點距地面站點之大地線距離，則其點之h爲：

$$h=K+\frac{M_1}{M}(H-K)-\frac{M_1(M-M_1)}{2}\left(\frac{1}{R}\cdot\frac{1}{e}\right)\cdots\cdots\cdots\cdots(4)$$

稱 $\bar{h}$ 爲平方值，則經簡化之結果，得：

$$\bar{h}=\frac{1}{M}\int_0^M hM_1=K+\frac{1}{2}(H-K)-\frac{M^2}{12}\left(\frac{1}{R}-\frac{1}{e}\right)\doteq\frac{H+K}{2}-\frac{S^2}{12}\left(\frac{1}{R}-\frac{1}{e}\right)$$

更假定 $e=4R$

$$\bar{h}=\frac{H+K}{2}-\frac{S^2}{12}\cdot\frac{3}{4R}=\frac{H+K}{2}-\frac{S^2}{16R}\cdots\cdots\cdots\cdots(5)$$

以式(5)之 $(\bar{h})$ 代入式(3)，可得更確實之e，然之以重演式(1)，可得更精確之公式。

公式(1)內之V項，係速率改正，因嚴格言之，雷達電波在不同氣層環境之內，有不同之速率。忽略其由於氣象變遷所生之更易，Rice 氏曾推廣得下列改正公式爲：

$$V=\{-3.254+0.5567(K+H)-\frac{4.017}{10^8}$$

$$[(K+H)^2-KH]\}\frac{M}{100}-[1.048-1.135(\frac{K+H}{100})](\frac{M}{100})^3-0.013(\frac{M}{100})^5$$

其中H與K之單位爲千呎，M之單位爲$\frac{1}{1000}$哩。

(三)高度之測求

在雷達距離歸算之時，需要知飛機之高程 H。利用氣壓機原理構造之高程儀，欲得精確之結果，必須有周密之氣象報告網，以求其大氣氣壓層之傾度。另有無線電測深之方法，亦可加以輔助。後者方法測高之精度，可達高程 0.3%，但只用普通之航行工具協助無線電測深方法時，則誤差有時大高程之 2%。卽當航高爲二萬呎時，誤差約爲 300 呎。此種誤差可使 100 哩距離之歸算誤差大至 15 呎左右，已嫌過鉅。無線電測深與氣壓求高計合用時，必須有一片已知高程之平原地面，在此地帶飛行可由無線電測深器測得飛機精確之航高，同時觀測求高氣壓計，以得其改正數字。以後根據氣象報告：再改正氣壓求高記之讀數，方可得合用之高程結果。

(四)試驗

邊	長度(哩)	觀測次數	誤差(哩) 觀測值—真值	比例差	偶然誤差(哩)
Pike's Peak—La Junta	98.7538	15	+0.015	1—6,584	+0.001
Garden City—La Junta	148.5395	2	+0.003	1—49,513	—0.011
Pike's Peak—Cheyenne	161.9228	10	+0.015	1—10,795	+0.001
Imperial—Cheyenne	173.7471	22	+0.018	1—9,653	+0.004
Impersal—Garden City	181.3694	6	+0.001	1—181,370	—0.013
Imperial—La Junta	198.6062	10	+0.017	1—11,688	+0.003
Imperial—Pike's Peak	215.5635	11	+0.019	1—11,345	+0.005
Cheyenne—La Junta	227.2846	23	+0.006	1—37,881	—0.008
Pike's Peak—Garden City	237.4932	17	+0.021	1—11,309	+0.007
Cheyenne—Garden City	308.5278	10	+0.001	1—308,000	—0.018
		共 126	平均 +0.014		

1945年秋季，曾由美國空軍第311大隊第七基側中隊首次在 Denvev 附近試驗，得結果如上：

參考第四行之結果，可以判其觀測顯然有系統之誤差存在。今依其各邊之觀測數目爲其測之權 (Weight) 則得其權平均值爲0.014哩，此值可視之爲系統誤差之或是值。今更將此項系統誤差部份剔除，則得第六行之結果。精度可與二等三角測量相衡。經過此次試驗之後，更檢查雷達收放儀器更改其線路並校正其電流計，再經試驗，精度復有增加，最大之長度比例誤差，不致超過二萬分之一。

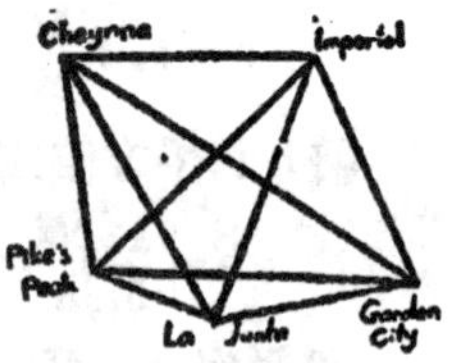

圖 二

美國空軍仍在繼續該項試驗，主要在利用雷達直接量測長距方法，連絡各分散之島嶼。目前試驗者，在美國 Florida 州，設法連絡該州與古巴島之三角點。將來應用此法，在計劃中者，將使太平洋小島自東經 180^0 向西連至新幾內亞，北波羅州，菲律賓，安南及台灣，福建、日本、朝鮮、渤海灣。並由日本向北至北海道與庫頁島相連。由千島羣島與蘇聯之西伯利亞相連；美國之 Alaska 與蘇聯之西伯利亞相連，美國東岸之三角與加拿大本巴相接，茲更可達及紐芬蘭及加拿大北部以至冰島而與歐洲之挪威及英國三角網相連。

(五) 研究

此文對雷達之用於大三角測量只作概括之介紹，當作者於1945年冬季在 Denvev 考察之時，此項研究報告尚屬軍事密件，抄錄摘要，殊欠詳盡。但由美軍試驗之結果，固可判斷，應用此法可以幫助我國解決大三角測量問題無疑。在未能引用此法於中國之前，吾人亦可由上述種種情形，研究下列諸問題：

(1)雷達大三角測量之平差 (Adjustment) 方法：

雷達大三角測量係直接測量長度，一反角度測量之慣例，是以所有根據角度測量之平差計算公式均不適用。應如何根據長度量測之誤差構成圖形平差之各項條件方程式，或間接觀測方程式，頗有研究之價值

吾人可以建議之方法，計有下列數種：

(i)應用圖形中面積相等之條件：今試以有對角線之四邊形爲例，則四邊形中任一三角形如 $\triangle abg$ 之面積爲

$$A abg = \frac{1}{4}\sqrt{(a+b+g)(-a+b+g)(a-b+g)(a+b-g)}$$

圖 三

四邊形之面積條件方程式爲

$$A abg + A cdg - A bcf - A afd = 0$$

由此可得邊長誤差方程式。

(ii)由角與邊之關係公式，如 $\triangle abg$ 應用餘弦定律，得

$$\cos\angle ab = \frac{a^2+b^2-f^2}{2ab}$$

可由而推演其角度與邊長微變關係公式。然後依通常方法，將三角形三頂角之微變相加，應爲其三角形之閉塞誤差，由而演得其條件方程式。

(iii)應用座標平差方法，係間接觀測平差法，首先推演其邊長微變與座標微變之關係以得其

誤差方程式。

(2)雷達三角之分佈

雷達三角測量之特徵爲邊長特長，在中國施測之時，應如何設計其圖形?應以鎖狀或網狀爲主? 應如何使其分佈適合於航空測量之用等等，均爲極有價值之研究問題。

(3)氣象網之分佈

由雷達觀測之改化公式，知空中雷達站之高程亦必須能測求至相當之精度。迄今空中高程之測量，仍不能擺脫氣壓計原理，故爲配合此項要求應如何建立氣象網亦須預爲籌劃。

有以上三項研究，即可在我國實施大三角測量，依此法進行，預期在二年之內，應可解決我國全部之大三角測量。惟精密水準測量尚不易有簡捷方法，恐將相當遲緩落後也。

複雜桁架之圖解法　王達時

圖一，二，三示三種靜定且穩定之桁架，其桿數與反力數之和適等於節點數之兩倍，依其組織之方法：圖一所示者為簡單桁架，以三桿 A—B, B—C 及 A—C 接合成為一三角形為起首，以後依字母之次序，每次增加二桿與一節點，分析此種桁架，常可應用節點數解法或節點圖解法，在求

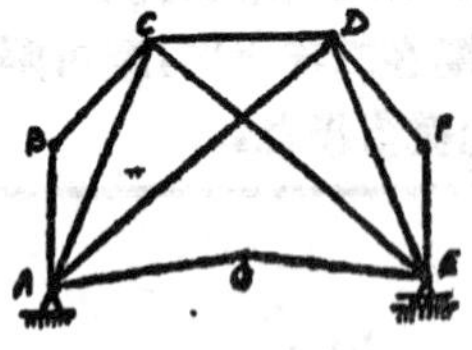

圖一

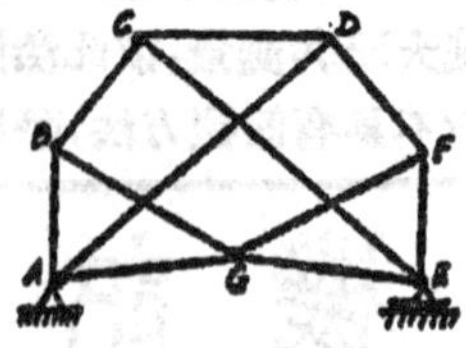

圖二

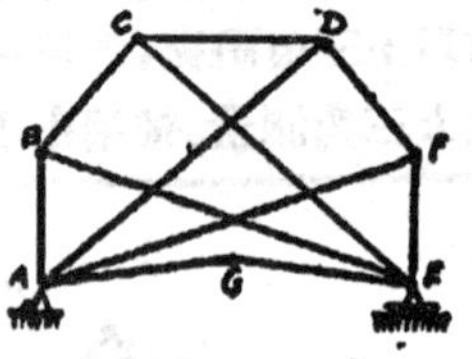

圖三

反力後，按穩應力系平衡之定理於節點 G, F, E, D, C, B, A 卽可直接得各桿之應力。圖二所示者為聯合桁架，由 A—B—C—D—F—E 包括兩個簡單桁架 B—C—E 及 A—D—F，藉三根不平行及不相交之桿 A—B, C—D 及 E—F 聯合而成，至 A—G 及 E—G 二桿，則係最後增加者。其解法除 A—G 及 E—G 之應力可從節點 G 之平衡得之外，其餘各節點均尚有三桿之應力未知，節點法不能直接得其結果，常可隔離每個簡單桁架，先解求三聯合桿之應力，然後再用節點法求各桿之應力。圖三所示之桁架，其組成與前二者完全不同，稱為複雜桁架，節點法及隔離法均無法直接求得其應力，通常用亨氏 (L. Henneberg) 之代替法，彌氏(Muller—Breslau) 之機動法或蒲氏(Poisson)之虛功法分析之，本文所述之圖解法，一若機動法之由虛功法蛻變而得。

用虛功法求桁架中任何一桿之應力先移去此桿，而以一對等量及反向之應力代替此桿之作用，是以得一不穩定之桁架，包括一次自由移動，然後應虛功原理，可得此桿之應力。應用此項原理分析任何桁架，必先求各力作用點之相對位移，此一純粹幾何學問題，常不甚簡便，下圖述法適於解求任何桁架之位移，此種桁架為包括一次自由移動者。

包括一次移動之桁架，其形狀常可由一種坐標確定之。例如圖四所示之桁架，穩定於一平面中，若移去桿 A—B，而代以力 S 作用於節點 A 及 B 以平衡之，乃得一包括一次自由移動之桁架，如圖五，其形狀完全由坐標 θ 確定之，求各節點之相對虛位移，先假定角，θ，有極小之變 $\delta\theta$ 而後用幾何學解之。若桿 AC 依順時針，相轉一小角 $\delta\theta$ 則節 C 移至 C'，C' 在一以 A 為圓心及 $\overline{AC'}$ 為半徑之圓弧上，角 CAC' 等於假定之角 $\delta\theta$ 節點 B 乃在水平線上向右移動至 B' 點，B' 在以 C' 為圓心及 $\overline{CBC'}$ 為半徑之圓弧上，同時亦在經過 B 點之水平線上。然分別以 B' 為圓心 $\overline{BD}$ 為半徑，及以 C' 為圓心，$\overline{CD}$ 為半徑，各畫圓弧，則兩圓弧之交點，必為節點 D 移動後之位置，於是得 $\overline{CC'}$, $\overline{BB'}$ 及 $\overline{DD'}$ 各為節點 C, B, 及 D 之位移。應用虛功方程式時，所需要者為直線虛位移，

設 $\overline{CC'}=\delta c$, $\overline{BB'}=\delta b$, $\overline{DD'}=\delta d$

極小角，$\delta\theta$，之圓弧，常可用垂直於各桿之直線代替之。如是則上述虛位移之解法，大為簡化。如圖六所示，節點 C 之移動必需垂直於桿AC，節點 B 必需在水平線上移動，此兩節點之移動，混合成桿 AB 或 δc 及 δd 對 O 點為轉心之轉動，O 點為經過節點，B 之垂直線及延長 AC 之交點（圖六），此點稱為瞬心 (Instantaneous center of rotation)。因 δc 及 δb 之相對值必與

OC 及 OB 之長度成正比例，或

$$\delta c = \overline{AC}\,\delta\theta$$
$$\delta b = \frac{\overline{OB}}{\overline{OC}}\delta c = \frac{\overline{OB}}{\overline{OC}}OA\delta\theta$$

節點 C 及 B 之位置確定後，節點 D 之新位置，不難得之。如圖五中之弧線，可用垂直線代之(圖六)則因 B 移至 B'，桿 BD 則將移至 B'D_b。B'D_b 平行於 BD 而兩者之長度相等，節點 D 之新位置，必在 B'D_b 上 D_b 點之垂直線 DbDb' 上；桿 CD 將移至 C'Dc，C'Dc 平行於 CD，而兩者之長度相等，節點 D 之新位置亦在 C'Dc 上 Dc 點之垂直線 DcDc' 上，故 DbDb' 及 DcDc' 兩線之交點必爲 D 點之新位置 D'，於是得 DD' 爲 D 點之位移。

圖六所示之移位圖，其中桁桿之用途，祇供給垂直線 CC'，DbDb'，DcDc' 等之方向，而藉以得各節點之位移者也。故竟可將桁架圖與位移圖分開繪成，則反爲便利與清楚也。如圖七所示移位圖，實際上與圖六相似，所不同者祇圖七中中桁桿之長度均等於零，卽原桁架之各節點，均集於 A' 點。C 節之位移爲 C—C' 或 A'—C'，B節之位移爲 B—B，或 A'—B'，D 節之位置爲 D—D' 或 A'--D'。

於圖七中，若以直線聯 B' 及 C' 兩點，則三角形 A'B'C' 及 OBC 中，兩邊各相垂直，而其長度互成比例，乃成爲二相似三角形，其第三邊 B'C' 必亦垂直於桿 BC. 根據上述幾何上之相似，從 C 點假定之位移 δc，求 B 點之位移時，毋須求瞬心 O 之位置。故圖上所示移位圖之繪成，祇先假定 A'C' 之長度，因 A'C' 必爲平線，自 C' 繪一直線垂直於 CB，與經過 A' 之平線交於 B' 點，D 點之位移 δb 於是決定。然後自 B' 繪一直線垂直於 BD，自 C' 繪一線垂直於 CD，兩者之交點卽爲 D'. 設立虛功方程式所需之相對位移，均可自此移位圖得之。設(Pi, Si)爲力 Pi 及其作用點位移 Si 間之角度，則虛功方程式爲：Pccos(Pc, Sc)Sc+Pdcos(Pd, Sd)Sd−Sbs=O 式中第一項，代表 Pc 在虛位移 SC 向之虛功若將 Pc 向順時針向轉 90 度，而作用於圖七之 C' 點，則上式之第一項，亦可釋爲 Pc 對 A" 之力矩，其他兩項則可分別釋爲力 Pd 及 S 對 A'，及一定向支座 S，受各力作用而達於平衡狀態，S 及各力於 A' 之力矩總和爲零。若用圖解力學之概念釋之，可設 S 及各力之合力作用線，必須經過 A' 如是則應用圖解力學中之三力矩定理或索線多邊形，可得應力 S 之値。圖七，八說明 S 之解法。

分析複雜桁架時，用此法解得一桿或數桿之應力 S 後，其他各桿之應力，可用節點圖解法(應力圖)得之。圖九所示複雜桁架中，桁桿 AD之應力 S，其解法說明於圖一〇及圖一一。

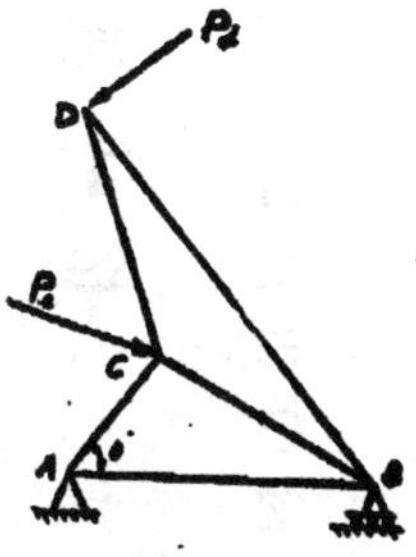

圖四

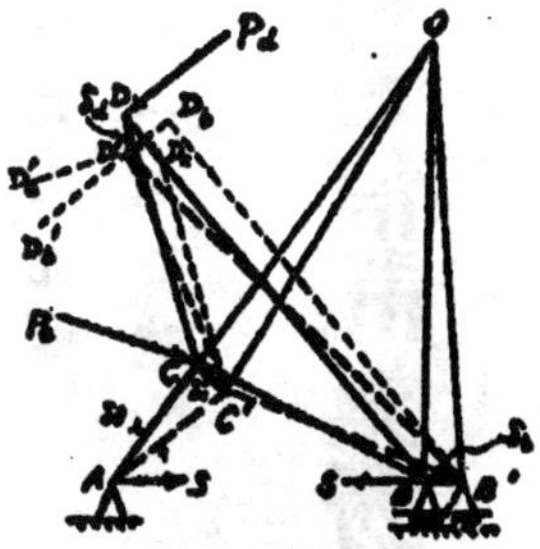

圖五

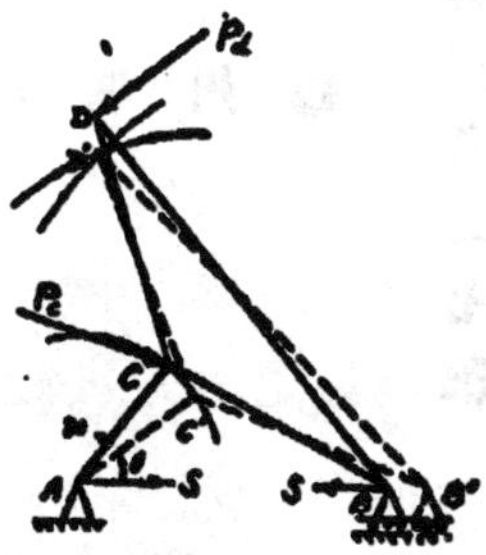

圖六

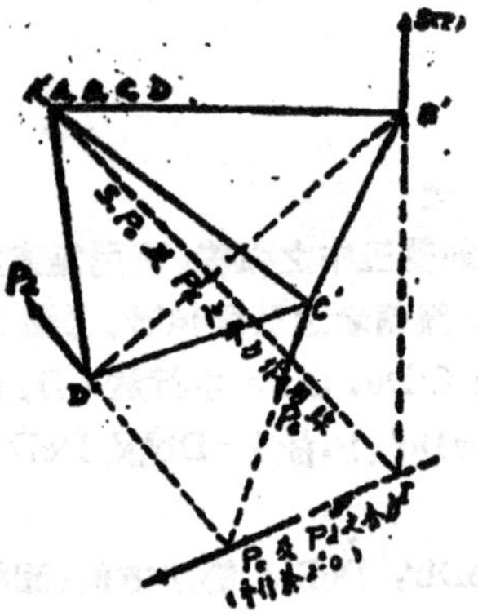

圖七

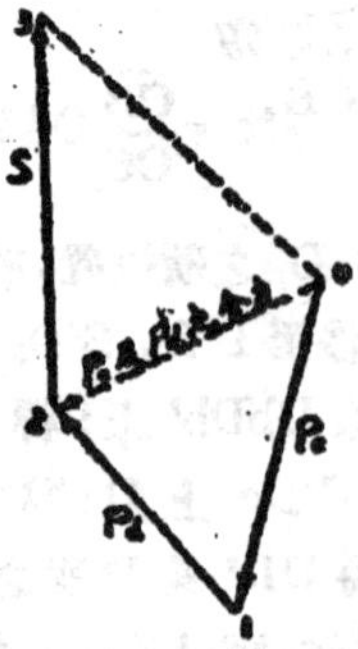

圖八

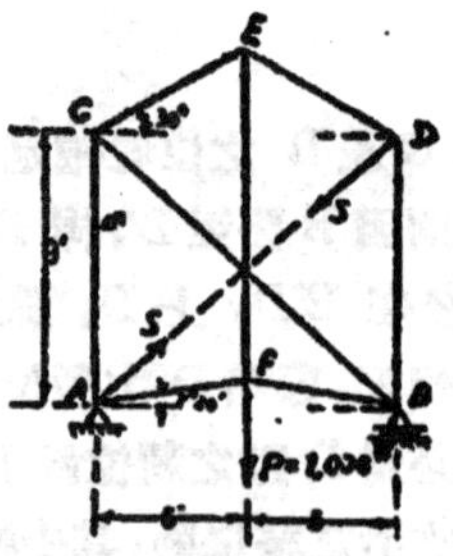

圖九

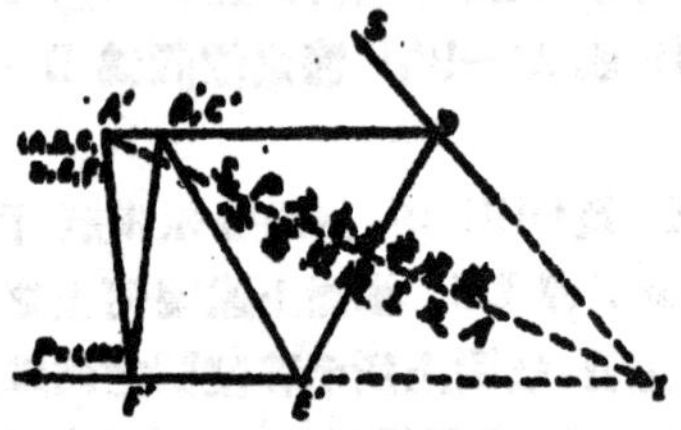

圖十

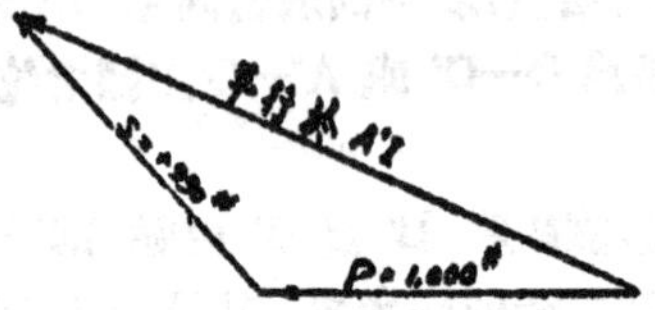

圖十一

24928

曲梁之切應力

俞調梅

提要

曲梁可分二種：其彎度半徑甚大者，則可逕用直梁公式以求其纖維應力；否則須用曲梁公式，如材料力學上通用之文白(Winkler—Bach)二氏公式是也。本文所論，屬於後者。

就作者見聞所及，曲梁之切應力公式尙未見諸任何材料力學書籍。茲以文白二氏公式爲據創一公式，並以彈性力學上之準確公式校之。此公式可應用於任何形狀截面之曲梁，不若彈性力學上之公式其應用僅限於矩形截面者也。普通之曲梁，設計時只須顧及最大纖維應力而不必用新公式計算最大切應力。但曲梁之截面爲工字形者，或雖非工字形而爲不均等者，則宜以新公式求其最大切應力。

(一) 引　　論

曲梁可分爲二類：若彎度半徑與梁深之比數甚大，則應力之分析可逕用直梁公式，若拱橋是也；反之，若此項比數甚小，則須用曲梁公式，如鈎與鍊是也。本文所論屬於後者。

曲梁之纖維應力(Fiber stress)彈性力學書中謂之切線應力 tangential stress)，計算方法散見於材料力學及彈性力學書中。曲梁之切應力，雖經彈性力學家研究，但其應用之範圍殊屬有限；而就作者所知，材料力學書中尙未有論及之者。故不揣鄙陋，以通行之文白二氏公式 (Winkler—Bach Formula)爲依據，爲曲梁創一普遍應用之切應力公式。

凡欲於工程學上創一新公式者，必須顧及二項問題：一爲新公式之精確程度，一爲其實用價值。

前者當於實驗室中求其解答，但爲目下情形所不許，故就可能範圍之內，以彈性力學上之準確公式校之，知訛舛甚微也。

後者殊不易解答。大約通用之圓形(或矩形)均等截面之鈎(或環或鍊)其設計受最大纖維應力之限制，而不受最大切應力之限制。若曲梁之截面爲工字形，或爲不均等之截面，則切應力自應顧及。

(二) 彈性力學之曲梁公式

彈性力學之曲梁公式可分爲下列三種。

圖一(a)示一矩形截面之曲梁，承受純粹彎矩(Pure bending)。

圖一(b)示一圓形截面之曲梁，承受純粹彎矩。

圖一(c)示一矩形截面之曲梁，承受彎矩，拉力(或壓力)，及切力。

其公式均載鐵氏彈性力學(5)*，茲從略。

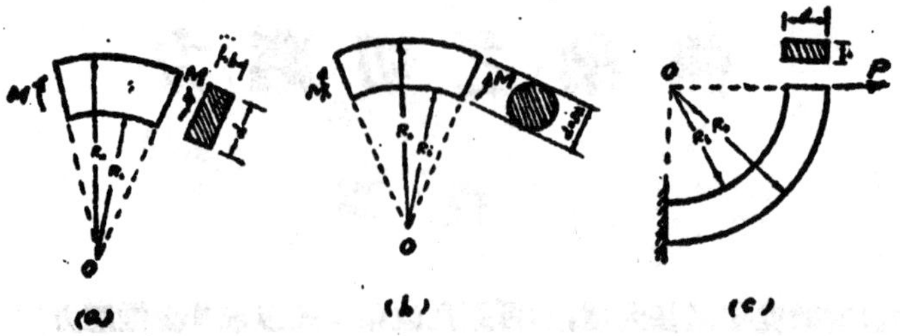

圖一　彈性力學之曲梁公式

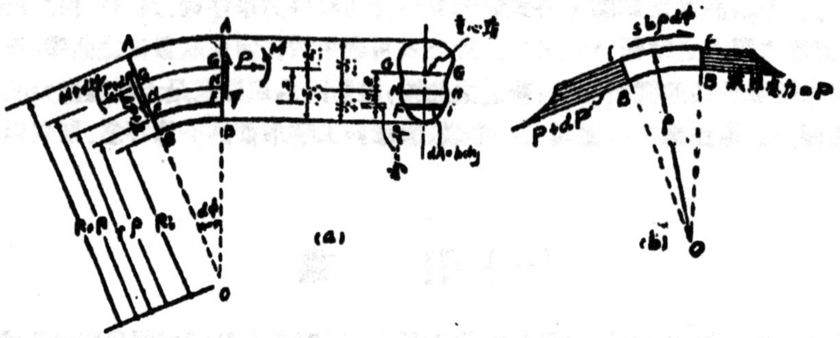

圖二　材料力學之曲梁公式

* 括弧中之數字，爲篇末參考文獻之數，後並同。

材料力學上通用之曲梁公式，爲文白二氏公式，專爲計算纖維應力之用。其應用於矩形截面之曲梁（如圖一之(a)及(c)），所得之最大纖維應力，較之彈性力學準確理論，相差甚微(3.4.5)。至於圓形截面之曲梁(如圖一(b)，作者曾加計算，茲列表如後。表中K之值爲 $m^3/4M$。

	R_o/R	1.3	2.0	3.0
最大纖維應力	直梁公式	k	k	k
	文白二氏公式	1.095k	1.372k	1.667k
	彈性力學公式 博氏比數 Poisson's Ratio=0.3	1.126k	1.45ck	1.750k

文白二氏公式之準確程度，於此可見一般。

材料力學書中尚有安皮二公式（Andrews.—Tearson Formula）亦爲計算曲梁之纖維應力(1, 2, 3)之公式然式旣繁冗，且亦不見精確，故近日已無復用之者

（三）曲梁之切應力公式

圖二(a)示曲梁一段，承受彎矩，切力，及拉力(或壓力)。其中

GG 爲重心軸，

NN 為中性軸;若曲梁祇承受純粹彎矩,則 NN 上之纖維應力為零。

FF 為任何纖維,其寬度為 b。

AA, BB, GG, NN, FF, 之彎度半徑各為 R_o, R_i, R, r, ρ,

若以 NN 為坐標中心,則得 $y_o = r - R_o$, $y_i = r - R_i$, $y = r - \rho$。

若以 GG 為坐標中心,則得 $Z_o = R - R_o$, $Z_i = R - R_i$, $Z = R - \rho$。

NN 及 GG 間之距為 e。

曲梁之截面面積為 A, 其微面積為 dA=bdy。

則曲梁之纖維應力為 $$P = \frac{M(r-\rho)}{Ae\rho} + \frac{P}{A} \qquad (1)$$

其中 $$e = R - r = R - \frac{A}{\int \frac{dA}{A\rho}} \qquad (2)$$

此卽文白二氏公式也(2, 3, 4)。

• • • •

設曲梁所承受之彎矩為 M, 拉力為 P, 切力為 V, 如圖二(a)所示, 則可從靜力學上平衡之條件求得下列方程式。

$$P + dP = P\cos d\phi + V \sin d\phi$$

$$V + dV = V\cos d\phi - P\sin d\phi$$

$$M + dM = M + VR \sin d\phi - PR(1-\cos d\phi)。$$

由此可得

$$\left.\begin{aligned} \frac{dP}{d\phi} &= V \\ \frac{dV}{d\phi} &= -P \\ \frac{dM}{d\phi} &= VR \end{aligned}\right\} \qquad (3)$$

• • • •

試以圖二(a)中之 BB FF 為自由體,如圖二(b)所示,而○點為矩心,則 FF 纖維之切應力 S 如下式所示:

$$S\, b\, \rho^2\, d\phi = \int_{R_i}^{\rho} (P+dp)\, b\, \rho\, d\rho - \int_{R_i}^{\rho} P\, b\, \rho\, d\rho$$

$$= \int_{R_i}^{\rho} (dp)\, b\, \rho\, d\rho \qquad (4)$$

以公式(3)代入(1)則得

$$\frac{dP}{d\phi} = \frac{VR(r-\rho)}{Ae\rho} + \frac{V}{A}$$

$$= \frac{V}{A}\left[\frac{Rr}{e\rho} - \frac{R}{e} + 1\right]$$

$$= \frac{V}{A}\left[\frac{Rr}{e\rho} - \frac{r}{e}\right]$$

$$= \frac{Vr}{Ae\rho}(-\rho)$$

$$=\frac{Vrz}{Ae\rho}$$

代入(4)則得

$$S=\frac{V}{Ae}\times\frac{r}{b\rho^2}\int_z^{zi}bz\,dz, \quad \text{..........(5)}$$

即

$$S=\frac{V}{Ae}\times\frac{r}{b\rho^2}A'\bar{z} \quad \text{..........(5')}$$

式中 A' 爲 BBFF 之截面面積，$\bar{z}$ 爲 A' 之重心點至 GG 之距。

* * * *

若曲梁之彎度半徑爲無窮大，則 R=∞, e=o, 則公式(5) 或 (5')所示之切應力當與直梁公式相合：

$$S=\frac{V}{bI}\int_z^{zi}bzdz=\frac{V}{bI}A'\bar{z} \quad \text{..........(6)}$$

此可證明之如後。

$$\frac{1}{\rho^2}=\frac{1}{(R-z)^2}=\frac{1}{R^2}\frac{1}{\left(1-\frac{z}{R}\right)^2}=\frac{1}{R^2}\left[1+\left(\frac{2z}{R}\right)+\cdots\cdots\right]\doteq\frac{1}{R^2},$$

$$r=R-e\doteq R$$

故得

$$S\doteq\frac{V}{A}\frac{1}{eRb}A'\bar{z}$$

但

$$Re=R(R-r)$$

$$=R^2-\frac{RA}{\int_{Ri}^{R_o}\frac{bd\rho}{\rho}}$$

$$=R^2\left[1-\frac{A}{\int_{z_o}^{zi}\frac{bdz}{1-\frac{z}{R}}}\right]$$

$$=R^2\left[1-\frac{A}{\int_{z_o}^{zi}bdz\left(1+\frac{z}{R}+\frac{Z^2}{R^2}+\cdots\right)}\right]$$

$$=R^2\left[1-\frac{A}{A+O+\frac{1}{R^2}\int_A bz^2dz+\cdots\cdots}\right]$$

$$\doteq\frac{1}{A}$$

若以上列各式代入(5)或(5')，即得直梁之切應力公式(6)矣。

* * * *

關於公式(5)或(5')有三點宜加注意者。

曲梁之切應力不特因 M 之改變而發生且受 P 之影響。若將後者略去，即不能得合理之公式 此其一。

公式(5)或(5')之應用，具有普遍性。若曲梁之截面不適宜於積分，則文白二氏公式中之 r 及 e，以及公式(5')中之 A'$\bar{z}$ 均可以圖解法得之。此其二。

曲梁中切應力最大之點不在重心軸，亦不在中性軸，通常在中性軸以內，(即 $\rho<r$)，然亦須視截面情形而定，未可一概論也。此點之所在，有時可以數學方法決之，(如矩形截面)有時以計算點之切應力而作一曲線為便(如圓形截面)。此其三，

(四) 曲梁切應力計算舉例

例一：矩形截面。梁寬 b 為常數，如圖一(c)所示。公式(5)可寫作：

$$S=\frac{Vr}{Ae(R-z)^2}\cdot\frac{Zi^2-Z^2}{2}$$

令 $\frac{ds}{Az}=0$，則得

$$Z=\frac{Zi^2}{R}-\frac{d^2}{4R} \quad\cdots\cdots\cdots\cdots(7)$$

用公式(5)及(7)所求得矩形截面曲梁之最大切應力，及最大切應力之地位，列表如下，並以彈性力學之準確公式(5)比較之，可知其準確程度甚高也。

$\frac{R_o}{Ri}$	彈性力學		公式(5)及(7)	
	$S\frac{bd}{P}$	$\frac{z}{d}$	$S\frac{db}{P}$	$\frac{z}{d}$
1.0	1.500	0.000	1.500	0.000
1.3	1.506	0.065	1 508	0.065
2.0	1.566	0.169	1.565	0.167
3.0	1.674	0.256	1.689	0.257

例二：圓形截面。茲以圖三表之。

莫氏嘗以直梁之切應力公式估計曲梁之切應力，見所著材料力學，(3)第405—406頁；並證明圓形截面之環，其許可拉力，不受最大切應力之限制。據圖三所示，並參閱莫氏書中所論，可知莫氏所估計之切應力，雖失之過小；然其許可拉力，仍當以最大纖維應力為準，因最大纖維應力，常高出最大切應力遠甚也。此外若練，若鈎，莫不仿此。

但曲梁之截面不為均等者如圖四所示之鈎，則最大切應力自宜以公式(5)估計之。

圖四 鈎

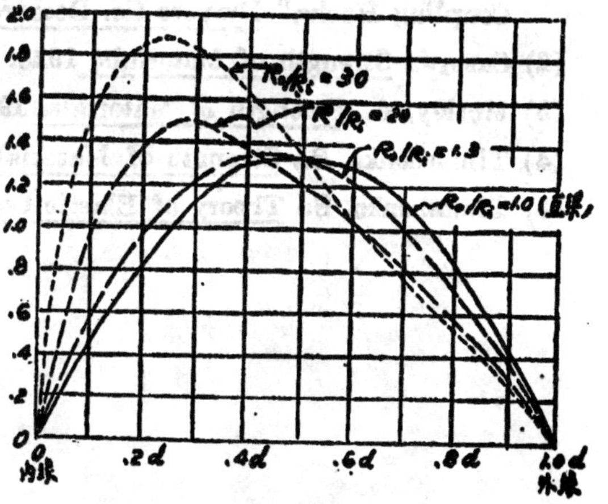

圖三 圓形截面曲梁之切應力

例三：工字形截面。設有工字形截面之曲梁如圖五。其中性軸之彎度半徑為

$$r=\frac{b_1f_1+b_2f_2+b_3f_3}{b_1\log_e\frac{c}{a}+b_2\log_e\frac{d}{c}+b_3\log_e\frac{e}{d}},$$

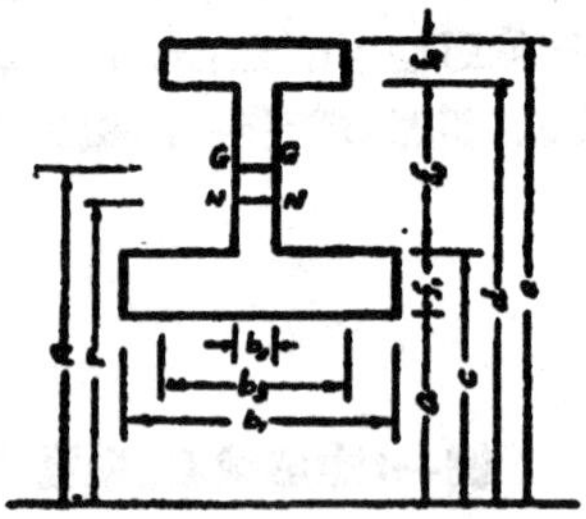

圖 五

如 f_1 及 f_3 不大，則

$$r=\frac{b_1f_1+b_2f_2+b_3f_3}{\frac{b_1f_1}{a'_1}+b_2\log_e\frac{d}{c}+\frac{b_3f_3}{d'}}$$

式中

$$a'=a+\tfrac{1}{2}f_1,$$

$$d'=d+\tfrac{1}{2}f_3。$$

茲假定截面如圖六，則 $r=22.187''$，$e=1.813''$。最大切應力在腰板之內緣；由公式(5′)得

$$S=\frac{V}{Ae}\frac{r}{b(R-z)^2}$$

$$=\frac{V}{76\times1.18_2}=\frac{22.187}{1.18_2}=.1097V$$

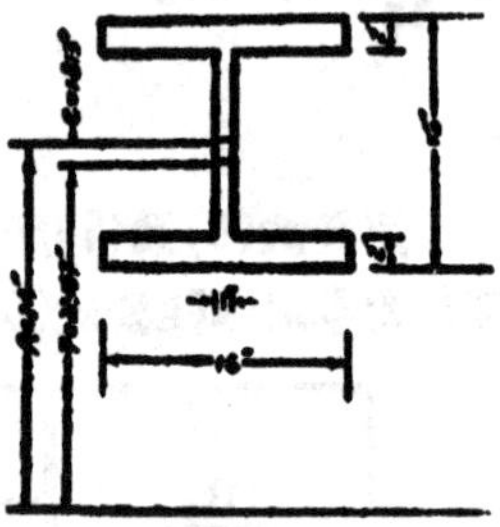

圖 六

如用直梁公式，

$$S=\frac{V}{bI}A'\bar{z}=0.0753V$$

如用簡約公式

$$S=\frac{V}{1\times16}=.0625V$$

可見工字形截面之曲梁，其切應力宜用新公式計算之也。

參考文獻

(1) Andrews and Pearson, "On a Theory of the Stresses in Crane and Coupling Hooks," Drapers Co. Research Mem., Tech. Series, No 1, London 1904

(2) Case, J., Strength of Materials, 1925.

(3) Morley, A., Strength of Materials, 1932.

(4) Timoshenko, S., Strength of Materials Vol. II, 1930.

(5) Timoshenko, S., Theory of Elasticity, 1934.

同發房地產股份有限公司

營業組織

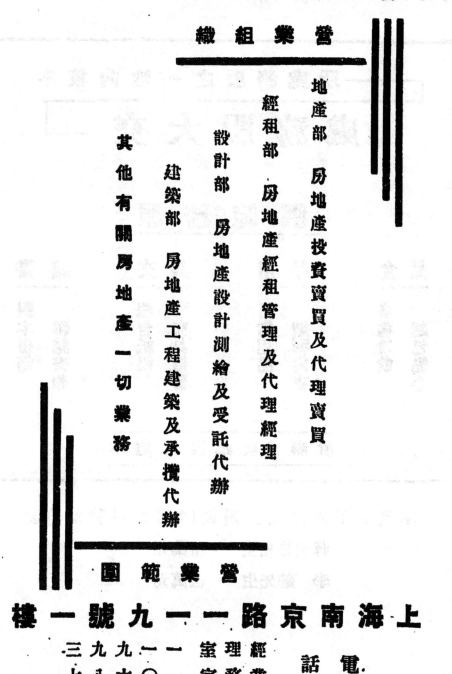

地產部　房地產投資賣買及代理賣買

經租部　房地產經租管理及代理經理

設計部　房地產設計測繪及受託代辦

建築部　房地產工程建築及承攬代辦

其他有關房地產一切業務

營業範圍

上海南京路一一九號一樓

電話　經理室　一一九九三
　　　業務室　一〇六八七

本刊承下列諸先生捐助印刷費用特此鳴謝

薛次華先生　伍萬元

李　鑑先生　伍萬元

土木事業在台灣　周文德

(一) 引　言

台灣重光以後，作者曾遊其地，從事於台省土木工程建設事業，爲時半載有餘，並乘環遊全島之機會，得目睹其已成土木事業之概況，深知其建設水準甚高，實堪爲我人所效法者也。日前曾選"重歸我國懷抱的台灣"一文刊於"科學畫報"十二卷七期，略陳台省建設之梗概，今復承本刊主編者之囑，介紹台省土木事業以供同學之參攷，惜限于篇幅，囿於時間，僅能略舉其犖犖大者，以饗讀者。

(二) 台灣土木事業之概況

台島孤懸我國東南，形似鯉魚，北回歸線橫過中央，使其氣候適於農耕，中央山脈縱走南北，使得豐富之礦藏及水力資源，此實開拓台島時之天賦條件也。最初，荷蘭人卜居其地，築紅毛城，開安平港，乃植土木事業之基礎。迨至鄭成功氏率軍民渡台，興學校，設郡縣，開疆闢土，導水灌地，土木事業之規模初具，其後劉銘傳督治台灣時，興築基隆至台北之鐵道，即開台省鐵道事業之先河；鳳山縣知縣曹瑾氏初創碑圳，即爲台省水利事業之濫觴。嗣後日人時代，利用近代工程技術，從事建設，於是築鐵路，開道路，治河川，建都市，土木事業蒸蒸日上矣。

台島現代土木事業之演進，可分五個時期說明之：

第一時期爲自 1895 年至 1912 年。在此時期中，最先開發之木土事業爲港灣，其次爲鐵道，再次爲給水及污水之衛生土木事業。基隆至台北之鐵道，即于 1899 年開築，1908 年竣工 。台北市之給水工程計劃，完成于 1904 年，遠較日本國內爲早，係由日本東京帝國大學教授兼內務省技師 Dr. Burton 氏所督造。

台南市之給水工程，於 1912 年興工，1922 年竣工，爲著名之迅濾淨水工程(Rapid filtration system)。

第二時期乃自 1913 年至 1926 年，該時期中之主要土木事業有河川之防洪及農地之灌溉。舉世聞名之嘉南大圳，灌溉面積達 870,000 畝，卽爲此時期中興建之最大灌溉工程也。

第三時期乃自 1927 年至 1936 年，此時期中之土木事業，主要者爲水力發電及道路興建。供給全省電力之明潭發電所卽於 1931 年開始興建。環島公路之計劃亦於斯時確立。

第四時期乃自 1936 年至 1945 年，此時期爲戰爭時期，除有關軍事之空軍基地建設，戰時生產建設及防禦工程以外，其餘土木事業大部份均在停頓之中。

第五時期乃自1945年至現在，可謂復興時期，各項土木事業之受災害者，均在復舊重建之中。

(三) 水利事業

(甲) 埤圳

埤者低垣也，圳者水溝也，埤圳者卽相當於現代設提與開渠之水利工程也。埤圳係清代道光年間高雄、鳳山縣知縣曹瑾氏所首創。1878 年以前 此種埤圳，大都屬於民營事業，即由地方富豪，獨資經營，或由農民間協助完成之，其最大目的，在乎開鑿水路，灌溉脊土，以利農作物之栽培，加以台灣之氣候及風土均甚優厚，可使荒地化爲良田，使五穀一熟而再熟，並改良品種以達到增加產額之利。1878 年以後埤圳之成效頗著，遂得官方之注意，於是在官方積極領導及獎助之下，擴充規模，訂定規律，並使埤圳除能供給農田灌溉及排水之外，更利用以取溪流之水頭，建設水力發電工程。

台灣之埤圳事業在日人時代，可分三種，即所謂公共埤圳，官設埤圳，及私營埤圳是也。公共埤圳者爲有關公共利害關係之民營埤圳，包括田地灌溉所設之堤堰水溝及附屬設施，但一經認定後，在管理上須受官方之保護與監督。此種埤圳在 1922 年時約達 115 處，灌溉面積 227,292 甲。(每甲約等於 1000 平方公尺) 至 1937 年，灌溉面積減至 139,570 甲，因其一部分絡續加入水利組合故也。官設埤圳者除由官方對於灌溉事業實行保護及監督之外，並由政府獨占經營。台灣現有官設埤圳之概況，可如下表所示：

埤 圳	興 工	竣 工	工 費	灌溉圳水甲數或發電馬力數
斯仔埤圳	1910	1911	42,628.34	3,922 甲
獅子埤圳	1908	1911	748,905.51	4,332 甲
后里圳	1909	1913	995,962.81	3,246 甲
曹公圳	1911	1913	703,265.18	——
桃園埤圳	1916	1925	7,744,221.00	22,000 甲
獅子頭水電工程	1908	1913	981,465.93	2,000 馬力
大甲水電工程	1910	1912	379,512.54	1,200 馬力
二層行溪水電工程	1912	1918	3,204,920.56	4,000 馬力
嘉南大圳	1920	1930	65,540,000.00	150,000 馬力

其餘規模較小，屬於私人經營之埤圳，謂之私營埤圳。此種私營埤圳在 1907 年時，有 11,677 處，1912 年時有 12,347 處，以後逐年減少，至 1936 年時僅有 7,294 處。1921 年 12 月曾公布台灣水利組合法令，即將各埤圳逐一歸由水利公會或合作社性質之團體謂之水利組合者所經營，於是埤圳之管理始趨統一。至於全台灣之埤圳在 1936 年度統計 7,402 處，灌溉排水面積達 500,673 甲。

（乙） 嘉南大圳

嘉南大圳者爲台灣最大之水利事業，即以全世界而論，其規模之大，除印度之恆河以外，罕有能與比擬者。嘉南大圳之工程，乃經烏山嶺開鑿隧道，導引曾文溪上游之水入台南縣曾文區之官佃溪，並在該處築一高 56 公尺，長 1270 公尺之大土壩，擋蓄河雨水，構成一烏山頭貯水池，名珊瑚潭，由此貯水池及直接引自濁水溪流之水以行灌溉，並設排水設備，使舊嘉義台南二廳所屬向患旱水二災之田地十五萬甲，化爲適於農事之良田美地。給水之方法以三年輪作之方式，供給水稻，甘蔗及雜作之灌溉。嘉南大圳完成後，其直接之效果爲增收米 460,000 石，甘蔗240,000,000 斤，雜作 1,100,000 元，土地價格增加 95,000,000 元。

(四) 水力事業

(甲) 白　　煤

台灣之雨量極豐，爲世界上其他各地所罕見，又島內中央山脈，縱走南北，高峯峻嶺，隨處可見，卽可積聚水量，復能獲得落差，故台灣之有價廉之白煤——水力電，實由於天賦。據最近之統計，全島約蘊藏三百三十餘萬仟瓦特之水力，西部較東部爲多，約佔總量之 67.5%。

日人時代，全島之電力事業悉爲台灣電力株式會社所經營，各地除水力發電外，並配以火力發電之設備，以防水源枯竭時，補充水力電之不足。全島總計水力發電廠二十六所，發電量 267,150,000 瓦特，火力發電廠八所，發電量 54,220,000 瓦特。島內南北向裝設之送電線路，計 150,000 伏特之幹線，總長 368.4 公里；66,000 伏特者，總長 161.5 公里；33,000 伏特者，長 960公里，其他低壓電線，不計其數，分佈於各地構成一完美之送電網。

台灣水力發電之現況

○空襲時受損者　△風災水災受損害者　×電氣故障

系統	發電所名	電力設備 k.w	1945 年 9 月電力 k.w. 平均	可能
日月潭水系	○日月潭第一	160,000	—	18,000
	○明月潭第二	43,500	—	—
	萬大	15,200	1,600	6,000
	小計	157,700	1,600	24,000
北中部系	△田山	16,300	530	—
	△天送埤	8,600	2,100	—
	新龜山	13,000	6,300	13,000
	×小粗坑	4,400	28,00	3,500
	×后里	950	380	450
	△社寮角	900	—	—
	△北山坑	1,800	1,750	500
	×軟橋	200	—	—
	南莊	10	5	10
	小計	46,160	13,860	17,460
南部系	濁水	1,500	930	600
	竹子門	1,950	760	1,400
	土壠灣	3,100	1,400	2,400
	小計	6,550	3,090	4,400
合計		211,410	18,555	45,860

花蓮港地區	清水第一	7,000	—	5,000
	清水第二	5,000	—	—
	立霧第一	15,000	—	—
	銅門	24,000	—	—
	初音	1,770	—	—
	○溪口	1,800	—	—
	△薩巴托第一	200	—	—
	△薩巴托第二	400	—	—
	小計	55,270	—	5,000
單獨系	關山	35	—	35
	△大南	250	—	—
	大巴六九	200	—	150
	小計	485	—	185
合計		55,755	—	5,185

(乙) 日月潭水力發電廠

日月潭為台灣第一大湖，位於拔海 730 公尺之處，風景優美，為游覽著名勝地。潭側建築攔水壩，使水位提高至十八公尺，溪水匯入，成一巨大之蓄水池，再開鑿隧道，引水下流，可得一千數百公尺之落差。以發生電力。日月潭水力發電工程，開始於 1919 年，後因受金融機動之影響，曾一度停頓。嗣後第一發電廠於 1931 年開始建築，1934 年完成。第二發電廠於 1935 年開始興建，1937 年完成，於是日月潭之水電，遂成台灣主要之電源矣。

(五) 交通事業

(甲) 環島公路

台島之公路事業，因受其他各項重要工程之影響，致經費不敷，故其發展較為遲緩；時至最近，雖有環島公路之計劃，迄未完成。目前已成者有數段路面之建築，標準稍低，且受風災，水災及戰時空襲之破壞，至今尚難維持其交通，又有橋樑多處亦未架立，今台灣光復後，當局有鑒於公路運輸交通之重要！已着手進行環島公路計劃之完成焉。

環島公路之西部幹線，除濁水溪大橋尚未完成外，其餘已能通車東部幹線為蘇花線，花蓮、台東線及台東大武線，所連而成，其中花蓮、台東線中尚有大橋十餘座，尚未築成，又北部新店、礁溪線及南部楓港、大武線均於最近修築完成，可以通車。全省公路之敷設混凝土或土瀝青之高級路面者僅占西部幹線之一部分，茲表示之如次。

縣名	起迄	長度(公里)	寬度(公尺)	路面種類	路面厚度(公分)
臺北	基隆至臺北	29,000	14{6	高速車道，混凝土路面	18
			2@2	低速車道土瀝青路面	5
			2@2	側走道，土瀝青碎石路面	3
	臺北至新竹	8,270	6	混凝土路面 (一部分尚未完成)	15

臺	臺中至烏日	6,900	6	土瀝青碎石路面	4or5
	屏東至高雄	21,300	6	土瀝青片	2
				混凝土路基	12
	高雄至橋仔頭	14,031	6	混凝土	15
	橋仔頭至岡山	4,025	6	土瀝青混凝土	7
中	岡山至臺南縣界	15,774	6	混凝土	15

台灣公路工程中之最偉大者當推蘇花公路，該路自蘇澳至花蓮港全長百餘公里，其中自塔基里花蓮港一段，長 60 公里，係在石灰岩之臨海懸壁上開鑿而成，尤為險峻。全部工程歷時八載始成，死傷四百餘工人，堪稱工程中之奇蹟。

(乙) 鐵 道

台灣已成鐵道之密度遠較我國本土為大，但以輕便方式者居多，通常分官營及私營兩種。官營鐵道專為客貨交通運輸之用，其概況如下表所示：

名 稱	起 迄	公里數
縱貫線	基隆——高雄	405.9
宜蘭線	基隆——蘇澳	98.8
平溪線	三貂嶺——青桐坑	12.9
淡水線	臺北——淡水	22.4
臺中線	竹南——玉田	91.2
集集線	二水——外車埕	79.7
潮州線	高雄——坊寮	71.2
臺東線	{里 瀧——臺東 花蓮港——玉里}	17.9
阿里山	嘉義——新高口	82.6
太平山鐵道	羅東——土場	37.4
八仙台鐵道	土牛——佳保臺	39.0
合計		1,116.9

縱貫線為南北交通之主要幹線，大部分已鋪設雙軌，軌寬三呎半。台東線運輸較稀，軌寬僅二呎半。其餘私營鐵路，大都為製糖公司運輸原料而經營，並以運輸旅客及一般貨物為其副業，故屬軌寬二呎之輕便鐵道。據 1945 年 9 月間之統計，全省已成鐵道，除因戰事而損害者約佔五分之二外 所餘營業線為 6,739 公里，專用線為 2351.5 公里，總計約 9000 公里。

阿里山線鐵道，由嘉義直達阿里山，更入新高山口。該線自嘉義起至 29 公里處之獨立山，軌道即呈螺旋形，向前盤升，一躍而登二百餘公尺之山顛，同時且須經過山洞四十餘座，穿山越林，風景佳絕，構成台灣鐵道建築之奇觀，堪與瑞士 Simplon 螺旋隧道鐵道相互媲美。

(六) 築港事業

台灣係一大島嶼，故港灣甚多，其中規模稍大，設備較全者當推基隆，高雄及花蓮三港，茲列表示其大概：

	基隆	高雄	花蓮
同時繫船能力(隻)	25	34	3
每年標準起重能力(萬噸)	284	292	45
繫船岸壁(公尺)	2,756	2,387	410
棧橋(公尺)	97	153	——
繫船浮標(個)	9	13	——
起卸場(公尺)	4,844	3,810	660
倉庫(平方公尺)	81,755	40,867	4,320
起重機(座)	14	9	——
船渠(所)	3	1	——
運河(公尺)	2,848	4,866	500
船溜(平方公尺)	287,651	328,925	——
臨港鐵道(公尺)	4,213	29,022	4,000
防波堤(公尺)	1,018	938	1,530

(七) 交大同學在台灣從事於土木事業之動態一瞥

交大同學在台灣服務者極多，其中從事於技術工作者尤多。在土木事業方面，除各分散工作於縣市之建設機關以外，當以公共工程局，工程公司及基隆港務局為交大同學之大本營。公共工程局局長費驊，主任秘書顧儉德，副總工程師張金鎔，水道組組長劉永懋，水利組組長薛履坦，材料組組長張源棍，會計組組長高振華，各地工程處主任侯海昌，唐民、方亞偉李清華、張韶初；工程公司總經理吳文熹，主任工程師陳鍬鋒；基隆港務局局長徐人壽，副局長章紹周等諸氏均係交大前輩，又台灣電力公司土木課課長裘燮鈞更為民國六年畢業之老前輩。

公共工程局係昔日台灣總督府時代之土木課及道路課，兩者併合而成者也。其主要工作有全省土木事業之計劃，縣市建設之督導，風水空襲災害之復舊，已成工程之保養，未完成工程之繼續興建等等，目前已成之工程有大甲溪、頭前溪、濁水溪、下淡水溪等之堤防工事，楓港、台東道之修復，新店碧潭線公路之完工，卑南大圳之修復，知本溪鋼筋混凝土連續拱橋之築成，公路標誌之設立，大基隆市之規劃等重要工作。最近即擬進行之工程有新莊、桃園公路混凝土路面之敷設，濁水溪大橋之架設等。該局自成立以來，未及一載，而成績卓著，實有賴乎諸同學本於交大之苦幹精神，協力工作之結果也。

公程公司係併合昔日日人在台所辦之諸大營造商而成之官辦營造公司也。其規模宏大，器材豐厚，堪稱我國唯一之大營造公司。該公司自正式成立以來，未經匝月，因主持者之努力，已興建工程多處，如基隆港船塢，肥料廠廠屋，基隆、台北市街道之修復；最近開將承受新莊、桃園混凝土路面工程，蘇花路吊橋重建工程，大甲溪水力隧道工程等。故該公司之營經，日有進展，將來擴充於國之內外，可操左劵。

總之，臺灣之土木事業已具有相當規模之基礎，但昔日從事於此項工作之日籍技術人員，絡續離臺歸國，而今後臺省之土木建設正方興未艾，故同學中之有志於土木事業者，宜速往焉！

復員回憶錄

李震熹

民國三十四年的暑假盡頭，正是我們土木系二年級同學在沙坪壩中央水利研究所作水力實驗的時候，想不到在這短短的二個星期實習的期間，意會突然的結束了這拖延了長長八年鐵，淚和血的賭博。我們的勝利卻是建築在一顆瘋狂，殘暴，吸血的炸彈上，這或許是應用中國古老的以毒攻毒底原理吧！快樂，熱淚，遊行，火炬，勝利曲的廣播，軍委會的命令充滿了八月十日的一宵。普天同慶，最後勝利必竟是我們的！"還鄉"這兩個多麼甜密多麼迷人的字，是勝利後大後方流離異鄉的人們的惟一追求目標。這實在是急迫需要的；在這動盪的大時代告一段落後，誰不願意趕先回到故鄉，看看他的出生地方，經過了戰爭的摧殘，究竟剩餘多少？會會他的生身父母，親戚朋友，說說這八年來在死亡線上奮鬪的掙扎，尤其是我們離開家鄉遠走的學生，跟着政府的內遷，一向靠着政府微薄的接濟，渡着窮學生的生活。在他們或她們極需加以教養滋潤的青春幼苗時期，不幸受到這偉大神聖時代的磨練和摧折，幼小的生理和心理所受到的教訓，是以前成年人所未遭遇過的煎熬。終日所見到的是殺人放火，是怎樣去運用武器，用最有效的方法，去製造地獄冤鬼！然而這一切為了是什麼？就是為了要抵抗敵人的侵略國土，就是為了要保衛家園。試問勝利既然得到，倭寇既然打走，那麼宇宙中還有什麼力量，能够阻止還鄉的實踐。神聖抗戰的目的，就是要使百姓能够歸於故土。故鄉的一撮泥土是我們生長的泉源，也是我們百年後的骸骨溫暖之地，眞是人同此心，心同此理。有什麼理由可以阻止這般赤子歸鄉的念頭！因而在全體同學的督促努力和教授校長的幫助，終於是分批陸續的搬遷離重慶，在上海復校。起先是四年級同學和造船系同學，得到交通部的協助，輪船公司的幫忙，先後搭船東下。接着我們三年級同學的搭法庫兵艦回申。以後因為長江水位低落，皆由西北走公路，上鐵道回滬。這樣的經過半年，剛始全部安抵上海。我是當時三年級（民卅六級）的一員，又是遷校服務團中負責出納經濟的一員，而時光易逝，日曆又一頁頁的翻到了去年抵申之日。乃自渝始至徐家匯止，爰述交涉經過，途中見聞，以誌不忘云耳。

組服務團 井井有條

暑假是過去了，一天晚上吳校長以慶祝勝利的姿態，向同學隨便談談，歸納起來有三條路可以給我們到久別的老校址。第一條路最快的，但決非借大學校遷家所能行得通的，是空運，不到五點鐘可達。第二條是水路，只要能包得大船一條，一千多學生一起裝上，順流東下，快一點一星期亦可抵申，第三條是陸路，從重慶經成都，寶雞走公路，再搭火車，大約三星期也能到滬。差不多在長江水位沒有低落以前，有三批同學皆由水路而歸，我們民卅六級是倖僥的最後一批，究覺坐船不像搭公路車的費勁和麻煩。

四年級和造船系是陸續離開重慶，他們到達漢口的電報亦已經收到，而報紙上發表的各大學復員計劃，卻把交通大學放在很後；似乎教育部知道對於交通，遷家，交大是有辦法的，不必教部再予考慮。於是三年級是不能再靜候學校交涉的消息了，遷校服務團由自治會胡鼎煒會長主持下成立。由各級級長為幹事，分別進行工作。胡同學主持交通工具的接洽，樓潔彬張禮鎖擔任聯絡，每晚召開幹事會檢討當日收穫。並組織住宿組，行李組，膳食組，總務組，管理組，各組由祝慕高，劉繼明、汪緒祖、顧堯臣、曾坦，分別担任。會計由鄭季華同學主持，出納由我負責。各依各組需要人數，請其他同學幫忙協助。每人預先交費用二萬元，以備一有船隻就可動身，以免臨事慌張。可是卻苦壞了做出納的我，差不多一千萬元的鉅款，不知放在何處好；存在學校中，恐突然需要，支取不便，假使放在小皮箱中，恐人多複雜，難免眼紅。竟然異想天開，把當日未及包紮的鈔票用被窩做保險庫，幸得同室同學謹慎放置祕密，得以安全無事，回想當初局促情形，可笑之極。而各同學到上海去的熱誠，辦事非常有秩序，有效力有組織，這是從後來的行動中很明顯的表現出來的。

交涉經過·越關斬將

由於空運搭飛機是夢想，趁工路車是路遙山高，一時亦無法有許多卡車，最後決議趁尚未至十二月長江枯水時期。積極想法走水路，又省時又省力。當時因為各政府機關亦在復員中，可用的船隻皆被復員委員會所徵調。祝百英教授介紹的三北公司四貨輪鴻亨，鴻列，鴻元，鴻貞即為其例之一。三與，據與租金須二千萬元，大學校中苦教授窮學生那裏出得起。後來由航海科主任郭慭來教授，在海軍部中得知有名法庫者，一法國贈於我國的砲艦，預備赴上海江南造船所修理機件，同學可以借用。於是由郭主任的介紹，胡會長與陳嘉猷船長商量之下，承陳艦長一口答應把船上艙位除艦上需用之外，其他空餘地位皆讓給同學。胡會長回校報告之後，皆大歡喜。卽刻同學等進城告辭親友者有之，進城購取川貨者有之。九龍坡上一掃過去十幾日人心散漫的現象，甚致有搭不到汽車徒步十幾公里進城，一時九渝道上同學紛紛，這是十月底的情形。

然而有了船，卻沒有發動機，仍舊是無用。於是再得與有關當局接洽拖輪。照理想似乎很簡單，只要有輪船下去，商得輪船公司的同意，一拖就拖了下去，不是挺方便的事。但是事實卻答復你，沒有這麼容易。輪船方面所着眼的第一是金錢。第二仍舊是金錢，第三仍舊是金錢他們與其來拖你學校中一隻裝滿了學生的船，曉得就是出錢也是有限了；還不是爽爽快快拖幾條川江上的大白木船，照樣可以裝他幾百個黃魚，而收入是可以使你不能想像的大。招商局的安華輪與安寧輪就是因了這個原因給溜走了。當在局裏交涉時，二船長滿口答應，結果安華輪隔了二天，偷偷的拖了一隻三北輪船跑了，而安寧則在交涉的次日，卽拖了二條白木船，滿載黃魚順流東下；托言法庫船身太長，艦橋過高，假使用拖船拖，危險性太大，川江上游暗灘太多，裝了這許多國家有為青年，假使一旦出事，責任太大負不了。雖然明知有意不肯，但理由是怪圓滑漂亮，只得另找別路。又要馬兒跑，又要馬兒不吃草，這實在是不可能的。雖然交涉幾經挫折，必竟艙位已有，找拖輪還是比較容易。不到十日民生公司盛復臣先生的介紹，直接由永昌輪船公司用輪拖下，惟一切離渝手續皆須交大負責打通。並且須付七百萬元之燃料費，及保留法庫上五十個客位給永昌為交換條件。於是合同簽訂，言明在十一月廿三日上午永昌須派火輪至唐家沱拖法庫離渝，若遲一日，則賠伍拾萬元與交大，二日為伍拾萬元加倍，以此類推。合同已定，卽由吳校長親自出馬。赴復員委員會及船舶管理處辦離渝手續，並通知教育部及交通部，因為各機關中校友的衆多，得到許多的幫助，很順利的把一切應辦的手續都辦妥。去了一關又一卡，賽若過關斬將，一月來的辛苦得到了酬報。同學皆紛紛又進城趕辦私事，卻苦了我也，背了借大一袋鈔票往那裏跑，結果城也未進，適廬沒去，沙坪壩也沒去成，眞是坐鎮九龍坡！

紙上談兵·付諸實現

由是各組工作人員，依照預先計劃，分頭工作。住宿組很早已經設法把法庫兵艦，的長寬尺寸依照比例尺繪下圖樣，規定每人所占地位；因人多船狹，差不多凡是船上之空隙地位，皆須睡人，乃無論甲板，船頂，房艙和機艙了。而且為經濟空間起見，用課桌數十隻，分別置船甲板之穩固處，排列成行，如是則課桌上可睡人，課桌下亦可睡人，豈非一極大的雙人床乎！？膳食組，行李組，總務組，管理組各盡厥責。若伙食公費之領取，船上廚房之建築；行李重量之規定，收取行李之手續；船上一切之雜務；而檢查行李船票，防止歹徒，徹夜巡選；莫不各展所長，井井有條。上船前夕還有醫藥組，康樂組及出版組之加入。至若象棋圍棋，雜誌小說，應有盡有，並由九龍坡素負盛名的邁社出版船上精神食糧"歸去來"，每三日來出刊一次；描述沿途風景名勝古蹟，寫實同舟人日常生活趣聞，佳人佳事，妙趣橫生，襯因這數十日船上生活之優哉遊哉。

別九龍坡 二年如昨

各組負責人及組員除行李組外，皆先二日赴唐家沱，佈置一切事宜。這次東下人數男同學二百五十人。女同學十九人，教授二十五人，教授家眷五十人，合計共三百四十四人。三十四年十一月的廿二日是這大夥兒在九龍坡最後的一個上午。大家都是隔夜未曾熟睡，一聽雞啼，不管天尚未明，反正是電燈通宵未滅，都起來整頓行李，預備出發了。二年來在漑瀾溪畔，九龍坡上，弦誦終日的我們，終於忍心的離開了那裏恬美的山水，農村的風光。是日早晨十時，已有專輪來接我們。忙碌的是行李組，又要把各組行李過磅，貼行李票，又要叫挑夫運至江邊。雖然各組有各組同學自已押運——同學共二百六十九人分成廿七組，以十人為一組——，已經鬧得行李組辦事員精疲力盡，又加上教授們的雜物衆多，辦事員口中已經不能再容忍心中所想說的話了。雖然如此，你師是學生們的典範，苦幹又是交大同學們的信條，只要船上裝得下，又有什麼關係呢！自飛機場碼頭出發已是下午一點鐘了，在二年級同學的珍重惜別聲中，船頭慢慢順着江水離開岸邊。遙望着白雲深處，隱於天際的校舍，黃沙灘畔，舉手高呼的同學，情不自禁的說一聲，別矣九龍坡！回味着過去二年住在漑瀾溪九龍坡的經歷，眼都望着前面，一幅家鄉的畫面，隱隱約約的朦朧着出現，二年前的事，似乎只隔了一夜；在黃浦江畔，高樓大廈的陰影下，父親母親，姑丈孃孃正在送我上寧波輪離開上海的一幕景象，慢慢的呈現在我的腦海中——那可以說是天黑，現在是天亮！

重慶（四川省）$\xrightarrow{\text{廿三日}}$李沱$\xrightarrow{\text{廿四日}}$忠縣$\xrightarrow{\text{廿五日}}$萬縣

$\xrightarrow{\text{廿六日}}$夔州$\xrightarrow{\text{廿七日}}$巴東（湖北省）

民國三十四年的十一月二十二日晚上，大夥兒都睡在法庫上了。當大夜裏胡鼎煒同學剛從城中趕回，一切派司，離渝手續，已經打通。明天上午準定開船，這是二年來在重慶的最後一夜了。唐家沱是防衛陪都的軍港，前面兩山夾峙，江至此拐一大灣，就向東流，為一天然良港，可駐萬噸左右艦隻，形勢很好，可稱重慶的門戶。海軍部在此派有軍艦數艘，以拱衛抗戰聖地。永昌輪午夜已來，與法庫並連，用鋼索綑在法庫左側。

二十三日　清晨八時大鳴汽笛，八時十分汽笛再鳴，船已離唐首途順流而下。想想在抗戰期間，一聽到這樣尖尖的汽笛亂叫的聲音，早已戰戰兢兢躲向防空洞去，何其慘也！不意在我軍指日反攻的前夕，敵人卻已高扯白旗。今天聞此高入雲霄的笛聲，正足以壯行色，世事滄桑，豈不快哉！重慶四郊多農田，四郊以外多柑林，白雲深處高山上，叢叢綠中萬顆紅。遙望兩岸，宛如山水圖；俯視舟身，恰在畫中央。行無幾，民康輪觸焦處到了。船有三千噸左右，在川江中可算大船，半埋水中，半擱沙灘，旁靠一救護輪。起重機，鐵柱子皆用以拖住民康輪殘殼，以免被湍急江水衝去。中午十二時十分過長壽。就食號吹矣，同學與教授皆分組排隊到廚房取菜，用面盆裝飯。船狹人多，採取定量分配，由管理組喝組名，各小組隨聲進船尾廚房搬取，魚貫而入，秩序井然。飯一臉盆，菜四碗，二葷二素，又熱又燙。吃慣學校中獵獵菜八寶飯的我們，莫不滿臉笑容，每人肚子裝他四大碗香噴噴的白米飯，自比叫化子吃死蟹。讚之曰雙雙好！ 身為大教授的各位賢明老師，也親自出馬，挨號領取，洗碗滌筷。民主的風度，在我們小小的幾百人的團體中，一隻幾百噸的輪船上，不勉強，不裝作，純自然的流露着！船上最勞苦的莫若管理組組員，自清晨吹起聲號起，直到吹翌晨的起聲號，沒有一刻不是不站在他們艱苦的崗位上，爲大家服務，做他們份內應做的事。下午三時十五分停涪陵縣李沱。李沱是沿江的一個小地方，茅屋數十椽，其中橘行占其半。一百元可買十幾個橘子或四個廣柑，比重慶相應，廉一半。沿岸多毛坑，不下數十個是其特點；大概此地是一歇船過夜碼頭，來往過客很多；地方人士乃掘洞作坑，便客而亦得小惠，可算得一盤生財有道。今夜十二時至清晨四時，充財務大臣的我卻輪值守夜崗；每晚船上除由法庫水兵值夜外，再由營裏組就各小組中輪流派人幫同值夜以防歹人。當我睡朦朦預備起來替崗的時候，聽見有伊呀伊呀小船靠近的聲音。那一個！那一個！守夜緊張的發問着；這是離開重慶的第一夜，就出了事，則前途茫茫正長何堪歸。殼脫喀嚓，似乎是水兵拔匣子砲的聲音，接着是小船上的電光與輪上的電光互相對照着，對方的回音是傳到了我傾聽着的耳膜；採買！採買！原來是膳食組的採買。在辛苦！辛苦！彼此！彼此！的熱情交流下，衝淡了這緊張的一幕。這是第一夜，離開聖地的第一夜，由於是這個理由嗎？或者還是因爲天下總是沒有十全十美的事；這是十一點五十分，今天的最後十分鐘，接着剛才虛驚的一幕，老天又在開我們的玩笑——在這沒有完好防雨設備的輪船上，又是躺在甲板上，深不多露天睡覺的我們，是最惡作劇的玩笑——原來是在下雨！不用說，就是不守夜的人，也是睡不成了。衣被沒有完全浸濕已經是幸事，對坐待旦，對於這羣經歷戰爭磨練的野孩子又有什麼關係吶？

二十四日　早上天有轉晴的希望，雨甚小，二旁山岸，似有天光自後來，別有風味。這是巧合，還是事出有因；中午經過了酆都城，天似乎又漸入昏暗，下雨頻頻。這地方大有鬼氣！同學將於下雨的不快心情，卻移似到這偌大的城鎮，廟宇與菩薩尤其是十殿閻羅是這裏的特點。下午三時許抵忠縣，陰雨綿綿，上甲板同學大罵總務不負責。由宿務組的交涉，向縣商會的接妥，同學可借商會房屋暫住一夜。屋甚大有三層樓，竟可容納三百餘人。昨夜沒有好睡，睡在商會的大禮堂的地板上，已經覺得很够幸福了。甜蜜的一夜，溫暖着游子回家的戀愛。

二十五日　二日來未見一面的陽光，在我們到萬縣停泊的時候，已經穿過了白雲，普照着大地。這還是上午十一時半呢！與同組同仁先赴石灘旁洗浴，雖然是十一月的末期，在四川的太陽光下，浸在水裏，不也算太冷。青山黃沙爭豔色，白烏怪石相依戀，蒼鷹老鵰舞於上，長江流水東去了，斯時斯景，塵俗都滌。萬縣的確大得很，搭人力車趕城中鬧市去，無一定目標，根本就不認識路。西山公園有標準鐘一座，頗莊觀。在土灣子買了幾只風燈，夜晚在船上用——輪上本預備用馬達發電，裝電燈，但是發動機太舊，只能作罷論。城中有竹製烟斗，樣子別緻得很，尤以彎曲得很好看，一時風行於同學中，女同學購者亦很多，大概是預備送人的吧？！尚有竹製水烟筒，又廉又實用，同學中有烟癮者，大思一嘗異味。晚上在考奇(George) 吃飯，大開其魚味。在四川能舒舒服服嘗到魚味的，三年來還是在這裏算第一次。但是蝦蟹是仍舊看不到的，雖然故鄉正是蟹肥菊黃時。

二十六日　然萬縣經雲陽在奉節（夔州）過夜。到夔州剛在下午一時半左右。今天的路程已經漸漸的增加困難了。船剛自萬縣開出，即連過三個險灘，雖然不見巨大怪石矗立河中，但波浪洶濤，勢如萬馬奔騰，而水流湍急，旋渦頻頻，領江在船上指揮，一臉的緊張面色，同學卻依舊故我，談笑如常。在一個奇偉的山壁上刻有"江上風清"白底藍字的四個大字，據領江說上面有張飛廟，內藏張飛頭顱。半途與江源輪競行於江上，本艦陳艦長大呼（Full Speed)，然而永昌輪祇一中型的重慶渡江輪，又拖一較本身還長的法庫，當然是遠遠的落在江源後面。夔州木梳出名，柚子亦佳。晚上回船時，聽得管理組同學云，有一船滿裝同學的渡船，因上法庫時過於性急，以致重心不能平衡，竟告翻船。幸同學機警，都搭住鋼索，未有大禍，虛驚一場，滿身濕透，想當時身歷其難的同學，一定要自誇大難不死必有後福吧？晚上十時左右，覺又下細雨，幸船頂上已鋪雨布，睡在機槍裝甲板內的我，是比較好得多多。

二十七日　由西而東，夔州的夔門是有名的長江三峽的起點。過白帝城過灩澦堆，爲長江最著名險惡處，來往船隻在此遇險者最多。有"開國南功，天都津逮"八字。一路江面狹處，祇能行一舟，兩旁高峯插疊，皆爲削壁。每至一拐彎處，必有高桿，有舟經過則掛一三角形號誌。有二條船懸二個；三角形向下爲下水，向上爲上水船。

在白帝城西有諸葛所佈之八陣圖，當峽水大發時，傾湧奔騰，江邊茅屋，河底巨石，莫不隨波塞川，順流以下，一待水平，萬物皆失去了本來面目，然而八陣圖中之小石堆，卻絲毫不動，依然聚列如故，至今猶存，的確增加了不少長江天險中的傳奇意味。中午經過巫山十二峯，皆在北岸，峯不高，賽若十二圓錐體，整整齊齊，排列於江濱，中以神女峯爲主峯。峯間隙處，透出一縷天光，映出那七曲山九曲山，疊疊重重十二峯；巫山的雲雨風光，在這裏更顯出她的令人賞愛處。長江即由此飛入湖北。下午一時抵巴東，則已出四川抵湖北省了。巴東只有一條狹街，房屋有以長木椿托住，沿江而築者，地形險惡。在抗戰時，駐有重兵，在沿江山腰處，掘洞以設大砲，哨兵則高立山頂，遙望近盼，巨細無遺。加以流速湍急，船行緩慢，實爲天然要害，一夫當關，萬夫莫入。在敵騎至宜昌大肆殘踏以後，頗想趁勢入川，全賴長江三峽形勢天險，得以瓦全，而巴東實爲當時之砥柱中流，可與西北潼關比美，其時於抗戰功勳，非可磨滅。

由於兩隻老爺船並排的行着，一隻是空有船殼而無動力，一隻是心有餘而力不足。加以領江的只有一班，一大領江二副手；普通都是二班，輪流替換休息的。所幸大領江雖爲一七十八歲的老翁，髮鬚全白，但精神卻閃爍異常，然持久力到底差一點，所以每天總是在上午六七點鐘開船，下午二三點鐘停船，不能全日開行，正是舟行如黃牛，五天纔出四川。反正對於時間，當局知道路運艱難，工具不全，所以沒有加以限制，而且爲安全起見，這樣穩紮穩打，倒也未必無益。這實在可算是同學們的福氣。每至一埠，即能有充分時間上岸觀光，散散步，吃吃東西，看看市容，問問民俗，這是不可多得的實貴機會，與校長所說的勝利旅行，竟然實現。

巴東（湖北省）—廿八日→宜　昌—廿九日→古老背—三十日→沙　市

—十二月一日→賈家湖—二日→尺八口—三日→陣　州

—四日→漢　口—六日→石灰窰—七日→九　江（江西省）

二十八日　清晨五點，被值夜叫醒；因爲五點至十點我已經答應代同學黃君守崗。自巴東出發，今日可達宜昌，這一段重岩疊嶂，怪石磷磷，河床狹隘，險灘特多。故上甲板同學在船開駛時，已移到下層；以穩定重心，俾免危險。瞿塘峽已過，自巫山十二峯巫峽到西陵峽，一路風景新奇，雖然身經如許山川的我，也不禁發一聲歎爲觀止。俄而仰首長嘯，但見隱隱約約的青天，似乎是天外有天。側首旁觀，只見迷迷霧霧的紫山，呈現着山中有山。或平首凝視，一片白浪滔滔滾滾東流，隨了山勢，折曲轉拐，看見了前面的去路，卻失去了後面的來處。或俯首思念家鄉，眼前的一片黃水湧躍，忘了在長江險峽中，只以爲是在外灘公園觀黃浦江潮呢！江翠瑤屏，重重封鎖，峯迴路轉，不能直下。一陣軋軋的馬達聲相雜着江水的逐波聲，空谷的風音參加了山上的松濤，一個能夠隨着環境欣賞大自然的人纔是世間幸福人。我們的輪船好像是一條偌大水怪，我們的領江好像是水怪的銅鈴巨眼，搖着身體，指揮着尾舵，看明了風雲氣色，窺透了莫測的水性，自由自在，曲曲折折的向前邁進着！經石門灘，秭歸，新灘；穿牛肝馬肺峽，兵書寶劍峽；過黃牛峽，青灘到宜昌始出西陵峽。長江三峽至此方盡，共長七百餘華里。其中以灩澦堆爲最危險，兵書寶劍峽最宏偉，巫山十二峯爲最動人魂魄。而水流的湍旋，天時的變幻，山色的秀麗，過灘時的緊張，不是身歷其境是想像不到的。但是人定勝天，用了新式的輪船，有經驗的領江，三峽是不難行走的當然行川江的輪船所裝的馬達是強過普通行長江下游的輪船，而且吃水是不能過深。下午二點鐘安抵宜昌，自重慶到上海的難關是過去了。假使搭的是老式的大白木船，到了這兒，舟子一定要把酒相慶，所以宜昌又名平善壩。宜昌以下是平地，宜昌以上是峻嶺；江水自上而下急溜萬分，澎湃有力，勢若駒雷，不愧爲Y. V. A.之基地。此地本是很熱鬧的都市，在抗戰期間的兩次拉鋸戰，好多的巨廈被毀滅，好多的街道被毀滅，戰爭是值得使人回憶的！在岸上發了個電報到重慶親友家去，報告已出險境，以後是一路平安，無足掛念了。

二十九日　因永昌輪洗鍋爐，上午不開船。川江的領江到宜昌爲止，換宜漢段領江來船領導。重宜段三人需二百萬元，而宜漢段二人只需三十萬元，由此亦可見重宜段的吃重了。中午吃紅燒魚，這是船上吃魚的第一次。下午三點十分開船，宜昌以下江面寬得多多，流水沉靜無聲。同學中有念"兩岸猿聲啼不住，輕舟已過萬重山"的古詩，也有頌"朝發黃牛，暮發黃牛，三朝三暮，黃牛如故"的古詩，大概見了這水平浪靜，回念三峽的風光吧！三峽江流像一個叱咤風雲的勇士，不可一世；宜昌以下流水好似一個脈脈含情的少女，風度純淑。一路平地多山峯少，到古老背欲夜，停江心中，晚上加了雙崗。

三十日　這領江賣力，自早晨五時到下午五時不停地開駛，趕！趕！趕！預備趕到沙市過夜。太陽很大，西北風更大，同學都向南方遷移，一面曬太陽，一面避風頭。行無何，船漸向一面傾側，同學高談闊論，自說自話的全不覺得；這一下可嚇了領江，急亂了艦長，請團長親自勸告，乃歸原處，一場風波告結束。沙市本有小漢口之稱，街道頗寬，市面不錯，菜館高閣，似乎未曾受到戰爭的波及。因爲以後自沙市到漢口都經過小地方，爲未來計，膳食組的採買出動大批人馬，上岸購辦米菜，臨時拉夫，拖了我往岸上就跑。因爲要迅速一刻起見，交通組的同學是第一個上擺渡船，講好了渡費，再讓同學上船。在沙市鯉魚特多，二百五十元一斤；活的鯽魚二百六十元一斤；死的二百四十一斤。但是蝦仍舊沒有看到，街上有甲魚是湖菜的一種，俗稱野鴨子，有三百元一隻，也有五百元的；切成一塊一塊，加了醬油和蔴油，味道別具。

十二月一日——四日　趕了一天的路，在一僻地名賈家湖宿夜。晚上突聲鎗聲數響，大驚！過後方知道剛纔有一木船划近本艦，給水兵開了幾鎗匣子炮，被嚇跑了。同學中有喜放馬後礮者，大發議論；假使盜賊光臨，同學是光棍兒一條，無所謂，所可慮者是教職員眷屬與女同學云云。二日經尺八口三日過簰州，四日晨十二時許抵漢口。沿途皆爲平原，一望無際，江南風光好。在離漢口不遠的武昌，已經看到許多國防宣傳部的標語。"復員不是復原"，"擁護蔣主席完成復員建國的使命"等斗大的白底黑字映入我們的眼簾；用工程師的眼光看起來，這幾個字是多餘的，而在淪陷區受了八年敵人壓迫的人們一定覺得精神興奮的吧！同學中有許多是湖北人，更有許多是從小生長在漢口的，從她或他隱隱約約的含淚的眼睛，興奮的臉上，我知道她或他正在默默地接受着故土溫柔熱烈的歡迎！對着漢口的江海關大鐘我們是拋錨了。在船上用過午餐，赴夏世模家寓所，搭卡車環遊漢口一周。城區很大，戰前有英，法，日租界。其中日租界被盟機轟炸殆盡，而隔一條馬路，房屋不在前日租界的，竟然矗立如故。新式轟炸描準術之精確，有如是者。最後赴市郊中山公園參觀。中西兼雜，有茅亭樓閣，亦有溜冰場游泳池，有池塘曲徑，也有廣大茵綿草地。其旁舊有雙龍橋，式樣別緻，作雙龍橫臥狀，惜已爲日人所毀。晚上理髮洗澡，十日風塵一掃光。一上漢口岸，最引人注意的是大量的日本俘虜。雖然是戰敗國，但是倭胖強壯，挺胸凸肚，似乎個個是營養佳，精神好。街道上有很多的日本皇軍在掃地，有的在清除轟炸的剩殘物，旁邊有國軍或警察督押着。

五日 今天是全體同學休息日，讓同學們在武漢三鎮暢遊一天。遷校服務團爲慰勞工作人員起見，特借座黃陂路吟雪酒家聚餐聯歡。早上趁空赴武昌，漢陽參觀蛇山公園，黃鶴樓，龜山古琴台諸名勝。拍了幾張照片，買了幾百張風景古蹟相片。古黃鶴樓在廿年前已經倒坍，只剩空殼，爲紀念名勝，另建了一鋼筋水泥樓。臨江有孔明白石燈塔；古老相傳，諸葛亮在此借東風，破曹兵百萬雄師！在蛇山頂遙望武漢大學。在碧綠的沙湖邊建立着紅瓦高厦，這靜寂的草野，被這巍巍學府添加了不少光榮。中午在夏家午飯。晚上雇人力車赴宴，一時黃陂路熱鬧萬分，猜拳飲酒，加以啦啦隊助威。面紅耳赤，引吭高歌，聲震全樓。因爲沒有教授，也沒有女同學，這一羣野孩子是真的完全解放了。

六日 海軍部特派金山丸（一隻接收的日本捕魚船）來做生力軍，替代永昌的位子，用鋼索搭住法康，並排的行着。這個畫面是似乎太過滑稽了；堂堂的戰勝國的兵艦，都是頂上滿掛着油布，船中塞滿了雜亂的勝利難民，鍋爐间是停了火，給一艘敵人捉捉魚的船背着跑。當然金山丸是由我們的陳少校艦長指揮着的。金山船長是一個日本少尉，有中國副官一人，日本水手十人和二個領港。它有六百匹馬力，比永昌輪的一百八十強得多。永昌輪是被遺棄似的跟在後面，因爲三隻船排在一起是不容易行動的。就這樣一聯中的浩浩蕩蕩地向前進發。引港是二個朝鮮人，有沿途詳細地圖，不像我們的引港祇靠經驗。當夜是停泊在石灰窰。夜航的標誌尚未完備，所以漢口到上海，還是只能日航。

七日 從石灰窰到九江，須經過匪徒區域，掛外邊的同學都移到金山，而金山上重機關槍和高射機槍都去了外套，上了子彈。哨兵，引港和艦長拿了望遠鏡，東張西望。預計到七點半過警戒區。時候已經過去了，平靜無事，只有多天燦爛的太陽吐出它溫暖的光芒，受着人羣熱烈的歡迎。下午二點鐘到了九江，停在海軍碼頭。江西中外著名的出產品磁器是沿岸都有地攤放着，任人購買。磁器店更是隨街多是，三步一小店，五步一大店。據店老闆說，因爲景德鎮被鬼子擾毀，好的磁器是一時無法出貨，所僅有的只是比較不精細的了。但是在我們吃慣粗陶土做茶杯飯碗的同學眼光中，就已經够好的了。我在街上蹓躂一周，買了八個磁杯，四只飯碗，四只茶壺，一套文具和一尊觀世音菩薩。一共化了一萬六千五百元。觀音送給母親，文具送給父親。用了一個大竹籃，剛把全部東西容納下。

九江（江西省）$\xrightarrow{\text{五日}}$安慶（安徽）

八日 船離九江不遠，就看見了在南邊呈現着一個葫蘆形的凹口。這是鄱陽湖水入江的地方朵朵白雲，片片布帆，乘着風，順着水，流向東去。落霞與孤鶩齊飛，秋水共長天一色；觸景寫情，是不可多得的佳句。漢口以下江面更寬，兩岸時見時隱。有的地方，江面中央稍稍的露出黃澄澄的河沙，這是在航行中難得見的岸。過了湖口，著名的江西小孤山赫然呈在眼前。據本地人的傳說，小孤山的位置每年在向東移着；或許是她的生身處在海澤，那末歷年來向東移動的目的，卻明明的應合着我們回上海的目的！故鄉是可愛的 尤其是分別了好久！晚在安慶靠岸。一抵碼頭就看見岸上的大塔，內中暗成八掛式，曲折奧妙；同學中有的走到三層，就找不到去第四層的路．有的走到六層，也有走到七層的；進城有一條很長的石板路。因爲永昌輪的沈經理請陳艦長吃飯，拉了幾個教授同胡團長及我做陪客。在座的除祝百英教授點酒不飲外，王達時、曹鶴蓀、季文美諸教授只吃了一杯，胡與我卻飲了十多杯。安慶的蝦子乳腐是出名的特產，各位教授受太太的密令，酒酣耳熱之餘，在安慶的有數幾條街上，盡力覓購，以期不辱使命，爲太太服務是教授們的光榮！做學生的只能望而興嘆！

安慶（安徽省）—九日→魯港—十日→南京（江蘇省）

九日　安慶本來是第×戰區司令駐節所在地，所以城中是比較熱鬧。領袖的肖像和各式各樣的標語隨處可以見到，顯出安慶是不平凡的！當我回想到昨天教授們找不到蝦子乳腐的窘狀，不覺要失聲而笑；雖然後來是買到的。陽光溫柔惹人熱愛，當在春天的時候；同樣的覺得有點刺人，當在初夏的時候。到魯港天已黑暗，晚上風很大，吃了晚飯，鋪開了被，去找溫柔之鄉了。

十日　含着一個興奮的心的我，很早就起來了。首都南京，今天午前可以趕到！差不多一半的同學和全部的教授都在這兒搭火車赴上海，因爲假使搭船的說話，還要四天纔能與久別了的上海會面。遷校服務團已派幹員赴上海替同學辦理住校宿舍，包飯和在四天後在高昌廟接我們。南京是我第一次到，城門是偉大的，中山路是寬大平直的，然而因爲地區太寬廣了，露着一種荒涼的景象。於由要欣賞首都勝利後的風光，搭了馬車，穿過中山路，沿着石子街走。用着現實的眼光，注視着一切。不，還不像一個蓬勃的都市，好像是一個經過了不可計數的磨折，所留下的餘燼。從前的秦淮河或許是曾經煊赫一時的聲色之區，然而它是不能適合着現實。由我們一代青年人看，它不够清潔，不够活潑。它的水源似乎已經斷絕，從前的畫舫歌舟一排排的横列着，破舊陳腐。沿河的街道胡同又狹又小，房屋鱗櫛，搖搖欲墜。國府的宏莊，中山陵墓的偉大，都不能蓋沒這南京另一角落的退伍，假使宏莊偉大必須要與另一角陳舊腐敗的景象比較，才能顯出的話，那麼這宏莊偉大是太可憐了。但是話也得說回頭，不論在世界的那一地，要使市容的簡潔一列是一件事實上的困難，除非這是有計劃的新造的都市。宵禁當時在南京是仍舊嚴格實行，於是一批晚回的同學，受了一夜的虛驚。法庫因加燃料，移泊煤炭崗和記碼頭。因此而使一批在黑暗中摸索回睡船上的同學撲了一個空，靠了交通大學的註册證，通過了許多崗位，仍舊是找不到船。在一個海軍部水雷營的廚房中的火爐旁蹲了一夜。據身歷其境者的統計，此次有一個女同學和卅一個男同學飽受風寒一夜。到十一日清晨，方始找到法庫。

南京（江蘇省）—十一日→鎮江—十二日→江陰

—十三日→瀏河—十四日→高昌廟（上海）

十一日　在十一時法庫開始她最後一段旅途。金山丸的任務是把我們拖到南京，還有一段路程是交給福鼎了——它也是一艘日本船，有四百廿匹馬力，每小時走七哩。在江蘇省的省會鎮江抛錨。因爲天已經黑了，鎮江的本來面目沒有看清楚，買了幾瓶鎮江醋，就回船上。

十二日　福鼎像知道我們的心理一樣，跑得很有節奏趕到江陰，太陽又漸漸的在山頂上不見了。江陰的江面更寬，港中停了很多的兵船，時而的田雞砲台更顯出這要塞的神氣，假使要到江陰城去參觀，實在是離岸太遠，同學們都放棄了這個機會。

十三日　預定在十四日的早晨十時到高昌廟，所以今天是停在長江口內的瀏河。這是勝利的發祥地，防衛大上海的前哨。晚上水兵又突然開槍了。因爲是最後的一夜，水兵們是更加地小心，以防功虧一簣吧！反正聽慣了槍聲的我們是不會再像第一次那樣地驚慌了。

十四日　自從船由江陰開出後，江面更寬。似乎是在洋洋大海中航行，前後左右都看不到一點東西，除去了江鷗與海鳥；永昌在我們的後面跟着，船上的老大們是第一次看見這樣大的長江。

不辨東西與南北，完全與長江上游的情形兩樣。這一幅畫深深地印在他們的腦海中了。你看他們是這樣地天眞在向前看着！紅黃綠的三夾水是過去了，吳淞鎮在望。穿過了許許多多的美國軍艦，行到了渴念已久的外灘。高樓大廈，是在中國的其他各都市所難得看見的。像眼看看幾個沒有到過上海的同學，他們的表情是深刻的使我不能忘記。就是生養在上海的我也覺得外灘一帶的摩天樓的確雄偉。我住在上海，一點不覺得上海的偉大。這許多的柏油馬路；如許多的機動車；如許多的高樓；如許多的人羣，在能够使得經歷過差不多半個中國的我，發出贊賞的羨慕。眞的在我所走過的都市中，沒有一個比得上上海，或許我跑的地方還不够多吧！在黃浦江停泊的輪船中穿梭般的過去。終於遙遠的看見了岸上搖旗吶喊歡迎我們的同學，接着我們船上的旗子也招呼起來了。雙方興奮的情感，從雙方亂搖的旗子上，互相的傳遞着。高升，鞭砲不斷的響；人形也漸漸的清楚。船一點點的靠近高昌廟的海軍碼頭。歡迎我們的有四年級的同學，有三年級的同學，有同學的父親、母親弟弟妹妹，有同學的親戚朋友：我的母親與孃孃也是其中之一。坐了預備好的卡車，一直駛到我們渴慕已久的徐家匯老學堂。

這是一篇拉拉雜雜的東西，裏面有回憶，有記事，有寫狀，有感想；假使您已經讀過一遍，我得感謝您的賞光，並且爲了浪費您寶貴的光陰，我向您致萬分的歉意！李召之記於勝利後復員一周紀念日。

公路生活漫憶

蔡維元

五年不算長的公路工程生活，自從去重慶交大就讀後，已告一段落，早想把它追述一下，可是不善寫作的我，一提起了筆，就感到畏縮與恐懼，也有幾次斷續的寫過幾段，結果還是以生活過度的緊張，甚或太平凡無記錄必要而中斷，現在想來都是無可原恕的，爲了補償這種缺陷，就利用農曆的假期，作片斷的回憶，筆調是够拙劣的，但自信還保留固有的眞情與言行的途徑，所以忠實無羈束的留下了痕跡，聊以紀念以往的遭遇，或作個人日後重踏社會抉擇應世對策的參考，獻示在親友師長之前也可指示我們更準確的大道，這樣危險的嘗試，我想不會是徒勞的。

二十八年夏，敵艦機不斷環伺浙閩沿海，寧波迭遭轟擊，市民已惶惶不可終日，當我要跨出培養公路工程智識的搖籃寧波高工時，滿擬來渝投機投考自幼即已崇敬的交大，但是剛在舉行畢業典禮的時候，傳來了港口業已封鎖，一切輪船悉已出口的噩耗，不得不重決對策，因此就希望工作一短時間後，稍獲實益，再行設法繼學，這樣就接受了校方的介紹去公路局工作，卻不知道一決定，使升學交大的志願 歷盡五年的艱辛，和遠涉萬里關山，始得實現，不過這究是恨事或是幸事，卻永遠無法辨明的。

寧波四周的公路爲防日軍的進攻，均已自動破壞，校長是時晉省，我乃同行，通宵乘轎，涉水越嶺，數度轉搭汽車，二日後始抵麗水，公路局築在這山城北，郷的白雲山上，背山臨水，俯視城廂，飽嘗秀麗景色且少空襲奔跑之苦而得交通車接送之便，服務於此，頗以爲樂，校長陪我去見局長，他們交誼至深，經了一番言談，次日就被按排在掌握全省公路工程樞紐的工程科，成爲我獲取經歷的基礎，設計主任謝佐般先生——現任江西公路處總工程師——是那樣的剛直，富有研究精神，不斷思考着公項問題，由於他的博學多才，無不迎刃而解，初踏進社會的我，承他時加指導，獲益頗多，該可多麼慶幸。

春秋二季，天高氣爽，是攜侶郊遊的良好時機，那時出外測量也是再適宜沒有了，冬日那就大爲遜色了，不過由於戰爭的需要，卻在這年冬天，承曾隊長的加愛，參功新組織的江常路測量隊去江山施測，事先已知道測量工伕的不易對付，搵他們一副老態，滿腹的公路歷史和掌政，要是多受一點教育，怕早擠入工程師之流了，那時初出茅廬的我，戰戰兢兢，經了一番努力，公餘的推誠友善相處，獲得了密切合作，工作才得順利的進行。

測量結果是否精確，足以影響工程經費的多寡，施測的時候應當如何的審愼，而須不惜測量經費，加測比較線，研討工程及日後營業之概況等，但官署對經費的審核權，往往委諸絕無工程常識的政務人員，時作無理的削減，測量隊無法應用足够的員工從事工作，大大影響成果，他們不明瞭多化測量經費適可減少工程經費的道理，官署用這種短視的人來掌握，國家就遭受了莫明的損失，他們實在需要再教育一下，假使能虛心就近請教於工程師的話，爲了工程前途，國家前途，我想工程師們一定願詳爲剖述的。

橫斷面測量，是一樁比較枯燥而費力的工作 在初測中卻認爲是次要的，但是我才開始測量，充沛工作熱忱，極願全力以赴，爲了工作簡捷及增進工作效率，向隊長提出了數項建議，經獲得了允准，大大增加了工作效率，首先加派小工，由一二測工率領先導，將樁站二旁障礙清除，以免測量至某站時須臨時淸除，空費時間，影響測量進展，繼即改善水平尺的刻度，也算我初度的獲益，我用的手水準桿，長度爲一公尺五，就將水平尺上一公尺五之處刻劃爲零，以與手水準桿高相等；零點處則刻爲正一公尺五，示測量時測站較中心站高一公尺五，五公尺處則刻爲負三公尺五，示測量時測站較中心站低三公尺五，餘類推，如此可避免野外記載時過多計算易滋錯誤的弊病，至在崇山峻嶺處，四十度以上的山坡，行走不易，每須用紮綑方式上下攀登，施測其間，危險可知，應用手水準自亦困難，在此種情形下，就定出了用竹質製成的尺桿來施測的方法，將勿過粗之竹，約長五公尺，精爲刮光，塗以油漆，刻以尺度，每五十公分及一公尺處縛以顯明色澤的布條，卽代替較笨重的木質水準尺，每一測工，人手二桿，分層連續進行，其方向及二桿置放是否平直，由測量者在稍遠處用經驗校準之，所得結果雖稍遜於精測，但其成果已够應用，因此距樁站稍遠不甚重要之點，均採用是法，大助測量進展，每追蹤中線組進行，因此獲有休息良機，是時承隊長的指導，擇暇參與選線工作，這是重要而富興趣的工作，在有豐富識見的隊長教誨下，居然茫茫不知所措的選擇樁站情況下，獲得了進步，一再注意到坡度，橋位，控制點等要處，擴展了眼界，增加選線的經驗，還是深引爲快慰的。

江常路測量完成以後，繼續着野外工作，在周工程師瑞麟領導之下，與築了一條有關軍事補給線的遂湖路，我自始至終參加了這條新工的路線，測量設計監造無不在周工程師督導教誨之下，獲得了前所未有的識見，他是一位忠誠富於毅力的工程界老前輩，浙江公路的技術員工，無不致以崇高的欽仰，因此遂湖路歷經年半的時間，要不是他的領導，輔以足智多謀的傅工程師學化，再受到經費，工人，食米諸嚴重問題，會半途而廢的，而我們竟走畢了全程，雖然爲適應軍事，造成的，路並不以國道爲標準。但已很可値得驕傲的了，至於詳情擬待日後專文記錄。

這是在卅一年的初夏，我軍展開反攻的樂觀論調，傳遍各處，尤其置身交通工程的我們，見各路段橋梁涵洞的加固，卽向所忽視僅關軍用路線的整修，在在表示配合反攻的實際動作，因此對這傳說，大家深信不疑，急切期待着佳音的降臨，五月半，敵寇開始蠢動，開啓了浙贛戰事的序幕，他們分五路進犯金華、衢州，這是衆所傳頌"開出口袋捉老鼠"軍事策略的初步，誘敵大量深入以後，袋口一收，敵寇會全部就擒的，因此一看國軍在遭受猛攻逾旬以後，尙虛城淸野以待，更深信當局高瞻遠矚的策略，卽將施展，我們維奉令準備行裝，作策略上的後退，這是深合老子哲學的含笑暫別，那知不識相的老鼠，卻咬破了糖衣的袋底，還淸了江西的夥伴，在整個浙、贛倉庫內高歌狂舞起來，主人寢食不安，竟被這羣凶狠的老鼠苦迫遠離，眞正踏上了流亡的大道。

到處充滿了哭喊聲，車船都扣留在強有力的槍刺下，裝載公物嗎！不，一車一船，只是私人的財物，沙發桌櫈居然也作長途的旅行，國防物資彈藥汽油鹽米，旣笨且重，不易搬運，棄之又有什麼關係呢！轟轟自動破壞聲響遍各處，雖感到傷心，到還不失爲正義的哀淚，大批的政府物資卻默默無聲，也許被好事之徒奮勇搶運私藏在深山奧處，不然就供奉給敵寇，那就太可痛惜了。

公路局，也是國人的集合體，脫不了有藉職務上的便利，作非法的勾當，平時他們還以少報多，以舊易新，甚或虛無飄渺的報銷一筆，戰爭緊張關頭，更是混水摸魚的好機會，只要裏應外合，上下齊手，無不皆大歡喜，但是公家就在這般惡徒手中，遭遇了無法彌補的損失，車輛安眠在廠中，孱弱得要她起來舒一口氣，散一下步，也不可能，而在過渡的地方，擠滿了外來的車輛，管理者忠心盡力晝夜維護，還遭到無理槍刺的威脅，甚有爲保全私產，藉勢頒發優先過渡的假借命令。

連續的雨天，各工務段電報着橋梁涵洞的水毀，到處的坍方，阻礙了行車。在這種緊急情形之下，卽或稍假時日及經費卽可修復通車的簡單工程，也還得在等因奉此的公文手續上兜圈子，眼見停駐着的身輛，在一聲破壞令下，爲了一河之隔，立刻變成了廢物，這種惡果的產生，不難尋出其癥結，但是迷於聲色名利之輩，卻永遠無法使他覺醒的。

我們幾個年青的同伴，就在這種混亂局面下，受着主管平時所不曾有的勸勉，囑負重命，辦理浙閩公路、江山至浦城間一百六十餘公里的緊急加固工程，備軍事上的需要。

僞善者流，在緊張關頭立刻泛起了兇狠無恥的異形，收拾起不義的財物，服膺"大亂到頭各自飛"的俗諺，攜眷遠走內地，我們也許被認爲呆子吧，在人家逃難保命聲中，卻向前線挺進，在兵荒馬亂的情況下，死難的機會是太多了，要是爲公犧牲，也許連死屍也無法運回的，我們就畏縮嗎？不，我們還年青，不需要講爲國的高調宏論，能薄盡棉力，究是獲取識見的良機，不在患難中，無法獲識人們的眞情，兇狠之徒，在平時戴上了一副漂亮的假面具，你也許會深深的愛上了她 甚或永矢不渝，卻不知他正藏着要刺你的利劍呢？

經了一度的折衝，擬定一部分工作的計劃，等不到天亮，我們偕二工程師及二工程員的一羣，搭上了載滿搶修必需工具材料的工程專車，星夜出發赴前線，心境是夠緊張和興奮的，我們早一分鐘的努力，就可多撤退一輛載有物資的車輛，替國家多保存一點元氣，是理所應當的，四百公里的旅行，是那麼的熟悉，一丘一壑，一橋一溝，由於不時的關懷，已成密友，心心相印着，我想她若有靈，尤其在這混亂時期，得到我們溫存與保護，定會感激的。

次日晚到達距最後目的地江山前線四十公里的廿八都，傳來了江山失守的惡耗，獲見負責督督東南戰區的戴笠先生，囑即修理洪頭至峽口段公路，以便搶運東南空軍基地衢州的彈藥及民生必需品的食鹽，至經費人力及材料，均允予以協助，這是一針興奮劑，我等乃再前進，整頓前線殘敗潰退的原有工務段人員，妥加佈置，即展開了工作。

於此不得不讚歎福建省政的進步，戰區長官部的一道電報，飭在沿線橋梁涵洞附近妥備木料，我們到達的第二天，成堆的大小木料已安放在橋旁，木料雖參雜着各類不適應用的樹木，但在軍事緊急時期推行政令的努力和迅速，足可爲他處效法，事後因此轉請福建省府嘉獎浦城縣政當局的協助。當時縣府爲了應付緊急關頭，即在深夜，我們進了縣府，汽燈驕傲的照耀着，縣長及其屬員，仍努力工作，完成我們民工隊的組織，參加搶修路基路面的工程，徵船全縣木工充作橋工隊，來加固各橋梁涵洞，支持這罕見的慘痛撤退行列。

沿線居民已陸續逃往深山遠處，他們不需要達官貴人樣的扣船壓車來載運細軟，一挑在身，衣被另雜，捲括一空，留下的房舍，還是比金窩還好的家園，只好揮淚暫別，太平後是不難回來重聚的，但是他們那裏知道戰爭的兇狠，敗退中的軍風紀，像扯破了臉的淫婦，橫起了心，作不法的舉動，居民離去不久，在夜色迷濛中，降臨了先頭撤退部隊，屋宇獲得名義上的保護，客氣得很，他們沒有要保護費，那末茶飯總要供給一點吧，但是居民太不識相了，臨走的時候連柴炭也不留一點，給這批寶貝，砍門窗桌椅來替代燃料，那只怪百姓自己的太小量了，不過他們旣奉命撤退，不能久留，用衝鋒的精神來後退情況下，次日續有貴客的光臨，居民旣已遠走，不好好的來招待一下，三數日後僅留殘垣斷壁，是理所當然的了，究竟比敵人的一顆炸彈，立刻化爲灰燼，要仁慈得多呢？

這一段路，一向被當局所輕視，少量的經費，復被東移西補，更顯得寒傖了，如今逢到了亂時，一日通過的車輛，幾達平時一年中所通過的數量，脆弱的橋梁經，過這種暴風雨的襲擊，立刻陷入絕境，新報修建的橋梁，詳加檢查後，撬起了橋面，竟也呈現了窳劣腐朽的大梁，這無異揭開了秘密，雖然是公開的秘密，如今是目睹的了，這也是小醜們所認爲獲得快樂的泉源，這就是苦樂的分野，難道是眞的快樂嗎？當然不，一再兒的貪污，只增強揮霍的慾願，永遠無法獲得眞正的幸福，卻帶來了毀滅，反觀堅苦的奮鬪者，還不有力的活下去嗎？

砲車是國寶，在全路粗具規模中，竟毫無預聞的前開，三噸半的限制載重牌豎立在每橋的二端，如今賴我們數枝雜木和鐵釘，經晝夜的努力，竟然能平安通過十四噸以上的砲車，心頭如釋重負，幾有飄飄欲仙的感覺，這不得不感謝上蒼的佑護了！

我們繼續着工作，敵機不斷的襲擊，仍未稍倓，但是在工程進行中，須善為應付停滯橋梁二端的軍車，他們惡劣的心緒，更增加了蠻橫，每有槍刺相加的無理舉動，但究亦不無可理喻之處，他們也會幫助着我們工作，加速工程的完成，秀才遇着兵有理講不清的時代是已過去了。

在萬難中，不辱我們的使命，竟意外的安返了。雖經遭遇了病魔的襲擊，很快的就復原了。

寫到這裏，由於今年是復員後首度的農曆歲首，況已近十年不回家的我，不得不應付着種種習俗，短短的假期，對養路考核等工作不及詳述，這是浸憾，又何妨留待日後，就此擱筆了。

24955

表一（甲）　　土木系教員一覽表　　三十五年十月

姓名	籍貫	職別	擔任課程	經歷	到校年月	備註
王之卓	河北豐潤	教授兼工學院院長	航空測量，最小二乘方，等	上海交通大學畢業，倫敦大學帝國學院工程師文憑，柏林工科大學博士，國立中山大學教授，國立同濟大學教授，中國地理研究所測量組研究員，國防部測量局第二處處長。	三十五年八月	
王達時	江蘇宜興	教授兼系主任	結構學，專題討論，等	上海交通大學畢業，美國米歇根大學土木工程碩士，曾任中山大學教授，復旦大學教授。	三十二年二月	
王龍甫	江蘇青浦	教授	高等結構學，高等結構計劃，鋼橋計劃，圬工及基礎，等	國立交通大學土木工程學院畢業，美國康乃爾大學土木工程碩士，博士，上海大昌建築公司工程師，國立湖南大學，中山大學西南聯大，清華大學教授。	三十五年八月	
張有齡	浙江吳興	教授	高等材料力學，彈性力學，高等水力學，水利計劃，水力學，等	國立清華大學工學士，英國曼徹斯特大學碩士，博士，貴州省政府技正，經濟部中央水工試驗所技正，國立西南聯大工學院教授，國立重慶大學工學院教授，國立四川大學教授兼土木水利工程系主任。	三十五年八月	
俞調梅	浙江吳興	教授	應用力學，材料力學，土壤力學，等	上海交通大學土木工程學士，英國倫敦帝國理工學院研究院畢業，英國倫敦大學碩士，上海東吳大學副教授，上海四維建築工程司總工程師，國立中正大學中英庚款講座教授兼土木系主任。	三十五年八月	
陳本端	江西黎川	教授	應用天文，大地測量，高等道路工程，道路材料試驗，平面測量，等	唐山交通大學土木系畢業，美國米歇根大學土木工程碩士，全國經委會公路處工程司，國立中山大學工學院教授，交通部技正，公路總局工程總處副處長，重慶工務局主任祕書。	三十四年八月	
康時清	江蘇南匯	教授	地質學，材料試驗，平面測量，等	本校民前一年土木科畢業，民四畢業於英國伯明翠大學礦科，中英礦冶工程學會正會員，倫敦皇家藝術學會會員，漢冶萍公司萍鄉煤礦代理總工程師。	十六年八月	三十一年離滬校三十二年到達渝校

24956

表一（乙）　　　　土木系教員一覽表　　　　三十五年十月

姓名	籍貫	職別	擔任課程	經歷	到校年月	備註
楊培琫	廣東順德	教授	路線測量 隧道工程 工程合同等	本校土木工科學士，美國奧海奧省立大學理科碩士，曾任廣西建設廳技正，廣西平梧公路總局總工程師北洋大學工學院土木系教授。		三十一年離滬校三十四年十月復員到校
潘承梁	江蘇吳縣	教授	鐵路工程 鐵路定線 鐵路號誌 鐵路養護等	本校唐院土木工程學士，美國意利諾大學鐵路工程碩士機械工程學士曾任光華大學教授唐山交通大學教授東北大學教授河北省立工業學院教授	十九年八月	三十一年離滬校三十四年十月復員到校
欒家俊	廣東南海	教授	道路工程， 都市計劃， 道路管理， 行車觀測及管制等	本校土木科學士，美國康乃爾大學土木科碩士，密歇根大學道路工程科道路運輸科碩士，曾任鐵道部總務司長簡任技正，江蘇省建設廳技正，公路局長廣九鐵路局長	二十二年八月	三十一年離滬校三十四年復員到校
楊欽	上海市	教授	污水工程， 衛生工程計劃， 給水工程，等	國立浙江大學工學士，美國米歇根大學碩士，並曾在伊利諾大學研究曾任廣州新自來水廠工程師，浙江大學副教授，復旦大學教授，衛生署技師。	三十三年一月	
徐芝綸	江蘇江都	教授	應用力學， 材料力學， 結構計劃， 水力發電，等	國立清華大學工學士，美國哈佛大學土木工程碩士，麻省理工大學水力工程碩士，國立浙江大學教授，國立中央大學教授兼土木研究部導師資委會水力勘測總隊工程師兼設計課長	三十五年八月	
劉光文	浙江杭州市	教授	河工學， 運河工程， 水文學，等	國立清華大學工學士，美國奧海奧大學水利工程碩士，德國柏林工業大學研究院研究，揚子江水利委員會工程師，廣西大學，中央大學，復旦大學，重慶大學等校教授中央工校教授兼土木科主任	三十四年八月	
謝光華	福建閩侯	教授	給水處理， 污水處理， 海港工程，等	國立清華大學工學士，美國康乃爾大學碩士，國立西北工學院教授，美國伊利諾大學區自來水廠實習工程師。	三十五年八月	
謝世[illegible]	湖南醴陵	副教授	鋼筋混凝土學， 鋼筋混凝土計劃， 結構計劃， 房屋建築，等	國立唐山交通大學土木工程學士，美國米歇根大學土木工程碩士，暹羅 Chiristiani S Nielsen(Siam)Ltd 土木工程師，暹羅國家米業公司顧問工程師。	三十五年八月	

表一(丙)　　土木系教員一覽表　　三十五年十月

姓名	籍貫	職別	擔任課程	經歷	到校年月	備註
周文德	浙江杭縣	副教授	工程材料，材料力學試驗，等	國立交通大學工學士，斐陶斐勵學會榮譽會員，大夏大學高級中學科主任，大同大學教授，中國農紡學院教授，中國工程師手册編輯，臺灣公共工程局工程司兼工程幹部隊副隊長，臺灣省黨部顧問工程司	三十五年八月	
紀增爵	江蘇泰縣	講師	平面測量等，	國立同濟大學工學士，國立同濟大學助教全國水利委員會中央水利實驗處技正兼水工儀器廠長，公路總局工程儀器廠總工程師	三十五年八月	
薛鴻逵	江蘇江陰	講師	水力學，等	國立交通大學土木工程學士上海南洋中學數理教員，常州輔華中學數理教員。	三十五年八月	
徐同生	江蘇武進	助教	路線測量實習，結構設計報告，助理系務，等	國立交通大學土木工程學士南洋上海中學數理教員，常州輔華中學數理教員	三十五年八月	
周永源	浙江餘姚	助教	道路材料試驗實習報告，平面測量實習道路計劃報告等	國立交通大學土木工程學士光中工程公司設計員	三十五年三月	
陳世柏	廣東新會	助教	結構學習題，結構設計報告，等	嶺南大學土木工程學士	三十二年八月	
熊雨苗	浙江鄞縣	助教	路線測量實習，平面測量實習，鐵路計劃報告，等	國立交通大學土木系畢業，上海南洋中學數理教員上海市工務局技士	三十五年八月	
姚佐周	江蘇崇明	助教	高等結構學習題土壤力學習題高等結構計劃報告	國立西南聯合大學工學士	三十二年八月	
徐萃英	江蘇崐山	助教	鋼橋計劃報告，應用力學習題，材料力學習題，等	國立西南聯合大學工學士	三十二年八月	
詹道江	湖北黃安	助教	水力學習題，衞生工程計劃報告，污水工程習題，等	國立中央大學水利系畢業	三十二年八月	
趙則儀	江蘇興化	助教	高等水力學習題，水利計劃報告，水力試驗報告，水力學習題，等	國立西南聯合大學工學士	三十五年八月	
李青岳	山東德縣	助教	應用天文習題，平面測量實習，等	國立交通大學土木系畢業	三十五年八月	
陳我軍	福建林森	助教	平面測量實習，材料試驗報告，等	國立交通大學土木系畢業	三十五年八月	

薛楠時	江蘇武進	助教	鋼筋混凝土習題，鋼筋混凝土計劃報告，等	國立交通大學土木系畢業	三十五年八月

表二（甲）　　土木系課程一覽表　　三十五年十月

科目	一年級				二年級				三年級				備註
	第一學期		第二學期		第一學期		第二學期		第一學期		第二學期		
	時數	學分	時數	學分	時數	學分	時數	學分	時數	學分	時數	學分	
國文	3	2	3	2									
英文	3	3	3	3									
微積分	4	4	4	4									
物理	4	3	4	3	4	3	4	3					
化學	3	3	3	3									
物理試驗	3	1	3	1	3	1	3	1					
化學試驗	3	1	3	1									
工廠實習	3	1	3	1									
畫法幾何	3	1	3	1									
工程畫	3	1	3	1									
三民主義	2		2										
體育	2		2		2		2		2		2		
軍訓	2		2										
應用力學					5	5							
微分方程					3	3							
地質學					3	3							
機動學					3	2							
經濟學					3	2							
平面測量					2	2	2	2					
平面測量實習					6	2	6	2					
材料力學							5	5					
最小二乘方							2	2					
熱機學							3	3					
水文學							3	2					
水力學							4	3					
水力試驗							3	1					
應用天文									3	2			
道路工程									3	3			
工程材料									3	2			
電工學									3	3			
路線測量實習									3	1			
河工學									3	3			
鋼筋混凝土學									3	3			
機械試驗									3	1			
結構學									3	3	3	3	
結構計劃（上）											6	2	
鋼筋混凝土計劃											6	2	
鐵路工程											3	3	
給水工程											3	3	
房屋建築											3	2	
大地測量											3	2	
大地測量實習												1	
材料試驗											3	1	
電工試驗											3	1	
路線測量									3	3			
共計	38	20	38	20	34	23	37	24	32	24	35	20	

表二(乙)　　**土木系課程一覽表**　　三十五年十月

科目	四年級																				備註
	第一學期										第二學期										
	結構		鐵路		道路		市政		水利		結構		鐵路		道路		市政		水利		
	時數	學分	時數	學分	時數	學分	時數	學分	時數	學分	時數	學分	時數	學分	時數	學分	時數	學分	時數	學分	
結構計劃(下)	6	2	6	2	6	2	6	2	6	2											
圬工及基礎	3	3	3	3	3	3	3	3	3	3											
污水工程	3	2	3	2	3	2	3	2	3	2											
土壤力學	4	4	4	4	4	4	4	4	3	4											選修科
航空測量	2	2	2	2	2	2	2	2	2	2											選修科
建築學	3	2	3	2	3	2	3	2	3	2											選修科
公文程式											1	1	1	1	1	1	1	1	1	1	
契約規範及估價											2	2	2	2	2	2	2	2	2	2	
高等結構學	3	3									3	3									
高等結構計劃											6	2									
高等材料力學	3	3																			
彈性力學											3	3									
橋梁工程											2	2									
鋼橋計劃	6	2	6	2	6	2															
鐵路定線			4	4																	
鐵路建築			3	3																	
養路工程			2	2																	
鐵路運輸													2	2							
鐵路計劃													3	1							
隧道工程													2	2							
車站及車場													2	2							
高等道路工程					2	2	2	2							2	2	2	2			
道路計劃															3	1					
道路材料試驗					3	1	3	1							3	1	3	1			
道路管理															3	2					
行車觀察及管理															3	3					
都市計劃					3	2	3	2													
給水處理							2	2													
衛生工程計劃							6	2									3	2			
污水及給水分析																	6	3			
污水處理																	3	2			
運河工程									3	2											
高等水力學									3	3											
海港工程																			3	3	
水工試驗																			3	1	
水力發電工程									3	3											
水利計劃									3	1											
專題討論	2	2	2	2	2	2	2	2	2	2											
論文												2		2		2		2		2	
共計	35	25	37	28	37	24	39	26	35	26	17	15	12	12	17	14	20	14	9	9	

表三　　# 測量室現有儀器一覽表　　三十五年十月

(a) Transit.

Quantity	Article	Maker's Named No.	Remarks
T—1	Transit read to 1 min.	K. E. Co. No. 56151	
T—2	do	K. E. Co. No. 56152	
T—3	do	K. E. Co. No. 56316	
T—4	do	K. E. Co. No. 56318	
T—5	do	K. E. Co. No. 28122	
T—6	do	W. & L. E. Gurley No. 15491	
T—7	do	K. E. Co. No. 56227	
T—8	Transit read to 2 sec.	E. R. Watts & Son Co.	
T—9	do	Sartorius Work Co. No. 4010	
T—10	Transit read to 1 min.	K. E. Co. No 26977	
T—11	Transit read to 2 sec.	T. Haldan Co.	Broken
T—12	do	Negrett Zambra Co. No. 2243	
T—13	do	Negrett Zambra Co. No. 2314	
T—14	do	Negrett Zambra Co. No. 2304	
T—15	do	K. E. Co. No. 17398	No verticle circle
T—16	do	W. & L E. Gurley	
T—17	Transit read to 1 min.	Techanical Supply Co.	
T—18	do	Techanical Supply Co.	
T—19	Theodolite with Optical Telemeter	Zeiss No. II	
T—20	Direct Reading Tachometer	F. W. Brethaupt & Son No. 54526	
T—21	Direct Theodolite	E. R. Watts & Son No.16654	
T—22	Transit read to 1 min.	日本經緯儀株式會社 No. 3122	
T—23	Transit	Negrett & Zambra London No. 2407	
T—24	do	August Lingke Co. No.72592	Broken
T—25	do	Hapvey Main Co. No. 14833	Broken
T—26	do	K. E. Co. No. 23595	Broken
T—27	do	K. E. Co. No. 28140	Broken
T—28	do	Thomas B. Harvey Co, No. 33	Broken

(b) Level.

L—1	Wye Level	K. E. Co. No. 53976	
L—2	do	K. E. Co. No. 53971	

L— 3	Dumpy Level	K. E. Co. No. 56214	
L— 4	do	K. E. Co. No. 56220	
L— 5	Dumpy Level with Compass	K. E. Co. No. 36841	
L— 6	do	K. E. Co. No. 36773	
L— 7	Precise Level	Sartarius Work Co. No. 1908	
L— 8	Dumy Level with Compass	Sartarius Work Co. No. 2852	
L— 9	do	Wahn Cassel Co. No. 54296	
L—10	Wye Level	No mark and no number	
L—11	Precise Level	Zeiss Co. No. 28615	
L—12	Dumpy Level	E. R. Watts & Son No. 14034	
L—13	Dumpy Level with Compass	K. E. Co. No. 58746	
L—14	Dumpy Level with Compass	K. E. Co. No. 33569	
L—15	Wye Level	C. L. Berger Son. No. 3348	
L—16	do	T. & S. Co.	
L—17	do	K. E. Co. No. 39433	
L—18	Dumpy Level	N. & Z. Co. No. 2822	No tripod
L—19	do	N. & Z. Co. No. 2182	
L—20	do	N. & Z. Co. No. 2261	
L—21	do	K. E. Co. No. 24198	Cross-hair Broken
L—22	Precise Level II	Zeiss Co. No. 35862	
L—23	Precise Level II(B)	Zeiss Co. No. 53986	
L—24	Wye Level	No mark No. 1159	
L—25	Level	E. R. Watt Co. No. 7852	Broken
L—26	do	Stanley Co. No. 113282	Broken
L—27	do	K. E. Co No. 27812	Broken
L—28	do	Davis White & Co. No. 8602	Broken
L—29	do	E. R. W. & Son Co. No. 15690	Broken

(c) Plane Table

P. L.—1	Plane Table with Alidade	K. E. Co. No. 54943
P. L.—2	ditto	K. E. Co. No. 54970
P. L.—3	do	K. E. Co. No. 54960
P. L.—4	do	K. E. Co.
P. L.—5	do	K. E. Co.
P. L.—6	do	K. E. Co.
P. L.—7	do	Zeiss Co.
P. L.—8	do	E. R. Watts & Son Co. No. 16662

P. L.—9	Plane table with Alidade	The A. Lietz Co.	Broken

P. 1.— 1	小平板儀	上海保權工藝廠
P. 1.— 2	,,	,,
P. 1.— 3	,,	,,
P. 1.— 4	,,	,,
P. 1.— 5	,,	,,
P. 1.— 6	,,	,,
P. 1.— 7	,,	,,
P. 1.— 8	,,	,,
P. 1.— 9	,,	,,
P. 1.—10	,,	,,
P. 1.—11	,,	,,
P. 1.—12	,,	,,
P. 1.—13	,,	中國儀器廠
P. 1.—14	,,	,,
P. 1.—15	,,	上海四達尺廠 No. 503
P. 1.—16	,,	,,
P. 1.—17	,,	,,
P. 1.—18	,,	The A. Lietz Co.

(d) Sextant.

S—1	Sextant	K. E. Co. No. 58072
S—2	do	Thomas & Son Co.
S—3	do	Thomas & Son Co.
S—4	do	
S—5	do	E. H. Hughes & Son Co No. 19208
S—6	do	Heath & Co. No. 888
S—7	do	Heath & Co. No. 570

(e) Current Meter

Cm—1	Current Meter	W. & L.E. Gurley No. 29566
Cm—2	do	K. E. Co. No. 5020
Cm—3	do	E. R. Watts & Son Co.
Cm—4	do	
Cm—5	do	中央水工儀器廠 No. 108

(f) Tape & Chain

1	50m Invar Tape	K. E. Co. No. 1764	
4	Standard Steel Tape	K. E. Co. Nos. 5155 5156 13785 13786	
10	50m Steel Tape	K. E. Co.	Broken
14	100ft Steel Tape	K. E. Co.	Broken
1	100ft Steel Taye	K. E. Co.	
3	50ft Steel Tape	K. E. Co.	Broken
3	25m Steel Tape		
4	50ft Woven Tape	K. E. Co.	Broken
5	50ft Woven Tape	K. E. Co.	Broken
6	100ft Steel Chain	K. E. Co.	
4	66ft Steel Tape	K. E. Co.	
14	30m Steel Tape with pocket	K. E. Co.	
4	20m Steel Tape		
5	30m Woven Tape		

(g) Leveling & Stadia Rod

4	Precise Invar Leveling Staff	
2	Leveling Rod for "grama" No. 36	
4	Tacheometer Rod	
10	Leveling Rod	6 K. E. Co.
10	12ft Leveling Rod	
8	Stadia Rod	
16	2m Range Pole	
20	2m Range Pole	
5	4m Leveling Rod	
5	3m Stadia Rod	
24	3m Rang Pole	

(h) Miscellaneous Instruments.

3	Rail Road Curve	(one 17 pieces only)
6	Planimeter	K. E. Co. Nos. 15496 1575 1590 1594 1609 7399
2	Altimeter (Paulin System Barometer)	
2	Aneroid Barometer	
3	Pocket Transit	
1	Zeiss Zenith Telescope	

5	Telescope	Broken
10	Hand Level	3 Broken
1	Hand Level with Compass	
1	Beam Compass	
1	Beam Campass (No Beam)	
4	Compass	
1	Pedometer	
1	Tallying Machine	
1	Map Measure No. 1092	
6	Cox's Stadia Computer	
3	Spring Balance	Broken
6	Color Glass & Prism for eyepiece	
1	Solar Attachment (for T-1)	
2	Angle Mirror No. 5750	
2	Handle	
1	Zeiss Short Distance Measuring Microscope	
2	Brass Protractor	
1	Field Glass	Broken
1	Tape Mending	
5	Plumb Bob	
1	Pantograph	
395	Pin	
8	三角網架（連頂）	
10	3m pole	
6	手電筒	
3	鋸子	
5	斧頭	
13	小木鎚	
7	帆布袋	
4	馬燈	
5	儀器用油布傘（連鐵脚）	
4	鐮草刀	
40	行軍床	

十二月二十六日大公報載，"本系教授陣容極為充實；除原有康時清、楊培琫、潘承梁三老，及王達時、陳本端、楊欽、劉光文諸教授外，新聘有張有齡、蔡方蔭、俞調梅、葉家俊、徐芝倫、王龍甫等教授，皆國內土木界權威。聞將有土木工程研究所之設"。據記者探詢有關當局云，此事極有可能，如然，則吾土木系將展開更光榮之一頁矣。（三十五年）

表四 **測量室擬添置儀器一覽表** 三十五年十月

(KEUFFL & E^cSER CO.)

Quantity	Articles	Description
8	Engineering Transit	Read to 1 min.
4	Engineering Transit	Read to 30 sec.
4	Transit	Read to 20 sec.
4	Transit	Read to 10 sec.
4	Theodolite	Read to 1 sec. with solar attachment and lifhting device
8	Engineering Level	
4	Precise Level	With striding level
20	Hand Level	
10	Plane Table	
15	Peep Sight Plane Table	Traverse table
15	Metric Steel Tape	50 meters
15	Metric Cloth Tape	30 meters
8	Current Meter	
16	Telescope	
12	Drawing Instrument	
2	Sample of Route Curve: (a)Metric System (b)English System	
2	Sample of Road Crown: (a)Metric System (b)English System	
8	Sextant	
6	Aneroid Barometer	
16	Stadia Slide Rule	
18	Pedometer	
18	Odometer	
10	Civil Engineering Slide Rule	
16	Protracture	with vernier
10	General Engineering Slide Rule	
6	Log. Log. Duplex Slide Rule	
6	Sounding Apparatus	rod type
2	Drawing Machine	
8	Precise Leveling Rod	
12	Stadia Rod	metric system
2	7590cm Lo-Var Tape	50 meters, with suitable spring balance
2	Base Bar	with accessories
2	7409 Tape Mending Outfit	
2	7410 Tape Mending Tool	

24967

表五　　　道路材料試驗室現有儀器表　　　三十五年十月

Quantity	Articles
1	Deval Abrasion Machine with motor
1	Diamond Core Drill Press with motor
1	Diamond Saw and Grinding Lap with motor
2	Darry Hardness Testing Machine with motor
1	Impact Machine for Toughness Test with motor
1	Ball Grinding Mill with motor
1	Briquette-forming Machine
1	Impact Machine for Cementation Test with motor
1	Standard Rattler for Paving Brick with motor
1	Ro- Tap Testing Sieve Shaker with motor
1	Platform Scale with scoop
1	Anvil, length 19"
1	Freas Electric oven equipped with revolving shelf
1	Smith Ductility Machine with motor
1	Vacuum Pump with motor
1	Ratarex-Seperator with motor
1	Jolly Balance, complete with light and heavy springs and stops, and aluminum and glass pans
1	Set of Hydrometers
11	Hubberd Pycuometer
1	Sprengel Tube
2	Nicol Tube
2	Cleveland Open Cup Tester
1	Tag Closed Tester
2	Ring and Ball Apparatus
2	Distillation Apparatus(A.S.T M.)consiting of distillation flask, condenser tube and matel shield with asbestos covers.
17	Thermometer
1	Float Test Apparatus, consiting of 2 aluminum floats and 8 brass collars.
1	Cubic Brass Mould
1	Analytical Balance with set of analytical weight
1	Dessicatior
54	Porcelain Gooch rucible
19	Porcelain Evaporating Dishes

8	Graduated Cylinder 1000 c.c.
2	Gradu. ted Cylinuler 500 c.c.
1	Graduated Cylinder 200 c.c.
2	Graduated Cylinder 100 c.c.
2	Graduated Cylinder 50 c.c.
6	Graduated Cylinder 25 c.c.
1	Graduated Cylinder 10 c.c.
11	Distilation Flask
9	Flask
4	Erlenmyer Flask
10	Glass Beaker
2	Burettle 50 c.c.
1	Burettle 20 c.c.
11	Aluminum Beaker
8	Test Tube
7	La Chatelier Apparatus
10	Bunsen Burner
29	Iron Rings
23	Ring-Stand
6	Iron Tripod Stand
1	Gas Oven for general drying purpose
1	10" evaporating dish
1	Balance, capacity 3 kg.
1	Balance for sand
1	Drying Oven for soi
1	Balance
1	Drill
19	Aluminum Beaker with wooden handle
1	Sieve Brush
40	Dish
4	Aluminum Dish
3	Clamp
11	Knife
1	Imuersion Heater
4	Hydrometer
1	Ramer
1	Set of Ductility mould 10 pieces
3	Iron Plate

10	Brass Plate
4	Bath
7	Seive
1	Set of U. S. Standard Sieves Diam. 8"
1	Set of Sieves Diam. 5"
1	Centrifuge
5	Spatula
7	Pipèttes-Dropping
5	Square Glass Plates
3	Burette 100 c.c.
25	Watch Glass
40	Porcelain Dish
35	Aluminum Evaporating Dishes with Cover
26	Glass Dish
2	Stop Watch
1	Liquid Limit Testing Machine
1	Portable Stirrer Apparatus
1	Soit Stirrer Apparatus
1	Sample Splitter
1	Hbbbard-Field Asphalt Stability Testing Machine
1	Liquid Specific Gravity Apparatus
1	Brass Hot Water Bath
11	Glass Funnel
1	Copper Still

第 六 屆 土 木 工 程 學 會

會 長	李[illegible]米	
副會長	王兆[illegible]	
總 務	周[illegible]	陳道[illegible]
學 術	[illegible]	趙之[illegible]
康 樂	[illegible]	何孝[illegible]
會 計	[illegible]	
出 納	黃德[illegible]	

表六　　道路材料試驗室擬添置儀器表　　三十五年十月

Quantity	Articlesa & Description
4	"Atmos" Vacuum Pump with motor, Type E13, Volts, 220
10	Penetromter, E. S. & Howard Manufactured
10	Engler, Viscosimeter Aimer & Amend Co.
10	Sybolt-Fnrol Viscosimeter; Standard Type
6	Jolly Balance, Completed with light and heavy springs and stops and aluminum and glass pans A. H. Thomas Co.
10	Ring and Ball Apparatus (for Bituminous Materials) Consiting of an 800 c.c. beaker with metal cover, two stand steel balls and two standard brass rings. Eimer Amend
10	Distillation Apparatus (for Bituminous Matorial)
10	Float Test Apparatus (for Bituminous Materials) Aimer & Amend
2	Analytical Balance, Chainomatic Type, Christian Beckereng Inc. N. y.
10	Dessicator
2	Drying Oven (for Bituminous Materials) Volts: 220 Watts: 660 Sargents' Electric Drying Oven
2	Drying Oven (for Soils) Volts:220 Amp. 7.5 "Freas"
2	Refrigirator, Any type.
10	Set of U. S. Standard Sieves. Diam. 8", Height 2", Nos. 10, 20, 30, 40, 50, 80, 100, 200, with Cover and Reciever. Sargent
16	La Chatelier Flask, E. & A.
16	Stopestch, E. & A.
10	Spatula, Stainless steel blade, flexible, length of blade 75mm., width.¾" Sargent
10	Cleveland Open Cup Tester, Aimer & Amend Co.
10	Tag Closed Tester, Aimer & Amend Co.
50	Graduated Cylinder 1000 c.c.
50	Graduated Cylinder 500 c.c.
50	Graduated Cylinder 250 c.c.
50	Graduated Cylinder 100 c.c.
20	Distillation Flask
20	Erlenmyer Flask
50	Bunson Burner
20	10" Evaporating Dish, Thomas.
1	Mechanical Parts for a Circular Track for Testing Highway Surface Materials Test Laboratory of Bureau of Public Roads, Artington, Verginia, U. S. A.

24971

表七　　衛生試驗室儀器一覽表　　三十五年十月

Quantity	Articles & Description
9	Microscope
2	Colorimeter, U. S. Geological Survey Standard
1	Autoclave
1	Analytical Balance
1	Electric Incubator
1	Incubator
1	Sterilizer
1	Jackson Turbidimeter's Frame
1	Jackson Turbidimeter's Metal Extension Tube
1	Jackson Turbidimeter's Short tnbe
1	Electric Refrigerator
1	Set of Refrigerators accessories
6	Abb's Drawing Apparatus
7	Occular Micrometer
1	Micro-photographic drawing apparatus
5	Vertical Condenser
1	Alcohol Lamp
1	Setof Hellige Comparison with 2 pH disks
20	Pipette, Different sizes
5	Meker's Burner
9	Aspirator
7	Mohr's Burette
2	Sets of Funnels (3 for one set)
2	Rafter's Filter
10	Boiling Flask
10	Erlenmyer Flask
4	Volumetric Flak 100 c.c. Cap.
5	Volumetric Flask 250 c.c. Cap.
4	Volumetric Flask 500 c.c. Cap.
2	Distilled Water Flask
1	Box of Flask, small size
5	Automatic Burette
3	Dropping Bottle
10	Wide mouth Bottle 1000 c.c.

2	Reagant bottle 100 c.c.
40	Reagant bottle 300 c.c.
20	Reagant bottle 500 c.c.
4	Sets of Pyrex beaker
2	Boxes of Durham's Fermentation Tube
24	Fermentation Tube, Inverted Vial
60	Nesseler Tube
8	Wooden Frames for Nesseler Tube
6	Graduated Cylinder 25 c.c.
1	Graduated Cylinder 1000 c.c.

表八　衛生試驗室擬添置儀器表　三十五年十月

(1) Patterson Mixing Unit (to be attached to ceiling).
Patterson Foundry & Machine Co.

(2) Gravimetric Feeder
Syntron Co. 300N. Lexington Ave. Pittsburgh, Pa.

(3) pH Controlled Dry Chemical Feeder
Syntron Co.

(4) Proportional Chlor-o-Feeder for Variable Flow Rates
Proportioneers Inc. 91 Cpdding Street, Providence R. I.

(5) Phipps & Birb Solutson Feeder
Phipps & Bird Inc. 915 East Cary St. Richmond, Va.

(6) Rate of Flow Controller
International Filter Co. 59 East Van Buren St. Chicago, Ill.

(7) Aerators, (various types, one for each type)
International Filter Co.

(8) Water Level Controller
International Filter Co.

(9) Recarbonator
International Filter Co.

(10) Venturi Tubes & Meter
International Filter Co.

(11) Gramercy B. O. D. Incubator
Eimer & Amond Inc. Third Ave., 18th. to 19th St. New York

(12) Hellige Comparator (for pH & Chlorine Control)
Hellige Inc. 3702 Northern Blod. Long Island City, N. Y.

(13) Hellige Turbidimeter
Helling Inc.

(14) Friez Weighing Recording Rain and Snow Gauge
Inlien P. Friez & Sons, Inc. Bathmore St. & Central Ave. Bathmore, Maryland.

Note: All the apparatus or appertenances listed above will be used for illustrative purposes and therefore the smallest sizes available are to be preferable.

表九　　**普通材料試驗室儀器一覽表**　　三十五年十月

Quantity	Articles & Description
1	100,000-lb. Universal Testing Machine, complete with accessories. (Screw gear type, motor driven)
1	20,000-lb. Universal Testing Machine, complete with accesories.
1	30,000-lb. Universal Tes'ing Machine, complete with accessories.
1	30 mkg. L. O. S Impact Machine
1	10,000 inch-pound Riehle Torsion Machine
1	30 mkg. Amsler Impact Machine.
1	"Brio" Hardness Testing Machine.
3	Riehle Briquette Testing Machine.
1	"Riehle" Briquette Testing Machine. (motor driven)
1	Beaum Hammer
1	Electric Oven
1	65,000-lb. Compression Machine (hydraulic type)
2	Sets of Standard Sieves
1	Marten's Reflection Extensometer.
2	8-inch. Extensometers with micrometers.
1	2-inch. Extensometer.
1	Amsler Standard Caliberation Box.
1	Beam Deflectometer.
3	Deflectometers
1	Shearing Tool.
1	Amsler Hardness Testing Apparatus (Depth imprint type)
9	Vicat needles
6	Spatula
2	Gilmore Spatula
2	5-kg. Balance
6	2-kg. Scop balance
1	Cement Test balance
4	Le Chatelier bottles for Cement test
1	Autorecording apparatus
1	Compressometer for testing concrete cylinder.
1	Set of Brass moulds for Briquitte-making
1	Set of O. I. moulds for Cylinders
1	Set of O. I. moulds for Cubes.
1	Electric Lantern for showing slids
200	Rock Specimens
2	Boxes of Ottawa Standard Sand
1	Box of British Standard Sand
1	Cold Bend Machine
1	Set of Frames. for concrete tests.

24975

Quantity	Articles & Description
1	Amsler Universal Testing Machine, hydraulic type. Capacity 100 metric tons, complete with accessories including pendulum dynamometer, oil pumps, grippingtools, etc., etc.
1	Amsler Universal Testing Machine, hydaaulic type. Capacity 30 metric tons, complete w'th accessories.
1	Amsler Compression Machine, hydraulic type, with spring gage as measuring device; the machine is provided with a spherical bearing plate and the same machine can be use to test beams resting on supports on floor of the laboratory. An extra supply of oils for the above machines sufficent to last one year at least.
1	Amsler Torsion machine capable of conducting torsion and tension tests together, capacity 1200 kg.
1	Amsler Pendulum Impact Testing Machine, capacity 30 kg.
3	Briquette Testing Machines made by Riehle or Olson Co. with sufficient quantity of lead shots.
2	Prove Rings for caliberation of testing machines up to 100 metric tons capacity.
2	Olsen 2-inch gage Extensometers read to thousandth of an anch.
2	Sets of 8-inch dia. U. S. Standard sieves.
3	Sets of Standand Sieves with cover and bottom for Making cement finoness test according to British Standard.
1	Electric operating sieve shaker with clock.
6	Vicat needles with hard rubber rings to hold mortar.
1	Hardness Testing Machsne (Amsler type)
1	Gage marking tool for marking 8 inch gage marks at one inch intervals.
1	Riehle Torsion meter for 300 ft-lb machine.
1	Olsen cement curing box made of Soapstone, complete with glass slabs.
1	5-kg. balance with flat pans complete with set of scale.
1	Electric Lantern for illustrating photo slides.
200	Pieces of important mineral specimens.
200	Pieces of common rock samples for class illustration.
1	High power microscope for petrological study, preferably with Zeiss lens complete with accessories including 300 pieces slides for common minerals & rocks.
1	Balance read to 1/10 of a mg, complete with a box of fractional weights.

24976

表十一　**土壤力學試驗室擬置儀器表**　三十五年十月

Quantity	Articles & Description
4	Soil Sampler, Proctor type, 3"inside dia.with 2 sets of extra brass tube and cup
4	Soil Sampler, M. I. T. type, 5" inside dia.
4	Soil Sampler, Spoon-type, for disturbed samples, 3" inside diameter
4	Auger & Extension, A. S. T. M. designation D420 Auger 36" from end of blade to handle, dia. 1.5 in. Extension 36" long
2	Sample Splitter, Riffle type, A. S. T. M. designations C41 C77, C78, C136, D421.
1	Analytical Balance, Capacity, 200g., Sensitiveness, 1/20mg., Set of weights of 20g. to 1g.
2	Metric Solution Balance in Carrying Case, Capacity, 5kgs. Sensitivenness, 500mg., including set of weights.
4	Torsion Balance, for quick weighing. Capacity, 4.5kg.
4	Set of weights, 500g. to 1g.
4	Sieving Machine, for 3" sieve
2	Set of four 3" sieves, Nos. 4, 10, 40, and 200 (U.S. Std.) with pan and cover
2	Set of five 2.5" sieves, 1mm., 0.5mm., Nos.60, 140 and 300-mesh, with pan and cover
4	Soil Dispersion Cup & Stirrer, for use with Bouyoucos Hydrometer. For 220 volts, 60 cycles A. C. Complete with cup and Stainless steel propeller. Also with a replacement propeller, and 4 replicement baffles
2	Constant Temperature (67°F) Hydrometer jar Bath, for 220 volts 60 cycle A. C. 8" x 38" x 15" deep
20	Hydrometer, graduated in grams of soil per liter at 67°F.
20	Hydrometer, graduated in sp. gr. at 67°F. from 1.000 to 1.050 in steps of 0.001
4	Dispersion Stirrer for use with pipette analysis, for 220 volts, 60 cycles A. C. with 1 extra stirring blade
4	Shaw pipette rack, for 25 ml. pipette
4	Shaw pipette rack, for 10 ml. pipette
8	Liquid Limit Deveice, A. S. T. M. D423 without grooving tool
8	Grooving tool, A. S. T. M.
8	Grooving tool, Casagrande
4	Shrinkang Factor Apparatus
2	Sticky Point Tester, Olmstead
1	Moisture Equivalent Centrifuge, for 220 volts, 60 cycles A. S. T. M. D425
1	Percolation & Settlement Testing Apparatus, U. S. Bureau of Reclamation design complement with 6 springs & dial gages. 2 sets of 5 percolation tubes (20, 30, 40, 50, 60mm)
2	Replacement Porous Stone for percolation & Settlement Apparatus
1	Triaxial Soil Compression Apparatus

24977

Quntity	Art'cles & Description
1	Amico-Hveem Stabilometer
10	Soil pressure cell and indicator
1	Soil Resistivity Meter, for sub-surface earth expration by electrical method
4	proctor Cylinder Tamper and Soil Plasticity Needle, with 7 interchangeable stain'ess steel points, cqmplete with brass compacting compacting cylinder, Proctor tamper steel straight edge 12" long and wrenches, with case
1	Permeameter for Compacted Soil
8	Soil Compression Device, Terzaghi design, Complete with loading frame and two micrometer dials, 2.75" inside dia.
8	Replacement Porous Stones for Terzaghi Soil Compression Device
8	Soil Compression Device, Casagrande Design, complete with micrometer dial and loading device 2.530" inside dia.
8	Replacement Porous Stone for Casagrande Soil Compression Device
8	Shear Test Machine, 2.5" square specimens, complete with mounting table and dials
1	Set of Plastograph, seepaper by Rhodes A. S. T. M. Paoc., 1936
4	La Motte Soil Testing Outfit
1	Drying Oven, for 220 volts, 60 cycles A. C. 24" x 14" x 14"high, 3-Heat Switch Control
1	Los Angles Brasion Machine ,for 220 volts, 60 cycles A. C.
1	Drying Oven, for 220 volts, 60 cycles A. C. 24" x 14" x 14" high, 3-Heat Switch & bimetal thermo-regulator control
1	Refrigirators. for 220 volts, 60 cycles A. C.
15	Stop Watches, seven-jewels
20	Pyonqmeter (sp. gr. bottle), 50 c.c., with perforated stopper, Pyrex
30	Beaker, 250 ml., Pyrex
30	Beaker, 400 ml., Pryex
20	Graduated Cylinder, 25 ml. by 0.2 ml., soft glass
20	Graduated Cylinder, 1000 ml by 10 ml., soft glass
10	Dess'cator, 10" dia. accomosfx 200 ml., beakers
10	Hydrometer Jar, 18" tall, graduated at 1000 ml., soft glass
100	Watch Glass Clamp
100	Watch Glass, Matched, 3" dia.
50	Porcelain Crucible, 25 ml
20	Evaporating Dish, 120 ml., dia.
40	Evaporating Dish, 80 ml. dia.
10	Motar and Pes'le (coverd with rubber), Porcelain, 130mm. dia. by 80mm. deep
20	Thermometers, 100 C.
20	Thermometers, 250 C.
20	Diales for Spare use' suitable for shear, compression and stabilometer tests
50	Spatulas

表十二　　**水力試驗室擬添置儀器表**　　三十五年十月

Quant'ty	Articles & Description
6	Pitot Tubes, Single opening, with stuffing box, scale for radial position of impact opening and pointer
2	Self-reading pitometer, connect to differential pressure gage
1	Water meter, low pressure meter---Parkinson's Low pressure meter
1	Water meter, Inferential metea---Tylor's Inferential water meter
1	Water meter, Positive meter-- Kent "Uniform meter"
1	Water Meter for waste detection "Deacon" meter
4	Automatic gaging devices
2	Venturi meter, with dials or Self-recording device Intograting mechanism
2	Venturi meter, with dials or Self-recording device, Drum with clock driving mechanism
1	Bourdon gages, with or without Self-recording device
1	Micro-differential gages, Range: 50 1b./sq. in.
1	Micro-differential gages, Range: 100 1b/sq. in.
2	Automatic water weighing apparatus, Tip-cup or syphon type
1	Automatic water weighing apparatus, Lever type
2	Current meter, "Price" type---with automatic reading
2	Current meter, "Ott" type---with electric device
8	Hook gage, with micrometer reading
12	Point gage, with micrometer readings
1	Orifice meter with dial
1	Contour-mapping device used on hydraulic models
4	Standard nozzles, Various types
1	Viscosimeters, Engler type
1	Viscosimeters, Sybolt univ. type
2	Centrifugal pumps: inlet pipe dia.=3 in. outlet pipe dia.=2 in. head pumped against=25ft. to 30ft. Single & multi Stage
2	Centrifugal pumps: inlet pipe dia.=3 in. outlet pipe dia.=2 in. head pumped against=25ft. to 30ft. Single & multi-Stage
2	Propellor pump, single & multi-stage
1	Rotary pump
1	Reciprocating pump: 12" Duplex plunger and ring or piston pump 1[illegible]" section; 8"delivery, 12" stroke for pressure up to 100 lb./sq. in.

24979

1	Pump, deep well-turbine
1	Hydraulic rams
1	Impulse turbine (about 2 H.P. under 15ft.head)
1	Francis turbine (about 40 H. P. under 15ft. head)
1	Kaplan turbine

24980

同學錄

民三十六級

姓名	別號	性別	年齡	籍貫	通訊處
胡傳縡	名揚	男	二三	湖北武昌	湖北武昌青山鎮郵局
徐秀嵐	工穆	男	二二	江蘇鹽城	江蘇泰州沙溝徐莊
李培德		男	二一	南京市	南京北平路三十六號
曾繁和		男	二四	四川渠縣	四川達縣正街可儀
楊興芳		男	二四	四川達縣	四川達縣南趙家場
萬正達	揚煌	男	二四	四川梁山	四川梁山屏錦鎮
朱慧風		男	二一	浙江鄞縣	漢口江漢路福祥綢緞局
王兆鼎		男	二五	浙江吳興	上海林森中路 1273 弄 20 號王紫霜轉
黃德恆		男	二五	江蘇海門	江蘇海門縣虹橋鎮
寧國鈞	博銘	男	二五	湖南邵陽	湖南邵陽儒林街萬義油坊
陳　進		男	二三	浙江慈谿	浙江慈谿西鄉官橋
李德基		男	二二	上海市	上海建國西路四九六弄四四號
李鑑森	召之	男	二三	江蘇嘉定	上海永福路五一號
呂崇周		男	二四	浙江奉化	南京中山東路三三號
祝森高	去疾	男	二二	浙江海寧	浙江海寧袁花鎮習坎街
范廣居	一隅	男	二三	江蘇靖江	江蘇靖江西門外恆豐昌號轉
范迪信	君實	男	二四	安徽懷縣	安徽懷遠老城門內范家
何誠志		男	二二	浙江杭州	上海思南路四七號
吳　鍇		男	二一	江蘇江都	揚州甘泉街一九四號
俞乃新		男	二三	浙江新昌	浙江新昌澄潭鎮
談松曦	立鈞	男	二三	江蘇宜興	江蘇宜興徐舍鎮鵝灘
王慶蕃		男	二三	湖北漢陽	四川巴縣銅罐驛寧和分號
陳　森	子覺	男	二一	安徽廣德	安徽廣德狀元坊
欒　中		男	二二	江蘇吳縣	上海紹興路愛麥新邨二三四號
林炳華		男	二二	廣東中山	南京軍委會戰地服務團
朱寶庸		男	二四	南京市	上海南昌路美樂坊二四號徐宅轉
倪尹明		男	二四	浙江吳興	南京絨莊街一七號
尹祖翼		男	二五	江蘇武進	常州北門外小新橋
馮啓德		男	二二	廣東番禺	上海愚園路六六八弄三一五號
楊運生	鼎新	男	二四	山東肥城	濟南劉家莊地字二九號
田總高	心如	男	二四	浙江紹興	浙江紹興塔山下辛街伽藍殿前五號

姓名	別號	性別	年齡	籍貫	通訊處
曾健人		男	二四	陝西三原	陝西城固西城巷二八號
胡功業	進修	男	二四	安徽蕪湖	蕪湖倉前鋪河沿三三號
吳松鶴		男	二四	安徽太和	太和原牆集交泰利號
周世政	大保	男	二四	浙江吳興	上海麥根路世德里二三號

民三十七級

姓名	別號	性別	年齡	籍貫	通訊處
方　衍		男	二二	安徽桐城	安徽桐城北門方老屋
王志銳		男	二一	浙江嘉善	浙江嘉善中和弄九號
王學蘇		男	二一	廣東中山	上海威海衛路六八八號
王榮麟		男	二一	安徽懷遠	本　校
王敏之		男	二一	浙江杭州	上海重慶南路三德坊五號
王臨槐		男	二三	河南汝南	河南汝南般店
王　渚		男	二六	山東萊陽	山東萊陽沐浴店郵局
王　毅		男	二四	安徽壽縣	安徽合肥下塘集
王鐵生		男	二一	湖南衡陽	上海大夏大學轉
王必火		男	二四	浙江吳興	本　校
白瑞庭		男	二三	甘肅莊浪	甘肅莊浪縣白雲鄉
朱懋麟	龜年	男	二四	江蘇江都	揚州地官第八號
朱　審		男	二二	廣東茂名	廣東茂名白土郵局轉
朱咸熙		男	二三	江蘇金山	江蘇金山下塘街一六號
朱浩柏		男	二四	湖南長沙	湖南長沙河西鄉馬頭塲郵局轉
朱榮名		男	二二	四川巴縣	四川巴縣柴家鄉
李峻豐		男	二〇	湖南寧鄉	南京漢府街桃源邨一號之四
李龍蓀		男	二一	湖南長沙	湖南長沙東鄉大賢鎮北山
李寶林		男	二二	四川長壽	四川長壽縣萬順鄉
李寅賓		男	二四	南　京	本　校
李肇堃		男	二五	湖北安陸	湖北安陸西正街交
李毓瑋		男	二二	河南鞏縣	河南鞏縣迴郭鎮
李珣濤		男	二四	河南鄧縣	河南鄧縣構林鎮
李廣明		男	二二	四川巴縣	四川重慶中正路四四〇號
吳漢南		男	二四	江蘇武進	武進西門外嘉澤鎮
吳永禎		男	二五	四川綦江	四川綦江三角鎮
金新康		男	二一	江蘇嘉定	蘇州古吳路七八號
宋　瀚		男	二三	河南林縣	開封平等街七一號
周成懋		男	二二	廣西鬱林	廣西鬱林北街巨盛棧轉

姓名	別號	性別	年齡	籍貫	通訊處
周啓太		男	二一	湖北鄂城	本校
周石安		男	三一	江蘇武進	無錫漕橋
周紹鏞		男	二四	湖北枝江	湖北枝江董市萬源義轉
呂紹謨		男	二五	安徽繁昌	安徽繁昌中街
胡進文		男	二三	安徽嘉山	安徽津浦明光南市大街胡祥泰後進
胡樹傑		男	二三	湖北麻城	湖北沙市三民街三四街
胡甲年		男	二二	浙江杭州	本校
高言潔		男	二一	貴州貴陽	貴陽文筆街五號
高興詩		男	二三	湖南乾城	湖南乾城胡家塘
汪熊祥		男	二二	江蘇吳縣	本校
徐民基		男	二一	江蘇江陰	南京單碑樓四號
徐祖森		男	二四	浙江吳興	本校
倪志琦		男	二三	江蘇南通	鎮江新西門橋
倪修遂		男	二三	江蘇句容	南京大板巷八九號
倪敏夫		男	二三	浙江吳興	浙江吳興雙林虹橋弄一七號
柴錫賢		男	二一	浙江慈谿	寧波慈北柴家畈
馬國華		男	二二	河南淅川	本校
袁福香		男	二二	安徽合肥	安徽合肥四牌樓東五〇號
邵延寬		男	二三	浙江吳興	浙江吳興眠佛寺街三九號
耿毓義		男	二四	山東滋陽	山東滋陽西橋南街一一號
柳克鑄		男	二八	湖南長沙	上海遼陽路三七七號
屈義坎		男	二四	四川瀘縣	四川榮昌清江場
許賢武		男	二一	北平市	上海復興中路一一九五號
曾餘印		男	二五	浙江平陽	浙江平陽北港山門馬路
程濟凡		男	二二	安徽懷寧	安慶北門外懷甯源潭鋪
傅家齊		男	二七	福建福州	福州西洪路一〇四號
禤叔瑜		男	二二	四川鄰水	四川鄰水九龍鎮郵轉
張秋		男	二一	江蘇江寧	西安合作管理處轉
張國軍		男	二三	安徽安慶	安徽懷寧柴市街三六號
湯明儒		男	二三	安徽繁昌	本校
陳以日		男	二二	廣東大埔	廣東大埔三河梓里信箱交
陳升暘		男	二二	湖南湘潭	湖南湘潭吟江
葛如亮		男	二一	浙江奉化	奉化泰橋
楊琪		女	二一	江蘇寶山	上海金神父路花園坊六二號
楊鶴生		男	二五	雲南大理	杭州里仁坊巷二四號
黃蔭洲		男	二三	湖北孝感	孝感三汊埠
葉維元		男	二四	浙江吳興	上海山海關路寶興邨一五號

姓名	別號	性別	年齡	籍貫	通訊處
葉嘯虎		男	二二	安徽桐城	桐城操口巷二〇號
趙永清		男	二一	江蘇崑山	本校
趙之華		男	二五	四川雲陽	四川雲陽瓦球溪
盧廣才		男	二三	江蘇淮陰	江蘇淮陰漁溝鎮
歐儒剛		男	二二	四川廣安	四川廣安代市鎮
鄭篤		男	二二	江蘇溧水	上海巨福路永康新邨七三號
鄭朝磐		男	一九	福建福州	南京中山北路二三五號
鄭昌虎		男	二一	南京	南京柳葉街二五號
鄭銓		男	二二	江蘇溧水	上海巨福路永康新邨七三號
戴行孝		男	二三	浙江鄞縣	本校
羅裕		男	二一	湖南長沙	上海狄思威路天同路蔭蔭坊甲一號
繆慶芳		男	二三	浙江紹興	浙江百官章鎮中興號
顧以敬					
嚴克剛		男	二一	江蘇無錫	江蘇無錫陸區橋
蕭永釗		男	二三	湖北漢陽	漢陽蔡甸官塘角

民三十八級

姓名	別號	性別	年齡	籍貫	通訊處
牛克爽		男	二一	河南滑縣	河南滑縣南申寨
王玉華		男	二一	山東濰縣	山東濰縣南張氏莊
王少池		男	二一	湖北宜昌	湖北宜昌樂善堂街六七號
王守憲		男	二二	安徽潁上縣	安徽潁上縣南巷子老財委會對門王宅
王振歷		男	二一	河南西平	河南西平書院街九號
王繼唐		男	二二	河南新鄉	河南新鄉北花園村
方璜		男	二五	山西陽高	平綏路羅文皂車站于成泉轉
向傳璧		男	二〇	四川萬縣	四川萬縣三馬路九一轉
朱俊賢		男	二〇	河南南陽	河南南陽界中
杜璉		男	二三	河南輝縣	河南輝縣城內朱氏胡同
宋迺聰		男	二二	山西文水	山西文水北徐村
何授生		男	二三	湖北武昌	
何孝倈		男	二三	福建福州	福州北後街七三號
吳天生		男	一九	浙江義烏	浙江義烏大元
吳兆桐		男	二〇	浙江諸暨	浙江諸暨楓橋吳家村九號
李毓斑		男	二一	山西霍縣	山西霍縣李家莊
李昂		男	二一	山西崞縣	山西崞縣都莊
李群思		男	二一	湖南寧遠	湖南寧遠花橋禮仕灣

姓名	別號	性別	年齡	籍貫	通訊處
任文湝		男	二一	浙江於潛	浙江於潛太陽
范正宇		男	二〇	湖北漢口	漢口漢正街武聖三巷五號
胡志明		男	二〇	甘肅天水	甘肅天水北鄉新陽鎮
段　堅		男	二三	山西陽高	上海交通大學
班一職		男	二一	安徽巢縣	上海交通大學
常士驃		男	二一	山西榆次縣	山西榆次縣榈村
徐作斌		男	二〇	四川萬縣	萬縣偏石板横街一三號
徐銘祖		男	二一	浙江鎮海	鎮海東碶外河塘
陳　帛		男	二〇	湖北漢口	漢口郵政局尹定治轉
陳新民		男	二三	江蘇高郵	江蘇高郵社稷壇
陳　庠		男	二三	湖北蘄春	蘄春檀林河
唐祖緒		男	二二	甘肅鎮原	甘肅涇川縣黨原鎮同興swe
馬鑑先		男	二一	河南內鄉	河南內鄉王店雙盛昶
馬品仙		男	二三	江蘇沛縣	沛縣馬家寺
章本明		男	二二	湖　北	湖北漢川三汊潭
曹典徽		男	二一	湖南長沙	長沙小吳門外瑞豐米廠
崔　寬		男	二一	湖北江陵	湖北江陵縣城內朝南巷一號田宅轉
郭宛芬		女	二〇	廣東南海	廣東南海大同鄉
程學志		男	二〇	四川江津	四川巴縣界石文化街五號
賈駿祥		男	二一	江蘇寶應	寶應唐志巷
盛禮法		男	二三	浙江吳興	浙江吳興埭溪
孫潤生		男	二二	河南偃師	河南偃師大口鎮
孫海寧		男	二一	江蘇阜寧	阜寧益林大孫鄉
焦仕民		男	二二	山西忻縣	上海交通大學
張鍾祺		男	二一	浙江杭縣	上海交通大學
張正卿		男	二一	浙江鄞縣	上海交通大學
張祖蔭		男	一九	江蘇武進	武進東直街一〇號
張培性		男	二一	河南唐河	河南唐河興隆鎮
張　琳		男	一九	甘肅臨洮	臨洮北街光武巷一八號
張光俊		男	二〇	湖北武昌	武昌牙厘局街二八號
賀彌堅		男	二二	湖南湘鄉	湖南湘鄉永豐太平市兆佳堂
舒家驊		男	二一	安徽宿松	安徽宿松縣正街舒宅
黃希楨		男	一九	四川資中	四川資中歸德鄉郵轉
黃起鴻		男	二四	湖南醴陵	湖南醴陵黃桶嘴
黃世鏞		男	二一	廣東清遠	廣東清遠龍頸興隆街一號
趙元博		男	二〇	廣東南海	南京碑亭巷華報館
趙振民		男	二一	山東蓬萊	青島天津路八號

姓名	別號	性別	年齡	籍籍	通訊處
趙威憲		男	二二	綏遠五原	五原鄔家地興農堂
趙國藩		男	二二	山西汾陽	山西汾陽蕭家莊
趙孝山		男	二三	江蘇宿遷	宿遷洋河鎮
虞倍聲		男	二〇	江蘇無錫	無錫黃土塘
湯煥章		男	二二	江蘇江都	江都北柳巷四一號
楊永森		男	二二	安徽合肥	合肥北門
楊挺生		男	二〇	江蘇鎮江	南昌郵政管理局楊孝達轉
楊武陵		男	二〇	湖南醴陵	湖南岳陽粵漢路工務第二總段楊普風轉
厲良輔		男	二〇	浙江東陽	上海交通大學
董策華		男	二三	湖北松滋	湖北松滋街河市
葉平子		男	二一	河北任邱	河北任邱北小征村
葉泉鋼		男	二一	廣東南海	廣州廣三鐵路鄧邊站橫江北村葉十宅
羅克強		男	二二	四川江北	四川江北縣復興場
劉 威		男	二一	湖北武昌	武昌東鄉油坊嶺
齊士銑		男	二四	北　平	北平東四二條三號
顧昌海		男	二〇	江蘇無錫	無錫藥皇廟弄一號
顧圭章		男	二〇	上　海	上海中正中路四二四弄一八號
顧嘉典		男	二〇	湖南常德	常德北門外正街九如齋轉
賈其山		男	二一	安徽合肥	合肥北鄉三十頭春社廟
嚴可法		男	二〇	江蘇泰興	江蘇泰興黃橋嚴徐莊
譚虎門		男	二一	江蘇高郵	

24986

勘　誤　表

頁次	行次	字次	誤	正
1	2	9	比	此
1	20	22	犮	立
3	14	34	時	成
4	16	37	其	甚
5	17	26	(d)	(b)
5	22	14	弧	弦
5	28	10	弧	弦
5	35	4	弦	弧
6	7	3	【翢四】	【翢三】
6	9	9	n	n
7	28	1	(b)	(d)
8	22	3	4	3
8	34	2	弧	距
9	12	1	弦	距
9	12	8	距	弦
9	13	11,21	距	弦
9	13	26,35	弦	距
9	18	8	L	M
9	28	5	3	4
10	2	18	弧	弦
11	11	27	弧	螺
12	2	3	DR	OR
13	14	20,21	O	D
15	38	23	度	渡
16	17	11	經	結
17	3	13	,。	一
17	3,5,6,8,各項內		e	ρ
20	21	7	CBC′	CB
21	12	20	B—B	B—B′
21	19	29	Si	Si
21	20	Pccos(PcSc)Sc+Pdcos(PdSd)Sd−Sbs=0		Pccos(PcSc)Sc+Pdcos(PdSd)Sd−sSb=0
21	21	9	Sc	Sc
24	表		Ro/R	Ro/Ri
25	末行		(−ρ)	(R−ρ)

土木工程學會歷屆會長錄

第一屆	會　長	薛傳道
第二屆	會　長	蔡聰濤
	副會長	李邦平
第三屆	會　長	徐　永
	副會長	楊　琪
第四屆	會　長	沈乃萃
	副會長	李邦平
第五屆	會　長	沈乃萃
	副會長	李邦平
第六屆	會　長	李處熹
	副會長	王兆熊

24991